Statik im Bauwesen – Band 3

Jetzt diesen Titel zusätzlich als E-Book downloaden und 70 % sparen!

Als Käufer dieses Buchtitels haben Sie Anspruch auf ein besonderes Kombi-Angebot: Sie können den Titel zusätzlich zum Ihnen vorliegenden gedruckten Exemplar für nur 30 % des Normalpreises als E-Book beziehen.

Der BESONDERE VORTEIL: Im E-Book recherchieren Sie in Sekundenschnelle die gewünschten Themen und Textpassagen. Denn die E-Book-Variante ist mit einer komfortablen Volltextsuche ausgestattet!

Deshalb: Zögern Sie nicht. Laden Sie sich am besten gleich Ihre persönliche E-Book-Ausgabe dieses Titels herunter.

In 3 einfachen Schritten zum E-Book:

❶ Rufen Sie die Website **www.beuth.de/e-book** auf.

❷ Geben Sie hier Ihren persönlichen, nur einmal verwendbaren E-Book-Code ein:

2882000AAA6KC4B

❸ Klicken Sie das „Download-Feld" an und gehen dann weiter zum Warenkorb. Führen Sie den norr [illegible] Bestellprozess aus.

Hinweis: Der E-Book-Code wurde individuell für Sie als Erwerb [illegible] erzeugt und darf nicht an Dritte weitergegeben werden. Mit Z [illegible] Buches wird auch der damit verbundene E-Book-Code für de [illegible]

Statik im Bauwesen

Werner Kirsch

Statik im Bauwesen

Band 3

Statisch unbestimmte ebene Systeme

15., überarbeitete Auflage 2019

Herausgeber:
DIN Deutsches Institut für Normung e. V.

Beuth Verlag GmbH · Berlin · Wien · Zürich

Herausgeber: DIN Deutsches Institut für Normung e. V.

Berlin · Wien · Zürich
Saatwinkler Damm 42/43
13627 Berlin

Telefon: +49 30 2601-0
Telefax: +49 30 2601-1260
Internet: www.beuth.de
E-Mail: info@beuth.de

Satz: Beuth Verlag, Berlin
Druck: Leyko, Kraków
Gedruckt auf säurefreiem, alterungsbeständigem Papier nach DIN EN ISO 9706

ISBN 978-3-410-28820-6 (Buch)
ISBN 978-3-410-28821-3 (E-Book)

Vorwort zur 15. Auflage

Die Buchreihe „Statik im Bauwesen“ wurde von Fritz Bochmann begründet. Die erste Auflage des 3. Bandes erschien 1964 und wurde seitdem beständig weiterentwickelt. Seit der 12. Auflage wird das Werk durch den Unterzeichner mitbearbeitet bzw. weitergeführt.

Band 3 von „Statik im Bauwesen“ vermittelt Grundlagen für die Ermittlung der Stütz- und Schnittgrößen von statisch unbestimmten ebenen Stabwerken. Diese Aufgabenstellung schließt Methoden zur Bestimmung von Formänderungen dieser Systeme ein. Darüber hinaus werden Einflusslinien von Trägern und Fachwerken sowie ihre Auswertung behandelt.

Die Bände 1: „Statisch bestimmte Systeme“ und 2: „Festigkeitslehre“ liefern die Grundlagen für den Band 3. Das schließt die unabhängige Benutzung des Bandes nicht aus, soweit der Leser auf Kenntnisse über die Berechnung von Stütz- und Schnittgrößen sowie Formänderungen zurückgreifen kann, wie sie im Allgemeinen im Ingenieurstudium vermittelt werden.

Dem Erkennen von mechanischen Zusammenhängen und der praktischen Handhabung wurde der Vorrang vor einer umfassenden mathematischen Formulierung gegeben. Auf schon immer im Buch enthaltene, praktische Vereinfachungen wird hingewiesen.

Trotz moderner Computertechnik, wo häufig noch nicht einmal zwischen statisch bestimmten und unbestimmten Systemen unterschieden werden muss, ist die Kenntnis solcher Berechnungsabläufe wichtig, um Berechnungsergebnisse richtig deuten zu können, Vereinfachungen zu ermöglichen, Kräfte richtig weiterzuleiten, Verformungen zu beurteilen u. Ä. Mehrfach wird auf solche Zusammenhänge verwiesen.

Neben Erkenntnissen über die Beanspruchungen und den Kräfteverlauf im Inneren der Bauteile sowie über Formänderungen werden auch elementare Fertigkeiten im Berechnen vermittelt. Die zahlreichen Beispiele sind dafür gedacht. Aus diesem Grund kann das Buch auch zur Einführung in die Berechnung statisch unbestimmter Systeme dienen.

In dieser Überarbeitung wurde der Inhalt weiter an die aktuellen Vorschriften und Normen – den Eurocode – angepasst.

Werner Kirsch, Juli 2019

Autorenporträt

Werner Kirsch

Dipl.-Ing. Werner Kirsch studierte von 1984 bis 1989 Bauingenieurwesen in der Fachrichtung Konstruktiver Ingenieurbau an der TU Dresden. Nach Abschluss des Studiums war er für ein Jahr an der TU Dresden tätig und arbeitete anschließend für drei Jahre als angestellter Ingenieur für die Planungs- und Ingenieuraktiengesellschaft IPRO Dresden.

Seit 1994 ist er durchgängig freiberuflich tätig (Ingenieurbüro Werner Kirsch, Dresden) und bearbeitet vorrangig Aufgabenstellungen aus den Bereichen Tragwerksplanung (Holz, Stahl, Mauerwerk, Stahlbeton), Konstruktiver Ingenieurbau (Ingenieurbauwerke im Verkehrsbereich) sowie aus Spezialgebieten wie Glas- und Aluminiumbau.

Inhaltsverzeichnis

Seite

Seite

1 Einführung

1.1 Allgemeine Grundlagen

In Band 1 wurden zunächst die Kräfte, ihre Wirkung auf die Tragwerke und die Behandlung von Kraftsystemen dargestellt. Damit ist es möglich, eine Kräftegruppe in eine gleichwertige andere umzuformen, was für die statische Untersuchung einzelner Bauteile vorteilhafter ist. Im Anschluss daran wurde die Berechnung der Stütz- und Schnittgrößen von einfachen (statisch bestimmten) ebenen Stabwerken gezeigt. Mit diesem Wissen und den Kenntnissen der Festigkeitslehre (Band 2) können bereits statische Untersuchungen und Bemessungen von einfachen statisch bestimmten Tragwerken durchgeführt werden.

Bei der Erklärung des einfachsten Tragwerkes, des Trägers auf zwei Stützen, wurde bereits auf den Unterschied zwischen statisch bestimmten und statisch unbestimmten Tragwerken hingewiesen. In diesem Band soll nun die Berechnung der Stütz- und Schnittgrößen von statisch unbestimmten Tragwerken gezeigt werden. Dieses Gebiet der Statik ist umfangreich. Es gibt eine Vielzahl von Verfahren zur Berechnung statisch unbestimmter Systeme.

Je nach der Art des statisch unbestimmten Systems wird das eine oder andere Verfahren zweckmäßiger sein. Es ist kaum erforderlich, im Rahmen einer mittleren Ausbildung mehrere Verfahren für statisch unbestimmte Systeme kennenzulernen. Es muss also eine möglichst grundlegende Methode gezeigt werden, die umfassend anwendbar ist und Einblick in diese Systeme ermöglicht. Zu einigen anderen Verfahren mit denen in der Baustatik ebenfalls gearbeitet wird, können nur wenige allgemeine Hinweise gebracht werden.

Weiterhin soll noch eine Abgrenzung zu den hochgradig statisch unbestimmten Systemen getroffen werden. Das in diesem Buch gezeigte Verfahren und auch andere Verfahren erfordern an sich diese Abgrenzung nicht, jedoch steigt der Rechenaufwand mit dem Grad der statischen Unbestimmtheit an. Das rückt zwangsläufig Verfahren zur Berechnung linearer Gleichungssysteme in den Vordergrund, die entsprechende mathematische Voraussetzungen haben. Für Tragwerke, die mehr als dreifach statisch unbestimmt sind, wird der Rechenaufwand bei Anwendung dieser Verfahren recht erheblich. Solche Tragwerke werden deshalb als hochgradig statisch unbestimmt bezeichnet.

Heute werden solche Tragwerke fast ausnahmslos mit Hilfe der Rechentechnik gelöst. Dabei stehen immer komplexere Programme zur Verfügung. Neben hochgradig statisch unbestimmten Stabtragwerken können so z. B. mit der Methode der Finiten Elemente (FEM) auch zwei- und dreidimensionale Flächentragwerke mit vertretbarem Aufwand gelöst werden. Eine Zerlegung von Deckenplatten in mehrere Streifen, die dann als Durchlaufträger berechnet werden ist durch den Einzug der FEM nicht mehr erforderlich. Nahezu jede Grundrissgeometrie ist berechenbar. Die Darlegung solcher Verfahren bleibt jedoch weiterführender Literatur vorbehalten.

1.2 Grad der statischen Unbestimmtheit

Wie bereits in Band 1 erklärt wurde, hat ein einfacher Träger in der Ebene drei Freiheitsgrade. Er hat die Möglichkeit, zwei Verschiebungen und eine Drehung auszuführen (Bild 1.1). Soll er fest oder, wie man auch sagt, kinematisch starr an die Erde angeschlossen werden, so sind dazu drei Fesselungen nötig. Diese werden durch Auflager bewirkt. Jeder Auflagerart ist dabei eine bestimmte Anzahl Fesselungen (Festhaltung) zugeordnet. Angewendet werden vorwiegend die folgenden Auflagerarten (Bild 1.2):

1. bewegliches Auflager – eine Fesselung (eine Verschiebung)
2. festes Auflager – zwei Fesselungen (zwei Verschiebungen)
3. starre Einspannung – drei Fesselungen (zwei Verschiebungen und eine Drehung).

Daneben sind auch noch weitere Auflagerarten denkbar, z. B. die in Bild 1.3 dargestellte Klemmung mit zwei Fesselungen. Aufgehoben werden eine Verschiebung und eine Drehung, frei bleibt dagegen eine Verschiebung in Richtung der Achse. Eine ausführliche Darstellung aller Lagerarten erfolgt in Band 1.

Die kinematisch starre Lagerung eines Trägers kann auf verschiedene Weise erfolgen. In Bild 1.4 sind einige Möglichkeiten dargestellt. Es lässt sich sofort überblicken, dass in jedem Fall drei Fesselungen vorhanden sind. Jeder Fesselung entspricht aber zugleich eine unbekannte Auflagerreaktion. Für den dargestellten Träger sind demnach jeweils drei Komponenten der Auflagergrößen zu bestimmen. Da für einen biegesteifen Stab oder eine Scheibe drei Gleichgewichtsbedingungen zur Verfügung stehen, lassen sich damit die drei unbekannten Auflagergrößen berechnen. Ein Trag-

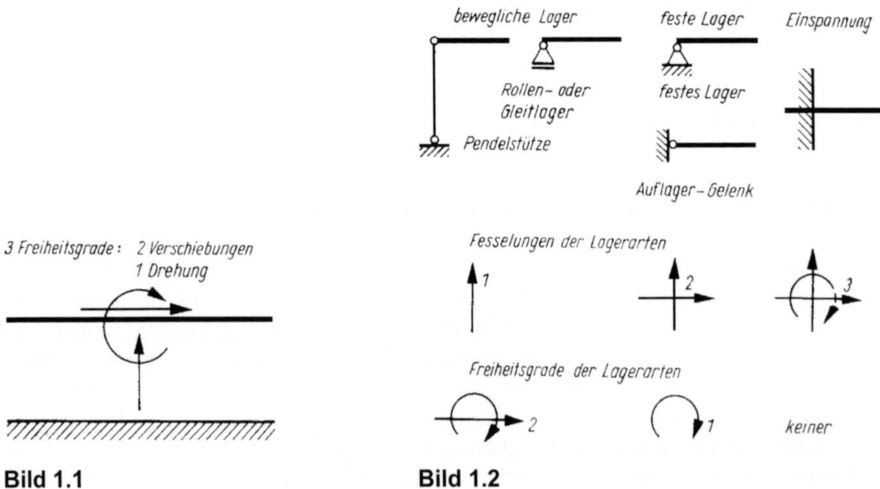

Bild 1.1 **Bild 1.2**

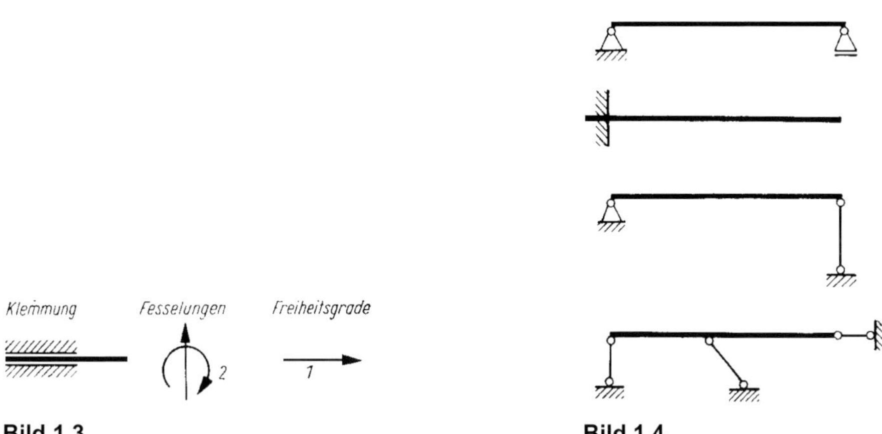

Bild 1.3 **Bild 1.4**

werk, das so gelagert ist, dass mit den Gleichgewichtsbedingungen der Statik der starren Körper die Stütz- und Schnittgrößen bestimmt werden können, nennt man statisch bestimmt.

Die bisherigen Betrachtungen sollen noch auf mehrteilige Systeme übertragen werden. Der Zusammenschluss von biegesteifen Stäben oder Scheiben erfolgt in Gelenken. Ein Gelenk entspricht wirkungsmäßig einem festen Auflager, hat also zwei unbekannte Reaktionen, wenn nur zwei Stäbe oder Scheiben zusammengeschlossen sind. Für jeden weiteren Anschluss erhöht sich die Anzahl der Gelenkunbekannten um zwei. Für statisch bestimmte Systeme lautet demnach die Bedingung

$$3s = a + g \tag{1.1}$$

Hierbei bedeuten

- s Anzahl der Scheiben
- a Anzahl der Auflagergrößen
  - Rollenlager bzw. Pendelstütze $a = 1$
  - festes Lager bzw. Auflagergelenk $a = 2$
  - starre Einspannung $a = 3$
- g $2(n-1)$ Anzahl der Gelenkkräfte, wobei n die Anzahl der in einem Gelenk zusammenlaufenden Scheiben bezeichnet.

Auf der linken Seite von Gl. (1.1) steht die Anzahl der Gleichgewichtsbedingungen, rechts die Anzahl der zu berechnenden Auflager- und Gelenkgrößen (Verbindungskräfte).

Sind zu wenig Auflager- bzw. Gelenkgrößen vorhanden, ist also die rechte Seite von Gl. (1.1) zahlenmäßig kleiner als die linke, so ist das Tragwerk beweglich und für die Belange des Bauwesens unbrauchbar. Man bezeichnet es als **statisch überbestimmt**, es ist kinematisch nicht starr, da es noch einen oder auch mehrere Freiheitsgrade hat.

Ist in Gl. (1.1) die rechte Seite zahlenmäßig größer als die linke, so sind mehr Auflager- bzw. Gelenkgrößen als notwendig vorhanden. Das Tragwerk ist voll verwendbar, jedoch reichen nun die Gleichgewichtsbedingungen zur Bestimmung der unbekannten Auflager- und Gelenkgrößen nicht mehr aus. Ein solches Tragwerk ist **statisch unbestimmt** und **überstarr**. Es lässt sich demnach festhalten:

$3s > a + g$ Tragwerk ist **statisch überbestimmt.**

$3s = a + g$ Tragwerk ist **statisch bestimmt.**

$3s < a + g$ Tragwerk ist **statisch unbestimmt.**

Wird im Fall der statischen Unbestimmtheit die Zahl der fehlenden Gleichgewichtsbedingungen mit n bezeichnet, so ist

$$3s = a + g - n$$

$$n = (a + g) - 3s \qquad (1.2)$$

Die Größe n kennzeichnet den **Grad der statischen Unbestimmtheit** bzw. gibt die Anzahl der Unbekannten oder Überzähligen oder auch statisch unbestimmten Größen an. Die Stütz- und Schnittgrößen eines solchen Tragwerkes lassen sich nicht mehr allein mit den Gleichgewichtsbedingungen, sondern nur in Verbindung mit den Formänderungen berechnen. Das bedeutet, dass neben statischen Größen auch elastische Größen Einfluss auf die Stütz- und Schnittgrößen haben.

Die bisherigen Erörterungen bezogen sich nur auf die Auflager- und Gelenkgrößen. Zur genaueren Bezeichnung spricht man dann auch **von äußerlich statisch unbestimmten** bzw. **äußerlich statisch bestimmten** Tragwerken.

Zum Unterschied dazu muss es dann auch **innerlich statisch unbestimmte** bzw. **innerlich statisch bestimmte** Tragwerke geben. Die Erklärung dazu soll in Verbindung mit Bild 1.5 erfolgen. Das dort dargestellte Tragwerk ist wie ein Träger auf zwei Stützen gelagert, also äußerlich statisch bestimmt. Einen der bekannten Träger auf zwei Stützen, wenn auch mehrfach geknickt, erhält man aber erst dann, wenn man den Rahmen durchschneidet. Dafür müssen die drei Schnittgrößen oder inneren Größen (Normalkraft, Querkraft und Biegemoment) angebracht werden (Bild 1.6). Bekanntlich sind jedoch an den Enden eines Trägers auf zwei Stützen die Schnittgrößen

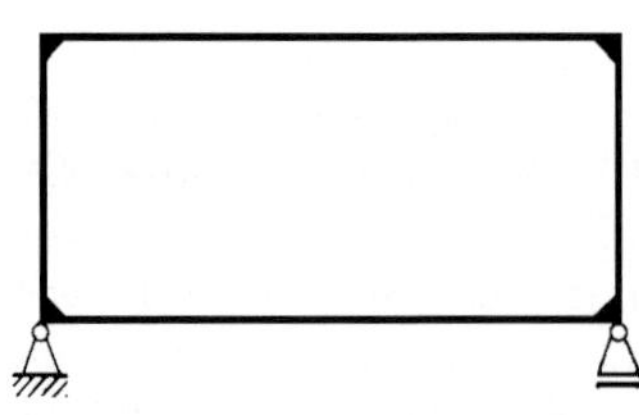

Bild 1.5

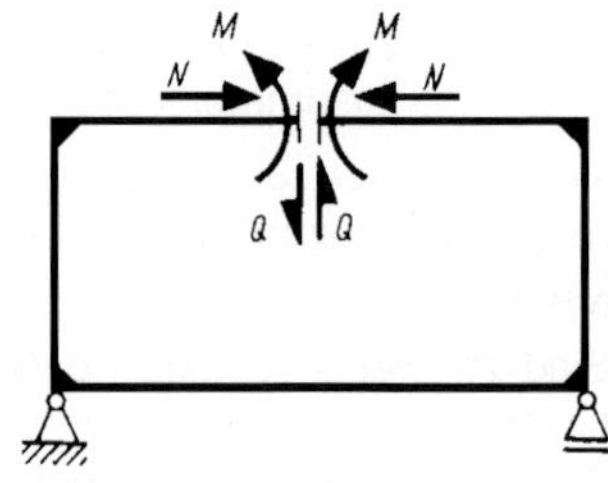

Bild 1.6

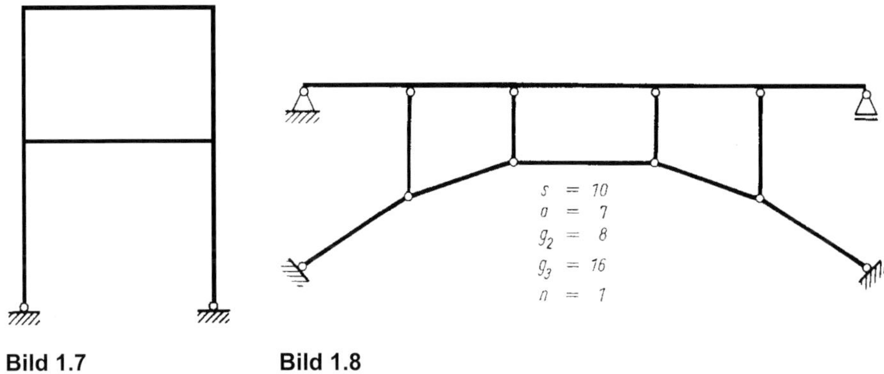

Bild 1.7 **Bild 1.8**

gleich null. Im betrachteten Fall sind die drei inneren Größen *N, Q* und *M* zusätzlich vorhanden, sie sind überzählig. Ein geschlossener Rahmen ist somit dreifach innerlich statisch unbestimmt.

Der in Bild 1.7 dargestellte Rahmen ist demnach einfach äußerlich und dreifach innerlich statisch unbestimmt. Verzichtet man auf die Trennung in äußerlich und innerlich, so ergibt sich eine vierfache statische Unbestimmtheit. Bild 1.8 zeigt ein weiteres statisch unbestimmtes System. Wäre die gesamte Unterkonstruktion nicht vorhanden, so läge ein statisch bestimmter Träger auf zwei Stützen vor.

Da die Unterkonstruktion demnach zusätzlich vorhanden ist, kann man schon auf ein statisch unbestimmtes System schließen. Der Grad der statischen Unbestimmtheit soll nach Gl. (1.1) bestimmt werden. Es sind insgesamt vorhanden

10 Stäbe mit $3s = 30$ Gleichgewichtsbedingungen

4 Auflager mit $a = 7$ Auflagerunbekannten

4 zweistäbige Gelenke mit $g_2 = 8$ Gelenkunbekannten

4 dreistäbige Gelenke mit $g_3 = 16$ Gelenkunbekannten.

Daraus folgt, dass ein einfach statisch unbestimmtes System vorliegt.

Der Rahmen nach Bild 1.9 dagegen ist sechsfach statisch unbestimmt ($s = 1$; $a = 9$). Sind die Stiele nicht eingespannt (Bild 1.10), dann ist der gleiche Rahmen nur dreifach statisch unbestimmt ($s = 1$; $a = 6$).

Zur Anwendung der Gln. (1.1) und (1.2) sind noch einige Hinweise notwendig. Gl. (1.1) ist eine Auszählbedingung, die verhältnismäßig einfach gehandhabt werden kann. Sie versagt bei Systemen mit innerlich statischer Unbestimmtheit, die fast immer bei mehrstöckigen Tragwerken vorliegt. Selbstverständlich gibt es auch für solche Systeme Auszählbedingungen, die in der Literatur über hochgradig statisch unbestimmte Systeme angegeben sind. Die Ableitung dieser Gleichungen würde aber den hier vorgesehenen Rahmen überschreiten. Es ist jedoch auch ohne Kenntnis dieser Gleichungen möglich, den Grad der statischen Unbestimmtheit dieser Systeme zu be-

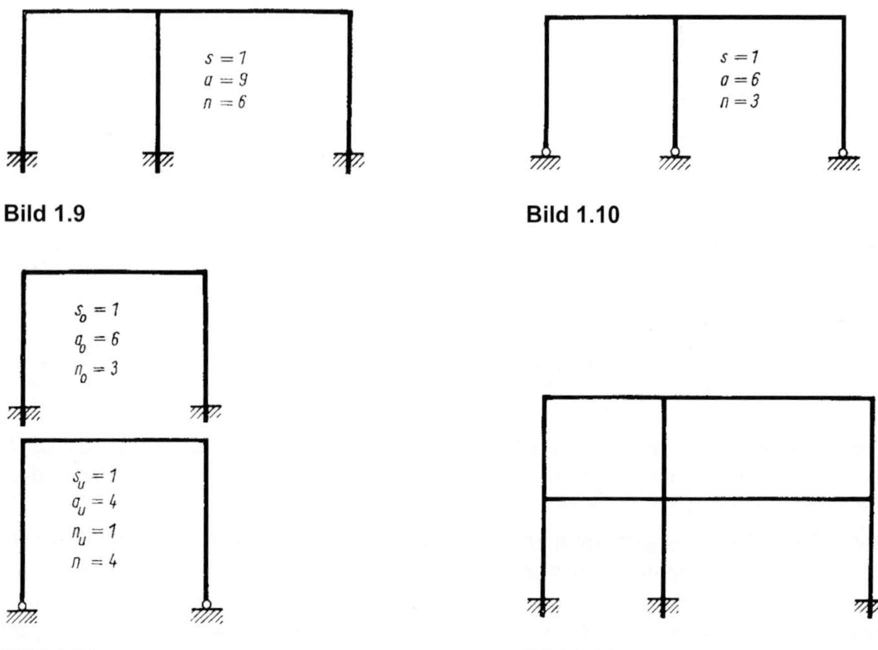

Bild 1.9

Bild 1.10

Bild 1.11

Bild 1.12

stimmen. Man baut ein solches System nach und nach ab, bis ein einstöckiges Tragwerk übrigbleibt. Dabei addiert man die jeweils statisch überzähligen Größen.

Bei dem zweistöckigen Rahmen nach Bild 1.7 z. B. versagt Gl. (1.1) bereits. Betrachtet man den oberen Teil des Rahmens, der mit seinen Stielen im unteren Teil eingespannt ist (Bild 1.11), so wäre dieser dreifach statisch unbestimmt. Der untere Teil ist einfach statisch unbestimmt, so dass der gesamte Rahmen vierfach statisch unbestimmt ist. Ganz allgemein gilt, dass jeder geschlossene Rahmen, unabhängig von der Form, innerlich dreifach statisch unbestimmt ist. Danach lässt sich sofort übersehen, dass der in Bild 1.12 dargestellte Rahmen zwölffach statisch unbestimmt ist. Mit gelenkig gelagerten Füßen wäre er nur neunfach statisch unbestimmt. Der Rahmen nach Bild 1.13 ist bereits 54fach statisch unbestimmt.

Die formale Bestimmung der Zahl n nach Gl. (1.1) oder (1.2) liefert außerdem nur notwendige, aber nicht hinreichende Kriterien für die Einteilung in bewegliche, statisch bestimmte und statisch unbestimmte Tragwerke. Trotz Erfüllung der Bedingung nach Gl. (1.1) kann das Tragwerk unbrauchbar sein, wenn Beweglichkeit (Bild 1.14) oder unendlich kleine Beweglichkeit (Bild 1.15) vorliegt. Bei dem Träger in Bild 1.14 ist die Beweglichkeit sofort zu übersehen, obwohl die formale Auszählung einen statisch bestimmten Träger ergibt. Bei dem Träger nach Bild 1.15 liegt die unendlich kleine Beweglichkeit darin begründet, dass für ein Moment um den Punkt i kein Gleichge-

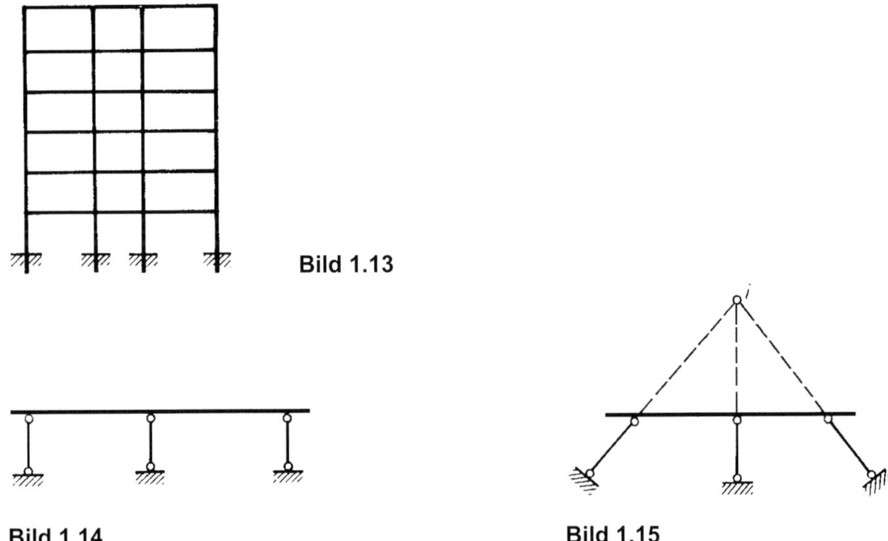

Bild 1.13

Bild 1.14

Bild 1.15

wicht möglich ist. Erst nach einer kleinen Verschiebung des Trägers, wenn sich die Achsen der Pendelstützen nicht mehr in einem Punkt schneiden, kann von den Stützen Widerstand geleistet werden. Für die Prüfung, ob bei einem Tragwerk Beweglichkeit vorliegt, stehen kinematische Verfahren zur Verfügung. Es ist hier nicht möglich und auch nicht notwendig, näher darauf einzugehen, da von vornherein nur brauchbare statische Systeme betrachtet werden.

1.3 Besonderheiten statisch unbestimmter Systeme

Es ist wichtig, die Besonderheiten der statisch unbestimmten Systeme zu kennen. Nur dann lässt sich entscheiden, an welchen Stellen statisch unbestimmte Systeme verwendet werden können, bzw. wo sie unbedingt zu vermeiden sind.

Für die Bestimmung der Stütz- und Schnittgrößen ist ein wesentlich größerer Rechenaufwand notwendig als bei statisch bestimmten Tragwerken. Mit dem Einsatz von Computertechnik unter Verwendung von Programmen für verschiedene Systeme und Belastungen (z. B. für Durchlaufträger) oder universellen FEM-Programmen ist der früher erforderliche Zeitaufwand für die Berechnung statisch unbestimmter Systeme stark vermindert worden. Jedes Planungsbüro verfügt heute über solche Möglichkeiten, so dass man vom Rechenaufwand her kaum noch von Nachteilen sprechen kann.

Als Nachteil kann sich jedoch auswirken, dass schon bei unbelastetem Tragwerk durch Temperaturänderungen Stütz- und Schnittgrößen entstehen können. Bei dem statisch bestimmten Rahmen nach Bild 1.16 werden sich die Längenänderungen bei

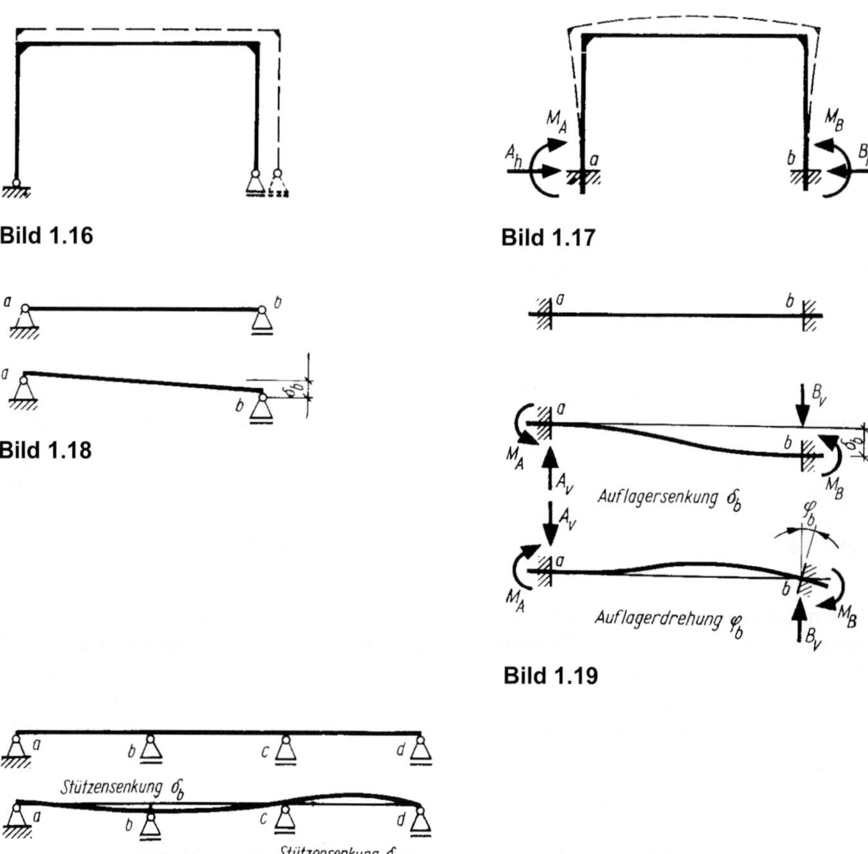

Bild 1.16

Bild 1.17

Bild 1.18

Bild 1.19

Bild 1.20

Erwärmung ungehindert ausgleichen, während das bei dem Rahmen nach Bild 1.17 nicht möglich ist. Es entstehen in diesem Fall in den Auflagern horizontale Kräfte und Einspannmomente, im Rahmen Normal- und Querkräfte sowie Biegemomente.

Die gleichen Nachteile treten auch bei Auflagerverschiebungen oder Verdrehungen auf. Senkt sich das Auflager *b* bei einem Träger auf zwei Stützen, dann stellt sich zwar die Trägerachse etwas schief, aber es entstehen keine zusätzlichen Beanspruchungen (Bild 1.18). Bei einem zweiseitig eingespannten Träger (Bild 1.19) oder einem Durchlaufträger (Bild 1.20) werden dagegen zusätzliche Stütz- und Schnittgrößen bei Auflagerverschiebungen auftreten.

Ein wesentlicher Vorteil der statisch unbestimmten Tragwerke besteht darin, dass sie infolge der günstigeren Verteilung der Biegemomente im Allgemeinen weniger Material

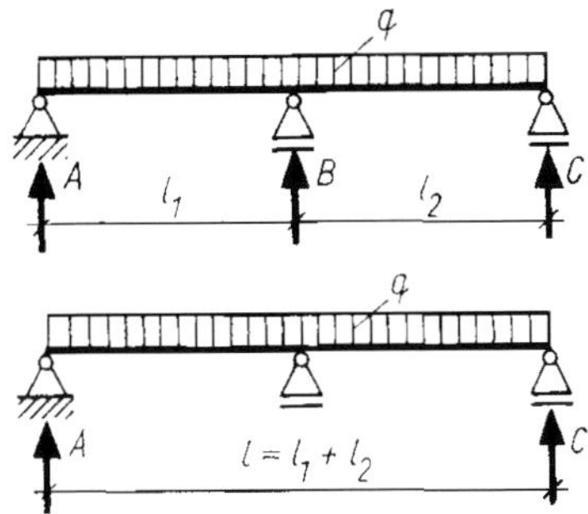

Bild 1.21

benötigen als statisch bestimmte. Außerdem lassen sich manche Tragwerke konstruktiv einfacher ausbilden. Das trifft ganz besonders für den monolithischen Stahlbetonbau zu, für den jedes Gelenk oder jede andere Unterbrechung des Trägerzuges in der Konstruktion und der Fertigung aufwändiger und damit unwirtschaftlich wird.

In der Stahlbeton-Fertigteilbauweise ist eine Durchlaufwirkung schwieriger zu erzielen, so dass man dort auf statisch unbestimmte Konstruktionen häufiger verzichtet.

Weiterhin haben die äußerlich statisch unbestimmten Tragwerke mehr Fesselungen als notwendig. Bei Ausfall einer Stützung bleiben sie deshalb noch standfest. Allerdings ergeben sich dadurch Umlagerungen der Schnittgrößen. Bei dem Zweifeldträger nach Bild 1.21 verdoppelt sich z. B. bei Ausfall der Mittelstütze die Feldweite. Da die Biegemomente in der zweiten Potenz der Stützweite wachsen, würden sich diese vervierfachen. Für solche Überlastungen dürfte der Träger kaum bemessen sein, so dass er wahrscheinlich zerstört werden würde. Ganz so krasse Umlagerungen ergeben sich nicht bei jedem Versagen einer Fesselung, trotzdem sollte man solche Möglichkeiten unbedingt ausschließen.

1.4 Stütz- und Schnittgrößen von statisch unbestimmten Systemen

1.4.1 Allgemeine Betrachtungen

Wie bereits angeführt, gibt es eine ganze Reihe von Möglichkeiten zur Untersuchung von statisch unbestimmten Systemen. Zu den grundlegenden Methoden zählen das **Kraftgrößenverfahren** und das **Weggrößenverfahren**. Wie die Namen bereits aussagen, werden in den beiden Verfahren entweder Kraftgrößen, also statische Größen, oder Weggrößen, also geometrische Größen, als Überzählige berechnet.

Auf der Grundlage dieser allgemeinen Verfahren wurden spezielle Verfahren entwickelt, die bei bestimmten Anwendungsgebieten Vorteile bieten. Für Berechnungen ohne Computertechnik zählt dazu z. B. das ***Cross*-Verfahren** mit seinen Weiterentwicklungen. Für Durchlaufträger sind noch einige Methoden entwickelt worden, die auf dreigliedrige Elastizitätsgleichungen führen. Auch die **Festpunktmethode** gehört dazu, die sowohl grafisch als auch rechnerisch angewendet werden kann.

Andere Systeme beruhen auf der Lösung großer Gleichungssysteme. Für die Auflösung der Gleichungssysteme ist bei mehr als dreifach statisch unbestimmten Systemen die Verwendung von Computern unbedingt zu empfehlen. Für einfachere Systeme und die weiteren Berechnungen sind zwar noch herkömmliche Rechenhilfsmittel ausreichend, aber hier bietet die Rechentechnik unbestreitbare Vorteile.

Jede Methode hat bestimmte Anwendungsbereiche, in denen sie anderen überlegen ist. Es ist deshalb von vornherein verfehlt, eine Methode im Hinblick auf Arbeitsumfang und Rechenaufwand als die beste zu bezeichnen. So gehören zum Einsatz der Computertechnik auch die entsprechenden Programme. Häufig lässt sich bei einfachen Systemen ein teures Programm durch eine einfache Tabellenkalkulation umgehen. Bereits in Band 1 sind einige Beispiele dazu gegeben.

1.4.2 Das Kraftgrößenverfahren

Beim Kraftgrößenverfahren wird zunächst das n-fach statisch unbestimmte System durch Einschalten von Gelenken, Zerschneiden von Stäben oder durch Wegnahme von Auflagerkräften in ein statisch bestimmtes System verwandelt. Es werden so viele Fesselungen gelöst und zusätzliche Freiheitsgrade geschaffen (insgesamt n), dass gerade noch ein unbewegliches, also kinematisch starres System übrig bleibt. Für ein solches System lassen sich die Stütz- und Schnittkräfte allein mit Gleichgewichtsbedingungen ermitteln. Es heißt **statisch bestimmtes Grund-**, **Ersatz-** oder **Hauptsystem**. An ihm werden alle Berechnungen vorgenommen. Man kann für diese Aufgabe verschiedene Grundsysteme verwenden. Dabei wird das eine oder andere Grundsystem zur zahlenmäßigen Berechnung zweckmäßiger sein. Im Laufe der Zeit wird man für die Wahl des Grundsystems einige Erfahrungen erworben haben. Die endgültigen Auflager- und Schnittgrößen des statisch unbestimmten Systems müssen, unabhängig von dem gewählten Grundsystem, dieselben sein.

Die entfernten Fesselungen oder Schnittgrößen sind die statisch Überzähligen. Sie werden mit X_1, X_2, ..., X_n bezeichnet. In Bild 1.22 ist ein dreifach statisch unbestimmtes System dargestellt. Durch Entfernen von drei Fesselungen (Bild 1.23) entsteht ein statisch bestimmtes Grundsystem, in dem X_1 und X_2 die vertikale und horizontale Komponente der Auflagerkraft in c sind, während X_3 die horizontale Komponente der Auflagerkraft in b ist. In Bild 1.24 ist ein anderes statisch bestimmtes Grundsystem gewählt worden. Es entsteht durch Einschalten von drei Gelenken. Die statisch überzähligen Größen sind jetzt die Biegemomente in den drei Gelenkpunkten. Bekanntlich vermindert die Einschaltung eines Gelenks die statische Unbestimmtheit um einen Grad (Band 1, Abschnitt 4.1).

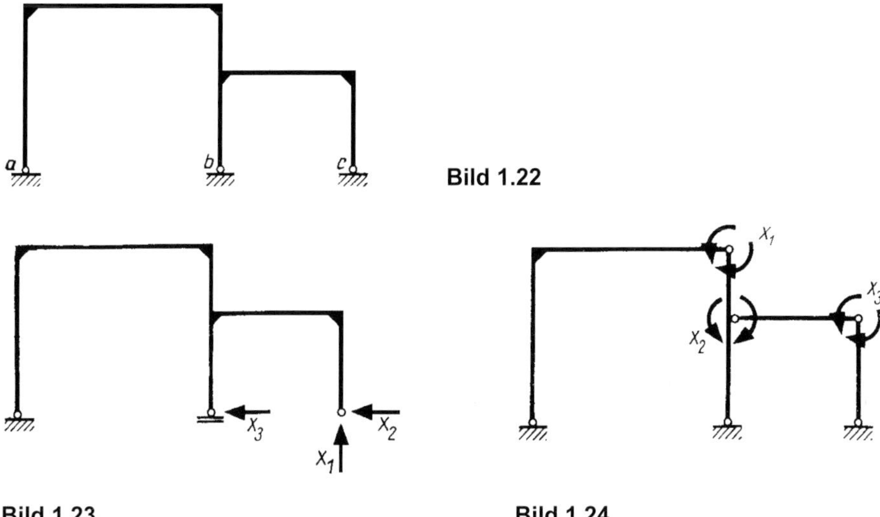

Bild 1.22

Bild 1.23

Bild 1.24

Im statisch bestimmten Grundsystem werden die äußeren Kräfte und die statisch Überzähligen zunächst als Einheitslasten alle getrennt angesetzt. Die Stütz- und Schnittgrößen lassen sich dafür mit den bekannten Methoden berechnen. Außerdem entstehen Formänderungen, die sich mit geeigneten Verfahren ebenfalls ermitteln lassen. Die statisch überzähligen Größen X_1, X_2, ..., X_n sind nun so zu bestimmen, dass die aus ihnen und den äußeren Kräften entstehenden Formänderungen mit den Bedingungen des statisch unbestimmten Systems verträglich sind. Daraus gewinnt man ein System von n Gleichungen, Elastizitätsgleichungen genannt, in denen die Größen X_1, X_2, ..., X_n als Unbekannte enthalten sind.

Die endgültigen Auflager- und Schnittgrößen des statisch unbestimmten Systems findet man durch Überlagerung oder in der üblichen Weise.

Aus der kurzen Darstellung des Kraftgrößenverfahrens erkennt man bereits, dass dazu Formänderungen an den verschiedensten statisch bestimmten Systemen berechnet werden müssen. Mit den Kenntnissen aus Band 2 ist das nur für den geraden Träger auf zwei Stützen möglich. Deswegen werden zuerst nur ein- und zweiseitig eingespannte Träger sowie Durchlaufträger untersucht. Für die rahmenartigen Tragwerke und die Fachwerke müssen erst die Kenntnisse über elastische Formänderungen erweitert werden.

1.4.3 Das Weggrößenverfahren

Da in diesem Buch das Weggrößenverfahren nicht im Einzelnen beschrieben wird, sollen hier auch nur wenige Hinweise gegeben werden.

Man bildet ein kinematisch bestimmtes Grundsystem, in dem alle im Ausgangssystem nicht eingespannten und verschieblich gelagerten Knoten durch zusätzliche Lagerbedingungen unverschieblich und unverdrehbar festgehalten werden. Als zusätzliche Fesselungen treten jetzt Festhaltekräfte und Momente auf. Das so entstandene Grundsystem besteht dann zwischen den festgehaltenen Knoten aus ein- oder zweiseitig eingespannten oder normalen Trägern auf zwei Stützen oder Kragträgern. Für diese lassen sich die Schnittgrößen unter der vorhandenen Belastung in der üblichen Weise oder mit Hilfe von Tabellen bestimmen.

Als überzählige Größen – in diesem Fall Weggrößen – werden Knoten- und Stabdrehwinkel eingeführt. Diese rufen in dem kinematisch bestimmten Grundsystem Schnittgrößen hervor, die zunächst für Einheitsgrößen der Knoten- oder Stabdrehwinkel getrennt berechnet werden. Die wirklichen Knoten- und Stabdrehwinkel sind nun so zu bestimmen, dass die Festhaltekräfte und Momente verschwinden und das Gleichgewicht der Schnittgrößen unter der gegebenen Belastung für jeden beliebig herausgeschnittenen Tragwerksteil gewährleistet ist.

Diese Bedingung liefert ein System von Gleichungen, aus denen sich die kinematisch Unbestimmten berechnen lassen. Man spricht bei einer Berechnung nach dem Weggrößenverfahren auch vom Grad der kinematischen Unbestimmtheit, der sich meist nicht mit dem Grad der statischen Unbestimmtheit deckt.

Aus den errechneten Weggrößen werden dann die endgültigen Schnittgrößen berechnet.

In diesem Punkt ist das Kraftgrößenverfahren im Vorteil; denn es liefert als Überzählige sofort Stütz- oder Schnittgrößen, während beim Weggrößenverfahren diese erst aus den Knoten- und Stabdrehwinkeln berechnet werden müssen.

Das Hauptanwendungsgebiet des Weggrößenverfahrens liegt bei den hochgradig statisch unbestimmten Rahmen; denn dort ist der Grad der kinematischen Unbestimmtheit niedriger. Dadurch hat man ein System mit weniger Unbekannten aufzulösen.

1.4.4 Das *Cross*-Verfahren

Neben den bereits erwähnten Methoden ist noch das von *Cross* entwickelte Verfahren zu nennen. Es ist ein Iterationsverfahren, bei dem die Auflösung eines Gleichungssystems vermieden wird. Auch hier denkt man sich die Knoten zunächst undrehbar und unverschieblich festgehalten. Die dazu nötigen Fesselungen (Momente und Festhaltekräfte) werden schrittweise ausgeglichen, bis das Gleichgewicht an sämtlichen Knoten hergestellt ist. Die Berechnung von Knotendrehwinkeln wird hierbei umgangen.

Das *Cross*-Verfahren hat den Vorteil, dass man auch mit einfachen Rechenhilfsmitteln in übersichtlicher Form die statisch überzähligen Größen berechnen kann.

Durch den Einsatz der Rechentechnik, die im Allgemeinen unabhängig vom Grad der statischen Unbestimmtheit eingesetzt werden kann, hat es an Bedeutung verloren.

1.5 Zusammenfassung

Es wurde das statisch unbestimmte Tragwerk erläutert. Mit Hilfe einer einfachen Formel lässt sich der Grad der statischen Unbestimmtheit für die äußerlich statisch unbestimmten Tragwerke feststellen. Für innerlich statisch unbestimmte Tragwerke wurden einige Hinweise gegeben. Weiterhin sind die Vor- und Nachteile der beschriebenen Systeme dargelegt worden.

Die grundsätzlichen Verfahren zur statischen Untersuchung sind

- das Kraftgrößenverfahren und
- das Weggrößenverfahren.

2 Ein- und zweiseitig eingespannte Träger

2.1 Allgemeines

Der einfache Träger auf zwei Stützen wird bereits statisch unbestimmt, wenn er an einem Ende oder an beiden Enden eingespannt ist. In Bild 2.1 sind einige Möglichkeiten dargestellt. Man setzt für die Berechnung meist voraus, dass er in einem Auflager in Längsrichtung verschieblich ist. Mit diesen Annahmen sind die Träger in Bild 2.1 ein- bzw. zweifach statisch unbestimmt. Die Träger in Bild 2.2 dagegen sind zwei- bzw. dreifach statisch unbestimmt.

Als statisch bestimmtes Grundsystem wählt man den Träger auf zwei Stützen oder den Kragträger. Die Formänderungen dafür lassen sich mit den bisherigen Kenntnissen bestimmen. Die statisch Überzähligen können somit nach dem Kraftgrößenverfahren ermittelt werden, ohne dass es zunächst in seiner allgemeinen Form beschrieben werden muss. Die vollständige Darstellung soll erst gebracht werden, nachdem in Abschnitt 4 „*Elastische Formänderungen*“ wesentliche Grundlagen abgeleitet worden sind.

In den folgenden Abschnitten werden für einige häufig vorkommende Lastfälle die Ermittlung der statisch Überzähligen sowie der Stütz- und Schnittgrößen gezeigt. Der Leser soll dadurch an die Methoden der Untersuchung von statisch unbestimmten Tragwerken herangeführt werden. Die Stütz- und Schnittgrößen sind für ein- und zweiseitig eingespannte Träger und alle häufig vorkommenden Lastfälle bereits ausgerechnet in bautechnischen Berechnungstafeln enthalten. Man greift dann nur auf die dort abgedruckten Gleichungen zurück. Sie werden nicht nur für die Untersuchung und Bemessung der hier betrachteten Träger gebraucht, sondern für die Anwendung des *Cross*-Verfahrens sind sie ebenfalls notwendig. Auch beim Weggrößenverfahren kommt man nicht ohne diese Gleichungen aus.

Einige Hinweise zur Einspannung sind noch erforderlich. Man unterscheidet zwischen starrer oder vollkommener Einspannung, teilweiser Einspannung und freier Lagerung. Die Drehbarkeit der Stabachse über den Auflagern ist dabei vollständig (Drehwinkel $\alpha = 0$), teilweise oder überhaupt nicht behindert (Bild 2.3).

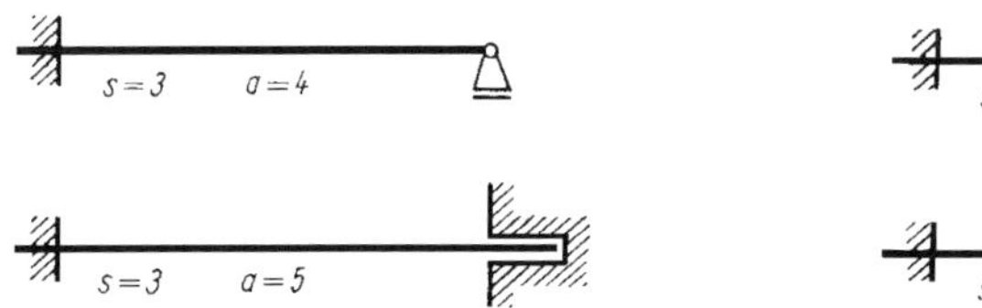

Bild 2.1

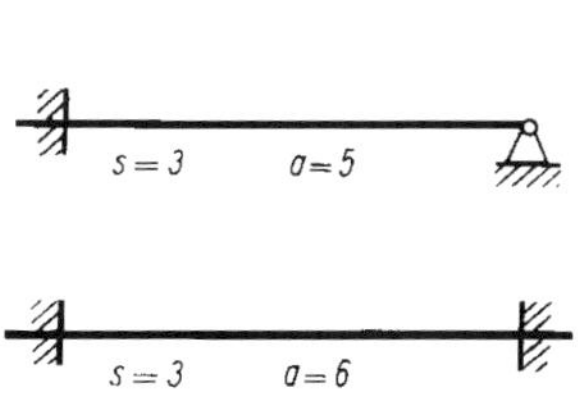

Bild 2.2

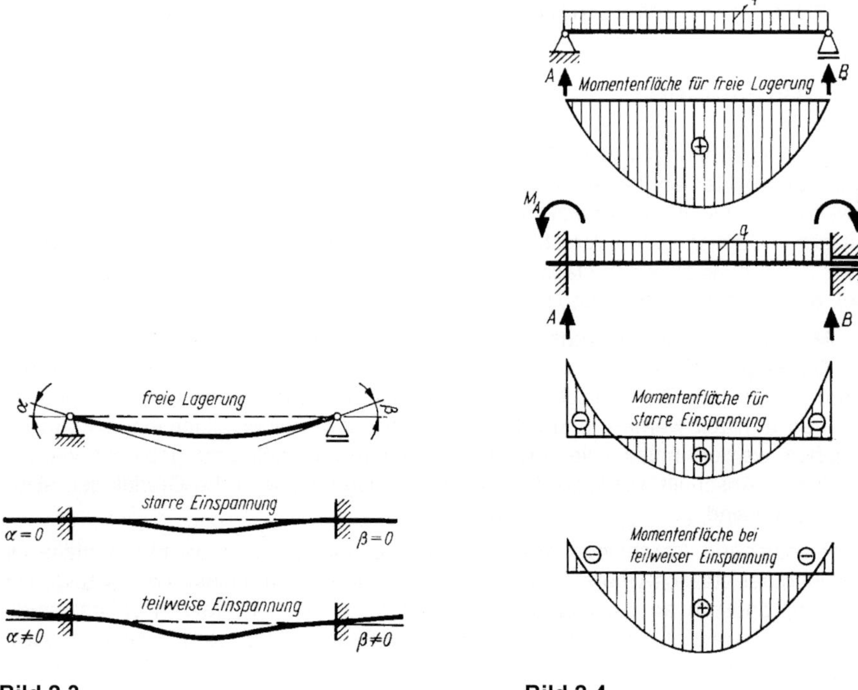

Bild 2.3 **Bild 2.4**

Für die folgenden Untersuchungen wird starre Einspannung vorausgesetzt. Der Fall der freien Lagerung ergibt den normalen Träger auf zwei Stützen. Die teilweise Einspannung kommt zwar sehr häufig vor, ist jedoch in ihrer Wirkung schwer zu erfassen. Mehr Möglichkeiten bieten hier Rechenprogramme. Jedoch muss auch hier der Grad der Einspannung oder eine Drehfederkonstante abgeschätzt werden, was häufig nicht unproblematisch ist. Der Verlauf der Biegemomente wird aber von der Einspannung beeinflusst (Bild 2.4). Deswegen sollte man sowohl konstruktiv als auch bei der Bemessung in Zweifelsfällen alle Möglichkeiten berücksichtigen.

2.2 Einseitig eingespannte Träger

2.2.1 Gleichmäßig verteilte Belastung

Als erstes Beispiel eines statisch unbestimmten Systems soll der Träger nach Bild 2.5 untersucht werden. Als statisch bestimmtes Grundsystem wird der Kragträger nach Bild 2.6 gewählt. Die Lösung mit Hilfe eines anderen Grundsystems wird anschließend behandelt.

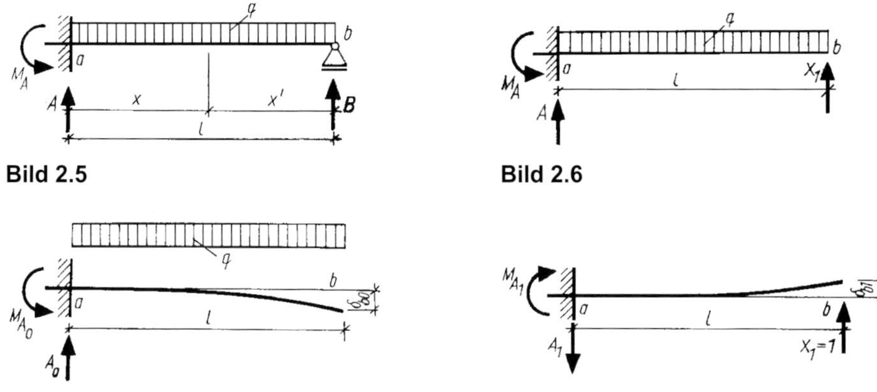

Bild 2.5 **Bild 2.6**

Bild 2.7 **Bild 2.8**

Die statisch überzählige Größe ist in diesem Fall die Auflagerkraft *B*. Sie wird in Anlehnung an die beim Kraftgrößenverfahren übliche Bezeichnung X_1 genannt.

Infolge der äußeren Last verschiebt sich das freie Trägerende um die Strecke δ_{b0} (Bild 2.7). Dabei kennzeichnet der erste Index den Ort und der zweite Index die Ursache der Verschiebung. Für die äußeren Lasten als Ursache wird dabei der Index 0 (Null) gewählt.

Nun lässt man die Kraft X_1 auf den Kragträger wirken. Da die Größe von X_1 noch nicht bekannt ist, wählt man zunächst $X_1 = 1$.

Am Punkt *b* des Grundsystems ergibt sich infolge $X_1 = 1$ die Verschiebung δ_{b1} (Bild 2.8) und bei dem tatsächlichen Wert von X_1 die Verschiebung $X_1\delta_{b1}$.

Die Größe von δ_{b0} und δ_{b1} lässt sich nach bekannten Gleichungen (Band 2, Abschnitt 8) berechnen.

Beim statisch unbestimmten Ausgangssystem befindet sich aber am Punkt *b* ein Auflager, also kann an dieser Stelle keine Verschiebung auftreten. Soll sich das statisch bestimmte Grundsystem bei seiner Formänderung genauso verhalten wie das statisch unbestimmte System, so muss die Summe der Verschiebungen null ergeben:

$$X_1\delta_{b1} + \delta_{b0} = 0$$

Diese Bedingung liefert eine Gleichung zur Berechnung von X_1. Sobald die statisch überzählige Größe bekannt ist, lassen sich mit Hilfe der Gleichgewichtsbedingungen alle Stütz- und Schnittgrößen berechnen.

Die abgeleitete Gleichung ist aus Betrachtungen über Formänderungen gewonnen worden. Man bezeichnet sie deshalb auch als Elastizitätsgleichung.

Zur Berechnung von X_1 entnimmt man einer Berechnungstafel

$$\delta_{b0} = \frac{ql^4}{8EI}; \qquad \delta_{b1} = -\frac{(1)l^3}{3EI}$$

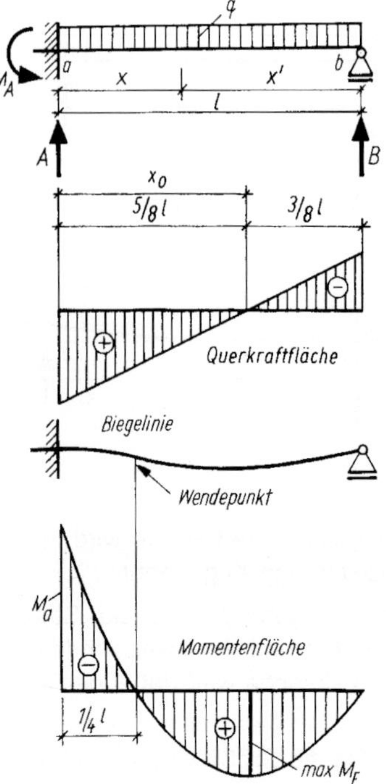

Bild 2.9

Die in der Klammer stehende Größe 1 wird meist weggelassen. Für X_1 erhält man

$$-X_1 \frac{l^3}{3EI} + \frac{ql^4}{8EI} = 0$$

$$X_1 = \frac{3}{8} ql$$

Damit lassen sich die Stütz- und Schnittgrößen berechnen (Bild 2.9).

1. Auflagergrößen

$\sum F_V = 0;$ $\quad A = 0{,}625ql \qquad (2.1)$

$B = 0{,}375ql \qquad (2.2)$

$\sum M_a = 0;$ $\quad -M_a + ql\frac{l}{2} - \frac{3}{8}ql\,l = 0$

$$M_a = \frac{ql^2}{8} \qquad (2.3)$$

Das positive Vorzeichen für das Einspannmoment gibt an, dass die angenommene Drehrichtung stimmt. Horizontale Kräfte sind nicht vorhanden. A_h ist deswegen sofort weggelassen worden, da dies aus $\sum H = 0$ von vornherein erkennbar ist.

2. Querkräfte

$$V_{ar} = 0{,}625ql\,; \qquad V_{bl} = -0{,}375ql$$

$$V_x = 0{,}625ql - qx$$

$$x_0 = 0{,}625l\,; \qquad x_0' = 0{,}375l$$

3. Biegemomente

$$M_x = -\frac{ql^2}{8} - \frac{qx^2}{2} + \frac{5}{8}qlx$$

$$M_{x'} = \frac{5}{8}qlx' - \frac{q}{2}(x')^2\,; \qquad (x' = l - x)$$

$$M_a = -\frac{ql^2}{8}\,; \qquad (x = 0) \tag{2.4}$$

$$M_b = 0\,; \qquad (x = l)$$

$$\max M_F = \frac{3}{8}ql\left(\frac{3}{8}l\right) - \frac{q}{2}\left(\frac{3}{8}l\right)^2$$

$$\max M_F = \frac{9}{128}ql^2 \approx \frac{ql^2}{14} \tag{2.5}$$

Das Biegemoment an der Einspannstelle hat die gleiche Größe wie das Einspannmoment und entspricht in seinem Wert dem maximalen Feldmoment des Trägers auf zwei Stützen. Das größte Biegemoment im Feld, hier mit max M_F bezeichnet, ist dagegen kleiner als beim Träger auf zwei Stützen. Die Bemessung des einseitig eingespannten Trägers muss für das absolut größte Biegemoment M_a erfolgen, falls er auf seiner ganzen Länge gleich ausgebildet wird.

Es wird noch die Lage des Momentennullpunktes ermittelt, der mit der Lage des Wendepunktes der Biegelinie übereinstimmt.

$$M_{x'} = \frac{3}{8}qlx' - \frac{q}{2}(x')^2 = 0$$

$$x' = \frac{3}{4}l\,; \qquad x = \frac{1}{4}l$$

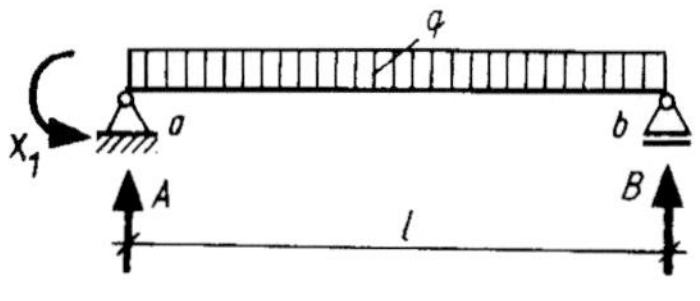

Bild 2.10

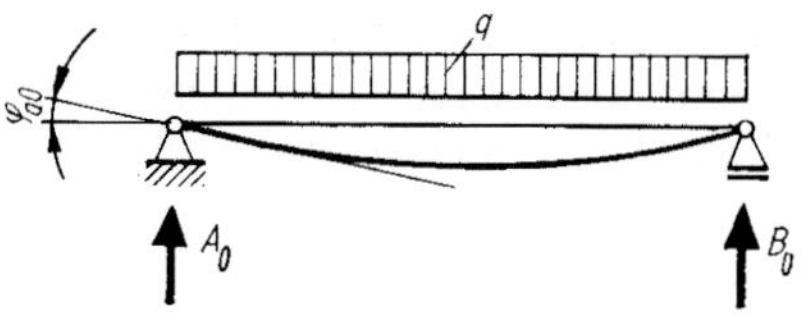

Bild 2.11

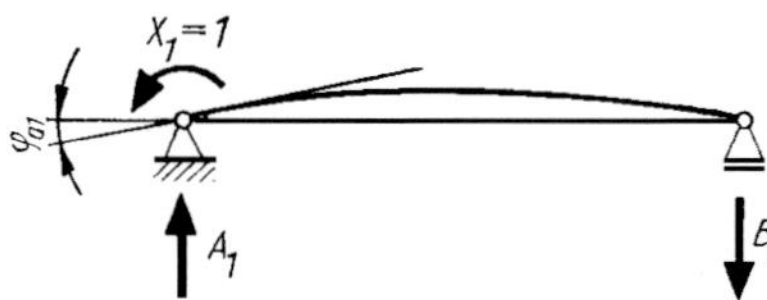

Bild 2.12

Wie bereits angedeutet, soll der Träger noch mit einem anderen statisch bestimmten Grundsystem untersucht werden (Bild 2.10). Als Grundsystem wird ein Träger auf zwei Stützen gewählt. Die statisch Überzählige ist das Einspannmoment M_A.

Infolge der äußeren Lasten verdreht sich die Stabachse im Punkt *a* um den Winkel φ_{a0} (Bild 2.11). Unter der Wirkung von $X_1 = 1$ verdreht sie sich um den Winkel φ_{a1} (Bild 2.12) und infolge von X_1 um den Winkel $X_1\varphi_{a1}$. Im statisch unbestimmten System ist aber keine Verdrehung möglich, also lautet die Bedingung

$$X_1\varphi_{a1} + \varphi_{a0} = 0$$

Die Werte für φ_{a1} und φ_{a0} können einer Berechnungstafel entnommen werden.

$$\varphi_{a1} = -\frac{(1)\,l}{3EI}$$

$$\varphi_{a0} = \frac{ql^3}{24EI}$$

$$-X_1\frac{l}{3EI} + \frac{ql^3}{24EI} = 0$$

$$X_1 = \frac{ql^2}{8}$$

Das Ergebnis stimmt mit dem bereits bekannten Einspannmoment M_A überein. Die Stütz- und Schnittgrößen lassen sich nun wie üblich ermitteln.

2.2.2 Einzellast in beliebiger Stellung

Es wird noch der in Bild 2.13 dargestellte Lastfall untersucht. Als statisch bestimmtes Hauptsystem wird ein Träger auf zwei Stützen gewählt (Bild 2.14). Die überzählige Größe X_1 ist das Einspannmoment M_A.

Die Elastizitätsgleichung lautet

$$X_1 \varphi_{a1} + \varphi_{a0} = 0$$

Die Verdrehungen φ_{a0} und φ_{a1} können wieder Tabellenwerken entnommen werden.

$$\varphi_{a0} = -\frac{Pab}{6EIl}(l+b)$$

$$\varphi_{a1} = \frac{(1)l}{3EI}$$

$$-X_1 \frac{l}{3EI} + \frac{Pab}{6EIl}(l+b) = 0$$

$$X_1 = \frac{Pab}{2l^2}(l+b) \tag{2.6}$$

Mit Gl. (2.6) kann das Einspannmoment für jede Stellung von P bestimmt werden. Sobald die statisch überzählige Größe bekannt ist, lassen sich die Stütz- und Schnittgrößen mit den Gleichgewichtsbedingungen berechnen. Für den Fall $a = b$ (Einzellast in Trägermitte, Bild 2.15) erhält man die folgenden Werte.

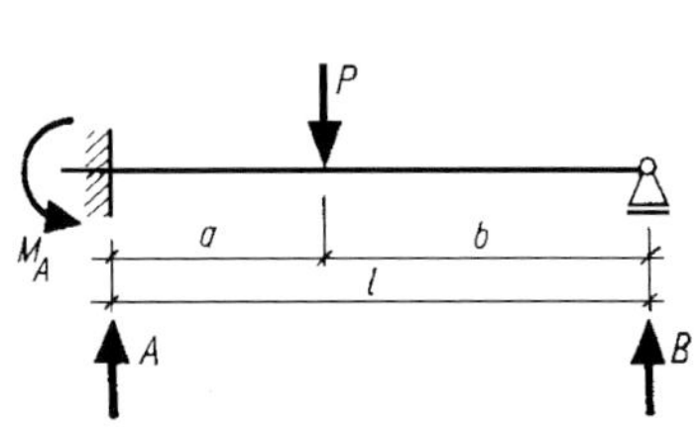

Bild 2.13

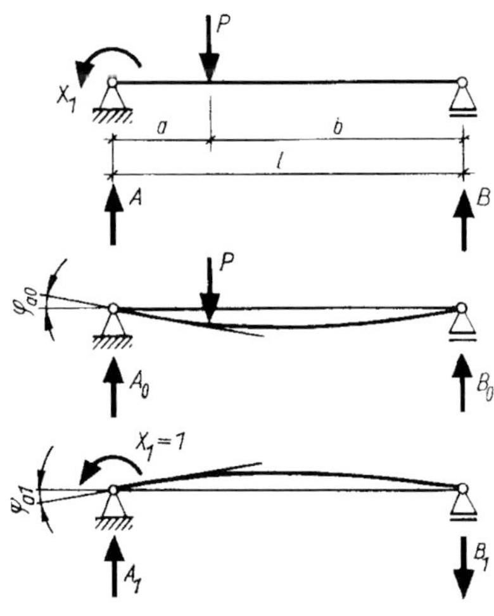

Bild 2.14

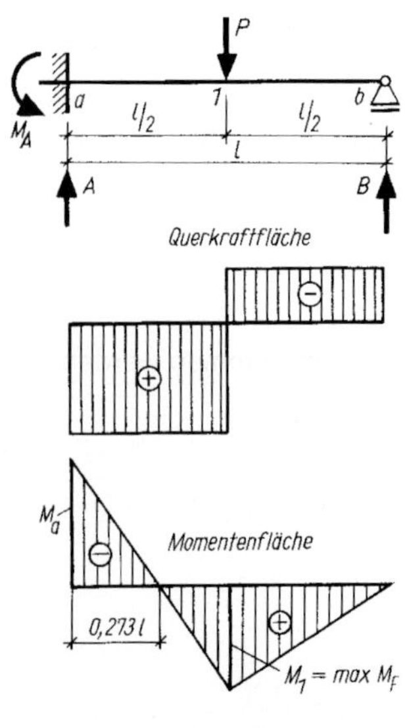

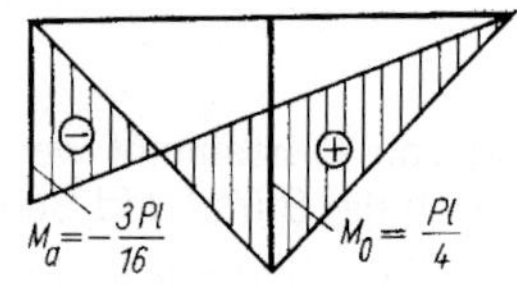

Bild 2.15

1. Auflagergrößen

$$M_A = \frac{3}{16} Pl \tag{2.7}$$

$$\sum M_b = 0: \quad -M_A - P\frac{l}{2} + Al = 0$$

$$A = \frac{11}{16} P \tag{2.8}$$

$$\sum F_V = 0: \quad B = \frac{5}{16} P \tag{2.9}$$

2. Querkräfte

$$V_{ar} = V_{1l} = \frac{11}{16} P\ ; \qquad V_{1r} = V_{bl} = -\frac{5}{16} P$$

3. Biegemomente

$$M_a = -\frac{11}{16} Pl \tag{2.10}$$

$$M_1 = B\frac{l}{2} = \frac{5}{32}Pl \tag{2.11}$$

Die Momentenfläche kann auch durch Überlagerung von zwei Wirkungen gewonnen werden (Bild 2.15).

2.2.3 Zusammenfassung

Der einseitig eingespannte Träger ist einfach statisch unbestimmt. Als statisch bestimmtes Grundsystem wird ein Kragträger oder Träger auf zwei Stützen gewählt. Die Auflagerkraft am freien Ende oder das Einspannmoment ist die statisch überzählige Größe. Für zwei Lastfälle wurde die Berechnung gezeigt. Die Ergebnisse sind als Gleichungen in Berechnungstafeln enthalten und werden dort entnommen (Tabelle 2.1).

2.2.4 Beispiele

Beispiel 2.2.1

Für den Träger nach Bild 2.16 sind die Auflager- und Schnittkräfte zu berechnen.

1. Auflagerkräfte

$$A = \frac{3ql}{8} + \frac{5P}{16} = \frac{3 \cdot 12 \cdot 5}{8} + \frac{5 \cdot 16}{16}$$

$$A = 22{,}5 + 5{,}0 = 27{,}5 \text{ kN}$$

$$B = \frac{5ql}{8} + \frac{11P}{16} = \frac{5 \cdot 12 \cdot 5}{8} + \frac{11 \cdot 16}{16}$$

$$B = 37{,}5 + 11{,}0 = 48{,}5 \text{ kN}$$

$$M_B = \frac{ql^2}{8} + \frac{3Pl}{16} = \frac{12 \cdot 5^2}{8} + \frac{3 \cdot 16 \cdot 5}{16}$$

$$M_B = 37{,}5 + 15{,}0 = 52{,}5 \text{ kN}$$

2. Querkräfte

$$V_{ar} = 27{,}5 \text{ kN}$$

$$V_{1l} = 27{,}5 - 2{,}5 \cdot 12 = -2{,}5 \text{ kN}$$

$$V_{1r} = -2{,}5 - 16{,}0 = -18{,}5 \text{ kN}$$

$$V_{bl} = -18{,}5 - 2{,}5 \cdot 12 = -48{,}5 \text{ kN}$$

Tabelle 2.1: Einspannmomente des einseitig eingespannten Trägers

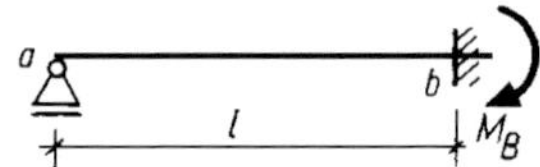

Belastung	Einspannmoment M_B
P; $l/2$, $l/2$	$M_B = \frac{3}{16} Pl$
P; x, x'	$M_B = \frac{1}{2}\left(\frac{x}{l} - \frac{x^3}{l^3}\right) Pl$
P, P; c, c	$M_B = \frac{3}{2}\left(1 - \frac{c}{l}\right) Pc$
P, P, P; c, c, c, c; $l = n \cdot c$	$M_B = \frac{n^2 - 1}{8n} Pl$
P, P, P, P; $\frac{c}{2}$, c, c, c, $\frac{c}{2}$; $l = n \cdot c$	$M_B = \frac{n^2 + 0{,}5}{8n} Pl$
M; x, x'	$M_B = \frac{1}{2}\left(1 - 3\frac{x^2}{l^2}\right) M$
M; l	$M_B = \frac{1}{2} M$
ungleichmäßige Erwärmung; Trägerhöhe h; o, u; $T_o > T_u$; $\Delta T = T_o - T_u$	$M_B = -1{,}5 EI \frac{\alpha_T \Delta T}{h}$

Tabelle 2.1 (*fortgesetzt*)

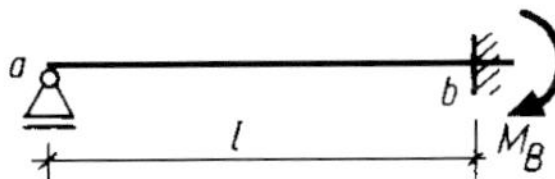

Belastung	Einspannmoment M_B
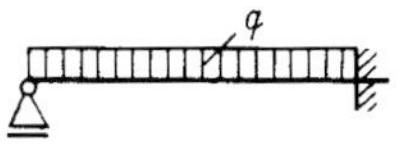	$M_B = \frac{ql^2}{8}$
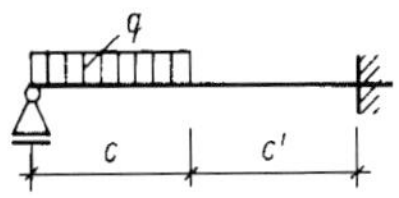	$M_B = \frac{qc^2}{8}\left(2 - \frac{c^2}{l^2}\right)$
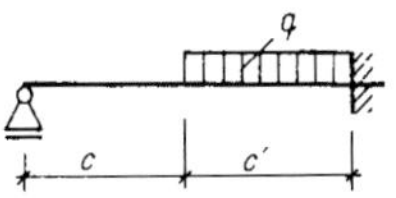	$M_B = \frac{qc'^2}{8}\left(1 + \frac{c}{l}\right)^2$
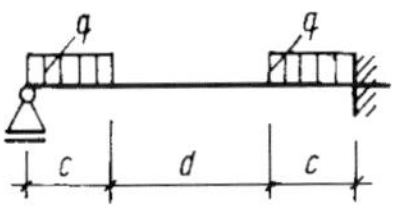	$M_B = \frac{qc^2}{4}\left(3 - 2\frac{c}{l}\right)$
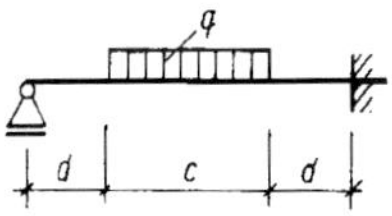	$M_B = \frac{qcl}{16}\left(3 - \frac{c^2}{l^2}\right)$
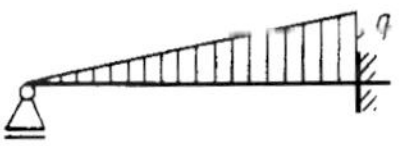	$M_B = \frac{ql^2}{15}$
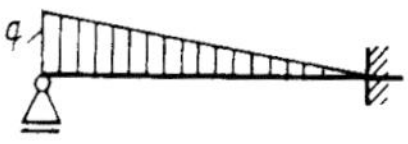	$M_B = \frac{7ql^2}{120}$
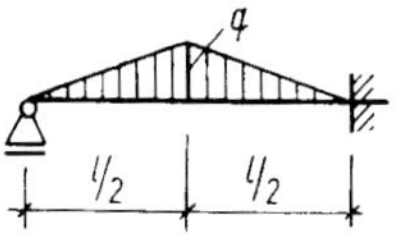	$M_B = \frac{5ql^2}{96}$

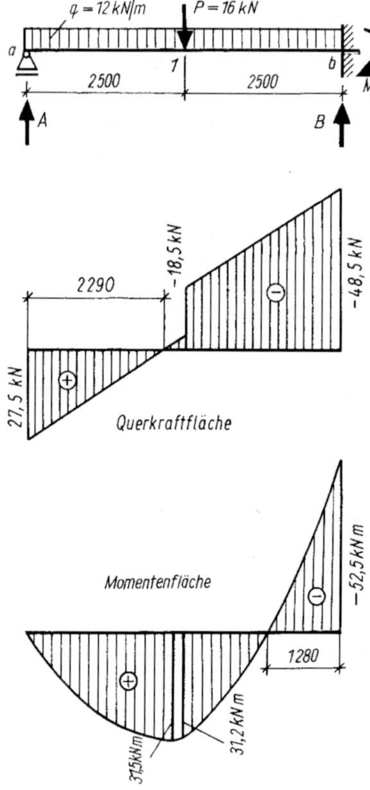

Bild 2.16

Im Bereich *a* ... 1 gilt

$V_x = 27{,}5 - 12qx$; $x_0 = 2{,}29$ m; $(V_x = 0)$

3. Biegemomente

$$\max M_F = 27{,}5 \cdot 2{,}29 - 12 \cdot 2{,}29 \cdot 1{,}145 = -31{,}5 \text{ kNm}$$

$$M_1 = 27{,}5 \cdot 2{,}50 - 12 \cdot 2{,}50 \cdot 1{,}25 = -31{,}2 \text{ kNm}$$

$$M_b = -52{,}5 \text{ kNm}$$

Beispiel 2.2.2

Für den in Bild 2.17 dargestellten Träger sind die Auflager- und Schnittgrößen unter Verwendung von Berechnungstafeln zu bestimmen.

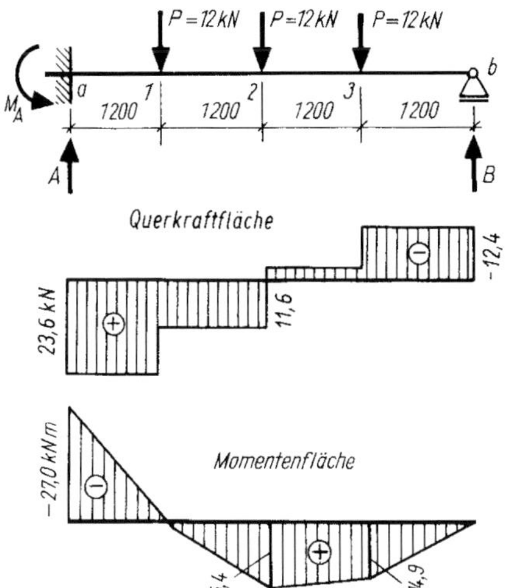

Bild 2.17

1. Auflagerkräfte

$$M_A = \frac{15^2}{32} Pl = \frac{15}{32} 12 \cdot 4{,}8 = 27{,}0 \text{ kNm}$$

$$A = \frac{3 \cdot 12}{2} + \frac{27{,}0}{4{,}8} = 23{,}6 \text{ kN}$$

$$B = \frac{5 \cdot 12}{2} - \frac{27{,}0}{4{,}8} = 12{,}4 \text{ kN}$$

2. Querkräfte

$V_{ar} = V_{1l} = 23{,}6$ kN

$V_{1r} = V_{2l} = 23{,}6 - 12{,}0 = 11{,}6$ kN

$V_{2r} = V_{3l} = 11{,}6 - 12{,}0 = -0{,}4$ kN

$V_{3r} = V_{bl} = -0{,}4 - 12 = -12{,}4$ kN

3. Biegemomente

$M_a = -27{,}0$ kNm

$M_1 = 23{,}6 \cdot 1{,}20 - 27{,}0 = 1{,}3$ kNm

$M_2 = 12{,}4 \cdot 2{,}40 - 12 \cdot 1{,}2 = 15{,}4$ kNm

$M_3 = 12{,}4 \cdot 1{,}2 = 14{,}9$ kNm

2.3 Zweiseitig eingespannte Träger

2.3.1 Einzellast in beliebiger Stellung

Beim zweiseitig eingespannten Träger nimmt man im Allgemeinen an, dass er an einem Ende in Längsrichtung gleiten kann (Bild 2.18). Der Träger ist dann noch zweifach statisch unbestimmt, denn für die Berechnung von zwei Einspannmomenten, zwei vertikalen und einer horizontalen Auflagerkraft stehen drei Gleichgewichtsbedingungen zur Verfügung. Als statisch bestimmtes Grundsystem wird ein Träger auf zwei Stützen gewählt. Die Überzähligen X_1 und X_2 sind die Einspannmomente M_A und M_B.

Im Auflager *a* verdreht sich die Stabachse um φ_{a0} infolge der äußeren Lasten, um φ_{a1} infolge $X_1 = 1$ und um φ_{a2} infolge $X_2 = 1$ (Bild 2.19). Bei den wirklichen Größen von X_1 und X_2 ergeben sich die Verdrehungen $X_1\varphi_{a1}$ und $X_2\varphi_{a2}$. Für das Auflager *b* erhält man die Verdrehungen φ_{b0}, φ_{b1} und φ_{b2} bzw. $X_1\varphi_{b1}$ und $X_2\varphi_{b2}$.

Die Überzähligen X_1 und X_2 sind nun so zu bestimmen, dass die Formänderungen am statisch bestimmten Grundsystem mit den Bedingungen des wirklichen (statisch unbestimmten) Systems verträglich sind. Diese Bedingungen lauten

$$\varphi_a = 0: \qquad X_1\varphi_{a1} + X_2\varphi_{a2} + \varphi_{a0} = 0$$

$$\varphi_b = 0: \qquad X_1\varphi_{b1} + X_2\varphi_{b2} + \varphi_{b0} = 0$$

In den Gleichungen sind die Drehwinkel φ bekannt, da sie im statisch bestimmten Grundsystem berechnet werden können. Man hat somit zwei Elastizitätsgleichungen

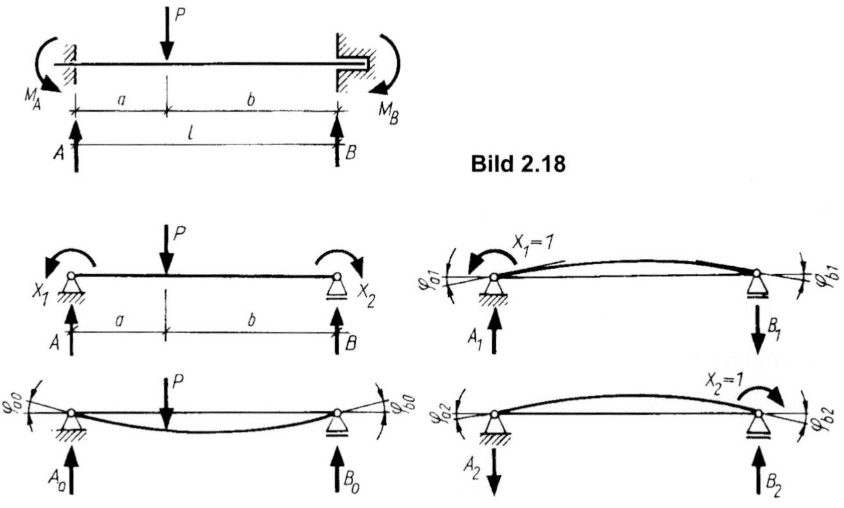

Bild 2.18

Bild 2.19

zur Bestimmung von X_1 und X_2 erhalten. X_1 und X_2 sind bereits mit dem zu erwartenden Drehsinn eingeführt worden. Das ist nicht unbedingt nötig; denn das Vorzeichen am Ende der Rechnung bestätigt oder korrigiert diese Annahme. Die Drehwinkel werden:

$$\varphi_{a0} = \frac{Pab}{6EIl}(l+b)\,; \qquad \varphi_{b0} = -\frac{Pab}{6EIl}(l+a)$$

$$\varphi_{a1} = -\frac{(1)l}{3EI}\,; \qquad \varphi_{b1} = \frac{(1)l}{6EI}$$

$$\varphi_{a2} = -\frac{(1)l}{6EI}\,; \qquad \varphi_{b2} = \frac{(1)l}{3EI}$$

$$-X_1\frac{l}{3EI} - X_2\frac{l}{6EI} + \frac{Pab}{6EIl}(l+b) = 0$$

$$X_1\frac{l}{6EI} + X_2\frac{l}{3EI} + \frac{Pab}{6EIl}(l+a) = 0$$

$$X_1 = \frac{Pab^2}{l^2}\,; \qquad X_2 = \frac{Pa^2b}{l^2} \qquad (2.12);\ (2.13)$$

Damit sind die Überzähligen bestimmt. Die Stütz- und Schnittgrößen werden dann wie üblich berechnet. Für eine Einzellast in Trägermitte sollen sie noch allgemein dargestellt werden (Bild 2.20).

1. Auflagergrößen

$$M_A = \frac{Pl}{8}\,; \qquad M_B = \frac{Pl}{8}\,; \qquad A = \frac{P}{2}\,; \qquad B = \frac{P}{2}$$

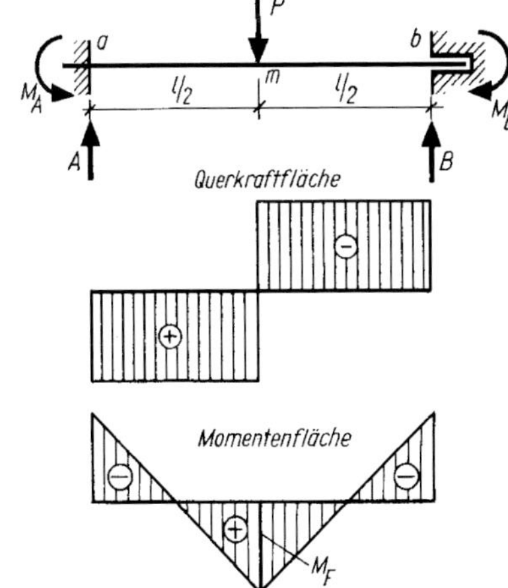

Bild 2.20

2. Querkräfte

$$V_{ar} = V_{ml} = \frac{P}{2}; \qquad V_{mr} = V_{bl} = -\frac{P}{2}$$

3. Biegemomente

$$M_a = -\frac{Pl}{8}; \qquad M_b = -\frac{Pl}{8}$$

$$M_m = \max M_F = \frac{P}{2}\frac{l}{2} - \frac{Pl}{8} = \frac{Pl}{8}$$

2.3.2 Gleichmäßig verteilte Belastung

Infolge der Symmetrie der Belastung und des Systems (Bild 2.21) wird $M_A = M_B$ bzw. $X_1 = X_2 = X$. Es genügt also eine Gleichung zur Berechnung der Einspannmomente. Die Drehwinkel φ haben folgende Größen:

$$\varphi_{a0} = \frac{ql^3}{24EI}; \qquad \varphi_{b0} = -\frac{ql^3}{24EI}$$

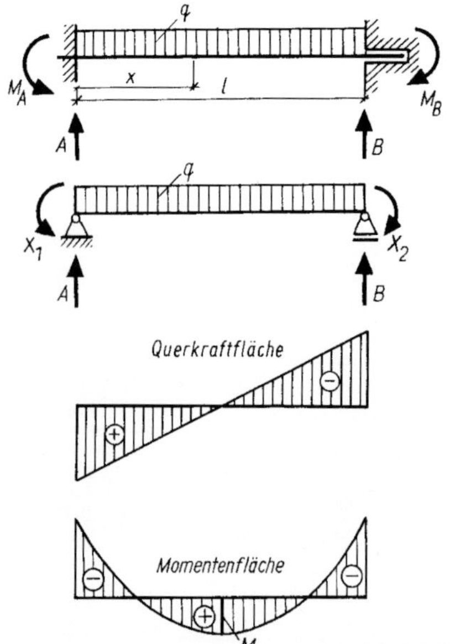

Bild 2.21

$$\varphi_{a1} = -\frac{(1)l}{3EI}; \qquad \varphi_{b1} = \frac{(1)l}{6EI}$$

$$\varphi_{a2} = -\frac{(1)l}{6EI}; \qquad \varphi_{b2} = \frac{(1)l}{3EI}$$

$$-X\frac{l}{3EI} - X\frac{l}{6EI} + \frac{ql^3}{24EI} = 0$$

$$X = \frac{ql^2}{12} \tag{2.14}$$

1. Auflagergrößen

$$M_A = \frac{ql^2}{12}; \qquad M_B = \frac{ql^2}{12}; \qquad A = \frac{ql}{2}; \qquad B = \frac{ql}{2}$$

2. Querkräfte

$$Q_x = \frac{ql}{2} - qx$$

3. Biegemomente

$$M_x = \frac{ql}{2}x - \frac{q}{2}x^2 - \frac{ql^2}{12}$$

$$M_F = \frac{ql^2}{24}$$

$$M_a = M_b = -\frac{ql^2}{12}$$

2.3.3 Zusammenfassung

Für die zweiseitig eingespannten Träger wurden die Stütz- und Schnittgrößen für zwei Lastfälle berechnet. Bei einer Einzellast in Feldmitte werden die Grenzwerte der Biegemomente nur halb so groß wie beim frei gelagerten Träger auf zwei Stützen. Bei gleichmäßig verteilter Belastung betragen das Feldmoment ein Drittel und die Stützenmomente zwei Drittel der größten Biegebeanspruchung des normalen Trägers. Die günstigere Verteilung der Biegemomente gestattet eine bessere Materialausnutzung und daher kleinere Querschnitte.

Die statisch Überzähligen für weitere Lastfälle sind in Berechnungstafeln enthalten (Tabelle 2.2).

Tabelle 2.2: Einspannmomente des zweiseitig eingespannten Trägers

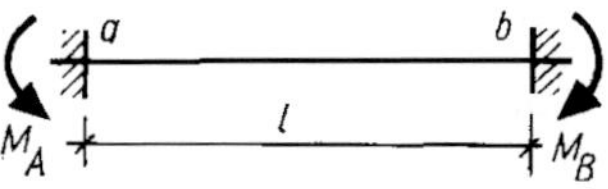

Belastung	Einspannmoment
P; l/2, l/2	$M_A = M_B = \frac{1}{8} Pl$
P; x, x'	$M_A = \frac{Pxx'^2}{l^2}$; $M_B = \frac{Px^2 x'}{l^2}$
P, P; c, c	$M_A = M_B = \left(1 - \frac{c}{l}\right) Pc$
P, P, P; c, c, c, c; l = n · c	$M_A = M_B = \frac{n^2 - 1}{12n} Pl$
P, P, P, P; c/2, c, c, c, c/2; l = n · c	$M_A = M_B = \frac{n^2 + 0{,}5}{12n} Pl$
M; x, x'	$M_A = \frac{Mx'}{l}\left(3\frac{x'}{l} - 2\right)$, $M_B = \frac{Mx}{l}\left(3\frac{x}{l} - 2\right)$
ungleichmäßige Erwärmung; Trägerhöhe h; o, u; $T_o > T_u$; $\Delta T = T_o - T_u$	$M_A = M_B = -EI \frac{\alpha_T \Delta T}{h}$
beliebige Belastung	$M_A = \frac{1}{3}(2L - R)$; $M_B = \frac{1}{3}(2R - L)$

Tabelle 2.2 (*fortgesetzt*)

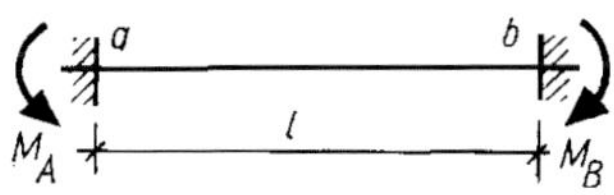

Belastung	Einspannmoment
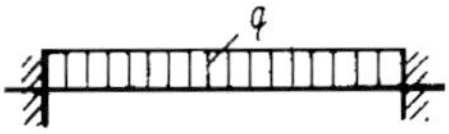	$M_A = M_B = \dfrac{ql^2}{12}$
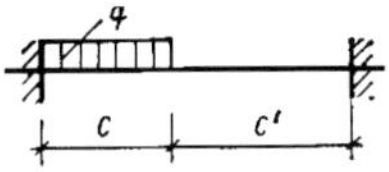	$M_A = \dfrac{qc^2}{12l^2}\left(6c'^2 + 4cc' + c^2\right)$; $M_B = \dfrac{qc^2}{12l^2}\left(4cc' + c^2\right)$
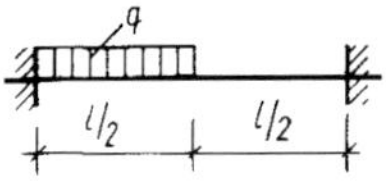	$M_A = \dfrac{11}{192}ql^2$; $M_B = \dfrac{5}{192}ql^2$
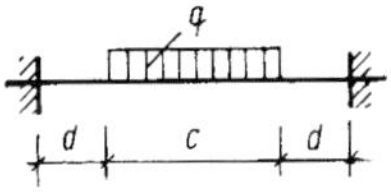	$M_A = M_B = \dfrac{qc}{24l}\left(3l^2 - c^2\right)$
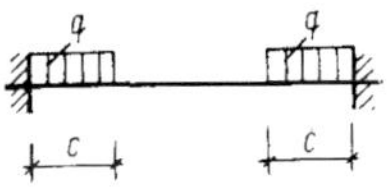	$M_A = M_B = \dfrac{qc^2}{6l}(3l - 2c)$
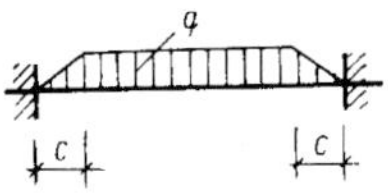	$M_A = M_B = \dfrac{ql^2}{12}\left[1 - \dfrac{c^2}{l^2}\left(2 - \dfrac{c}{l}\right)\right]$
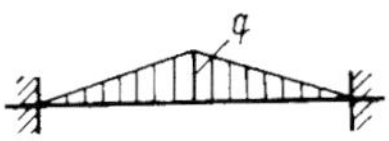	$M_A = M_B = \dfrac{5ql^2}{96}$
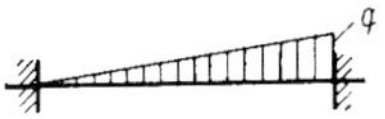	$M_A = \dfrac{ql^2}{30}$; $M_B = \dfrac{ql^2}{20}$

2.3.4 Beispiele

Für die dargestellten Belastungen sind die Auflagergrößen und Biegemomente für den frei gelagerten, einseitig und zweiseitig eingespannten Träger zu berechnen.

Beispiel 2.3.1 Frei gelagerter Träger auf zwei Stützen (Bild 2.22)

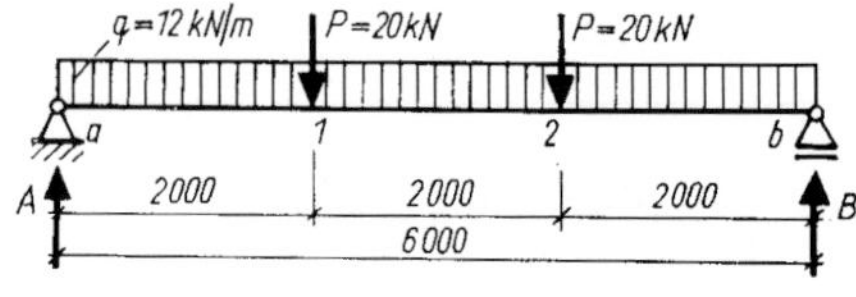

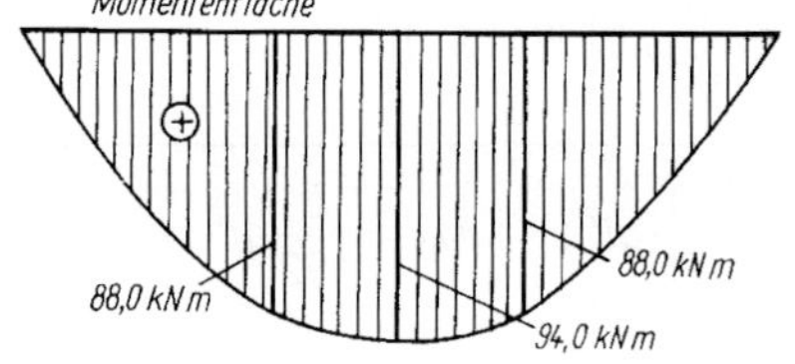

Bild 2.22

$$A = B = \frac{12 \cdot 6}{2} + 20 = 56{,}0 \text{ kN}$$

$$M_1 = M_2 = \frac{12}{2} 2{,}0 \cdot 4{,}0 + 20 \cdot 2{,}0 = 88{,}0 \text{ kNm}$$

$$M_m = \max M = \frac{12 \cdot 6{,}0^2}{8} + 20 \cdot 2{,}0 = 94{,}0 \text{ kNm}$$

Beispiel 2.3.2 Einseitig eingespannter Träger (Bild 2.23)

$$M_A = \frac{12 \cdot 6{,}0^2}{8} + \frac{20 \cdot 6{,}0}{3} = 94{,}0 \text{ kNm}$$

$$A = \frac{12 \cdot 6}{2} + 20 + \frac{94{,}0}{6{,}0} = 71{,}7 \text{ kN}; \qquad B = \frac{12 \cdot 6}{2} + 20 - \frac{94{,}0}{6{,}0} = 40{,}3 \text{ kN}$$

$$M_a = -94{,}0 \text{ kNm}$$

$$M_1 = \frac{12}{2} 2{,}0 \cdot 4{,}0 + 20 \cdot 2{,}0 - \frac{94{,}0}{6{,}0} 4{,}0 = 25{,}3 \text{ kNm}$$

$$M_2 = \max M_F = \frac{12}{2} 2{,}0 \cdot 4{,}0 + 20 \cdot 2{,}0 - \frac{94{,}0}{6{,}0} 2{,}0 = 56{,}7 \text{ kNm}$$

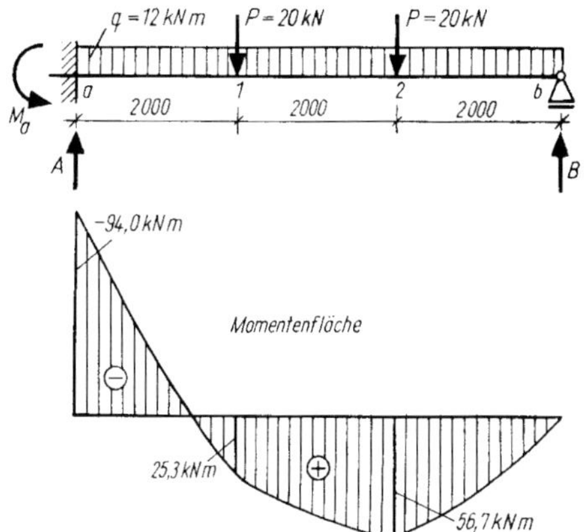

Bild 2.23

Beispiel 2.3.3 Zweiseitig eingespannter Träger (Bild 2.24)

$$M_A = M_B = \frac{12 \cdot 6{,}0^2}{12} + \frac{2 \cdot 20 \cdot 6{,}0}{9} = 62{,}7 \text{ kNm}$$

$$A = B = \frac{12 \cdot 6}{2} + 20 = 56{,}0 \text{ kN}$$

$$M_a = M_b = -62{,}7 \text{ kNm}$$

$$M_1 = M_2 = \frac{12}{2} 2{,}0 \cdot 4{,}0 + 20 \cdot 2{,}0 - 62{,}7 = 25{,}3 \text{ kNm}$$

$$\max M_F = \frac{12 \cdot 6{,}0^2}{8} + 20 \cdot 2{,}0 - 62{,}7 = 31{,}3 \text{ kNm}$$

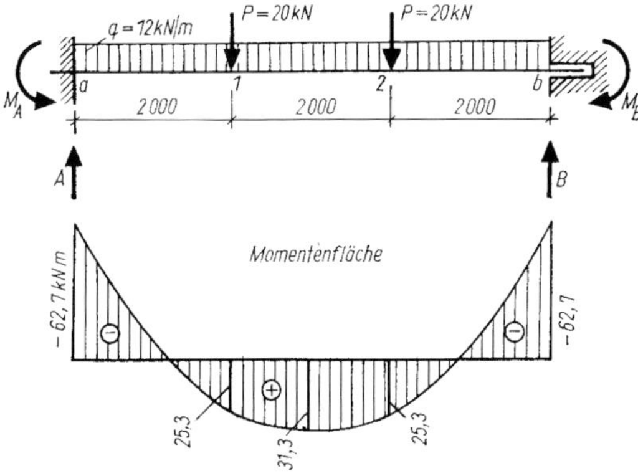

Bild 2.24

3 Durchlaufträger

3.1 Allgemeines

Lagert man einen Träger auf mehr als zwei Stützen, so erhält man einen Durchlaufträger (Bild 3.1). Die Strecke zwischen zwei Stützen bezeichnet man als Feld. Nach der Anzahl der Felder heißt er auch Zweifeldträger, Dreifeldträger usw.

Zur Vereinfachung der Berechnung trifft man die Annahme, dass ein Lager fest ist und alle anderen beweglich sind. Außerdem soll sich der Träger über den Stützen frei drehen können. Diese Annahmen stimmen im Hochbau kaum mit der Wirklichkeit überein, liegen aber auf der sicheren Seite.

Hat ein so gelagerter Durchlaufträger n Stützen, dann stehen zur Berechnung der $n+1$ unbekannten Auflagergrößen nur drei Gleichgewichtsbedingungen zur Verfügung. Der Durchlaufträger ist demnach $(n-2)$-fach statisch unbestimmt. Dieser Wert entspricht auch gerade der Anzahl der Innenstützen. Diese angenommene Stützung ist nur gegenüber lotrechten Lasten statisch unbestimmt. Für horizontale Kräfte liegt ein normaler Träger vor. Deswegen sehen die folgenden Untersuchungen nur lotrechte Belastung vor.

Man findet Durchlaufträger vorwiegend im Hoch- und Brückenbau. Besonders im monolithischen Stahlbetonbau sind Durchlaufplatten und Durchlaufbalken häufig angewendete Konstruktionsglieder. Die Vorteile der monolithischen Bauweise kommen dadurch voll zur Geltung, zumal sich auch die Bewehrung gut dem Momentenverlauf anpassen lässt. Im Stahlbau gestatten geschweißte Konstruktionen eine gute Anpassung der Querschnitte an den Biegemomentenverlauf, so dass auch hier Durchlaufträger zweckmäßig werden können.

Von Vorteil sind beim Durchlaufträger die kleineren Biegemomente gegenüber dem Träger auf zwei Stützen. Dadurch sind geringere Abmessungen erforderlich, die wirtschaftlichere Konstruktionen ergeben. Die Nachteile aus Stützensenkungen und Temperaturdifferenzen wurden bereits in der Einführung erwähnt.

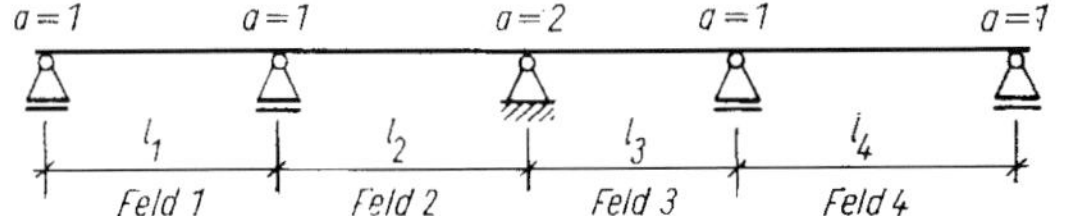

Bild 3.1

3.2 Dreimomentengleichungen

3.2.1 Voraussetzungen und Ableitung der Gleichungen

Für die folgenden Untersuchungen werden zunächst einige Annahmen getroffen, auf die später dann gesondert eingegangen wird.

Das Flächenmoment I und der Elastizitätsmodul E sind für die ganze Trägerlänge gleichbleibend.

Temperaturdifferenzen über die Trägerhöhe und Stützensenkungen treten nicht auf.

Aus Bild 3.2 sind die Bezeichnungen zu ersehen, die in den folgenden Ableitungen verwendet werden.

Als statisch bestimmtes Grundsystem könnte man einen Träger auf den beiden Endstützen wählen (Bild 3.3). Die Auflagerkräfte der Innenstützen wären dann die Überzähligen. Man müsste die Verschiebungen infolge der äußeren Lasten und der Überzähligen $X_1 = 1$, $X_2 = 1$ usw. für die Punkte bestimmen, an denen die Innenstützen angeordnet sind. Die Bedingung, dass dort keine Verschiebung möglich ist, liefert die erforderlichen Elastizitätsgleichungen. Dieses Grundsystem wird hier wegen des großen Rechenaufwandes unzweckmäßig.

Einfacher wird die Berechnung, wenn man Schnittgrößen als statisch unbestimmte Größen wählt, und zwar die Biegemomente des Trägers über den Innenstützen. Man schaltet also an diesen Stellen Gelenke ein (Bild 3.4). Jedes Feld stellt dann einen Träger auf den beiden benachbarten Stützen dar. Die Belastung eines solchen Feldes im statisch bestimmten Grundsystem besteht aus den äußeren Kräften und den noch unbekannten Stützenmomenten (Bild 3.5). Infolge dieser Wirkungen verdrehen sich die Stabachsen über den Stützen.

Der Zusammenhang des Durchlaufträgers bedingt aber, dass über den Innenstützen kein Knick in der Stabachse entstehen kann. Die Tangenten an den beiden Biegelinien müssen zusammenfallen. Man erhält somit für die Innenstützen Elastizitätsgleichungen der Form

$$\beta_1 = -\alpha_2\,; \quad \beta_2 = -\alpha_3\,; \quad \beta_3 = -\alpha_4\,; \quad \beta_l = -\alpha_r \tag{3.1}$$

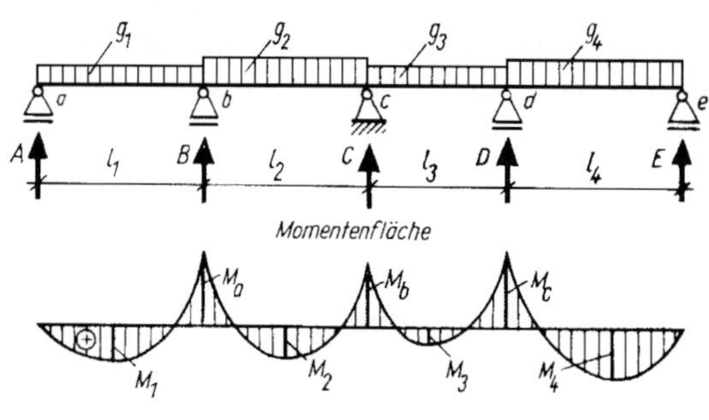

Bild 3.2

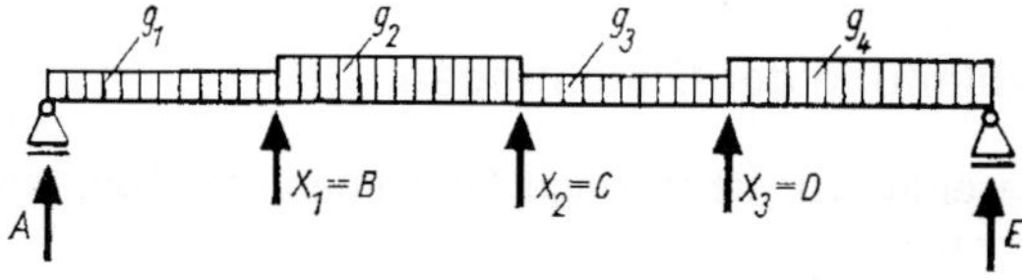

Bild 3.3

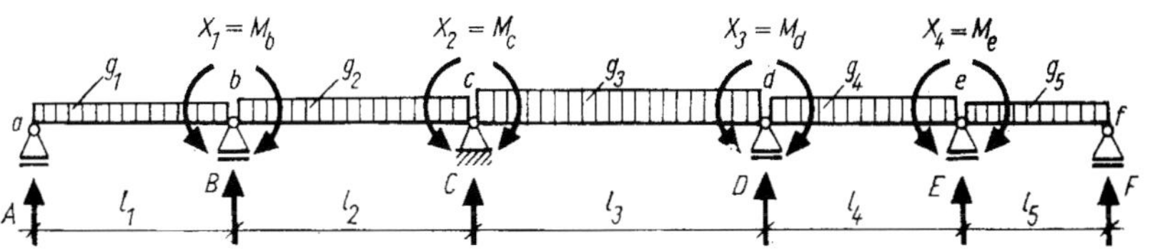

Bild 3.4

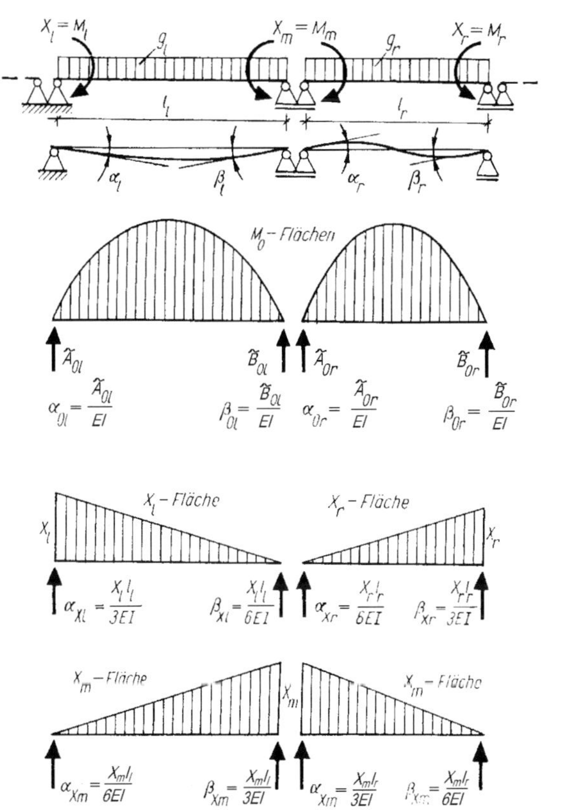

Bild 3.5

Bei $n - 2$ Innenstützen erhält man somit $n - 2$ Gleichungen zur Berechnung der Stützenmomente.

Für die weitere Untersuchung werden die folgenden Bezeichnungen gewählt.

α, β Verdrehung der Stabachse eines Feldes über dem linken und rechten Auflager

$\tilde{A}$, $\tilde{B}$	Momentenflächen – Auflagerkräfte eines Feldes des statisch bestimmten Grundsystems infolge der äußeren Lasten
X_m (= M_m)	Stützenmoment über einer Innenstütze
X_l (= M_l)	Stützenmoment der dazu benachbarten linken Stütze
X_r (= M_r)	Stützenmoment der dazu benachbarten rechten Stütze.

Man setzt in Gl. (3.1) für eine beliebige Innenstütze die Werte für die Drehwinkel getrennt für die äußeren Lasten und die Stützenmomente ein.

$$+\frac{\tilde{B}_{0l}}{EI}+\frac{X_l l_l}{6EI}+\frac{X_m l_l}{3EI}=-\left[\frac{\tilde{A}_{0r}}{EI}+\frac{X_m l_r}{3EI}+\frac{X_r l_r}{6EI}\right]$$

Es ist zu erkennen, dass nur die äußeren Lasten des linken und des rechten angrenzenden Feldes und die drei Stützenmomente Beiträge liefern. In jeder Elastizitätsgleichung erscheinen daher nur das Biegemoment über der Stütze, für die sie aufgestellt wurde, und das der benachbarten Stützen. Man erhält die nach ihrem ersten Aufsteller benannte *Clapeyronsche Dreimomentengleichung*.

$$X_l l_l + 2X_m(l_l + l_r) + X_r l_r = -6\tilde{B}_{0l} - 6\tilde{A}_{0r} = N_m \qquad (3.2)$$

Führt man für die statisch unbestimmten Größen sofort ihre wirkliche Bezeichnung ein, dann lautet die Gleichung

$$M_l l_l + 2M_m(l_l + l_r) + M_r l_r = -6\tilde{B}_{0l} - 6\tilde{A}_{0r} = N_m \qquad (3.3)$$

Auf der linken Seite der Gleichung stehen die unbekannten Stützenmomente und die bekannten Stützweiten. Die rechte Seite ist nur von den äußeren Lasten abhängig. Man bezeichnet den Wert

$$N_m = -6\tilde{B}_{0l} - 6\tilde{A}_{0r} \qquad (3.4)$$

als Belastungsglied der Stütze *m*. Es ist die sechsfache negative Momentenflächen-Auflagerkraft der Stütze *m* aus den beiden benachbarten Trägern infolge der Belastung.

Für einen Durchlaufträger auf sechs Stützen würde das System der Elastizitätsgleichungen demnach lauten (Bild 3.4):

$$\begin{aligned}
&(M_a l_1) + 2M_b(l_1 + l_2) + M_c l_2 &&= N_b\\
&(M_b l_2) + 2M_c(l_2 + l_3) + M_d l_3 &&= N_c\\
&(M_c l_3) + 2M_d(l_3 + l_4) + M_e l_4 &&= N_d\\
&(M_d l_4) + 2M_e(l_4 + l_5) + M_f l_5 &&= N_e
\end{aligned}$$

Da M_a und M_f gleich null sind, entfallen die Glieder $M_a l_1$ in der ersten und $M_f l_5$ in der letzten Gleichung. Dieses System ist nach den Regeln der Mathematik aufzulösen und liefert die $n - 2$ unbekannten Stützenmomente.

3.2.2 Belastungsglieder

Die auf der rechten Seite des Gleichungssystems stehenden Belastungsglieder werden wie beim Träger auf zwei Stützen berechnet und sind von der Stützweite und der Belastung des betreffenden Feldes abhängig. Da man bei der Untersuchung von Durchlaufträgern und anderen statisch unbestimmten Systemen diese Werte immer wieder braucht, wurden in Handbüchern und Berechnungstafeln für verschiedene Belastungen Gleichungen zusammengestellt (Tabelle 3.1).

Die Belastungsglieder sind dort in etwas anderer Form unter der Bezeichnung L und R angegeben. Dabei bedeutet L das linke und R das rechte Belastungsglied.

$$L = \frac{6\tilde{A}_0}{l}; \qquad R = \frac{6\tilde{B}_0}{l} \tag{3.5); (3.6}$$

Für eine Innenstütze m wären demnach das rechte Belastungsglied des linken Feldes und das linke Belastungsglied des rechten Feldes anzusetzen.

$$N_m = -R_1 l_1 - L_r l_r \tag{3.7}$$

Bei symmetrischer Belastung eines Feldes wird $R = L$. Bei einseitig orientierten Belastungsfällen ist auf Übereinstimmung der Anordnung in der Tabelle und dem betreffenden Trägerfeld zu achten, ansonsten sind L und R zu vertauschen. Für zwei Lastfälle sollen noch die Werte L und R bestimmt werden.

1. Gleichmäßig verteilte Belastung (Bild 3.6)

$$\tilde{A} = \tilde{B} = \frac{1}{2}\frac{2}{3}\frac{ql^2}{8}l = \frac{ql^3}{24}$$

$$L = R = \frac{6\tilde{A}}{l}; \qquad L = R = \frac{ql^2}{4} \tag{3.8}$$

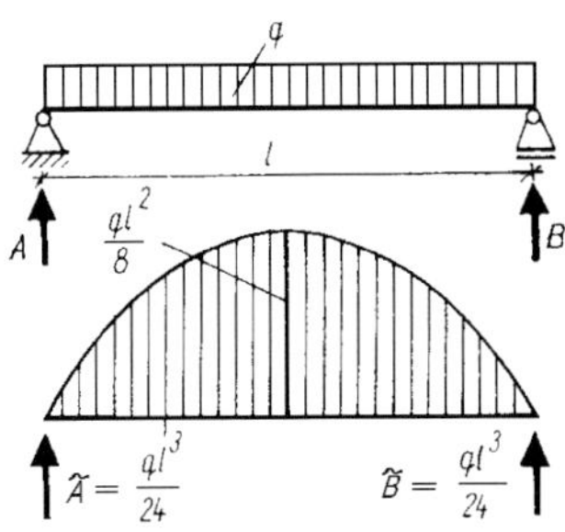

Bild 3.6

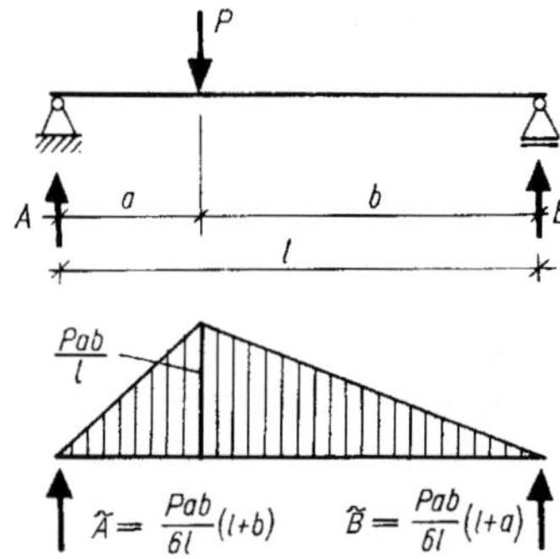

Bild 3.7

2. Einzellast an beliebiger Stelle (Bild 3.7)

$$\tilde{A} = \frac{Pab}{6l}(l+b); \qquad \tilde{B} = \frac{Pab}{6l}(l+a) \tag{3.9}$$

$$L = \frac{Pab}{l^2}(l+b); \qquad R = \frac{Pab}{l^2}(l+a) \tag{3.10}$$

Für eine Einzellast in symmetrischer Stellung ($a = b$) wird

$$L = R = \frac{3Pl}{8} \tag{3.11}$$

3.2.3 Stütz- und Schnittgrößen

Nachdem die Biegemomente des Trägers in den Stützpunkten als statisch überzählige Größen bestimmt sind, werden die Auflager- und Schnittgrößen berechnet. Oft genügt es, die letzteren nur für die konstruktiv wichtigen Stellen des Durchlaufträgers zu ermitteln, wenn man auf Grund von Erfahrungen den Gesamtverlauf übersehen kann.

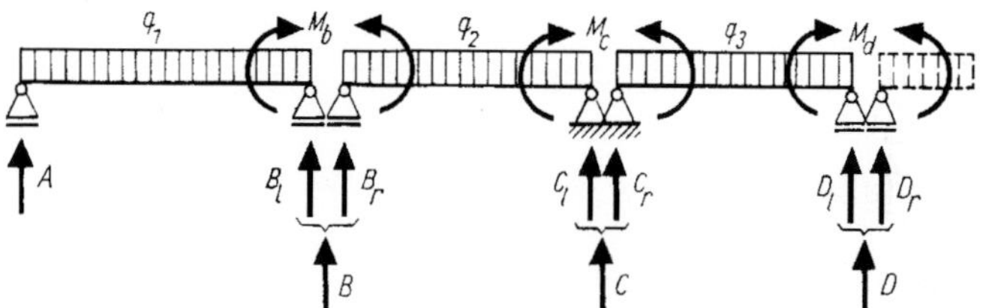

Bild 3.8

Tabelle 3.1: Belastungsglieder

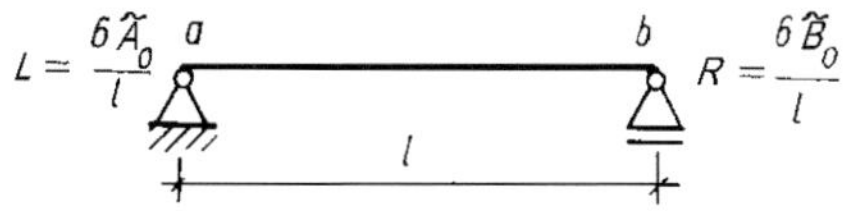

$L = \frac{6\tilde{A}_0}{l}$ a b $R = \frac{6\tilde{B}_0}{l}$

l

Belastung	Belastungsglieder
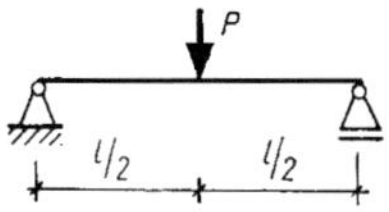 P; l/2, l/2	$L = R = \frac{3}{8} P l$
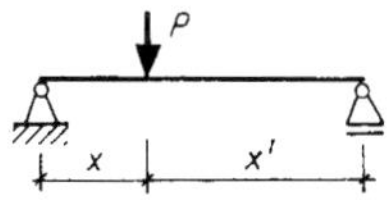 P; x, x'	$L = \frac{Pxx'}{l^2}(l + x')$; $R = \frac{Pxx'}{l^2}(l + x)$
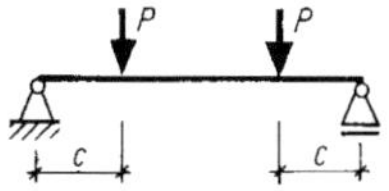 P, P; c, c	$L = R = \frac{3Pc}{l}(l - c)$
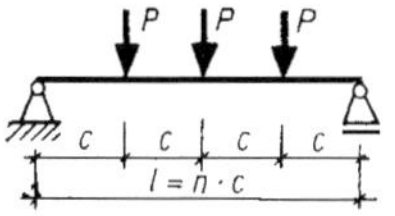 P, P, P; c, c, c, c; l = n · c	$L = R = \frac{n^2 - 1}{4n} P l$
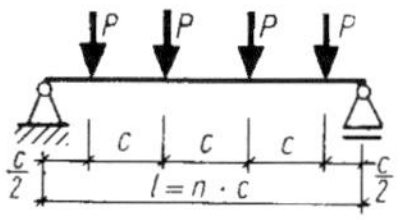 P, P, P, P; c/2, c, c, c, c/2; l = n · c	$L = R = \frac{n^2 + 0{,}5}{4n} P l$
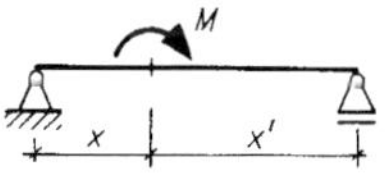 M; x, x'	$L = \left(3\frac{x'^2}{l^2} - 1\right)M$; $R = \left(1 - 3\frac{x^2}{l^2}\right)M$
M	$L = 2M$; $R = M$
ungleichmäßige Erwärmung; 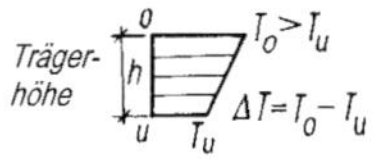 Trägerhöhe h; o, u; $T_o > T_u$; $\Delta T = T_o - T_u$	$L = R = 3EI\,\frac{\alpha_T \Delta T}{h}$

Tabelle 3.1 (*fortgesetzt*)

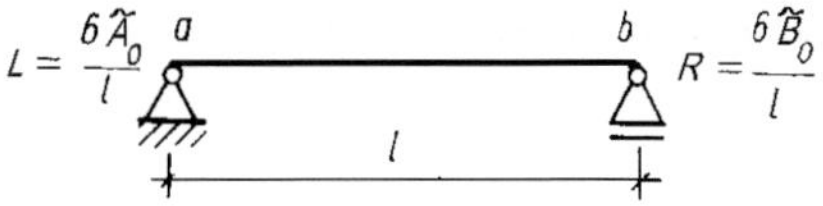

$L = \frac{6\tilde{A}_0}{l}$ a b $R = \frac{6\tilde{B}_0}{l}$

Belastung	Belastungsglieder
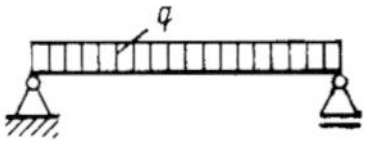 q	$L = R = \frac{ql^2}{4}$
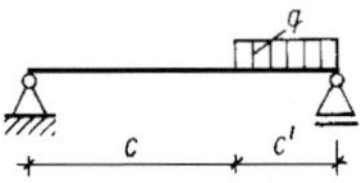 q; c, c'	$L = \frac{qc'^2}{4l^2}\left(2l^2 - c'^2\right);$ $R = \frac{qc'^2}{4l^2}(2l - c')^2$
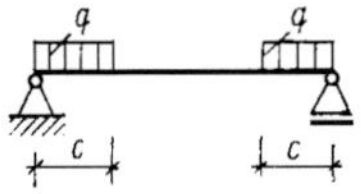 q, q; c, c	$L = R = \frac{qc^2}{2l}(3l - 2c)$
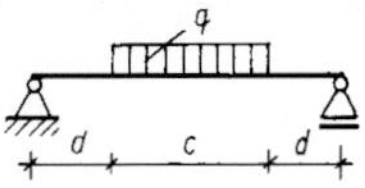 q; d, c, d	$L = R = \frac{qc}{8l}\left(3l^2 - 2c^2\right)$
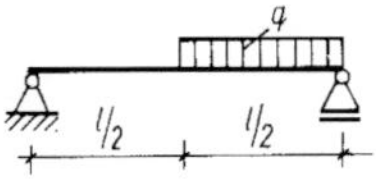 q; l/2, l/2	$L = \frac{7}{64}ql^2;$ $R = \frac{9}{64}ql^2$
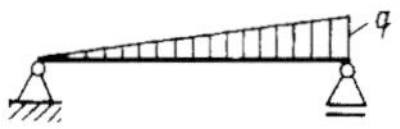 q	$L = \frac{7}{60}ql^2;$ $R = \frac{2}{15}ql^2$
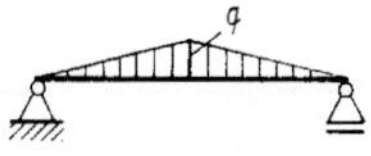 q	$L = R = \frac{5}{32}ql^2$
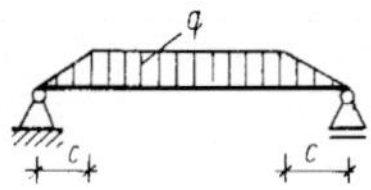 q; c, c	$L = R = \left[1 - 2\left(\frac{c}{l}\right)^2 + \left(\frac{c}{l}\right)^3\right]\frac{ql^2}{4}$

Am zweckmäßigsten verfährt man, indem jedes Feld für sich betrachtet wird. Die Belastung besteht dann aus den äußeren Kräften und den Stützenmomenten. Die Berechnung der Stütz- und Schnittgrößen ist hierfür bereits in Band 1, Abschnitt 5.5, gezeigt worden.

Für die Auflagerkräfte *A, B* und *C* z. B. erhält man

$$A = A_0 + \frac{M_b}{l_1}$$

$$B = B_l + B_r = B_{0l} - \frac{M_b}{l_1} + B_{0r} - \frac{M_b}{l_2} + \frac{M_c}{l_2}$$

$$C = C_l + C_r = C_{0l} + \frac{M_b}{l_2} - \frac{M_c}{l_2} + C_{0r} - \frac{M_c}{l_3} + \frac{M_d}{l_3}$$

Allgemein wird für eine Innenstütze

$$C_m = C_l + C_r = C_{0l} - \frac{M_m - M_l}{l_l} + C_{0r} - \frac{M_m - M_r}{l_r} \tag{3.12}$$

Die Vorzeichen der Anteile der Auflagerkräfte aus den Stützenmomenten entsprechen positiven Werten von Stützenmomenten. Im Allgemeinen erhält man negative Werte mit Wirkungen nach Bild 3.8 und 3.10.

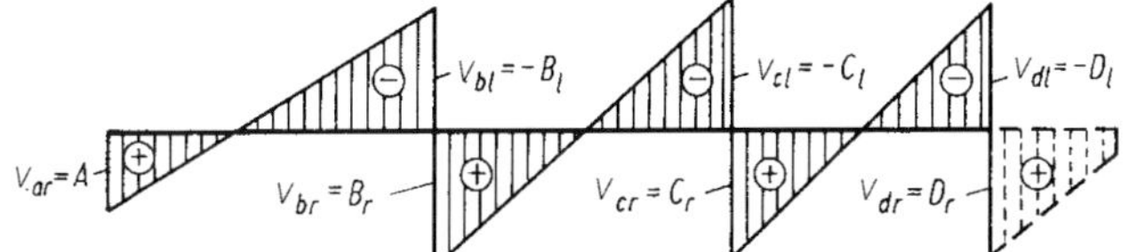

Bild 3.9

Bei der Ermittlung des Querkraftverlaufs beginnt man am linken Trägerende und addiert oder subtrahiert, je nach der Richtung, alle äußeren Kräfte bis zur rechten Endstütze. Die Querkräfte links und rechts einer Innenstütze stimmen dabei der Größe nach mit den Werten C_l und C_r überein (Bild 3.9). Es ist auch möglich, getrennt für ein Innenfeld die Querkräfte zu bestimmen, da mit den Komponenten B_r und C_l für Feld 2 oder C_r und D_l für Feld 3 usw. die Anfangs- und Endwerte gegeben sind.

Das Biegemoment innerhalb eines Feldes an der Stelle *x* wird zweckmäßigerweise durch Überlagerung gewonnen (Bild 3.10). Es ist dann bei positivem Stützenmoment

$$M_x = M_{0x} + \frac{x'}{l} M_l + \frac{x}{l} M_r \tag{3.13}$$

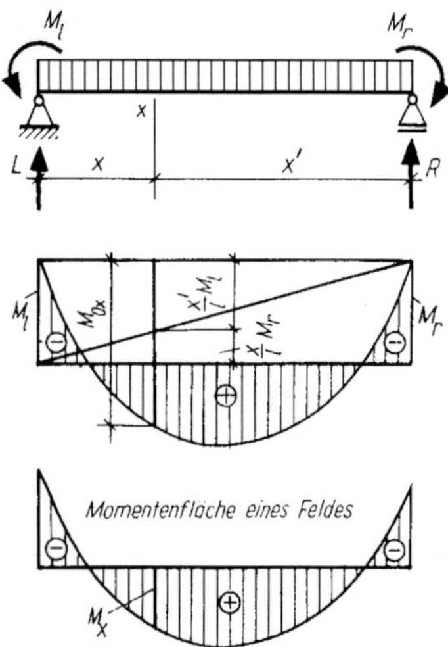

Bild 3.10

3.2.4 Zusammenfassung

1. Als statisch unbestimmte Größen führt man die Stützenmomente der Innenstützen ein. Das Grundsystem besteht dann aus Trägern auf zwei Stützen.
2. Für jede Innenstütze wird eine Elastizitätsgleichung aufgestellt, die man Clapeyronsche Dreimomentengleichung nennt. Sie stellt eine Beziehung zwischen den drei Stützenmomenten der benachbarten Felder und deren Belastungsgliedern dar.
3. Die Belastungsglieder sind die EI-fachen Auflagerdrehwinkel im statisch bestimmten Grundsystem infolge der Lasten, multipliziert mit $6/l$. Die Gleichungen für die Berechnung der Belastungsglieder sind für alle häufig vorkommenden Lastfälle in Tabellen enthalten.
4. Die Auflösung des Gleichungssystems liefert die unbekannten Stützenmomente. Danach lassen sich auf bekanntem Wege die Stütz- und Schnittgrößen des Durchlaufträgers berechnen.
5. Die Clapeyronsche Dreimomentengleichung ist eine speziell für den Durchlaufträger anwendbare Methode zur Berechnung statisch unbestimmter Systeme.

3.2.5 Beispiel

Beispiel 3.2.1

Für den in Bild 3.11 dargestellten Durchlaufträger sind die Stütz- und Schnittgrößen zu bestimmen.

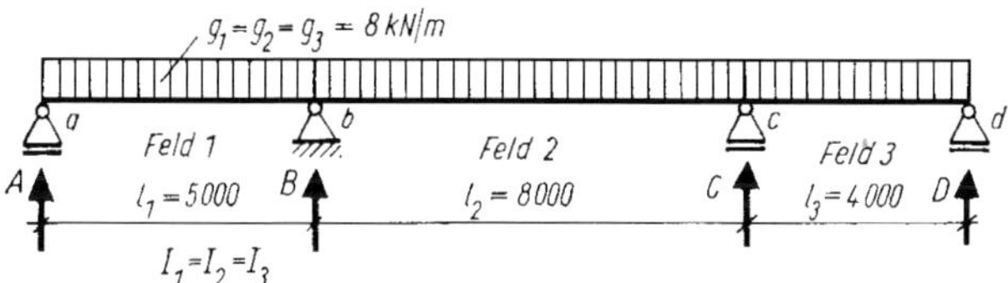

Bild 3.11

1. Aufstellen und Lösen der Dreimomentengleichungen

$$2M_b(5{,}0 + 8{,}0) + M_c 8{,}0 \qquad = N_b$$

$$M_b 8{,}0 + 2M_c(8{,}0 + 4{,}0) \qquad = N_c$$

$$26M_b + 8M_c \qquad = N_b$$

$$8M_b + 24M_c \qquad = N_b$$

$$M_b = 0{,}0429\ N_b - 0{,}0143\ N_c$$

$$M_c = -0{,}0143\ N_b + 0{,}0467\ N_c$$

2. Belastungsglieder

$$R_1 = \frac{g_1 l_1^2}{4} = \frac{8 \cdot 5{,}0^2}{4} = 50 \text{ kNm}$$

$$L_2 = \frac{g_2 l_2^2}{4} = \frac{8 \cdot 8{,}0^2}{4} = 128 \text{ kNm}$$

$$R_2 = 128 \text{ kNm} \quad \text{(infolge Symmetrie)}$$

$$L_3 = \frac{g_3 l_3^2}{4} = \frac{8 \cdot 4{,}0^2}{4} = 32 \text{ kNm}$$

$$N_b = -R_1 l_1 - L_2 l_2$$

$$N_b = -50 \cdot 5{,}0 - 128 \cdot 8{,}0 = -1274 \text{ kNm}^2$$

$$N_c = -R_2 l_2 - L_3 l_3$$

$$N_c = -128 \cdot 8{,}0 - 32 \cdot 4{,}0 = -1152 \text{ kNm}^2$$

3. Stützenmomente

$M_b = -0{,}0429 \cdot 1274 + 0{,}0143 \cdot 1152 = -38{,}2$ kNm

$M_c = 0{,}0143 \cdot 1274 - 0{,}0467 \cdot 1152 = -35{,}6$ kNm

4. Auflagerkräfte

$$A = A_0 + \frac{M_b}{l_1} = \frac{8{,}0 \cdot 5{,}0}{2} - \frac{38{,}2}{5{,}0} = 20 - 7{,}6 = 12{,}4 \text{ kN}$$

$$B = B_l + B_r = B_{0l} - \frac{M_b}{l_1} + B_{0r} - \frac{M_b - M_c}{l_2}$$

$$B = 20 + 7{,}6 + 32 + \frac{38{,}2 - 35{,}6}{8{,}0} = 27{,}6 + 32{,}4 = 60{,}0 \text{ kN}$$

$$C = C_l + C_r = C_{0l} - \frac{M_c - M_b}{l_2} + C_{0r} - \frac{M_c}{l_3}$$

$$C = 32 - 0{,}4 + 16 + \frac{35{,}6}{4{,}0} = 31{,}6 + 24{,}9 = 56{,}5 \text{ kN}$$

$$D = D_0 + \frac{M_c}{l_3} = 16 - 8{,}9 = 7{,}1 \text{ kN}$$

5. Querkräfte (Bild 3.12)

Feld 1:

$V_{ar} = 12{,}4$ kN

$V_{bl} = 12{,}4 - 8 \cdot 5{,}0 = -27{,}6$ kN

$V = 0$ bei $x_1 = \frac{12{,}4}{8{,}0} = 1{,}55$ m (rechts von *a*)

Feld 2:

$V_{br} = -27{,}6 + 60{,}0 = 32{,}4$ kN

$V_{cl} = 32{,}4 - 8 \cdot 8{,}0 = -31{,}6$ kN

$V = 0$ bei $x_2 = \frac{32{,}4}{8{,}0} = 4{,}05$ m (rechts von *b*)

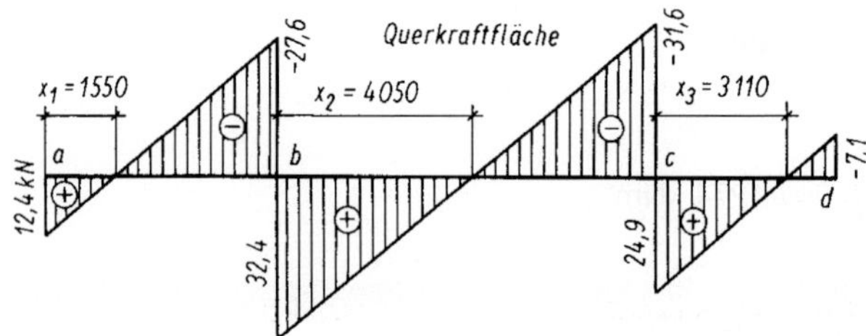

Bild 3.12

Feld 3:

$V_{cr} = -31{,}6 + 56{,}5 = 24{,}9$ kN

$V_{cl} = 24{,}9 - 8 \cdot 4{,}0 = -7{,}1$ kN

$$V = 0 \text{ bei } x_3 = \frac{24{,}9}{8{,}0} = 3{,}11\,\text{m} \quad \text{(rechts von } c\text{)}$$

6. Biegemomente (Bild 3.13)

Es werden nur die maximalen Biegemomente berechnet.

$\max M_1 = 12{,}4 \cdot 1{,}55 - 8 \cdot 1{,}55 \cdot 0{,}5 \cdot 1{,}55 = 9{,}6$ kNm

$\max M_2 = 32{,}4 \cdot 4{,}05 - 8 \cdot 4{,}05 \cdot 0{,}5 \cdot 4{,}05 - 38{,}2 = 27{,}6$ kNm

$\max M_3 = 7{,}1 \cdot 0{,}89 - 8 \cdot 0{,}89 \cdot 0{,}5 \cdot 0{,}89 = 3{,}2$ kNm

Man kann die Momentenfläche auch durch Überlagerung der M_0-Flächen mit den Momentenflächen der Stützenmomente gewinnen (Bild 3.14).

$$\max M_{01} = \frac{8{,}0 \cdot 5{,}0^2}{8} = 25{,}0 \text{ kNm}$$

$$\max M_{02} = \frac{8{,}0 \cdot 8{,}0^2}{8} = 64{,}0 \text{ kNm}$$

$$\max M_{03} = \frac{8{,}0 \cdot 4{,}0^2}{8} = 16{,}0 \text{ kNm}$$

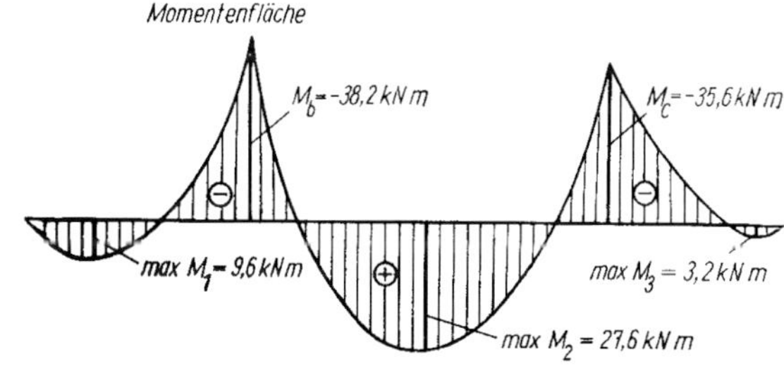

Bild 3.13

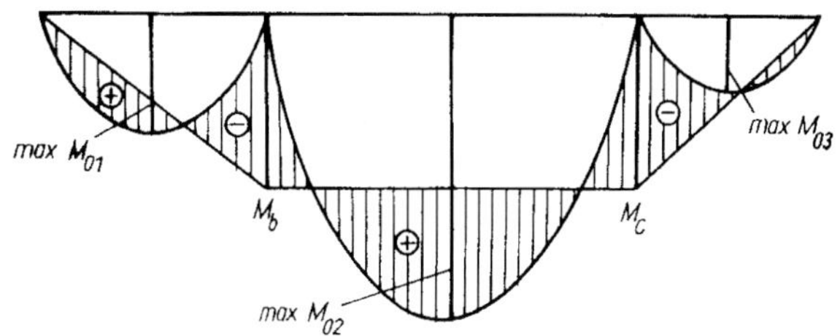

Bild 3.14

3.3 Sonderfälle des Systems und der Belastung

3.3.1 Feldweise veränderliches Flächenmoment 2. Grades

Es wird vorausgesetzt, dass jeweils auf der Länge eines Feldes ein gleichbleibendes Flächenmoment vorhanden ist. Setzt man in die Elastizitätsgleichung $\beta_l = -\alpha_r$ die entsprechenden Werte ein, so erhält man

$$\frac{\tilde{B}_{0l}}{EI_l} + \frac{M_l l_l}{6EI_l} + \frac{M_m l_l}{3EI_l} = -\frac{\tilde{A}_{0r}}{EI_r} - \frac{M_m l_r}{3EI_r} - \frac{M_r l_r}{6EI_r}$$

Die gesamte Gleichung wird mit einem Vergleichsflächenmoment I_c multipliziert und geordnet.

$$M_l l_l \frac{I_c}{I_l} + 2M_m \left(l_l \frac{I_c}{I_l} + l_r \frac{I_c}{I_r} \right) + M_r l_r \frac{I_c}{I_r} = -6\tilde{B}_{0l} \frac{I_c}{I_l} - 6\tilde{A}_{0r} \frac{I_c}{I_r}$$

Die rechte Seite wird noch nach den Tabellenwerten R und L umgeformt.

$$-6\tilde{B}_{0l} \frac{I_c}{I_l} - 6\tilde{A}_{0r} \frac{I_c}{I_r} = -R_l l_l \frac{I_c}{I_l} - L_r l_r \frac{I_c}{I_r}$$

Es ist erkennbar, dass nur die Verhältnisse der Flächenmomente in die Gleichung einfließen. Als I_c wird das Flächenmoment eines beliebigen Feldes verwendet. Für dieses Feld wird dann der Faktor $I_c/I_n = 1$. Für Felder mit $I > I_c$ wird der Faktor kleiner als 1, für Felder mit $I < I_c$ wird der Faktor größer als 1. Ein Feld mit größerem I wirkt so wie ein Feld mit I_c, aber mit kleinerer Stützweite. Diese scheinbar veränderte Stützweite wird reduzierte Stützweite genannt.

$$l_n' = l_n \frac{I_c}{I_n} \tag{3.14}$$

Mit dieser Bezeichnung erhält man die Dreimomentengleichung in ihrer allgemeinen Fassung

$$M_l l_l' + 2M_m (l_l' + l_r') + M_r l_r' = -R_l l_{l'} - L_r l_r' \tag{3.15}$$

Anstatt der wirklichen Stützweiten werden beim Aufstellen der Gleichung die reduzierten Stützweiten eingesetzt, die vorher nach Gl. (3.14) zu errechnen sind. Diese Werte l' werden nur in Gl. (3.15) verwendet. Innerhalb der Belastungsglieder R und L und beim Ermitteln der Auflager- und Schnittgrößen muss mit den wirklichen Stützwerten gerechnet werden.

3.3.2 Gleiches Flächenmoment I und gleiche Stützweite in allen Feldern

Bei Hochbauten kommen häufig Durchlaufträger vor, die den genannten Bedingungen entsprechen. In diesem Fall wird die Gleichung noch einfacher.

$$M_l + 4M_m + M_r = -R_l - L_r = S_m \qquad (3.16)$$

$$S_m = -R_l - L_r \qquad (3.17)$$

Wenn nur gleichmäßig verteilte Belastung vorhanden ist, lässt sich die Dreimomentengleichung gut in allgemeiner Form auswerten. Man erhält die nach ihrem Verfasser benannten *Winklerschen Zahlen*. Mit ihrer Hilfe lassen sich für Durchlaufträger auf drei bis sechs Stützen in Abhängigkeit von l und q die Auflager- und Schnittgrößen bequem berechnen. Auf die Anwendung wird in Abschnitt 3.4.3 näher eingegangen.

3.3.3 Durchlaufträger mit Endeinspannungen

Ist ein Durchlaufträger an einem oder beiden Enden eingespannt (Bild 3.15), so treten in den Dreimomentengleichungen nicht nur die Stützenmomente, sondern auch die Einspannmomente M_E als unbekannte Größen auf. Der Träger ist dann bei n Stützen (n – 1)- oder n-fach statisch unbestimmt. Es sind ein oder zwei weitere Gleichungen nötig. Für jede Endstütze mit Einspannung wird eine zusätzliche Gleichung aufgestellt, für die Folgendes gilt:

> Die starre Einspannung bedeutet, dass an dieser Stelle der Drehwinkel der Stabachse gleich null sein muss. Denkt man sich nun den Träger über das eingespannte Endauflager hinaus um ein weiteres ideelles Feld verlängert, dessen Flächenmoment $I = \infty$ ist, so wird sich der Träger dort nicht durchbiegen, und der Drehwinkel der Stabachse bleibt ebenfalls gleich null. Ein solches ideelles Feld wirkt dabei so wie eine Einspannung. Für den um ein ideelles Feld erweiterten Durchlaufträger lässt sich die fehlende Dreimomentengleichung aufstellen. Es wird lediglich
>
> $$l_0' = l_0 \frac{I_c}{\infty} = 0$$

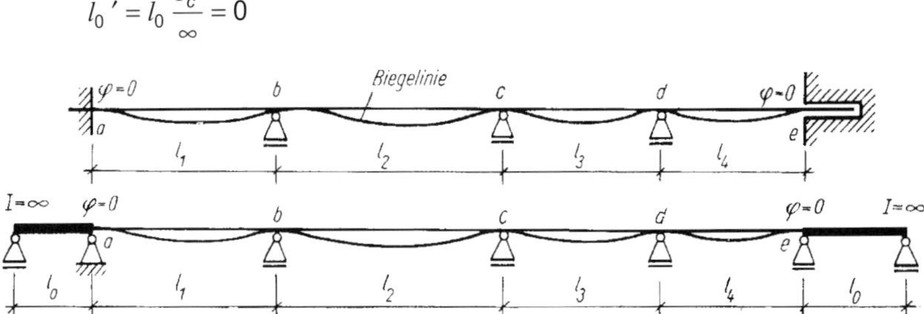

Bild 3.15

Alle Glieder in der Gleichung, die sich auf das ideelle Feld beziehen, können somit entfallen.

Für den Träger in Bild 3.15 lautet das Gleichungssystem

$$\begin{array}{rllll} & 2M_a(0 + l_1') & + M_b l_1' & = & -L_1 l_1' \\ M_a l_1' + & 2M_b(l_1' + l_2') & + M_c l_2' & = -R_1 l_1' & -L_2 l_2' \\ M_b l_2' + & 2M_c(l_2' + l_3') & + M_d l_3' & = -R_2 l_2' & -L_3 l_3' \\ M_c l_3' + & 2M_d(l_3' + l_4') & + M_e l_4' & = -R_3 l_3' & -L_4 l_4' \\ M_d l_4' + & 2M_e(l_4' + 0) & & = -R_4 l_4' & \end{array}$$

3.3.4 Durchlaufträger mit Kragarmen

Ist bei einem Durchlaufträger an einem oder beiden Enden ein belasteter Kragarm vorhanden, so hat das keinen Einfluss auf den Grad der statischen Unbestimmtheit. Es ist lediglich das Biegemoment über den Endstützen nicht mehr null. In den Dreimomentengleichungen für die erste und letzte Innenstütze sind dann die Werte für M_a und M_e (Bild 3.16) unter Beachtung des Vorzeichens (meist negativ) einzusetzen. Es ist zu empfehlen, $M_a l_1'$ bzw. $M_e l_4'$ als bekannte Glieder sofort auf die rechte Seite zu bringen; sie stehen dann dort neben den Belastungsgliedern.

Zum gleichen Ergebnis gelangt man, wenn der Kragarm mit einem Schnitt entfernt und seine Wirkung durch die Querkraft V_{al} und das Moment M_a ersetzt wird (Bild 3.17). Für

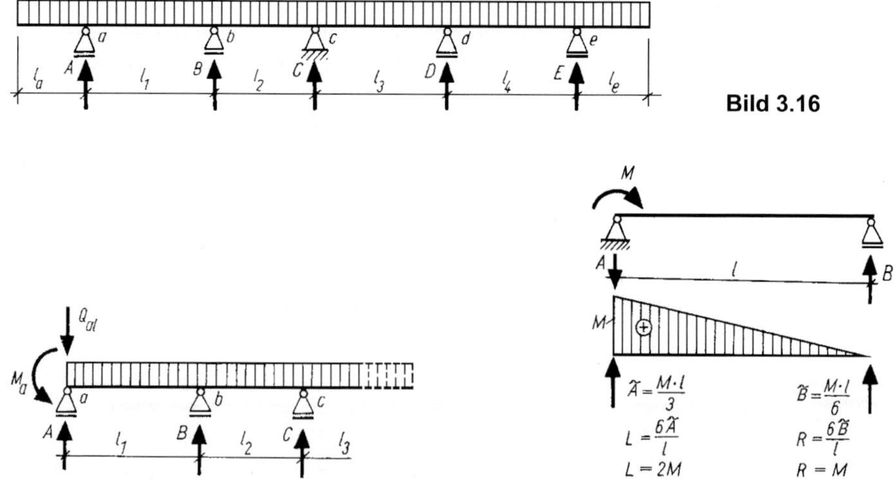

Bild 3.16

Bild 3.17

Bild 3.18

den Durchlaufträger sind dann beide wie äußere Lasten zu behandeln, wobei die Querkraft ohne Einfluss ist, da sie unmittelbar von den Endstützen aufgenommen wird. Infolge des Stützenmomentes M_a verändert sich das rechte Belastungsglied des Feldes 1 um den Wert $M_a l_1'$. (Die Ermittlung von L und R für ein angreifendes positives Stutzenmoment ist in Bild 3.18 dargestellt.) Die Dreimomentengleichung für die erste Innenstütze lautet dann

$$2M_b(l_1' + l_2') + M_c l_2' = -R_1 l_1' - M_a l_1' - L_2 l_2'$$

Das Ergebnis enthält bereits auf der rechten Seite das Glied $M_a l_1'$ und zeigt, dass man das Kragmoment auch als Teil der Belastung des Endfeldes auffassen kann.

3.3.5 Beanspruchung aus Stützensenkung

Es wurde bereits in der Einleitung erwähnt, dass Stützensenkungen zusätzliche Auflager- und Schnittgrößen hervorrufen. Ihre Größen müssen berechnet werden, wenn die Möglichkeit einer Stützensenkung gegeben ist. Es wird hier nur der Einfluss einer bestimmten, zahlenmäßig festgelegten Stützensenkung δ_m untersucht. Die Behandlung von elastischen Stützensenkungen würde den Rahmen dieses Buches überschreiten.

Man betrachtet eine Stützensenkung als getrennten Lastfall und bestimmt die daraus entstehenden Stützenmomente. In Bild 3.19 ist für eine Senkung der Stütze m und die Strecke δ_m der Verlauf der Biegelinie dargestellt. Die Elastizitätsgleichung für eine Innenstütze ohne Stützensenkung

$$\beta_l = -\alpha_r \quad \text{oder} \quad \beta_l + \alpha_r = 0$$

lautet unter Beachtung der Stützensenkung

$$\beta_l + \alpha_r = \frac{z}{l}$$

Dabei darf anstelle des Bogens der Winkel gesetzt werden, da es sich stets um sehr kleine Winkel handelt. Außerdem ist

$$\frac{z}{\delta_m} = \frac{l_l + l_r}{l_l}; \qquad z = \delta_m \frac{l_l + l_r}{l_l}$$

$$\beta_l + \alpha_r = \delta_m \frac{l_l + l_r}{l_l l_r}$$

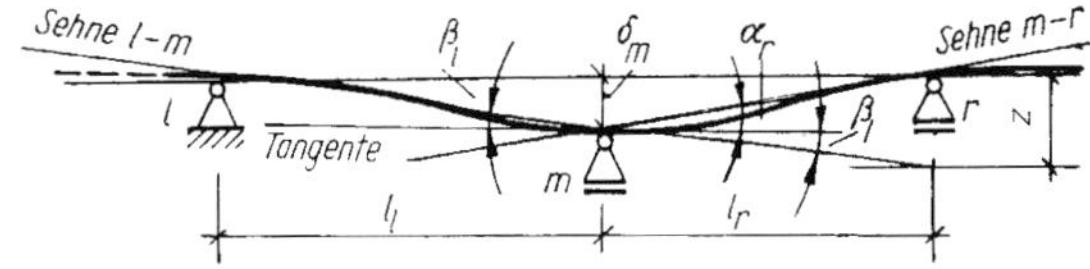

Bild 3.19

Setzt man die Werte für β_l und α_r infolge der Stützensenkung M_l, M_m und M_r nach Bild 3.5 ein, so erhält man

$$\frac{M_l l_l}{6EI_l} + \frac{M_m l_l}{3EI_l} + \frac{M_m l_r}{3EI_r} + \frac{M_r l_r}{6EI_r} = \delta_m \frac{l_l + l_r}{l_l l_r}$$

$$l_n' = l_n \frac{I_c}{I_n}; \qquad l_n = l_n' \frac{I_n}{I_c}$$

$$M_l l_l' + 2M_m (l_l' + l_r') + M_r l_r' = 6\delta_m E I_c \frac{l_l + l_r}{l_l l_r}$$

$$M_l l_l' + 2M_m (l_l' + l_r') + M_r l_r' = \frac{6\delta_m EI_l}{l_l l_r} l_l' + \frac{6\delta_m EI_r}{l_l l_r} l_r' \tag{3.18}$$

Auf der rechten Seite stehen damit die einer Stützensenkung entsprechenden Belastungsglieder

$$R_l = -\frac{6\delta_m EI_l}{l_l l_r} \tag{3.19}$$

$$L_r = -\frac{6\delta_m EI_r}{l_l l_r} \tag{3.20}$$

Zur Anwendung von Gl. (3.18) ist noch zu bemerken, dass δ_m immer die relative Verschiebung der betreffenden Stütze gegenüber den beiden Nachbarstützen bedeutet, denn die angesetzte Elastizitätsgleichung ist genauso für den Fall in Bild 3.20 richtig.

Will man also ein Gleichungssystem zur Berechnung der Stützenmomente infolge einer Stützensenkung δ_m aufstellen, so ist zu beachten, dass gleichzeitig die Stützen l und r gegenüber ihren Nachbarstützen die relativen Verschiebungen δ_l und δ_r erfahren (Bild 3.21).

$$\delta_l = -\delta_m \frac{l_{l-1}}{l_{l-1} + l_l}; \qquad \delta_r = -\delta_m \frac{l_{r-1}}{l_r + l_{r+1}}$$

Für die Gleichungen der Stützen l, m und r sind die Belastungsglieder mit δ_l, δ_m und δ_r auszurechnen, während bei den Gleichungen der übrigen Innenstützen die rechte Seite gleich null ist.

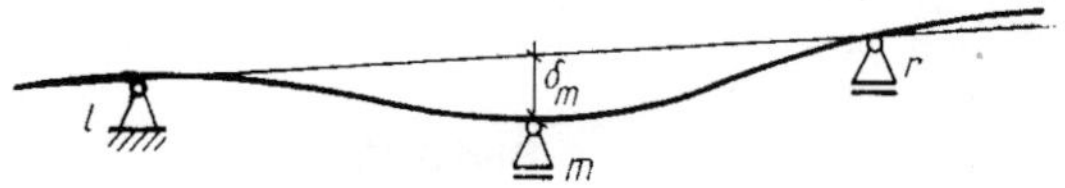

Bild 3.20

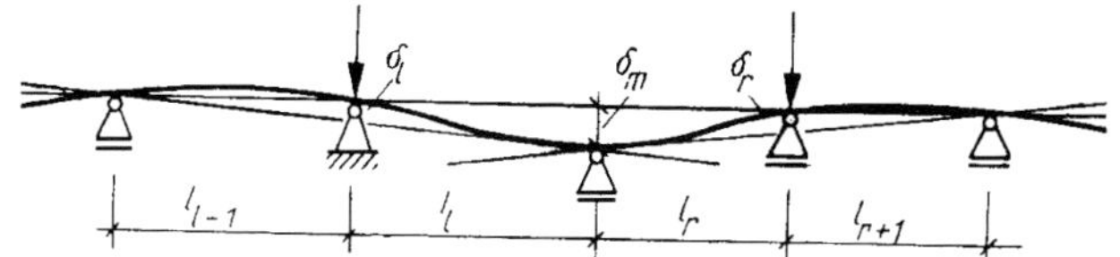

Bild 3.21

3.3.6 Einfluss von Temperaturänderungen

Eine gleichmäßige Temperaturänderung des Durchlaufträgers ruft keine zusätzlichen inneren und äußeren Kräfte hervor, da sich die entstehenden Längenänderungen über die beweglichen Lager ausgleichen können.

Dagegen bewirkt eine über die Trägerhöhe ungleichmäßige Temperaturänderung Krümmungen der Trägerachse und als Folge der statisch unbestimmten Lagerung Stütz- und Schnittgrößen. Bild 3.22 zeigt die Verformung infolge Erwärmung des Untergurtes. Die Stabachse bei statisch bestimmter Lagerung nur auf den beiden Endstützen oder bei Gelenken über den Auflagern ist dabei gestrichelt angedeutet.

Werden die unteren Fasern eines Trägers gegenüber den oberen um ΔT erwärmt, so erfährt die Stabachse auf die Länge Δx eine Verdrehung $\Delta\varphi$ (Band 2, Abschnitt 8.1).

$$\Delta\varphi = \frac{\alpha_T \Delta T}{h} \Delta x$$

Dabei wird eine geradlinige Temperaturzunahme über die Trägerhöhe h vorausgesetzt.

Die Verdrehung α im linken Auflager (Bild 3.23) erhält man als Summe der Werte $\Delta\varphi$ von der Trägermitte bis zur Stütze.

$$\alpha = \sum_{0}^{l/2} \Delta\varphi = \frac{\alpha_T \Delta T}{h} \frac{l}{2}$$

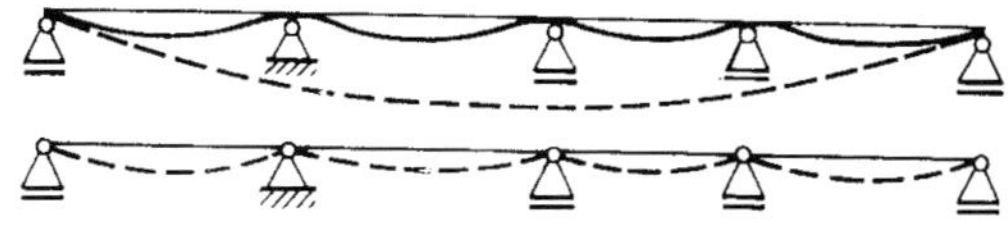

Bild 3.22

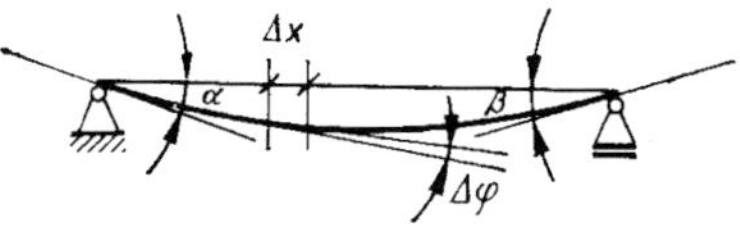

Bild 3.23

Außerdem ist

$$\alpha = \frac{\tilde{A}}{EI}; \qquad L = \frac{6\tilde{A}}{l}; \qquad l_n' = l_n \frac{I_c}{I_n}$$

$$L = R = \frac{3\alpha_T \Delta T \cdot EI}{h} \tag{3.21}$$

Die Dreimomentengleichung für eine Innenstütze infolge Erwärmung des Untergurtes lautet somit

$$M_l l_l' + 2M_m (l_l' + l_r') + M_r l_r' = -\frac{3\alpha_T \Delta T \cdot EI_l}{h_l} l_l' - \frac{2\alpha_T \Delta T \cdot EI_r}{h_r} l_r'$$

$$M_l l_l' + 2M_m (l_l' + l_r') + M_r l_r' = -3\alpha_T \Delta T \cdot EI_c \left(\frac{l_l}{h_l} + \frac{l_r}{h_r} \right) \tag{3.22}$$

3.3.7 Zusammenfassung

1. Bei Durchlaufträgern mit feldweise verschiedenen Flächenmomenten wird ein Vergleichsflächenmoment I_c gewählt. In der Dreimomentengleichung erscheinen dann die Verhältnisse von Flächenmomenten. Durch Einführung der reduzierten Stützweite erhält die Gleichung die bekannte Form, lediglich ist anstelle von l_n der Wert $l_n' = l_n \frac{I_c}{I_n}$ einzusetzen.
2. Bei gleichem Flächenmoment und gleicher Stützweite in allen Feldern wird die Dreimomentengleichung noch einfacher. Für den Fall gleichmäßig verteilter Belastung werden die Auflager- und Schnittgrößen mit Hilfe der Winklerschen Zahlen errechnet.
3. Ist der Durchlaufträger an einem oder beiden Enden eingespannt, so erhöht sich der Grad der statischen Unbestimmtheit. Die Aufstellung der Dreimomentengleichung kann wie beim nicht eingespannten Träger erfolgen, wenn der Durchlaufträger über jede Einspannstelle hinaus um ein ideelles Feld mit dem Flächenmoment $I = \infty$ verlängert wird. Für dieses ideelle Feld fallen alle Glieder in der Dreimomentengleichung weg, da $l' = 0$ wird.
4. Bei Durchlaufträgern mit Kragarmen wird das Kragmoment als bekannte Größe in die Dreimomentengleichung eingesetzt. Das gleiche Ergebnis erhält man, wenn das Kragmoment als Belastung des Endfeldes aufgefasst und in den Belastungsgliedern berücksichtigt wird.
5. Der Einfluss von Stützensenkungen und ungleichmäßiger Erwärmung kann durch entsprechende Belastungsglieder in der Dreimomentengleichung erfasst werden.

3.3.8 Beispiele

Beispiel 3.3.1

Für den Durchlaufträger auf vier Stützen in Bild 3.24a sind die Auflager- und Schnittgrößen zu berechnen.

1. Reduzierte Stützweiten

$$I_c = I_1; \qquad l_1{}' = l_1 \frac{I_c}{I_1} = 4{,}00 \frac{I_1}{I_1} = 4{,}00 \text{ m}$$

$$l_2{}' = l_2 \frac{I_c}{I_2} = 7{,}00 \frac{I_1}{1{,}4 I_1} = 5{,}00 \text{ m}$$

$$l_3{}' = l_3 \frac{I_c}{I_3} = 5{,}00 \frac{I_1}{1{,}166 I_1} = 4{,}29 \text{ m}$$

2. Aufstellen und Lösen der Gleichung

$$2\,M_b\,(4{,}00 + 5{,}00) + M_c\,5{,}00 = N_b$$

$$M_b\,5{,}00 + 2\,M_c\,(5{,}00 + 4{,}29) = N_c$$

$$18M_b + 5M_c = N_b; \qquad M_b = 0{,}0601N_b - 0{,}0162N_c$$

$$5M_b + 18{,}58M_c = N_c; \qquad M_c = -0{,}0162N_b + 0{,}0582N_c$$

3. Belastungsglieder

Feld 1 $\quad R_1 = \dfrac{10 \cdot 4{,}0^2}{4} + \dfrac{3}{8} 40 \cdot 4{,}0 = 40{,}0 + 60{,}0 = 100 \text{ kNm}$

Feld 2 $\quad L_2 = R_2 = \dfrac{15 \cdot 7{,}0^2}{4} = 184 \text{ kNm}$

Feld 3 $\quad L_3 = \dfrac{13 \cdot 5{,}0^2}{4} + \dfrac{3}{8} 50 \cdot 5{,}0 = 81{,}2 + 93{,}8 = 175 \text{ kNm}$

$$N_b = -R_1 l_1{}' - L_2 l_2{}' = -100 \cdot 4{,}0 - 184 \cdot 5{,}0 = -1320 \text{ kNm}^2$$

$$N_c = -R_2 l_2{}' - L_3 l_3{}' = -184 \cdot 5{,}0 - 175 \cdot 4{,}29 = -1670 \text{ kNm}^2$$

4. Stützmomente

$$M_b = -0{,}0601 \cdot 1320 + 0{,}0162 \cdot 1670 = -79{,}5 + 27{,}0 = -52{,}5 \text{ kNm}$$

$$M_c = 0{,}0162 \cdot 1320 - 0{,}0582 \cdot 1670 = 21{,}4 - 97{,}2 = -75{,}7 \text{ kNm}$$

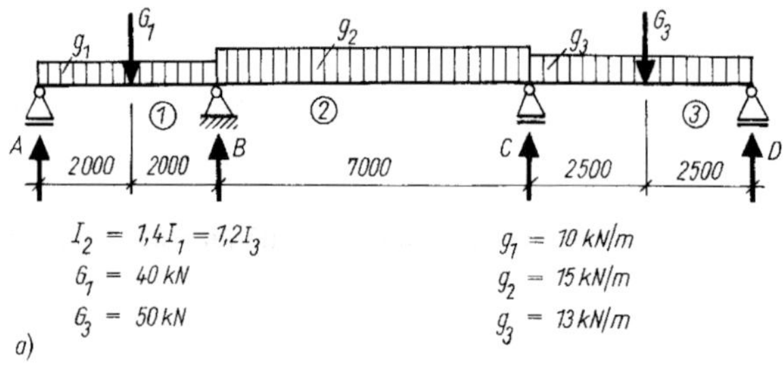
g_1
G_1
g_2
g_3
G_3
①
②
③
A
B
C
D
2000
2000
7000
2500
2500
$I_2 = 1{,}4 I_1 = 1{,}2 I_3$
$G_1 = 40$ kN
$G_3 = 50$ kN
$g_1 = 10$ kN/m
$g_2 = 15$ kN/m
$g_3 = 13$ kN/m
a)

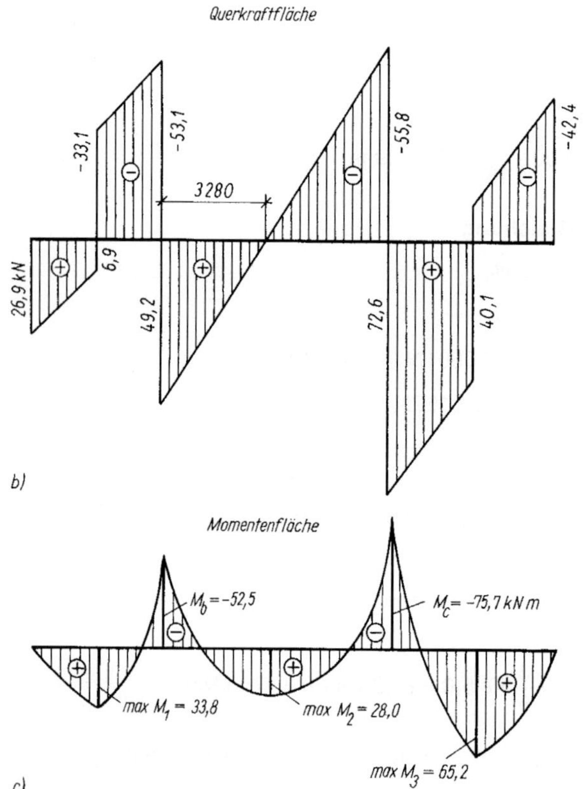
Querkraftfläche
-33,1
-53,1
-55,8
-42,4
3280
26,9 kN
6,9
49,2
72,6
40,1
b)
Momentenfläche
$M_b = -52{,}5$
$M_c = -75{,}7$ kN m
max $M_1 = 33{,}8$
max $M_2 = 28{,}0$
max $M_3 = 65{,}2$
c)

Bild 3.24

5. Auflagerkräfte

$$A = 20 + 20 - \frac{52,5}{4,0} = 26,9 \text{ kN}$$

$$B_l = 20 + 20 + \frac{52,5}{4,0} = 53,1 \text{ kN}$$

$$B_r = 52,5 + \frac{52,5}{7,0} - \frac{75,7}{7,0} = 49,2 \text{ kN}$$

$$C_l = 52,5 - \frac{52,5}{7,0} + \frac{75,7}{7,0} = 55,8 \text{ kN}$$

$$C_r = 32,5 + 25 + \frac{75,7}{5,0} = 72,6 \text{ kN}$$

$$D = 32,5 + 25 - \frac{75,7}{5,0} = 42,4 \text{ kN}$$

$B = 53{,}1 + 49{,}2 = 102{,}3$ kN

$C = 55{,}8 + 72{,}6 = 128{,}4$ kN

6. Querkräfte (Bild 3.24b)

$V_{ar} = 26{,}9$ kN

$V_{1ml} = 26{,}9 - 20 \cdot 1{,}0 = 6{,}9$ kN

$V_{1mr} = 26{,}9 - 40 = -33{,}1$ kN

$V_{bl} = -33{,}1 - 20 \cdot 1{,}0 = -53{,}1$ kN

$V_{br} = -53{,}1 + 102{,}3 = 49{,}2$ kN

$V_{cl} = 46{,}2 - 15 \cdot 7{,}0 = -55{,}8$ kN

$V_{cr} = -55{,}8 + 128{,}4 = 72{,}6$ kN

$V_{3ml} = 72{,}6 - 13 \cdot 2{,}5 = 40{,}1$ kN

$V_{3mr} = 40{,}1 - 50 = -9{,}9$ kN

$V_{dl} = -9{,}9 - 13 \cdot 2{,}5 = -42{,}4$ kN

$V_2 = 0$ bei $x_2 = \frac{49,2}{15} = 3,28$ kNm (rechts von b)

7. Biegemomente (Bild 3.24c)

max $M_1 = 26{,}9 \cdot 2{,}0 - 10 \cdot 2{,}0 \cdot 1{,}0 = 33{,}8$ kNm

max $M_2 = 49{,}2 \cdot 3{,}28 - 18 \cdot 3{,}28 \cdot 1{,}64 - 52{,}2 = 28{,}0$ kNm

max $M_3 = 42{,}4 \cdot 2{,}50 - 13 \cdot 2{,}5 \cdot 1{,}25 = 65{,}2$ kNm

Beispiel 3.3.2

In Bild 3.25 ist ein Durchlaufträger auf fünf Stützen dargestellt. Die Stützweiten aller Felder sind gleich, ebenso die Flächenmomente. Zu berechnen sind die Stützenmomente.

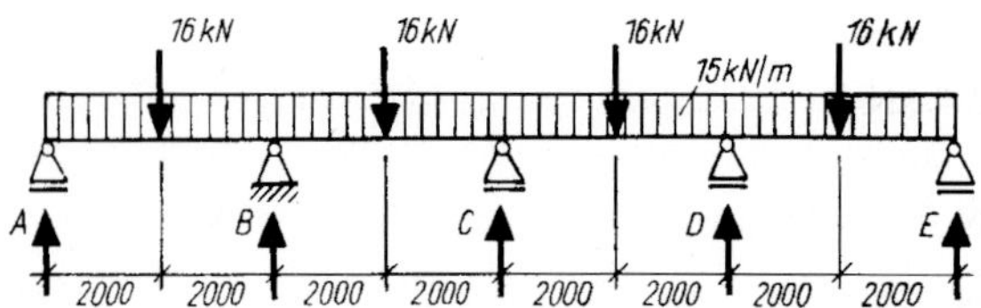

Bild 3.25

Lösung

Der Träger ist dreifach statisch unbestimmt. Infolge der Symmetrie des Systems und der Belastung ist $M_b = M_d$. Außerdem sind die Belastungsglieder sämtlicher Innenstützen gleich. Sie werden zuerst berechnet und sofort in Gl. (3.16) eingesetzt.

$$R_1 = L_2 = R_2 = L_3 = R_3 = L_4 = \frac{15 \cdot 4{,}0^2}{4} + \frac{3}{8} 16 \cdot 4 = 60 + 24 = 84 \text{ kN}$$

$$S_b = -R_1 - L_2 = -168 \text{ kNm}; \qquad S_c = -168 \text{ kNm}; \qquad S_d = -168 \text{ kNm}$$

$$4M_b + M_c = -168 \text{ kNm}$$

$$M_b + 4M_c + M_d = -168 \text{ kNm}$$

$$M_c + 4M_d = -168 \text{ kNm}$$

Da $M_b = M_d$ ist, würden lediglich zwei Gleichungen gebraucht. Die Auflösung ergibt:

$M_b = M_d = -36{,}0$ kNm

$M_c = -24{,}0$ kNm

Beispiel 3.3.3

Für den Durchlaufträger in Bild 3.26 sind die statisch überzähligen Größen zu bestimmen.

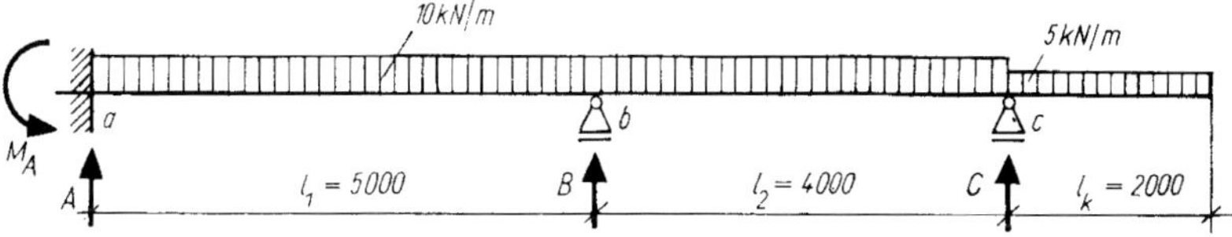

Bild 3.26

Lösung

Der Träger ist zweifach statisch unbestimmt. Berechnet werden das Biegemoment M_a an der Einspannstelle, das der Größe nach dem Einspannmoment entspricht und Stützenmoment M_b. Die Gleichungen lauten

$$2M_a l_1 + M_b l_1 = -L_1 l_1$$

$$M_a l_1 + 2M_b(l_1 + l_2) = -R_1 l_1 - L_2 l_2 - M_c l_2$$

Die Belastungsglieder werden

$$N_a = -\frac{10 \cdot 5{,}0^2}{4} 5{,}0 = -312{,}5 \text{ kNm}^2$$

$$N_b = -\frac{10 \cdot 5{,}0^2}{4} 5{,}0 - \frac{10{,}0 \cdot 4{,}0^2}{4} 4{,}0 + 10{,}0 \cdot 4{,}0 = -432{,}0 \text{ kNm}^2$$

(mit $M_c = -5 \cdot 2{,}0 \cdot 1{,}0 = -10{,}0$ kNm)

Eingesetzt in die Gleichungen, erhält man

$$2M_a 5{,}0 + M_b 5{,}0 = -312{,}5 \text{ kNm}^2$$

$$M_a 5{,}0 + 2M_b (5{,}0 + 4{,}0) = -432{,}5 \text{ kNm}^2$$

$$10M_a + 5M_b = -312{,}5 \text{ kNm}^2$$

$$5M_a + 18M_b = -432{,}5 \text{ kNm}^2$$

Die Auflösung ergibt

$$M_a = -22{,}4 \text{ kNm}$$

$$M_b = -17{,}8 \text{ kNm}$$

Beispiel 3.3.4

Ein stählerner Durchlaufträger auf drei Stützen (Bild 3.27) hat ein Flächenmoment $I_y = 250000$ cm^4 und eine Höhe von $h = 100$ cm. Infolge schlechten Baugrundes soll der Einfluss einer Stützensenkung des Mittelpfeilers von $\delta_b = 2{,}0$ cm errechnet werden. Außerdem ist mit einem Temperaturunterschied von $\Delta T = \pm 15$ K zwischen Ober- und Unterkante zu rechnen.

1. Stützensenkung

$$I_y = 250000\ \text{cm}^4; \qquad E = 21000\ \text{kN/cm}^2$$

$$R_1 = L_2 = \frac{6\delta_b EI}{l_1 l_2} = -\frac{6 \cdot 2{,}0 \cdot 21000 \cdot 250000}{1200 \cdot 1200}$$

$$R_1 = L_2 = -43700\ \text{kNcm} = -437\ \text{kNm}$$

Da in beiden Feldern gleiches I und l vorhanden ist, wird nach Gl. (3.16)

$$4M_b = -(-437) - (-437) = 874\ \text{kNm}; \qquad M_b = 218\ \text{kNm}$$

Das infolge der Belastung vorhandene negative Stützenmoment wird durch eine Stützensenkung vermindert, während die Feldmomente größer werden. Die zugehörige Momentenfläche ist in Bild 3.27 dargestellt. Die Auflagerkräfte werden

$$A = C = \frac{218}{12{,}0} = 18{,}2\ \text{kN}; \qquad B = -\frac{2 \cdot 218}{12{,}0} = -36{,}4\ \text{kN}$$

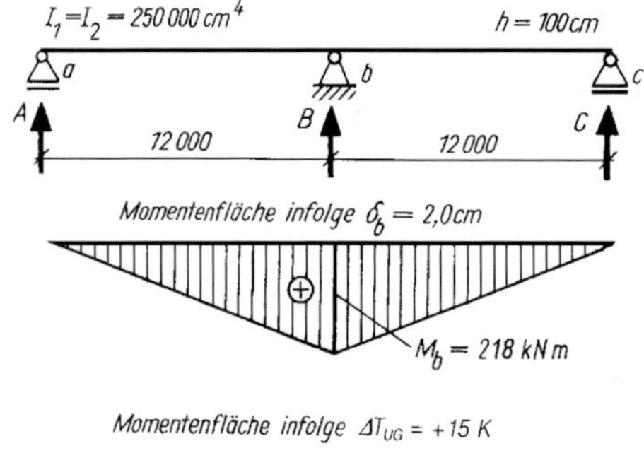

Bild 3.27

2. Temperaturänderung $\Delta T = \pm 15$ K

$$\alpha_T = 0{,}000012\ \text{K}^{-1}; \qquad E = 21000\ \text{kN/cm}^2; \qquad h = 100\ \text{cm}; \qquad I = 250000\ \text{cm}^4$$

Ansatz über Belastungsglieder:

$$R_1 = L_2 = \frac{3\alpha_T \Delta T\, EI}{h} = \frac{3 \cdot 0{,}000012 \cdot 15 \cdot 21000 \cdot 250000}{100}$$

$$R_1 = L_2 = 28400 \text{ kNcm} = 284 \text{ kNm}$$

$$4M_b = -284 - 284 = -568 \text{ kNm}$$

$$M_b = \pm 142 \text{ kNm}$$

Ansatz über Dreimomentengleichung:

$$2M_b(l_1' + l_2') = -\frac{3\alpha_T\, \Delta T \cdot EI_c(l_r' + l_l')}{h} = -\frac{3 \cdot 0{,}000012 \cdot 15 \cdot 21000 \cdot 250000}{100}$$

$$2M_b = -28.400 \text{ kNcm}$$

$$M_b = \pm 142 \text{ kNm}$$

Das untere Vorzeichen gilt für höhere Temperatur des Untergurtes, das obere für höhere Temperatur des Obergurtes. Die Auflagerkräfte werden

$$A = C = \frac{\pm 142}{12{,}0} = \pm 10{,}8 \text{ kN}; \qquad B = \pm\frac{2 \cdot 142}{12} = \pm 21{,}6 \text{ kN}$$

3.4 Ungünstigste Laststellungen

3.4.1 Allgemeines

In den Beispielen zur Berechnung der Auflager- und Schnittgrößen von Durchlaufträgern wurde vorausgesetzt, dass sämtliche Lasten in allen Feldern zugleich wirken. Das trifft nur für die ständigen Lasten (Eigenlasten) zu. Die Verkehrslasten können zwar in allen Feldern gleichzeitig auftreten, es sind aber auch andere Anordnungen möglich. Der Bemessung eines Tragwerkes müssen aber für jede Stelle die extremen Schnittgrößen unter Beachtung der Vorzeichen zugrunde gelegt werden. Ähnlich wie beim Träger auf zwei Stützen mit Kragarmen erhält man beim Durchlaufträger die Grenzwerte für die Auflager- und Schnittgrößen nicht bei Vollbelastung des ganzen Trägerzuges. Die Verkehrslast ist dafür in einer ganz bestimmten Stellung anzuordnen.

Am zuverlässigsten kann man die ungünstigsten Laststellungen mit Hilfe von Einflusslinien ermitteln. Für Wanderlasten im Kran- und Brückenbau sind sie unbedingt nötig, deswegen werden sie in einem späteren Abschnitt erläutert. Bei Hochbauten stellen die gleichmäßig verteilten Nutzlasten nur Ersatzlasten dar, so dass es wenig Sinn hat, mit genauen Laststellungen und Einflusslinien zu rechnen. Man nimmt deswegen an, dass die Verkehrslast feldweise veränderlich ist. Den Einfluss einer feldweisen Belastung verfolgt man am besten anhand der Biegelinie, so dass es dann kaum Schwierigkeiten bereitet, die richtige Lastkombination zu wählen.

In Bild 3.28 sind die Biegelinien für die Belastung einiger Felder dargestellt. Infolge der Durchlaufwirkung erstreckt sich der Einfluss über alle Felder. Er klingt jedoch rasch ab.

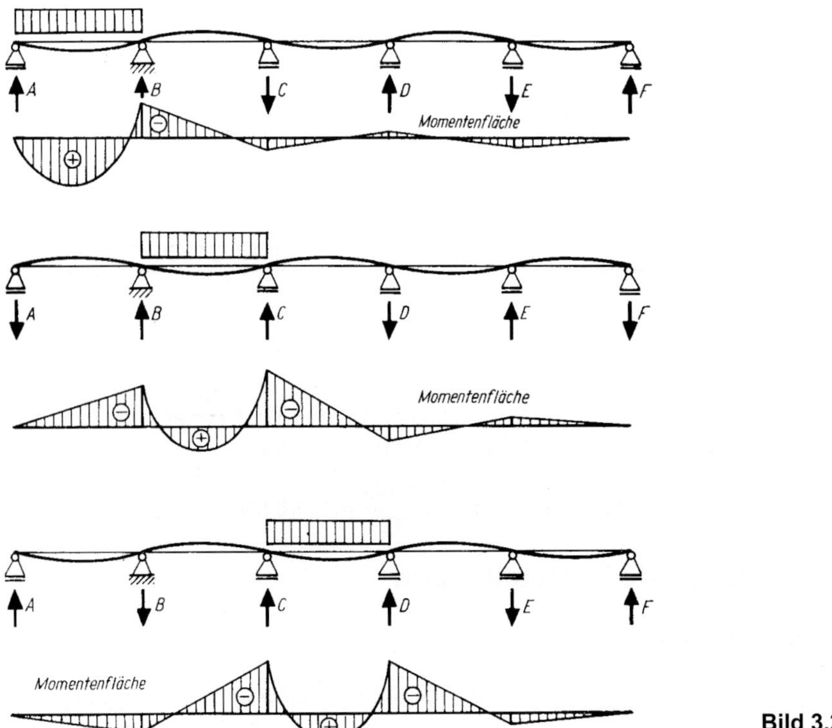

Bild 3.28

Aus der Form der Biegelinie lässt sich erkennen, ob die jeweilige Stellung der Verkehrslast die Schnittgrößen eines Feldes erhöht oder vermindert.

Für die Grenzwerte der Auflager- und Schnittgrößen ergeben sich bestimmte Anordnungen der Verkehrslast, die im folgenden Abschnitt erklärt werden.

3.4.2 Anordnung der Verkehrslast

Im Allgemeinen ist es erforderlich, für die statisch und konstruktiv exponierten Bereiche die Maximal- und Minimalwerte der Auflager- und Schnittgrößen zu kennen. Das sind

1. Grenzwerte der Auflagergrößen (max A, min A, max B, min B usw.)
2. Grenzwerte der Stützenmomente (min M_b, max M_b, min M_c, max M_c usw.)
3. Grenzwerte der Feldmomente (max M_1, min M_1, max M_2, min M_2 usw.)
4. Grenzwerte der Querkräfte

Für die Anordnung der Verkehrslast gelten dabei folgende Regeln (Bild 3.29):

1. Die maximalen Auflagergrößen und minimalen Stützenmomente treten auf, wenn in den Nachbarfeldern der betreffenden Stütze und in den folgenden Feldern abwechselnd Verkehrslast angeordnet wird. Die minimalen Auflagergrößen und maximalen Stützenmomente erhält man, wenn die Verkehrslast in den übrigen Feldern angesetzt wird. Die Begriffe min M_b, min M_c usw. sind dabei unter Beachtung des Vorzeichens gewählt worden.
2. Die maximalen Feldmomente erhält man, wenn das betreffende Feld und die folgenden Felder abwechselnd belastet werden. Die minimalen Feldmomente ergeben sich bei umgekehrter Lastanordnung.
3. Die größten Querkräfte an den Auflagern erhält man für solche Laststellungen, die die größten Stützkräfte ergeben.

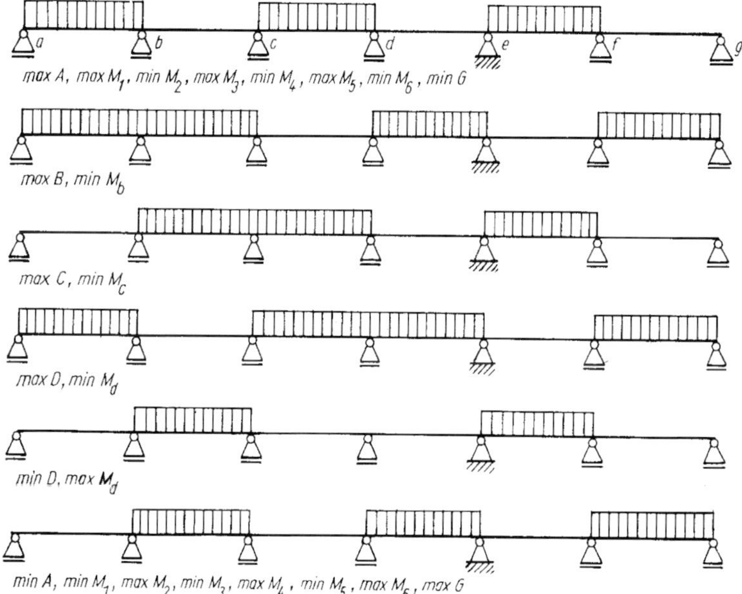

Bild 3.29

Es ist offensichtlich, dass der Rechenaufwand infolge der zu untersuchenden Lastfälle ansteigt. Entstammen die Verkehrslasten dann noch unterschiedlichen Kategorien der Verkehrsbelastung und sind mit verschiedenen Beiwerten zu versehen, entstehen schnell eine hohe Anzahl von Lastfällen und Lastfallüberlagerungen. Man wird sich dann schnell und gern der Rechentechnik bedienen. Trotzdem soll hier aufgezeigt werden, wie man mit ein paar Überlegungen zu einer rationellen Lösung findet. Solche

Überlegungen helfen auch weiter, wenn Lastfallüberlagerungen in Programmen selbst zu definieren sind.

Damit das Gleichungssystem für die statisch unbestimmte Rechnung nur einmal aufgelöst werden muss, führt man die Belastungsglieder zunächst allgemein (N_b, N_c usw.) ein. In den Beispielen der Abschnitte 3.2.5 und 3.3.8 ist das bereits gezeigt worden.

Die Belastungsglieder werden anschließend getrennt für folgende Lastfälle berechnet:

Lastfall 0

nur ständige Last in allen Feldern (N_{bo}, N_{c0}, N_{do} usw.)

Lastfall 1

nur Verkehrslast in Feld 1 (N_{b1})

Lastfall 2

nur Verkehrslast in Feld 2 (N_{b2}, N_{c2})

Lastfall *n*

nur Verkehrslast in Feld *n* usw.

In den Lastfällen 1, 2, 3 usw. haben dabei nur die Belastungsglieder der linken und rechten Stützen des jeweiligen Feldes von Null verschiedene Werte.

Als nächster Schritt werden die Stützenmomente für die einzelnen Lastfälle bestimmt, indem die Belastungsglieder nacheinander in die Gleichungen für M_b, M_c usw. eingesetzt werden.

Die Stützenmomente für die zu untersuchenden Lastanordnungen findet man durch Addition der Werte aus den einzelnen Lastfällen. Die Auflager- und Schnittgrößen werden dann wie üblich berechnet. Ein Beispiel am Ende des Abschnittes 3.4 zeigt die Anwendung.

3.4.3 Berechnung mit Hilfe von Tabellen

Wie bereits in Abschnitt 3.3.2 angeführt, wird die Dreimomentengleichung bei gleicher Stützweite, gleichem Flächenmoment sowie gleichmäßig verteilter Belastung in allen Feldern besonders einfach.

Es ist naheliegend, für diesen im Hochbau häufig vorkommenden Fall die immer wiederkehrenden Faktoren allgemein zu berechnen und in Tabellen zusammenzustellen.

Die Gleichungen für einen Dreifeldträger lauten z. B. nach Gl. (3.16)

$$4M_b + M_c = S_b\,; \qquad M_b = 0{,}2667 S_b - 0{,}0667 S_c$$

$$M_b + 4M_c = S_c\,; \qquad M_c = -0{,}0667 S_b + 0{,}2667 S_c$$

Die Auswertung soll für gleichmäßig verteilte Belastung gezeigt werden. Lastfall 0 (ständige Last g in allen Feldern)

$$R_1 = L_2 = R_2 = L_3 = 0{,}25gl^2$$

$$S_b = S_c = -0{,}25gl^2 - 0{,}25gl^2 = 0{,}50gl^2$$

$$M_b = (0{,}2667 - 0{,}0667)\,(-0{,}50)\;gl^2 = -0{,}100gl^2$$

$$M_c = (-0{,}0667 + 0{,}2667)\,(-0{,}50)gl^2 = -0{,}100gl^2$$

Lastfall 1 (nur *q* in Feld 1)

$$R_1 = -0{,}25ql^2\;; \qquad L_2 = R_2 = L_3 = 0$$

$$S_b = -0{,}25ql^2\;; \qquad S_c = 0$$

$$M_b = 0{,}2667\,(-0{,}25)\;ql^2 = -0{,}0667ql^2$$

$$M_c = -0{,}0667\,(-0{,}25)ql^2 = 0{,}0167ql^2$$

Lastfall 2 (nur *q* in Feld 2)

$$R_1 = 0\;; \quad L_2 = R_2 = -0{,}25ql^2\;; \qquad L_3 = 0$$

$$S_b = S_c = -0{,}25ql^2 \qquad \text{(infolge Symmetrie)}$$

$$M_b = M_c = (0{,}2667 - 0{,}0667)\,(-0{,}25)\;ql^2 = -0{,}050ql^2$$

Lastfall 3 (nur *q* in Feld 3)

Infolge der Symmetrie des Systems werden die Ergebnisse aus Lastfall 1 vertauscht:

$$M_b = 0{,}0167ql^2$$

$$M_c = -0{,}0667ql^2$$

Die gesuchten Grenzwerte der Stützenmomente sind

$$\min M_b \text{ (Lastfall } 0 + 1 + 2)$$

$$\min M_b = -0{,}100gl^2 - (0{,}0667 + 0{,}050)\;ql^2 = (-0{,}100g - 0{,}1167q)\;l^2$$

$$\max M_b \text{ (Lastfall } 0 + 3)$$

$$\max M_b = (-0{,}100g + 0{,}0167q)\;l^2$$

Für M_c erhält man infolge der Symmetrie des Systems und der Belastung die gleichen Ergebnisse.

Die Auswertung wurde hier nur für die Stützenmomente eines Dreifeldträgers durchgeführt. Die Winklerschen Zahlen enthalten die Faktoren für Durchlaufträger von zwei bis fünf Feldern für Auflagergrößen sowie Biegemomente und Querkräfte in den Zehntelpunkten der einzelnen Öffnungen.

Die gesuchten Größen werden nach folgenden Formeln berechnet:

$$\max M = (ag + bq)l^2 \,; \qquad \max Q = (dg + eq)l$$

$$\min M = (ag + cq)l^2 \,; \qquad \min Q = (dg + fq)l$$

Die Faktoren *a* und *d* gelten für eine gleichmäßig verteilte Belastung in allen Feldern, während durch *b, c, e* und *f* der Einfluss der ungünstigsten Stellung der Verkehrslast berücksichtigt wird.

Mit Hilfe der Winklerschen Zahlen lassen sich die Stütz- und Schnittgrößen von Durchlaufträgern mit wenig Aufwand berechnen. In vielen Fällen genügt es, nur die Grenzwerte der Biegemomente über den Stützen und im Feld zu bestimmen. Diese Werte sind in den Tabellen der Winklerschen Zahlen hervorgehoben. In Handbüchern findet man solche Zahlen auch noch für weitere Belastungen (Einzellasten in symmetrischer Anordnung in allen Feldern).

Auch bei beliebigen Belastungen in den einzelnen Feldern, aber gleichen l und I ist es nicht notwendig, Dreimomentengleichungen aufzulösen. Für Durchlaufträger von zwei bis acht Feldern kann man für allgemeine Belastungsglieder die aufgelösten Gleichungen Handbüchern entnehmen. Dabei werden auch Stützweitenunterschiede bis 20 % zugelassen, da aus baupraktischer Sicht die Ergebnisse dann immer noch genau genug sind. Hat man solche Fälle häufiger zu rechnen, bietet sich die Umsetzung in einer Tabellenkalkulation an. Der Eingabeaufwand beschränkt sich dann nur noch auf wenige Zahlen und ist dadurch erheblich niedriger als bei üblichen Durchlaufträgerprogrammen mit entsprechend vielen Möglichkeiten bei der Geometrie- und Belastungseingabe.

3.4.4 Zusammenfassung

1. Bei Durchlaufträgern erhält man die Grenzwerte der Auflager- und Schnittgrößen nicht bei Vollbelastung. Zur genauen Berechnung sind Einflusslinien notwendig. Bei Hochbauten rechnet man mit feldweise veränderlicher Verkehrslast. Für die gesuchten Grenzwerte ist ihre Anordnung aus Bild 3.29 ersichtlich. Wenn zur Bemessung des Durchlaufträgers der Verlauf der Grenzwerte über den ganzen Träger erforderlich ist, so gilt die gleiche Anordnung der Verkehrslast. Nur sind dann für weitere Stellen die Schnittgrößen zu bestimmen. In der grafischen Darstellung erhält man die Grenzmomenten- und Grenzquerkraftlinie. Besonders im Stahlbetonbau ist zur richtigen Bemessung und Lage der Bewehrung ihre Ermittlung oft notwendig.
2. Um den Arbeitsaufwand bei der statischen Berechnung von Durchlaufträgern zu senken, ist eine ganze Reihe von Tabellen geschaffen worden. Für den Fall von gleichen l, I und q dienen die Winklerschen Zahlen. Daneben gibt es noch weitere Tabellen für gleiche l und I, aber verschiedene Belastung. Die Fachliteratur bietet darüber hinaus weitere Möglichkeiten, auf die hier nicht eingegangen werden kann.

3.4.5 Beispiele

Beispiel 3.4.1

Für den Durchlaufträger in Bild 3.30 sind die Grenzwerte der Auflager- und Schnittgrößen zu berechnen. Außerdem ist der Querkraft- und Momentenverlauf für alle untersuchten Lastfälle darzustellen.

1. Gleichungssystem

$$2M_b(5{,}0+8{,}0)+M_c 8{,}0=N_b$$

$$M_b 8{,}0+2M_c(8{,}0+4{,}0)=N_c$$

$$M_b=0{,}0429N_b-0{,}0143N_c$$

$$M_c=-0{,}0143N_b+0{,}0467N_c$$

2. Belastungsglieder

Feld 1 infolge g

$$R_{1g}=\frac{8\cdot 5{,}0^2}{4}=50\text{ kNm}$$

infolge q

$$R_{1q}=\frac{10\cdot 5{,}0^2}{4}=62{,}5\text{ kNm}$$

Feld 2 infolge g

$$L_{2g}=R_{2g}=\frac{8\cdot 8{,}0^2}{4}=128\text{ kNm}$$

infolge q

$$L_{2q}=R_{2q}=\frac{10\cdot 8{,}0^2}{4}=160\text{ kNm}$$

Feld 3 infolge g

$$R_{3g}=\frac{8\cdot 4{,}0^2}{4}=32\text{ kNm}$$

infolge q

$$R_{3q}=\frac{10\cdot 4{,}0^2}{4}=40\text{ kNm}$$

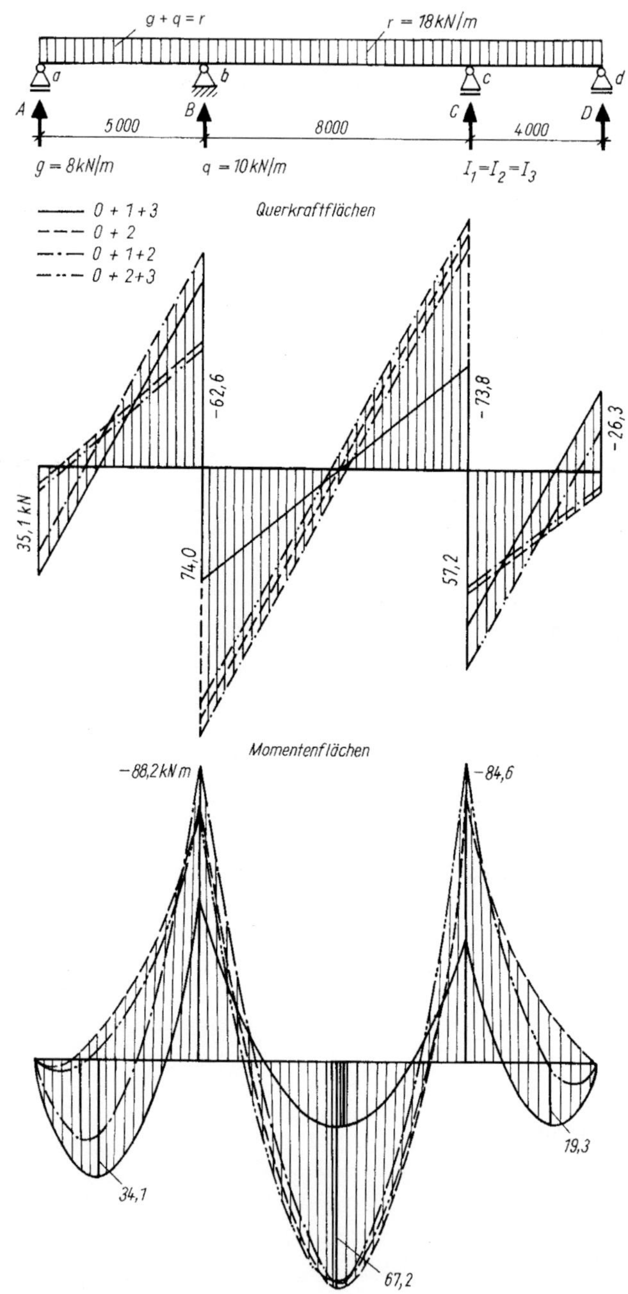
g + q = r
r = 18 kN/m
a
b
c
d
A
B
C
D
5000
8000
4000
g = 8 kN/m
q = 10 kN/m
$I_1 = I_2 = I_3$
0 + 1 + 3
0 + 2
0 + 1 + 2
0 + 2 + 3
Querkraftflächen
-62,6
-73,8
-26,3
35,1 kN
74,0
57,2
Momentenflächen
-88,2 kN m
-84,6
34,1
67,2
19,3

Bild 3.30

3. Stützenmomente

Lastfall 0 (nur g in allen Feldern)

$$N_b = -50 \cdot 5{,}0 - 128 \cdot 8{,}0 = -1274 \text{ kNm}^2$$

$$N_c = -128 \cdot 8{,}0 - 32 \cdot 4{,}0 = -1152 \text{ kNm}^2$$

$$M_{b0} = 0{,}0429(-1274) - 0{,}0143(-1152) = -38{,}2 \text{ kNm}$$

$$M_{c0} = -0{,}0143(-1274) + 0{,}0467(-1152) = -35{,}6 \text{ kNm}$$

Lastfall 1 (nur q in Feld 1)

$$N_b = -62{,}5 \cdot 5{,}0 = -312{,}5 \text{ kNm}^2\,; \qquad N_c = 0$$

$$M_{b1} = 0{,}0429(-312{,}5) = -13{,}4 \text{ kNm}$$

$$M_{c1} = -0{,}0143(-312{,}5) = 4{,}5 \text{ kNm}$$

Lastfall 2 (nur q in Feld 2)

$$N_b = N_c = -160 \cdot 8{,}0 = -1280 \text{ kNm}^2$$

$$M_{b2} = (0{,}0429 - 0{,}0143)\,(-1280) = -36{,}6 \text{ kNm}$$

$$M_{c2} = (-0{,}0143 + 0{,}0467)\,(-1280) = -41{,}5 \text{ kNm}$$

Lastfall 3 (nur q in Feld 3)

$$N_b = 0\,; \qquad N_c = -40 \cdot 4{,}0 = -160 \text{ kNm}^2$$

$$M_{b3} = -0{,}0143\,(-160) = 2{,}3 \text{ kNm}$$

$$M_{c3} = 0{,}0467\,(-160) = -7{,}5 \text{ kNm}$$

4. Auflager und Schnittgrößen

4.1 Lastkombination 0 + 1 + 3 (max A, max D, max M_1, max M_3, min M_2)

Der Einfachheit halber werden die Überlagerungen ohne weitere Beiwerte vorgenommen.

$$M_b = -38{,}2 - 13{,}4 + 2{,}3 = -49{,}3 \text{ kNm}$$

$$M_c = -35{,}6 + 4{,}5 - 7{,}5 = -38{,}6 \text{ kNm}$$

Auflagerkräfte

$$\max A = 45 - \frac{49{,}3}{5{,}0} = 35{,}1 \text{ kN}$$

$$B_l = 45 + 9{,}9 = 54{,}9 \text{ kN}$$

$$B_r = 32 + \frac{49{,}3 - 38{,}6}{8{,}0} = 33{,}3 \text{ kN}$$

$$C_l = 32 - 1{,}3 = 30{,}7 \text{ kN}$$

$$C_r = 36 + \frac{38{,}6}{4{,}0} = 45{,}7 \text{ kN}$$

$$\max D = 36 - 9{,}7 = 26{,}3 \text{ kN}$$

Querkraftnullstellen

$$x_{01} = \frac{35{,}1}{18} = 1{,}95 \text{ m} \qquad \text{(rechts von } a\text{)}$$

$$x_{02} = \frac{33{,}3}{8} = 4{,}16 \text{ m} \qquad \text{(rechts von } b\text{)}$$

$$x_{03} = \frac{45{,}7}{18} = 2{,}57 \text{ m} \qquad \text{(rechts von } c\text{)}$$

Biegemomente

$$\max M_1 = \frac{A^2}{2r} = \frac{35{,}1^2}{2 \cdot 18} = 34{,}1 \text{ kNm}$$

$$\min M_2 = \frac{B_r^{\,2}}{2g} + M_b = \frac{33{,}3^2}{2 \cdot 8} - 49{,}3 = 19{,}7 \text{ kNm}$$

$$\max M_3 = \frac{D^2}{2r} = \frac{26{,}3^2}{2 \cdot 18} = 19{,}3 \text{ kNm}$$

Bemerkung: Wenn vom Auflager bis zum gefährdeten Querschnitt nur gleichmäßig verteilte Last vorhanden ist, dann gilt für max M

$$\max M = Ax_0 - \frac{rx_0^2}{2}; \qquad V_x = A - rx_0 = 0; \qquad x_0 = \frac{A}{r}$$

$$\max M = A\frac{A}{r} - \frac{rA^2}{2r^2} = \frac{A^2}{2r}$$

4.2 Lastkombination 0 + 2 (min M_1, min M_3, max M_2, min A, min D)

$$M_b = -38{,}2 - 36{,}6 = -74{,}8 \text{ kNm}$$

$$M_c = -35{,}6 - 41{,}5 = -77{,}1 \text{ kNm}$$

Auflagerkräfte

$$\max A = 20 - \frac{74{,}8}{5{,}0} = 5{,}0 \text{ kN}$$

$$B_l = 20 + 15,0 = 35,0 \text{ kN}$$

$$B_r = 72 + \frac{74,8 - 77,1}{8,0} = 71,7 \text{ kN}$$

$$C_l = 72 + 0,3 = 72,3 \text{ kN}$$

$$C_r = 16 + \frac{71,7}{4,0} = 35,3 \text{ kN}$$

$$\max D = 16 - 19,3 = -3,3 \text{ kN} \quad \text{(negativ)}$$

Querkraftnullstellen

$$x_{01} = \frac{5,0}{8} = 0,63 \text{ m}$$

$$x_{02} = \frac{71,7}{18} = 3,97 \text{ m}$$

x_{03} entfällt, da im Feld 3 kein Vorzeichenwechsel

Biegemomente

$$\min M_1 = \frac{5,0^2}{2 \cdot 8} = 1,6 \text{ kNm}$$

$$\max M_2 = \frac{71,7^2}{2 \cdot 18} - 74,8 = 67,2 \text{ kNm}$$

M_3 entfällt, da kein Extremwert vorhanden

$M_{3m} = -3,3 \cdot 2,0 - 8 \cdot 2,0 \cdot 1,0 = -22,6$ kNm

4.3 Lastkombination 0 + 1 + 2 (max B, min M_b)

min $M_b = -38,2 - 13,4 - 36,6 = -88,2$ kNm

$M_c = -35,6 + 4,5 - 41,5 = -72,6$ kNm

Auflagerkräfte

$$A = 45 - \frac{88,2}{5,0} = 27,4 \text{ kN}$$

$$B_l = 45 + 17,6 = 62,6 \text{ kN}$$

$$B_r = 72 + \frac{88,2 - 72,6}{8,0} = 74,0 \text{ kN} \qquad \max B = 136,6 \text{ kN}$$

$$C_l = 72 - 2{,}0 = 70{,}0 \text{ kN}$$

$$C_r = 16 + \frac{72{,}6}{4{,}0} = 34{,}4 \text{ kN}$$

$$D = 16 - 18{,}4 = -2{,}4 \text{ kN} \quad \text{(negativ)}$$

Querkraftnullstellen

$$x_{01} = \frac{27{,}4}{18} = 1{,}52 \text{ m}; \qquad x_{02} = \frac{74{,}0}{18} = 4{,}11 \text{ m}$$

Biegemomente

$$M_1 = \frac{27{,}4^2}{2 \cdot 18} = 20{,}8 \text{ kNm}; \qquad M_2 = \frac{74{,}0^2}{2 \cdot 18} - 88{,}2 = 63{,}4 \text{ kNm}$$

$$M_{3m} = -2{,}4 \cdot 2{,}0 - 8 \cdot 2{,}0 \cdot 1{,}0 = -20{,}8 \text{ kNm}$$

4.4 Lastkombination 0 + 2 + 3 (max C, min M_c)

$$M_b = -38{,}2 - 33{,}6 + 2{,}3 = -72{,}5 \text{ kNm}$$

$$\min M_c = -35{,}6 - 41{,}5 - 7{,}5 = -84{,}6 \text{ kNm}$$

Auflagerkräfte

$$A = 20 - \frac{72{,}5}{5{,}0} = 5{,}5 \text{ kN}$$

$$B_l = 20 + 14{,}5 = 34{,}5 \text{ kN}; \qquad B_r = 72 + \frac{72{,}5 - 84{,}6}{8{,}0} = 70{,}2 \text{ kN}$$

$$C_l = 72 + 1{,}8 = 73{,}8 \text{ kN}$$

$$C_r = 36 + \frac{84{,}6}{4{,}0} = 57{,}2 \text{ kN} \qquad \max C = 131 \text{ kN}$$

$$D = 36 - 21{,}2 = 14{,}8 \text{ kN}$$

Querkraftnullstellen

$$x_{01} = \frac{5{,}5}{8} = 0{,}69 \text{ m}; \quad x_{02} = \frac{70{,}2}{18} = 3{,}90 \text{ m}; \quad x_{03} = \frac{57{,}2}{18} = 3{,}18 \text{ m}$$

Biegemomente

$$M_1 = \frac{5{,}5^2}{2 \cdot 8} = 1{,}9 \text{ kNm}; \; M_2 = \frac{70{,}2^2}{2 \cdot 18} - 72{,}5 = 64{,}5 \text{ kNm}; \; M_3 = \frac{14{,}8^2}{2 \cdot 18} = 6{,}1 \text{ kNm}$$

Zusammenfassung der Ergebnisse (Extremwerte markiert):

Last-kombination	A in kN	B in kN	C in kN	D in kN	M_b in kNm	M_c in kNm	M_1 in kNm	M_2 in kNm	M_3 in kNm
0+1+3	<u>35,1</u>	88,2	76,4	<u>26,3</u>	–49,3	–38,6	34,2	19,7	<u>19,3</u>
0+2	5	106,7	107,6	–3,3	–74,8	–77,1		<u>67,2</u>	
0+1+2	27,5	<u>136,6</u>	104,4	–2,4	–<u>88,2</u>	–72,6	20,8	63,9	
0+2+3	5,5	104,7	<u>131</u>	14,8	–72,5	–<u>84,6</u>	1,9	65,6	6,1

Der Verlauf der Querkraft- und Momentenlinien für alle Lastkombinationen ist aus Bild 3.30 zu ersehen. Für die übersichtlichere Darstellung wird häufig nur die oberste und unterste Linie dargestellt. Dieses Bild erhält dann die Bezeichnung Grenzlinie der Schnittkraft und ist in der Regel für die Bemessung ausreichend.

Beispiel 3.4.2

In Bild 3.31 ist ein Durchlaufträger auf sechs Stützen dargestellt. Folgende Werte sollen mit Hilfe der Winklerschen Zahlen berechnet werden:

> maximale Auflagerkräfte, maximale Feldmomente, minimale Stützenmomente, minimale Feldmomente in den Mitten der Felder 2, 3 und 4.

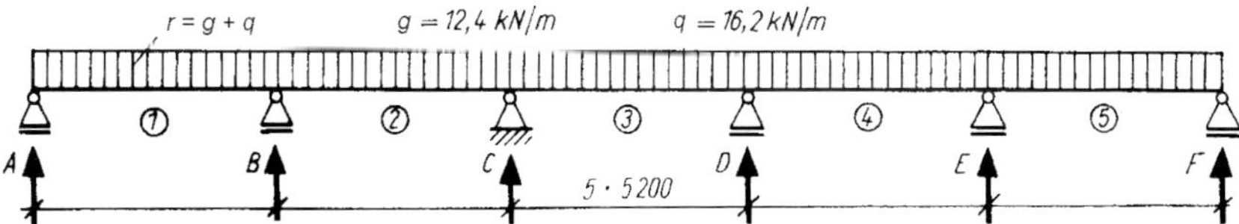

Bild 3.31

Unter Verwendung einer bautechnischen Berechnungstafel und bei Beachtung der Symmetrie erhält man folgende charakteristischen Werte:

$$\max A = \max F = (0{,}395 \cdot 12{,}4 + 0{,}448 \cdot 16{,}2)\ 5{,}20 = 63{,}3 \text{ kN}$$

$$\max B = \max E = (1{,}132 \cdot 12{,}4 + 1{,}217 \cdot 16{,}2)\ 5{,}20 = 175{,}2 \text{ kN}$$

$$\max C = \max D = (0{,}974 \cdot 12{,}4 + 1{,}168 \cdot 16{,}2)\,5{,}20 = 160{,}9 \text{ kN}$$

$$\max M_1 = \max M_5 = (0{,}0779 \cdot 12{,}4 + 0{,}0989 \cdot 16{,}2)\,5{,}20^2 = 69{,}2 \text{ kNm}$$

$$\max M_2 = \max M_4 = (0{,}0329 \cdot 12{,}4 + 0{,}0789 \cdot 16{,}2)\,5{,}20^2 = 45{,}5 \text{ kNm}$$

$$\max M_3 = (0{,}0461 \cdot 12{,}4 + 0{,}0855 \cdot 16{,}2)\,5{,}20^2 = 52{,}9 \text{ kNm}$$

$$\min M_2 = \min M_4 = (0{,}0329 \cdot 12{,}4 - 0{,}0461 \cdot 16{,}2)\,5{,}20^2 = -9{,}2 \text{ kNm}$$

$$\min M_3 = (0{,}0461 \cdot 12{,}4 - 0{,}0395 \cdot 16{,}2)\,5{,}20^2 = -1{,}9 \text{ kNm}$$

$$\min M_b = \min M_e = -(0{,}1053 \cdot 12{,}4 + 0{,}1196 \cdot 16{,}2)\,5{,}20^2 = -87{,}8 \text{ kNm}$$

$$\min M_c = \min M_d = -(0{,}0789 \cdot 12{,}4 + 0{,}1112 \cdot 16{,}2)\,5{,}20^2 = -75{,}2 \text{ kNm}$$

3.5 Das *Cross*-Verfahren

3.5.1 Grundgedanken des *Cross*-Verfahrens

Zur Berechnung der Stützenmomente kann außer den Dreimomentengleichungen auch das *Cross*-Verfahren angewendet werden. Es soll nicht Aufgabe dieses Buches sein, das Verfahren mit allen Weiterentwicklungen und Möglichkeiten darzustellen. Dafür ist genügend spezielle Fachliteratur vorhanden. Sinnvoll ist aber, die Grundgedanken dieses Verfahrens zur Berechnung statisch unbestimmter Systeme zu vermitteln. Diese Berechnungsmethode ist nicht nur für die Untersuchung von Durchlaufträgern geeignet, sondern kann auch bei Rahmen, insbesondere Stockwerkrahmen, verwendet werden. Die zunächst am Durchlaufträger gezeigten Wege lassen sich sinngemäß auf Rahmen übertragen. Es werden daher alle Trägerpunkte mit Stützenmomenten als Knotenpunkte bezeichnet, da sie zweistäbige Knoten darstellen. Beim Cross-Verfahren wird kein Gleichungssystem aufgestellt und aufgelöst. Die statisch überzähligen Größen werden durch Iteration gefunden, die so lange fortgesetzt wird, bis der erwünschte Genauigkeitsgrad erzielt ist.

Zunächst werden alle Knotenpunkte, beim Durchlaufträger die Trägerstellen mit Stützenmomenten, als unverdrehbar angenommen. Man erhält somit ein- und zweiseitig eingespannte Träger, deren Einspannmomente berechnet werden können (Bild 3.32). Im Allgemeinen ergeben sich an jeder Stütze aus den benachbarten Feldern verschiedene Einspannmomente. Zum Beispiel ist in Bild 3.32 an der Stütze *c* die Wirkung aus dem Feld 3 (sie will den Knoten im Uhrzeigersinn verdrehen) größer als die aus dem Feld 2, die den Knoten entgegen dem Uhrzeigersinn verdrehen will. Denkt man sich die Einspannung eines Knotens vorübergehend aufgehoben, so wird er sich so lange verdrehen (beim Durchlaufträger die Stabachse), bis sich die Momente ausgeglichen haben. Links und rechts der Stütze sind dann gleiche Momente vorhanden oder, auf den Knoten bezogen, ist die Summe der Momente gleich null geworden. Bei der Verdrehung des losgelassenen Knotens verändern sich auch die Einspannmomente der angeschlossenen Stäbe an den Nachbarknoten (Bild 3.32). Nach dem Ausgleich an einem Knoten wird dieser wieder eingespannt und ein anderer gelöst. Das Verfahren wird so lange fortgesetzt, bis alle Momente ausgeglichen sind.

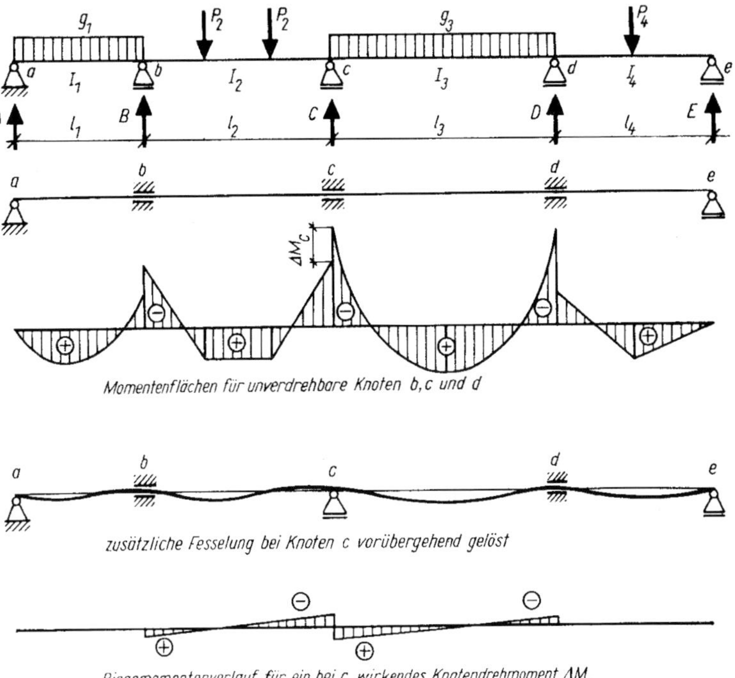

Bild 3.32

3.5.2 Vorzeichenregel und Benennungen

Die praktische Rechnung erfolgt einfach und übersichtlich nach einem festen Schema. Dazu werden Vorzeichen verwendet, die von der üblichen Regel abweichen. Für die Untersuchung werden die Wirkungen der Stäbe auf den Knoten betrachtet. Dabei erhält jedes Moment, das einen Knoten im Uhrzeigersinn verdrehen will, ein positives Vorzeichen (Bild 3.33).

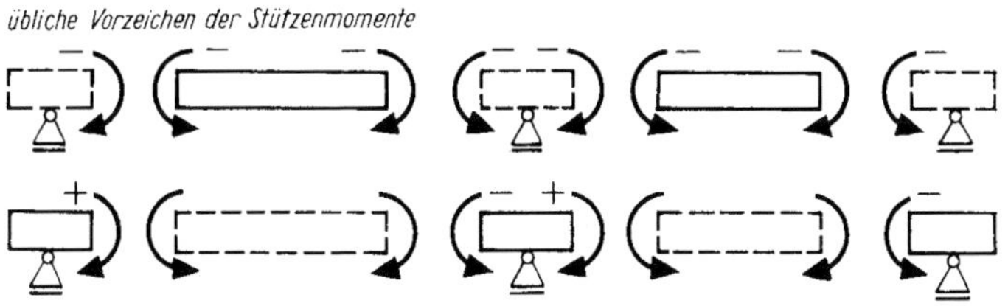

Bild 3.33

Weiterhin werden die Knoten wie bisher mit *a, b, c,* ... und die Felder mit 1, 2, 3, ... bezeichnet. Die Einspannmomente erhalten zwei Indizes (M_{2b}, M_{2c}, M_{3c}). Der erste kennzeichnet das Feld, der zweite gibt den Ort der Einspannung an. Von Bedeutung sind noch die Steifigkeiten der Felder (K_1, K_2, K_3 usw.) und die Verteilungszahlen *V*, die ebenfalls zwei Indizes erhalten (V_{cb}, V_{cd}). Der erste kennzeichnet den Knotenpunkt, für dessen Ausgleich *V* Verwendung findet, während der zweite die Richtung des Stabes zum nächsten Knoten angibt.

3.5.3 Steifigkeits-, Verteilungs- und Weiterleitungszahlen

Der Ausgleich der Momentensumme eines Knotens erfolgt so, dass ein gleich großes, aber entgegengesetzt drehendes Knotenmoment angebracht wird. Es verteilt sich auf die angeschlossenen Stäbe nach einem noch zu bestimmenden Verhältnis.

Wird ein Knoten losgelassen, dann verhalten sich die anschließenden Stäbe wie einseitig eingespannte Träger oder normale Träger auf zwei Stützen, je nachdem, ob an den Nachbarknoten eine Einspannung (bei Innenstützen) oder freie Lagerung (bei Endstützen) vorliegt.

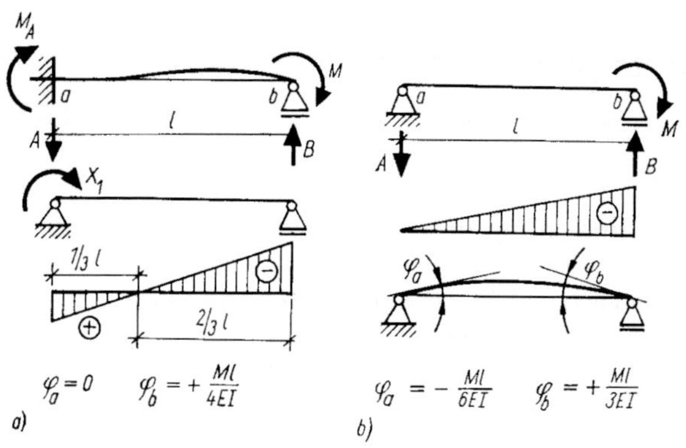

Bild 3.34

Infolge der Verdrehung der Stabachsen im freigegebenen Knoten, deren Ursache ein Moment ist, entstehen auch an den anderen Enden der Stäbe Momente, falls diese in den festgehaltenen Knoten eingespannt sind. Da dieser Lastfall in Abschnitt 2 nicht untersucht wurde, soll erst noch die Größe des entstehenden Momentes berechnet werden. Die Aufgabe lautet, das Einspannmoment eines einseitig eingespannten Trägers infolge des am freien Ende eingeleiteten Momentes *M* zu berechnen (Bild 3.34a).

Das System ist einfach statisch unbestimmt. Als Grundsystem wird ein Träger auf zwei Stützen gewählt. Das Einspannmoment M_A ist dann die überzählige und zugleich gesuchte Größe. Die Verdrehungen der Stabachse in den Auflagern eines Trägers auf zwei Stützen infolge eines Momentes können aus statischen Handbüchern übernommen werden.

Bei *a* sind die Verdrehungen (Bild 3.34)

infolge X_1: $\varphi_{a1} = \frac{X_1 l}{3EI}$

infolge *M*: $\varphi_{a0} = -\frac{Ml}{6EI}$

In die Elastizitätsgleichung $\varphi_a = 0$ eingesetzt, erhält man

$$\frac{X_1 l}{3EI} - \frac{Ml}{6EI} = 0\,; \qquad X_1 = M_A = \frac{M}{2} \tag{3.23}$$

Das Moment am eingespannten Trägerende wird halb so groß wie das am frei gelagerten Trägerende eingeleitete Moment (Bild 3.34 a).

Die Verdrehung der Stabachse bei *b* wird

$$\varphi_b = +\frac{Ml}{3EI} - \frac{X_1 l}{6EI} = \frac{Ml}{3EI} - \frac{Ml}{12EI} = +\frac{Ml}{4EI}$$

Wäre der Stab bei *a* nicht eingespannt, dann würde die Verdrehung der Stabachse in *b* infolge eines Momentes *M* in *b* (Bild 3.34b)

$$\varphi_b = \frac{Ml}{3EI}$$

Nachdem diese Zwischenergebnisse vorliegen, wird die Verteilung des auszugleichenden Momentes ΔM_n bestimmt. Verdreht sich ein losgelassener Knoten *n* unter der Wirkung von ΔM_n um den Winkel φ_n, so erfahren alle Stabenden der im Knoten *n* starr angeschlossenen Stäbe *i* die gleiche Verdrehung. Die Teilmomente in den einzelnen Stäben *i* werden dann für den am anderen Ende eingespannten Stab

$$\Delta M_{ni} = 4E\frac{I_i}{l_i}\varphi_n$$

für den am anderen Ende frei gelagerten Stab

$$\Delta M_{ni} = 4E\left(0{,}75\frac{I_i}{l_i}\right)\varphi_n$$

Außerdem gilt

$$\Delta M_n + \sum \Delta M_{ni} = 0\,; \qquad \Delta M_n = -4E\varphi_n\left(\frac{I_1}{l_1} + \frac{I_2}{l_2} + \ldots + \frac{I_k}{l_k}\right)$$

$$\Delta M_n = -4E\varphi_n\,(K_1 + K_2 + \ldots + K_k) = -4E\varphi_n \sum K_n$$

Der Wert $K_i = I_i/l_i$ wird Steifigkeit genannt. Die freie Lagerung am anderen Trägerende eines Stabes wird dadurch berücksichtigt, dass die Steifigkeit $K_i' = 0{,}75\, I_i/l_i$ beträgt.

Aus den vorstehenden Gleichungen folgt

$$\frac{\Delta M_{ni}}{-\Delta M_n} = \frac{4E\varphi_n K_i}{4E\varphi_n \sum K_n} = \frac{K_i}{\sum K_n}$$

$$\Delta M_{ni} = -\Delta M_n \frac{K_i}{\sum K_n} \tag{3.24}$$

$$K_i = \frac{I_i}{l_i} \qquad \text{(eingespannter Stab)} \tag{3.25}$$

$$K_i' = 0{,}75 \frac{I_i}{l_i} \qquad \text{(frei gelagerter Stab)} \tag{3.26}$$

Der Quotient $K_i/\sum K_n$ wird Verteilungszahl genannt.

$$V_{ni} = \frac{K_i}{\sum K_n} \tag{3.27}$$

Beim Durchlaufträger sind nur jeweils zwei Stäbe vorhanden. Für den Knoten c gilt dann z. B.

$$\sum K_c = K_2 + K_3 \,; \qquad K_2 = \frac{I_2}{l_2} \,; \qquad K_3 = \frac{I_3}{l_3}$$

$$V_{cb} = \frac{K_2}{K_2 + K_3} \,; \qquad V_{cd} = \frac{K_3}{K_2 + K_3} \,; \qquad \sum V_c = 1$$

$$\Delta M_{cb} = -\Delta M_c V_{cb} \,; \qquad \Delta M_{cd} = -\Delta M_c V_{cd}$$

Jedes Ausgleichsmoment ΔM_{ni} ruft am benachbarten Knoten, der beim Ausgleich eingespannt bleibt, ein Einspannmoment hervor. Es ist bereits mit Gl. (3.23) berechnet worden

$$M_{in} = \frac{1}{2} \Delta M_{ni}$$

Das Verhältnis des weitergeleiteten Momentes zum Ausgleichsmoment heißt Weiterleitungsfaktor. Beim eingespannten Stab ist dieser Faktor 1/2, beim frei gelagerten Stab wird er Null. Multipliziert man die Verteilungszahl V mit dem Weiterleitungsfaktor, so erhält man die Weiterleitungszahl W ($W = 0{,}5V$ oder $W = 0$). Das weitergeleitete Moment M_{in} müsste nach der üblichen Regel das umgekehrte Vorzeichen von ΔM_{ni}

erhalten. Nach der Festlegung von *Cross* jedoch haben die beiden Momente das gleiche Vorzeichen, da M_{in} den Knoten i im gleichen Sinn verdrehen will wie ΔM_{ni} den Knoten n.

Mit den Steifigkeits-, Verteilungs- und Weiterleitungszahlen sind alle Werte bekannt, die zur Durchführung des Momentenausgleichs gebraucht werden. Die Rechnung ist in dem Beispiel des Abschnittes 3.5.5 zu verfolgen, wobei auch zugleich der Vorteil der Vorzeichenregel nach *Cross* erkennbar wird.

3.5.4 Zusammenfassung

1. Beim Cross-Verfahren werden Knotenmomente als statisch überzählige Größen auf iterativem Wege bestimmt.
2. Die Knoten werden zunächst als undrehbar angenommen; für die angeschlossenen Stäbe werden die Einspannmomente berechnet.
3. Der dabei an einem Knoten begangene Fehler erscheint als $\sum M = 0$, der durch entgegengesetzt drehende Ausgleichsmomente korrigiert wird.
4. Die Verteilung des Ausgleichsmomentes auf die Stäbe erfolgt im Verhältnis der Stabsteifigkeiten $K = I/l$. Bei Endfeldern mit freier Lagerung beträgt die Steifigkeit nur $K' = 0{,}75 I/l$.
5. Der Verteilungsschlüssel wird durch die Verteilungszahlen $V_{ni} = K_i / \sum K_n$ für jeden Stab eines Knotens festgelegt.
6. Das Ausgleichsmoment wird zum nächsten eingespannten Knoten mit dem Weiterleitungsfaktor 1/2 und dem gleichen Vorzeichen weitergeleitet. In einem frei drehbaren Endauflager ruft das Ausgleichsmoment kein Weiterleitungsmoment hervor.
7. Der Momentenausgleich wird so lange fortgesetzt, bis der für die Bemessung erforderliche Genauigkeitsgrad erreicht ist.

3.5.5 Beispiel

Beispiel 3.5.1

In Bild 3.35 ist ein Durchlaufträger dargestellt. Für die angegebene Belastung sind die Stützenmomente mit Hilfe des Cross-Verfahrens zu berechnen.

Lösung

Der Momentenausgleich ist in das Schema in Bild 3.35 eingetragen. Für die Flächenmomente der Felder sind nur Verhältniszahlen nötig, da sich die Maßeinheit von I bei den Verteilungszahlen herauskürzt. Die Reihenfolge des Ausgleichs ist an sich beliebig, sie wird aber am besten nach der Größe der Ausgleichsmomente festgelegt.

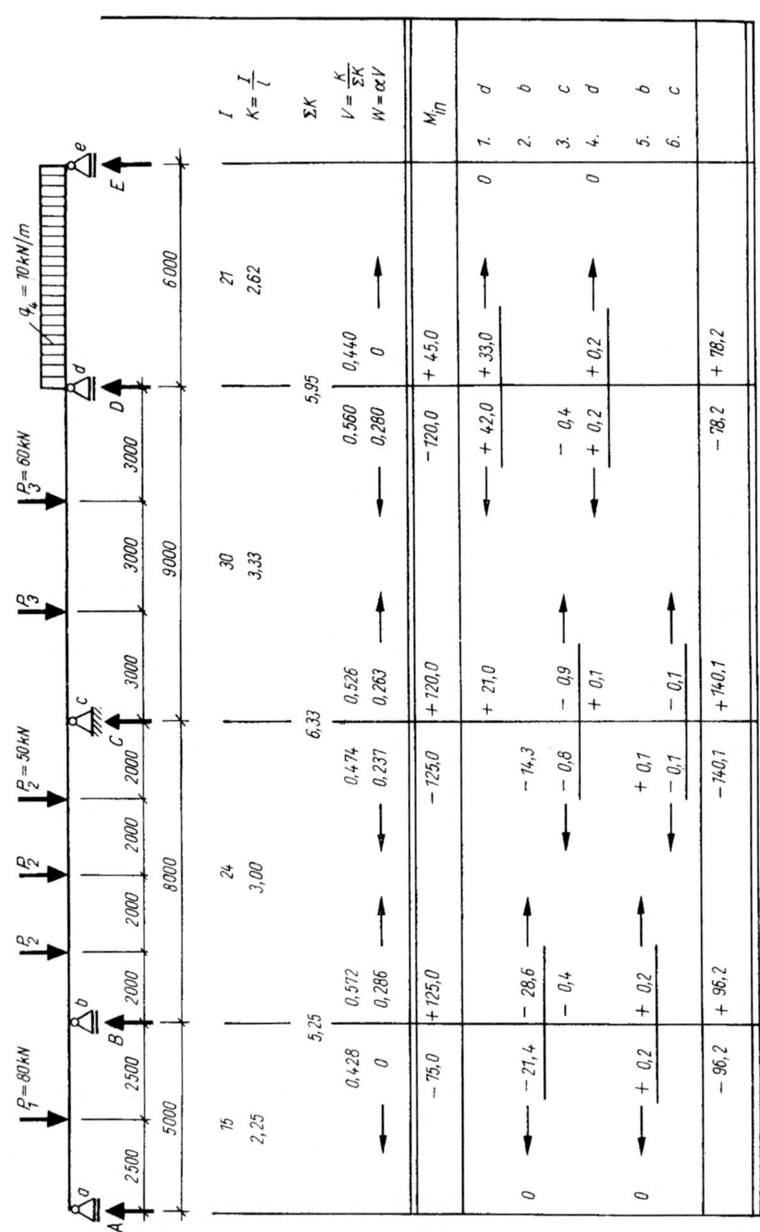

Bild 3.35

Zunächst werden die Einspannmomente mit Hilfe der Gleichungen aus einem Handbuch berechnet:

$$M_{1b} = -\frac{3}{16}P_1 l_1 = -\frac{3 \cdot 80 \cdot 5,0}{16} = -75 \text{ kNm}$$

$$M_{2b} = -\frac{5}{16}P_2 l_2 = -\frac{3 \cdot 80 \cdot 8,0}{16} = -125 \text{ kNm} = M_{2c}$$

$$M_{3c} = -\frac{2}{9}P_3 l_3 = -\frac{2 \cdot 60 \cdot 9,0}{9} = -120 \text{ kNm} = M_{3d}$$

$$M_{4d} = -\frac{1}{8}g_4 l_4^2 = -\frac{10 \cdot 6,0^2}{8} = -45 \text{ kNm}$$

Die Einspannmomente werden unter Beachtung der Vorzeichen nach *Cross* ebenfalls in die Tabelle eingetragen. Die Reihenfolge des Ausgleichs ist in der Randspalte angegeben. Die Momentensummen werden nicht eingeschrieben, sondern nur die Ausgleichsmomente. Nachdem die Differenzen klein genug sind, wird der Ausgleich abgebrochen und jede Spalte addiert. An jedem Knoten ist die Summe der Knotenmomente gleich null geworden. Die Stützenmomente sind

$$M_b = -96,2 \text{ kNm}\,; \qquad M_c = -140,1 \text{ kNm}\,; \qquad M_d = -78,2 \text{ kNm}$$

Die Auflager- und Schnittgrößen lassen sich in der üblichen Weise berechnen, nachdem die statisch überzähligen Größen bekannt sind.

4 Elastische Formänderungen

4.1 Allgemeines

In Band 2 (Festigkeitslehre) wurden bereits Rechenregeln zur Bestimmung von Formänderungen abgeleitet. Mit ihrer Hilfe kann man für vollwandige Träger mit gerader Stabachse Durchbiegungen und Verdrehungen bestimmen. Bei der Untersuchung beliebiger statisch unbestimmter Systeme müssen für weitere vollwandige Stabwerke und auch für Fachwerke Formänderungen ermittelt werden. Da diese Berechnungen am statisch bestimmten Grundsystem erfolgen, genügt es zunächst, Methoden zu zeigen, mit denen man für beliebige ebene statisch bestimmte Stabwerke Formänderungen bestimmen kann. In den folgenden Abschnitten wird dabei die Berechnung der elastischen Formänderungen in den Vordergrund gerückt, während die rein theoretischen Zusammenhänge nur in dem unbedingt notwendigen Umfang dargestellt werden.

Nachstehend sind die einzelnen Formänderungen und die möglichen Ursachen nebeneinandergestellt.

Längenänderungen:	Normalkräfte gleichmäßige Temperaturänderung des Stabes
Durchbiegungen:	Biegemomente Querkräfte Temperaturdifferenzen zwischen Ober- und Unterfaser des Trägers
Verdrillungen:	Torsionsmomente

Bei ebenen Tragwerken treten Torsionsmomente nicht auf, so dass im Rahmen dieses Buches auf die Behandlung der Verdrehung verzichtet wird. In Band 2 wird außerdem festgestellt, dass der Einfluss der Querkräfte bei den üblichen Stützweiten und Abmessungen sehr gering ist. Er kann daher im Allgemeinen ebenfalls vernachlässigt werden. Für die weiteren Untersuchungen sind nur die Formänderungen infolge der Normalkräfte, Biegemomente und der Temperatureinwirkungen von Bedeutung, wobei insbesondere die Durchbiegungen zu beachten sind.

Mit den bisherigen Kenntnissen können lediglich Durchbiegungen (vertikale Verschiebungen) bei vollwandigen Trägern auf zwei Stützen bestimmt werden. Für das Fachwerk fehlen noch die Grundlagen. In den folgenden Abschnitten wird ein Verfahren gezeigt, das sowohl für das vollwandige Stabwerk wie auch für das Fachwerk anwendbar ist. Es gestattet die Bestimmung jeder beliebig gerichteten Bewegung einzelner Tragwerkspunkte innerhalb der Tragwerksebene.

4.2 Theoretische Grundlagen

4.2.1 Das Prinzip der virtuellen Verrückungen

Das Prinzip der virtuellen Verrückungen wurde 1788 von *Lagrange* entwickelt. Es muss aber erwähnt werden, dass es auch vor ihm schon angewendet wurde.

Die Bezeichnung *Prinzip* anstelle von *Gesetz* soll ausdrücken, dass ein exakter Beweis nicht für alle Fälle möglich ist. Durch die Erfahrung ist aber die Richtigkeit des genannten Prinzips bestätigt worden. In verschiedenen Lehrbüchern wird das ganze Gebäude der Statik auf dieses Prinzip gegründet, während andere vom Parallelogramm der Kräfte ausgehen. Es ist nur eine Frage der Anschauung, ob man das Prinzip der virtuellen Verrückungen vom Parallelogramm der Kräfte ableitet oder den umgekehrten Weg wählt.

Im Folgenden wird das Prinzip sofort für ebene Tragwerke erklärt, da hier in erster Linie die praktische Anwendung gezeigt werden soll.

Die Bezeichnung *virtuell* (lat. virtus = Fähigkeit, Möglichkeit) soll ausdrücken, dass die beliebig verteilten Verrückungen möglich sein müssen. Der Zusammenhang der einzelnen Teile des Tragwerkes darf also nicht zerstört werden.

Zur Erklärung stelle man sich ein Tragwerk vor, das unter der Wirkung von Kräften P_k und Momenten M_k steht. Diese Kräfte und Momente bilden eine Gleichgewichtsgruppe. Für sie gilt

$$\sum_1^n P_k = 0\,; \qquad \sum_1^n P_k r_k + \sum_1^n M_k = 0$$

Dabei bedeutet r_k den senkrechten Abstand der Kraft P_k von einem beliebig gewählten Bezugspunkt. Infolge der Verformung des Tragwerkes ergeben sich Verschiebungen δ und Verdrehungen φ. Die mit der Richtung der Kräfte P_k zusammenfallenden Verschiebungen der Punkte k werden mit δ_k bezeichnet.

Nunmehr wird das Tragwerk mit einer weiteren, nur gedachten virtuellen Gleichgewichtsgruppe belastet. Auch für diese virtuellen Kräfte und Momente gilt

$$\sum_1^n \bar{P}_k = 0\,; \qquad \sum_1^n \bar{P}_k r_k + \sum_1^n \bar{M}_k = 0$$

Für die weiteren Erklärungen werden alle Größen, die mit der virtuellen Lastgruppe zusammenhängen, durch einen Querstrich gekennzeichnet. Infolge der virtuellen Gleichgewichtsgruppe erfahren die einzelnen Kraftangriffspunkte neue (virtuelle) Verschiebungen $\bar{\delta}_k$. Letztere werden sich auf Grund der Eigenart des Tragwerkes ausbilden und mögen unendlich klein sein, was sich durch die Größe der virtuellen Kräfte erreichen lässt. Diese Einschränkung ist erforderlich, damit sich die Richtung der Kräfte P_k nicht ändert.

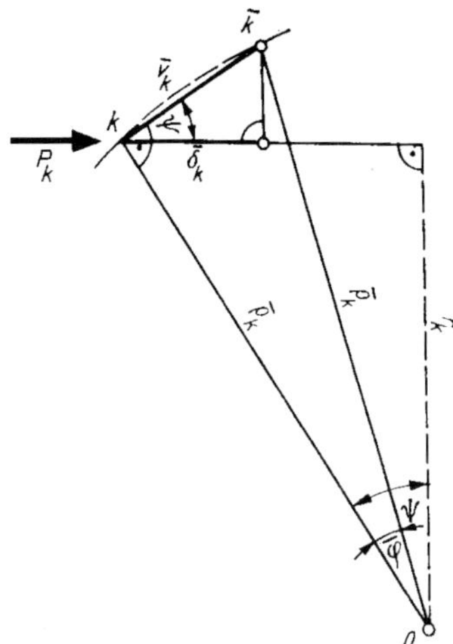

Bild 4.1

In Bild 4.1 ist ein beliebiger Punkt k des Tragwerkes mit der angreifenden Kraft P_k dargestellt. Durch die Belastung mit der virtuellen Kräftegruppe verschiebt sich der Punkt k nach $\bar{k}$. Da die geradlinige Verschiebung $\bar{v}_k$ als unendlich klein vorausgesetzt wird, kann sie auch durch den Kreisbogen vom Radius $\bar{\rho}_k$ ersetzt werden. Jede unendlich kleine Verschiebung lässt sich demnach als eine Drehung um einen Pol 0 auffassen.

In den Gleichgewichtsbedingungen war der Bezugspunkt für die Momente freigestellt. Es wird der Punkt 0 gewählt. Bild 4.1 entnimmt man

$$\bar{v}_k = \bar{\rho}_k \bar{\varphi} \; ; \qquad \bar{\delta}_k = \bar{v}_k \cos\psi$$

$$r_k = \bar{\rho}_k \cos\psi \; ; \qquad \bar{\delta}_k = \bar{\rho}_k \bar{\varphi} \cos\psi = r_k \bar{\varphi}$$

$$r_k = \frac{\bar{\delta}_k}{\varphi}$$

Dieser Wert wird in die Gleichung $\sum M = 0$ eingesetzt.

$$\sum_1^n P_k \frac{\bar{\delta}_k}{\bar{\varphi}} + \sum_1^n M_k = 0$$

Nach Multiplikation mit $\bar{\varphi}$ ergibt sich

$$\sum_1^n P_k \bar{\delta}_k + \sum_1^n M_k \bar{\varphi} = 0 \qquad (4.1)$$

Die Produkte unter den Summenzeichen stellen nach physikalischen Definitionen eine Arbeit dar. Da sie durch eine virtuelle Kräftegruppe hervorgerufen wird, bezeichnet man sie als virtuelle Arbeit. Haben Kraft und Verschiebung die gleiche Richtung bzw. Moment und Drehwinkel den gleichen Drehsinn, so ist die Arbeit positiv, im anderen Fall negativ. Gl. (4.1) besagt, dass die Summe aller virtuellen Arbeiten null ergibt. Das Ergebnis soll noch in Worten herausgestellt werden:

> Ist ein Tragsystem unter der Einwirkung irgendwelcher Kräfte und Momente im Gleichgewicht, so ist für jede unendlich kleine, nach den Bedingungen des Systems mögliche Verschiebung die virtuelle Arbeit der Kräfte und Momente gleich null.

Diese wichtige Erkenntnis bezeichnet man als das Prinzip der virtuellen Verrückungen.

Zwischen den tatsächlichen Kräften P_k bzw. M_k und den virtuellen Kräften $\bar{P}_k$ und $\bar{M}_k$ braucht keinerlei Zusammenhang zu bestehen. Voraussetzung ist nur, dass beide Kräftegruppen Gleichgewichtsgruppen sind.

Die Reihenfolge des geschilderten Vorgangs lässt sich auch umkehren, so dass zuerst die virtuelle Kräftegruppe am Tragwerk vorhanden ist und die Verschiebung durch die wirklich vorhandene Kräftegruppe hervorgerufen wird. Die Ableitung bleibt die gleiche. Man erhält dann

$$\sum_1^n \bar{P}_k \delta_k + \sum_1^n \bar{M}_k \varphi = 0 \tag{4.2}$$

Gl. (4.2) dient zur Berechnung von Formänderungskomponenten durch Verknüpfen des wirklichen Formänderungszustandes mit einem davon unabhängigen, beliebig wählbaren Belastungszustand. Man bezeichnet ihren Inhalt als das Prinzip der virtuellen Kräfte. Es bildet die Grundlage zur Berechnung von Formänderungsgrößen bei der Untersuchung statisch unbestimmter Systeme; deshalb wird in den weiteren Betrachtungen auf Gl. (4.2) zurückgegriffen.

Als Umkehrung von Voraussetzung und Folge kann man außerdem ableiten:

> Wenn bei jeder beliebigen virtuellen Verrückung eines Tragsystems die Summe der Arbeiten aller an ihm wirkenden Kräfte zu null wird, so befinden sich diese Kräfte im Gleichgewicht.

4.2.2 Arbeitsgleichung für Stabwerke

Die Betrachtungen in Abschnitt 4.2.1 werden nun an einem vollwandigen Tragwerk fortgesetzt. Dort bilden die äußeren und inneren Kräfte zusammen eine Gleichgewichtsgruppe. Auch hier muss die Summe der virtuellen Arbeiten gleich null sein. Das bedeutet aber, dass die virtuelle äußere Arbeit A_a gleich der virtuellen inneren Arbeit A_i ist.

Es wird zunächst die äußere virtuelle Arbeit betrachtet. An die virtuellen Kräfte sind bisher keinerlei Bedingungen geknüpft worden, weder über die Anzahl noch über die Größe. Es braucht also letzten Endes nur eine einzige Kraft P bzw. ein einziges Moment M mit den dazugehörigen Auflagergrößen vorhanden zu sein. Dabei kann die virtuelle Last eine ausgezeichnete Größe annehmen. Man wählt dazu $\bar{P} = 1{,}0$ bzw. $\bar{M} = 1{,}0$. Somit lässt sich jetzt schreiben

$$A_a = \bar{1} \cdot \delta_k + \sum \bar{C}c = A_i \quad (\text{mit } P_k = 1{,}0)$$

$$A_a = \bar{1} \cdot \varphi_k + \sum \bar{C}c = A_i \quad (\text{mit } M_k = 1{,}0)$$

Die Werte $\bar{C}$ bedeuten dabei die Auflagergrößen infolge der virtuellen Belastung und c die Bewegung der Auflagerpunkte in Richtung der Auflagergrößen. Vorstehende Gleichungen lassen sich noch umstellen:

$$\bar{1} \cdot \delta_k = A_i - \sum \bar{C}c ; \qquad \bar{1} \cdot \varphi_k = A_i - \sum \bar{C}c$$

Die tatsächliche Verschiebung des Punktes k ist somit gleich der virtuellen inneren Arbeit, vermindert um die virtuelle Arbeit der Stützgrößen.

Die nächste Aufgabe ist nun die Bestimmung der virtuellen inneren Arbeit. Die äußere virtuelle Arbeit ließ sich aus dem Produkt der äußeren virtuellen Kräfte und der tatsächlichen Verschiebungen bestimmen. Somit muss sich analog zu der virtuellen äußeren Arbeit die innere virtuelle Arbeit als Produkt der inneren Kräfte infolge der virtuellen Belastung und der Formänderungen infolge der tatsächlichen Belastung darstellen. Nachstehend wird die Bestimmung getrennt für die einzelnen Einflüsse vorgenommen.

1. Normalkraft

Die Längenänderung eines Stabes infolge einer Normalkraft ist bestimmt durch

$$\Delta s = \frac{N}{EA} s$$

Für die weiteren Betrachtungen muss dieser Ausdruck noch genauer formuliert werden. Weder Normalkraft noch Querschnittsfläche brauchen über die ganze Stablänge konstant zu sein. Es muss deshalb gesetzt werden

$$\Delta s = \int \mathrm{d}\,\Delta s = \int \frac{N}{EA} \mathrm{d}s$$

Somit wird die virtuelle innere Arbeit infolge der Normalkräfte

$$A_{in} = \int \frac{N}{E} \frac{\bar{N}}{A} \mathrm{d}s \tag{4.3}$$

2. Biegemomente

Bei der Beanspruchung durch das Biegemoment wird der Stab verbogen. Die Formänderung wird durch den Neigungswinkel φ der Biegelinie ausgedrückt. Nach Band 2, Abschnitt 8.1, war

$$\frac{1}{\rho} = \frac{\mathrm{d}\varphi}{\mathrm{d}s}; \qquad \frac{1}{\rho} = \frac{M}{EI}; \qquad \frac{\mathrm{d}s}{\mathrm{d}\varphi} = \frac{M}{EI}$$

$$\varphi = \int \frac{M}{EI} \mathrm{d}s$$

Damit wird die virtuelle Arbeit infolge eines Biegemomentes

$$A_{im} = \int \frac{M\bar{M}}{EI} \mathrm{d}s \tag{4.4}$$

3. Gleichmäßige Temperaturänderungen T_s

Die Längenänderung infolge gleichmäßiger Temperaturänderung war

$$\Delta s = \alpha_T T_s s \quad \text{oder auch} \quad \Delta s = \int \alpha_T T_s \mathrm{d}s$$

Somit wird die virtuelle innere Arbeit

$$A_{iT} = \int \bar{N} a_T T_s \mathrm{d}s \tag{4.5}$$

4. Temperaturdifferenz zwischen Ober- und Unterfaser ΔT

Nach Band 2, Abschnitt 8.1, wird

$$\frac{1}{\rho} = \frac{\alpha_T \, \Delta T}{h}; \qquad \frac{1}{\rho} = \frac{\mathrm{d}\varphi}{\mathrm{d}s}; \qquad \varphi = \int \frac{\alpha_T \, \Delta T}{h} \mathrm{d}s$$

$$A_{i\Delta t} = \int \bar{M} \frac{\alpha_T \, \Delta T}{h} \mathrm{d}s \tag{4.6}$$

5. Querkräfte

Obwohl der Einfluss der Querkräfte fast immer vernachlässigt werden kann, soll auch hierfür die virtuelle innere Arbeit bestimmt werden. Die Verschiebung der Stabachse infolge einer Querkraft errechnet man nach

$$w = \int \frac{\kappa V}{GA} \mathrm{d}s$$

Die virtuelle innere Arbeit wird somit

$$A_{iQ} = \int \frac{\kappa V \bar{V}}{GA} \mathrm{d}s \tag{4.7}$$

6. Arbeitsgleichung

Nunmehr sind die einzelnen Anteile der inneren virtuellen Arbeit ermittelt. Die Arbeitsgleichung für Stabwerke lautet

$$\bar{1}\cdot\delta_k = \int\frac{M\bar{M}}{EI}\mathrm{d}s + \int\frac{N\bar{N}}{AE}\mathrm{d}s + \int\frac{\kappa V\bar{V}}{GA}\mathrm{d}s + \int\bar{N}\alpha_T T_s\mathrm{d}s + \int\bar{M}\frac{\alpha_T\,\Delta T}{h}\mathrm{d}s - \sum\bar{C}c \quad (4.8)$$

Der mit der Maßeinheit der Kraft behaftete Faktor $\bar{1}$ auf der linken Seite kann weggelassen werden, da er für die praktische Rechnung ohne Einfluss ist. Man muss sich jedoch immer vor Augen halten, dass auf der linken Seite die virtuelle Arbeit der äußeren Last $\bar{1}$ steht.

In Gl. (4.8) bedeuten

$M,\ N,\ V$	Schnittgrößen an der Stelle *x* infolge der wirklichen Belastung
$\bar{M},\ \bar{N},\ \bar{V}$	Schnittgrößen an der Stelle *x* infolge der virtuellen Belastung $\bar{P}_k = 1{,}0$ bzw. $\bar{M}_k = 1{,}0$, am Punkt *k* in Richtung von δ_k bzw. φ_k angreifend
$\bar{C}$	Auflagergrößen infolge der virtuellen Belastung
c	tatsächliche Bewegung der Auflagerpunkte in Richtung der Auflagergrößen (im Allgemeinen gleich null)
T_s	gleichmäßige Temperaturänderung eines Stabes
ΔT	Temperaturdifferenz zwischen Ober- und Unterfaser eines Stabes
h	Trägerhöhe
$I,\ A,\ \kappa,\ E,\ \alpha_T$	Querschnittswerte und Materialkonstanten

Mit Hilfe von Gl. (4.8) kann man für jedes vollwandige Tragwerk die Verschiebung δ_k eines beliebigen Punktes *k* unter dem Einfluss von Biegemomenten, Normalkräften, Querkräften sowie Temperatureinwirkung bestimmen. Dazu ermittelt man die Schnittgrößenflächen infolge der tatsächlichen Belastung und in einem weiteren Arbeitsgang infolge einer Last $\bar{P}_k = 1{,}0$.

Dabei wird $\bar{P}_k = 1{,}0$ an der Stelle und in Richtung der gesuchten Verschiebung δ_k angetragen.

Soll die Drehung φ_k der Stabachse im Punkt *k* bestimmt werden, dann gilt genauso Gl. (4.8). Es wird jetzt lediglich an der Stelle und in Richtung der gesuchten Verdrehung das virtuelle Moment $\bar{M}_k = 1{,}0$ angetragen und für diese Belastung der Schnittgrößenverlauf ermittelt.

Die Schnittgrößen sind auf ein kleines Stabteilchen d*s* an einer beliebigen Stelle bezogen. *M, N, V* und $\bar{M},\ \bar{N},\ \bar{V}$ stellen die Werte an der Stelle *x* des Tragwerkes dar. Im Integranden sind demnach die Funktionen für die jeweiligen Schnittgrößen miteinander zu multiplizieren, bevor integriert werden kann. Der Integrationsbereich erstreckt sich auf die ganze Länge des Tragwerkes. Die Auswertung der Integrale erscheint zunächst kompliziert. Für häufig vorkommende Schnittgrößenflächen stehen aber fertige

Gleichungen zur Verfügung, so dass die Anwendung einfach wird. In Abschnitt 4.2.4 wird die Handhabung erklärt.

Gl. (4.8) enthält den vollständigen Ansatz der Arbeitsgleichung für vollwandige ebene Tragwerke. Eine Auflagerverschiebung wird nicht in jedem Fall auftreten; zum weiteren wird der Einfluss der Temperatur meist getrennt untersucht. Der Einfluss der Quer- und Normalkräfte kann fast immer vernachlässigt werden, so dass für praktische Anwendungen die wesentlich einfachere Form übrigbleibt

$$\overline{1} \cdot \delta_k = \int \frac{M\overline{M}}{EI} \mathrm{d}s$$

Da mit veränderlichen Querschnitten gerechnet werden muss, wird die gesamte Gleichung mit einem Vergleichsflächenmoment I_c erweitert und außerdem mit E multipliziert.

$$\overline{1} \cdot EI_c \delta_k = \int M\overline{M} \frac{I_c}{I} \mathrm{d}s \qquad (4.9)$$

Das Produkt $\frac{I_c}{I}\mathrm{d}s$ entspricht der bereits beim Durchlaufträger erklärten reduzierten Stablänge.

In dieser Form wird die Arbeitsgleichung am häufigsten zur Berechnung von Verschiebungen gebraucht. In Abschnitt 4.3.1 wird die Anwendung der Gln. (4.8) und (4.9) näher erklärt und an Beispielen gezeigt.

4.2.3 Arbeitsgleichung für Fachwerke

Die Arbeitsgleichung für das Fachwerk lässt sich aus der für das vollwandige Tragwerk herleiten. Beim reinen Fachwerk treten keine Biegemomente und Querkräfte auf, so dass alle derartigen Anteile hier entfallen können. Die Normalkräfte beim Fachwerk, als Stabkräfte S und $\overline{S}$ bezeichnet, sind über die ganze Stablänge s konstant, so dass das Integralzeichen entfallen kann. Da sich das Integralzeichen über das gesamte Tragwerk erstreckte, wird jetzt die Berechnung über sämtliche Stäbe des Fachwerks vorgenommen und dafür das Summenzeichen verwendet. Die Arbeitsgleichung für Fachwerke erhält damit folgende Gestalt:

$$\overline{1} \cdot \delta_k = \sum \frac{S\overline{S}}{EA} s + \sum \overline{S} \alpha_T T_s s - \sum \overline{C} c \qquad (4.10)$$

Darin bedeuten

- S Stabkräfte infolge der tatsächlichen Belastung
- $\overline{S}$ Stabkräfte infolge einer virtuellen Belastung $\overline{P}_k = 1{,}0$ im Knoten k und in Richtung der gesuchten Verschiebung δ_k
- s Systemlänge der einzelnen Stäbe

Alle anderen Größen haben dieselbe Bedeutung wie in Gl. (4.8). δ_k ist jetzt die Verschiebung eines Knotenpunktes k in Richtung der virtuellen Kraft $\bar{P}_k = 1{,}0$. Zur Bestimmung von δ_k müssen die Stabkräfte S infolge der wirklichen Belastung sowie die Stabkräfte $\bar{S}$ infolge der virtuellen Kraft $\bar{P}_k = 1{,}0$ mit einer der bekannten Methoden in zwei getrennten Arbeitsgängen ermittelt werden. Dabei wird $\bar{P}_k = 1{,}0$ an dem Knoten angesetzt, dessen Verschiebung bestimmt werden soll. Für jeden Stab sind die einzelnen Produkte zu bilden, und dann ist über sämtliche Stäbe des Fachwerks zu summieren.

Auch hier lässt sich die Gleichung wieder aus den bereits in Abschnitt 4.2.2 erwähnten Gründen vereinfachen. Sie lautet dann

$$\bar{1} \cdot EA_c \delta_k = \sum S\bar{S}\frac{A_c}{A}s \tag{4.11}$$

Infolge des Summenzeichens wird Gl. (4.10) bzw. (4.11) kurz auch als Summenformel bezeichnet.

Die Anwendung wird in Abschnitt 4.3.2 ebenfalls näher erklärt und an Beispielen gezeigt.

4.2.4 Auswertung der Integrale für die virtuelle innere Arbeit

Zunächst wird die Berechnung von Verschiebungen mit Hilfe der Arbeitsgleichung an einem einfachen Beispiel gezeigt, indem für einen Träger auf zwei Stützen mit konstantem Flächenmoment I und mit gleichmäßig verteilter Belastung q für die Mitte des Trägers die Durchbiegung bestimmt wird (Bild 4.2).

Als Schnittgrößen ergeben sich bei dieser Belastung nur Querkräfte und Biegemomente. Die ersteren können nach Vereinbarung vernachlässigt werden. Da weiterhin keine Temperatureinwirkungen und Stützensenkungen auftreten sollen, wird die Arbeitsgleichung laut Gl. (4.9) verwendet. Die virtuelle Last $\bar{P} = 1{,}0$ wird an der Stelle und in Richtung der gesuchten Verschiebung angesetzt.

Bild 4.2 zeigt für die tatsächliche und virtuelle Belastung die Momentenflächen. Die Funktionen für den Momentenverlauf lauten

infolge q: $\quad M_x = \frac{ql}{2}x - \frac{q}{2}x^2$

infolge $\bar{P} = 1{,}0$: $\quad \bar{M}_x = \frac{1}{2}x \quad \left(0 \le x \le \frac{l}{2}\right)$

Da es sich um einen geraden Stab handelt, ist $ds = dx$ und weiterhin $I = I_c =$ konst. und somit $I_c/I = 1$. Die Integration über das gesamte Tragwerk, d. h. beide Trägerhälften ergibt somit:

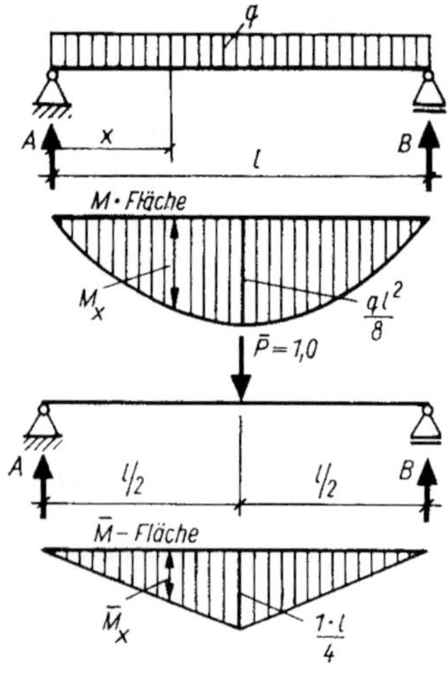

Bild 4.2

$$EI\delta = 2\int_0^{l/2}\left(\frac{ql}{2}x - \frac{q}{2}x^2\right)\frac{x}{2}\mathrm{d}x$$

$$EI\delta = \frac{q}{2}\int_0^{l/2}\left(lx^2 - x^3\right)\mathrm{d}x = \frac{q}{2}\left[l\frac{x^3}{3} - \frac{x^4}{4}\right]_0^{l/2}$$

$$EI\delta = \frac{q}{2}\left(\frac{l^4}{24} - \frac{l^4}{64}\right) = \frac{5ql^4}{384}$$

Man erhält also mit Hilfe der Arbeitsgleichung das bereits bekannte Ergebnis. Die Rechnung war aber schon bei diesem einfachen Lastfall aufwändig.

Das Ergebnis soll noch etwas umgeformt werden:

$$EI\delta = \frac{5}{384}ql^4 = \frac{5}{12}\frac{ql^2}{8}\frac{l}{4}l = cM\bar{M}l$$

Die Berechnung von $EI\delta$ wäre wesentlich einfacher, wenn c bekannt wäre. M und $\bar{M}$ bedeuten jetzt die Maximalwerte der Momentenflächen, und c charakterisiert die Formen der miteinander multiplizierten Momentenflächen.

Anschließend werden fertige Gleichungen für einige Kombinationen von Momentenflächen ausgerechnet. Die ausgezeichneten Ordinaten der einen Momentenfläche erhalten die Benennung i, die der anderen k, während der Integrationsbereich mit s (Stablänge) bezeichnet wird. Innerhalb der folgenden Gleichungen bedeutet $EI\delta_{ik}$ jetzt nicht die EI-fache Verschiebung eines Punktes des Bereiches s, sondern lediglich den Wert der Integrale $\int M_i M_k \mathrm{d}s$ infolge der Momentenflächen M_i und M_k auf die Länge s.

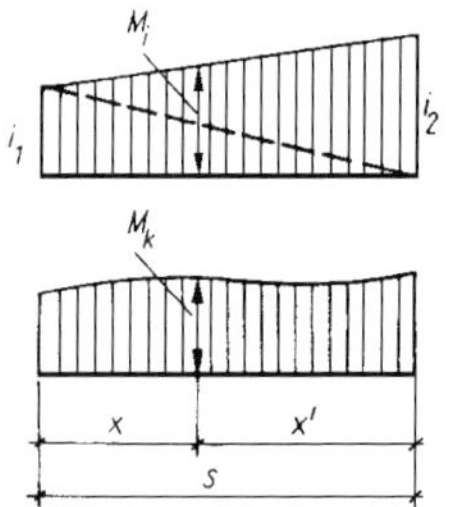

Bild 4.3

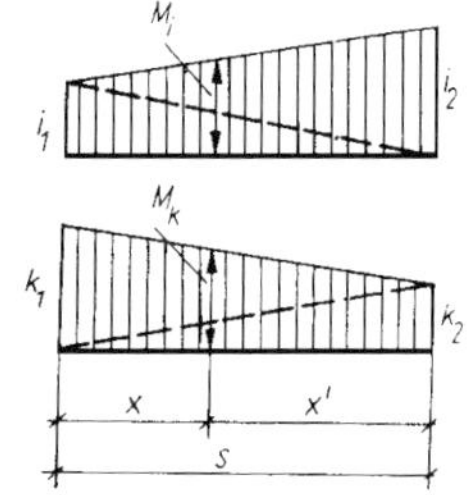

Bild 4.4

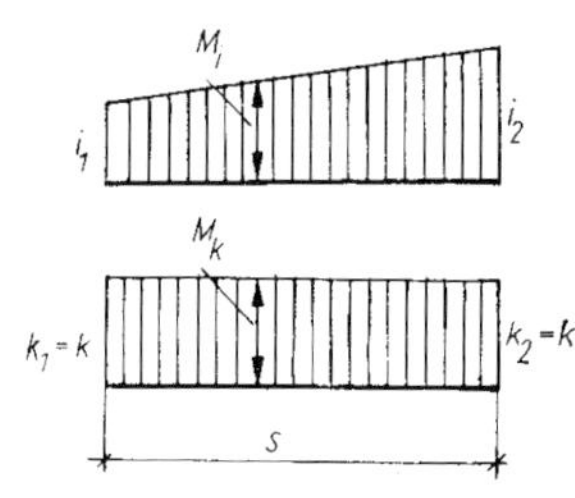

Bild 4.5

1. Trapezfläche – beliebige Fläche (Bild 4.3)

$$M_i = i_1 \frac{x'}{s} + i_2 \frac{x}{s}$$

$$EI\delta_{ik} = \int_0^s M_i M_k \mathrm{d}x = \frac{i_1}{s} \int_0^s M_k x' \mathrm{d}x + \frac{i_2}{s} \int_0^s M_k x \mathrm{d}x$$

Die Integrale bedeuten die Flächenmomente 1. Grades der Momentfläche M_k, bezogen auf ihre rechte und linke Endordinate. Dafür kann auch abgekürzt geschrieben werden, wenn man für die Flächenmomente 1. Grades die Bezeichnungen γ_r bzw. γ_l verwendet,

$$EI\delta_{ik} = \frac{1}{s}(i_1\gamma_r + i_2\gamma_l) \tag{4.12}$$

2. Trapezfläche – Trapezfläche (Bild 4.4)

Man fasst ihn als Sonderfall von **1.** auf und benutzt Gl. (4.12):

$$EI\delta_{ik} = \frac{i_1}{s}\left(\frac{1}{2}k_1 s \frac{2}{3} s + \frac{1}{2} k_2 s \frac{1}{3} s\right) + \frac{i_2}{s}\left(\frac{1}{2} k_1 s \frac{1}{3} s + \frac{1}{2} k_2 s \frac{2}{3} s\right)$$

$$EI\delta_{ik} = \frac{s}{6}(2i_1k_1 + i_1k_2 + i_2k_1 + 2i_2k_2)$$

$$EI\delta_{ik} = \frac{s}{6}[i_1(2k_1 + k_2) + i_2(k_1 + 2k_2)] \tag{4.13}$$

3. Trapezfläche – Rechteckfläche (Bild 4.5)

Hier liegt wieder ein Sonderfall von **2.** vor, wobei $k_1 = k_2 = k$ ist. Nach Gl. (4.13) wird

$$EI\delta_{ik} = \frac{s}{6}(i_1 3k + i_2 3k)$$

$$EI\delta_{ik} = \frac{1}{2}(i_1 + i_2)sk \; ; \qquad c = \frac{1}{2} \tag{4.14}$$

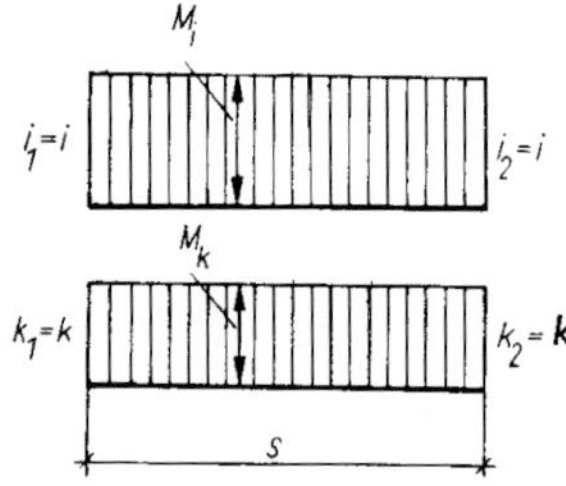

Bild 4.6

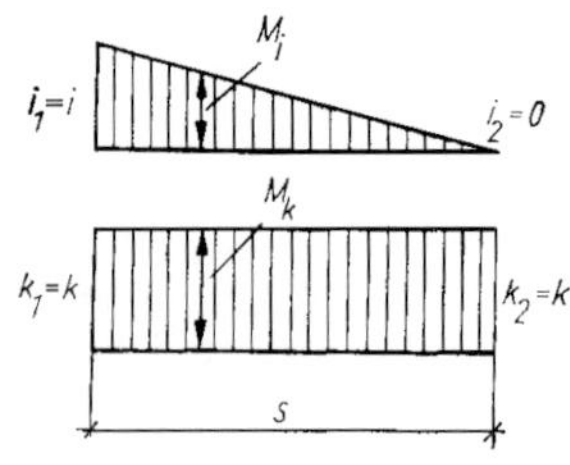

Bild 4.7

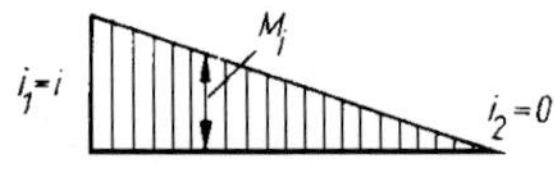

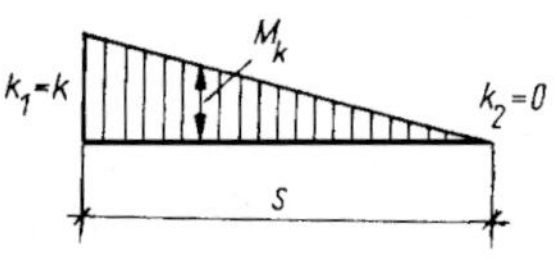

Bild 4.8

4. Rechteckfläche – Rechteckfläche (Bild 4.6)

Diese Kombination wird wieder als Sonderfall von **3.** mit $i_1 = i_2 = i$ betrachtet:

$$EI\delta_{ik} = iks\,; \qquad c = 1 \tag{4.15}$$

5. Dreieckfläche – Rechteckfläche (Bild 4.7)

Als Sonderfall von **3.** mit $i_1 = i$ und $i_2 = 0$ erhält man

$$EI\delta_{ik} = \frac{1}{2}iks\,; \qquad c = \frac{1}{2} \tag{4.16}$$

6. Dreieckfläche – Dreieckfläche, gleichlaufend (Bild 4.8)

Sonderfall von **2.** mit $i_1 = i$; $i_2 = 0$; $k_1 = k$; $k_2 = 0$.

Nach Gl. (4.13) wird

$$EI\delta_{ik} = \frac{s}{6}(i2k + 0)$$

$$EI\delta_{ik} = \frac{1}{3}iks\,; \qquad c = \frac{1}{3} \tag{4.17}$$

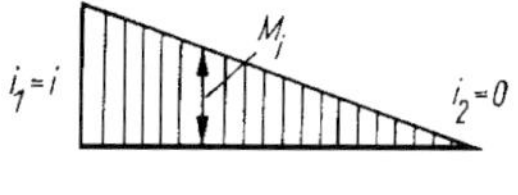

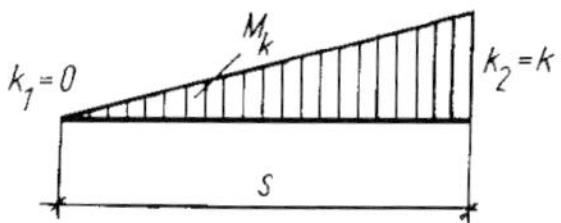

Bild 4.9

7. Dreieckfläche – Dreieckfläche, gegenlaufend (Bild 4.9)

Sonderfall von **2.** $i_1 = i$; $i_2 = 0$; $k_1 = 0$; $k_2 = k$.

Nach Gl. (4.13) wird

$$EI\delta_{ik} = \frac{s}{6}(ik + 0)$$

$$EI\delta_{ik} = \frac{1}{6}iks\,; \qquad c = \frac{1}{6} \tag{4.18}$$

Die vorstehenden Ergebnisse sowie einige weitere, auf deren Ableitung hier verzichtet wird, sind übersichtlich in Tabelle 4.1 zusammengestellt. Man findet derartige Tabellen in allen gebräuchlichen bautechnischen Handbüchern. Für die weiteren Rechnungen werden ausschließlich solche Tabellen verwendet. Lediglich in wenigen Sonderfällen, bei denen die Tabellen nicht ausreichen, wird man integrieren müssen. Zu beachten ist, dass der Bereich, für den jeweils die Integraltafel verwendet wird, konstantes Flächenmoment I haben muss. Sollte das Flächenmoment I über die Trägerlänge sprungweise veränderlich sein, so ist die Momentenfläche aufzuteilen und die Integraltafel jeweils für die einzelnen Bereiche anzuwenden. Die Beispiele in Abschnitt 4.3.1 zeigen, wie dabei zu verfahren ist.

4.2.5 Gesetz von der Gegenseitigkeit der elastischen Formänderungen

In den vorhergehenden Abschnitten wurde die Arbeitsgleichung abgeleitet. Mit ihrer Hilfe kann man Verschiebungen und auch Verdrehungen berechnen. Die Größe δ wird im Allgemeinen bei der Untersuchung statisch unbestimmter Systeme gebraucht. Es ist dafür notwendig, δ eindeutig zu kennzeichnen. Das geschieht durch zwei Indizes. Der erste gibt den Ort der Verschiebung an, während der zweite die Ursache nennt. Für die äußere Belastung wird dabei der Index 0 und für Temperatureinwirkungen der Index T gewählt.

Tabelle 4.1: Werte der Integrale $\int M_i M_k \, ds$ (Integraltafel)

	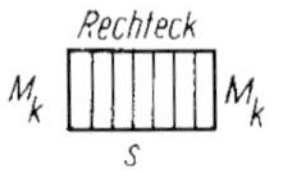 Rechteck M_k M_k s	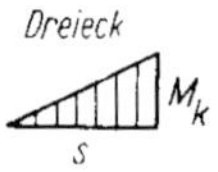 Dreieck M_k s	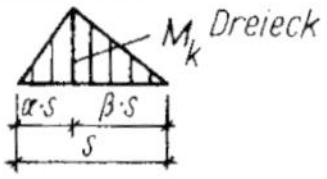 M_k Dreieck $\alpha \cdot s$ $\beta \cdot s$ s
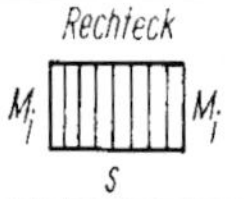 Rechteck M_i M_i s	$sM_i M_k$	$\frac{1}{2} sM_i M_k$	$\frac{1}{2} sM_i M_k$
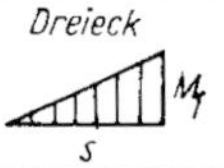 Dreieck M_i s	$\frac{1}{2} sM_i M_k$	$\frac{1}{3} sM_i M_k$	$\frac{1}{6} s(1+\alpha) M_i M_k$
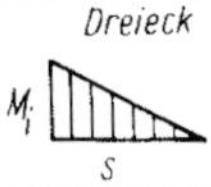 Dreieck M_i s	$\frac{1}{2} sM_i M_k$	$\frac{1}{6} sM_i M_k$	$\frac{1}{6} s(1+\beta) M_i M_k$
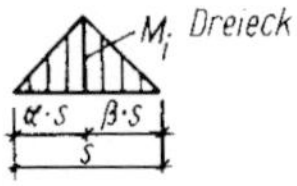 M_i Dreieck $\alpha \cdot s$ $\beta \cdot s$ s	$\frac{1}{2} sM_i M_k$	$\frac{1}{6} s(1+\alpha) M_i M_k$	$\frac{1}{3} sM_i M_k$
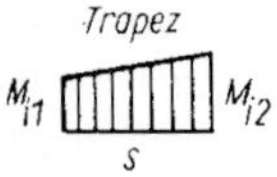 Trapez M_{i1} M_{i2} s	$\frac{1}{2} s(M_{i1} + M_{i2}) M_k$	$\frac{1}{6} s(M_{i1} + 2M_{i2}) M_k$	$\frac{1}{6} sM_k \, [(1+\beta) M_{i1} + (1+\alpha) M_{i2}]$
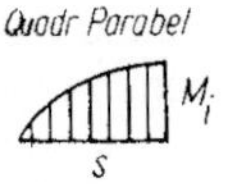 Quadr. Parabel M_i s	$\frac{2}{3} sM_i M_k$	$\frac{5}{12} sM_i M_k$	$\frac{1}{12} s\left(5-\beta-\beta^2\right) M_i M_k$
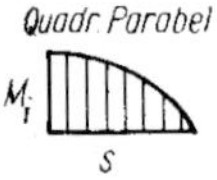 Quadr. Parabel M_i s	$\frac{2}{3} sM_i M_k$	$\frac{1}{4} sM_i M_k$	$\frac{1}{12} s\left(5-\alpha-\alpha^2\right) M_i M_k$
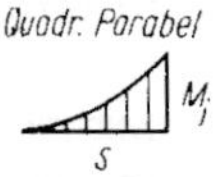 Quadr. Parabel M_i s	$\frac{1}{3} sM_i M_k$	$\frac{1}{4} sM_i M_k$	$\frac{1}{12} s\left(1+\alpha+\alpha^2\right) M_i M_k$
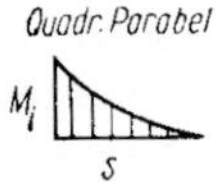 Quadr. Parabel M_i s	$\frac{1}{3} sM_i M_k$	$\frac{1}{12} sM_i M_k$	$\frac{1}{12} s\left(1+\beta+\beta^2\right) M_i M_k$
$\int M_k M_k \, ds$	$sM_k M_k$	$\frac{1}{3} sM_k M_k$	$\frac{1}{3} sM_k M_k$

Tabelle 4.1 (*fortgesetzt*)

Trapez M_{k1}, M_{k2}, s	Quadr. Parabel M_k, s	Quadr. Parabel M_k, s	Quadr. Parabel M_k, s
$\frac{1}{2}sM_i\,(M_{k1}+M_{k2})$	$\frac{2}{3}sM_iM_k$	$\frac{2}{3}sM_iM_k$	$\frac{1}{3}sM_iM_k$
$\frac{1}{6}sM_i\,(M_{k1}+2M_{k2})$	$\frac{1}{3}sM_iM_k$	$\frac{5}{12}sM_iM_k$	$\frac{1}{4}sM_iM_k$
$\frac{1}{6}sM_i\,(2M_{k1}+M_{k2})$	$\frac{1}{3}sM_iM_k$	$\frac{1}{4}sM_iM_k$	$\frac{1}{12}sM_iM_k$
$\frac{1}{6}sM_i\,[(1+\beta)M_{k1}$ $+(1+\alpha)M_{k2}]$	$\frac{1}{3}s(1+\alpha\beta)M_iM_k$	$\frac{1}{12}s(5-\beta-\beta^2)M_iM_k$	$\frac{1}{12}s(1+\alpha+\alpha^2)$ $\cdot M_iM_k$
$\frac{1}{6}s(2M_{i1}M_{k1}$ $+M_{i1}M_{k2}$ $+M_{i2}M_{k1}$ $+2M_{i2}M_{k2})$	$\frac{1}{3}s(M_{i1}+M_{i2})M_k$	$\frac{1}{12}s(3M_{i1}+5M_{i2})M_k$	$\frac{1}{12}s(M_{i1}+3M_{i2})M_k$
$\frac{1}{12}sM_i\,(3M_{k1}$ $+5M_{k2})$	$\frac{7}{15}sM_iM_k$	$\frac{8}{15}sM_iM_k$	$\frac{3}{10}sM_iM_k$
$\frac{1}{12}sM_i\,(5M_{k1}$ $+3M_{k2})$	$\frac{7}{15}sM_iM_k$	$\frac{11}{30}sM_iM_k$	$\frac{2}{15}sM_iM_k$
$\frac{1}{12}sM_i\,(M_{k1}$ $+3M_{k2})$	$\frac{1}{5}sM_iM_k$	$\frac{3}{10}sM_iM_k$	$\frac{1}{5}sM_iM_k$
$\frac{1}{12}sM_i\,(3M_{k1}$ $+M_{k2})$	$\frac{1}{5}sM_iM_k$	$\frac{2}{5}sM_iM_k$	$\frac{1}{30}sM_iM_k$
$\frac{1}{3}s(M_{k1}^2+M_{k2}^2$ $+M_{k1}M_{k2})$	$\frac{8}{15}sM_kM_k$	$\frac{8}{15}sM_kM_k$	$\frac{1}{5}sM_kM_k$

Bei der Untersuchung statisch unbestimmter Systeme wird oft die Aufgabe vorkommen, die Verschiebung δ am statisch bestimmten Grundsystem infolge einer einzigen äußeren Last P = 1,0 zu bestimmen. Zur Festlegung dieses Lastfalls wird als zweiter Index die Bezeichnung des Angriffspunktes dieser äußeren Last P = 1,0 verwendet.

Somit ergeben sich folgende Bezeichnungen:

δ_{k0} Verschiebung des Punktes k in Richtung von $P_k = 1{,}0$ infolge der äußeren Belastung

δ_{kt} Verschiebung des Punktes k in Richtung von $P_k = 1{,}0$ infolge Temperatureinwirkungen

δ_{ki} Verschiebung des Punktes k in Richtung von $P_k = 1{,}0$ infolge einer Last $P_i = 1{,}0$ im Punkt i

δ_{kk} Verschiebung des Punktes k in Richtung von $P_k = 1{,}0$ infolge einer Last $P_k = 1{,}0$ im Punkt k

Die zur Auswertung kommenden Momentenflächen werden in Zukunft die gleichen Indizes erhalten wie der Wert δ, also z. B.

$$\delta_{ik} = \int \frac{M_i M_k}{EI} \mathrm{d}s \quad \text{oder} \quad \delta_{k0} = \int \frac{M_k M_0}{EI} \mathrm{d}s$$

Dabei bedeuten nunmehr

M_i Momentenfläche infolge einer Last $P = 1{,}0$ im Punkt i

M_k Momentenfläche infolge einer Last $P = 1{,}0$ im Punkt k

M_0 Momentenfläche infolge der gegebenen Belastung

Zur Bestimmung von δ_{ik} wäre einmal die Momentenfläche infolge der äußeren Last $P_k = 1{,}0$ und zum anderen die infolge der virtuellen Last $\overline{P}_i = 1{,}0$ zu ermitteln und nach der Arbeitsgleichung auszuwerten. Der Bestimmung von δ_{ki} müssten genau die gleichen Momentenflächen zugrunde gelegt werden (infolge $P_i = 1{,}0$ und $\overline{P}_k = 1{,}0$).

Das zahlenmäßige Ergebnis muss in beiden Fällen gleich sein. Es gilt somit die Gleichung.

$$\delta_{ki} = \delta_{ik} \qquad (4.19)$$

In Worten:

> Die Verschiebung eines Punktes i infolge einer Last P = 1,0 im Punkt k ist gleich der Verschiebung des Punktes k infolge einer Last P = 1,0 im Punkt i.

Dieses Gesetz bezeichnet man als den *Maxwellschen Satz* von der Gegenseitigkeit der elastischen Formänderungen. Er hat sowohl beim vollwandigen Tragwerk als auch beim Fachwerk Gültigkeit.

Bei der Berechnung von Formänderungen zur Untersuchung statisch unbestimmter Systeme wird von diesem Gesetz Gebrauch gemacht.

4.2.6 Zusammenfassung

1. Das Prinzip der virtuellen Verrückung sagt aus: Ist ein Tragwerk unter irgendwelchen Kräften, zu denen auch die Auflagerkräfte gehören, im Gleichgewicht und wird dem System durch eine virtuelle Kräftegruppe eine Verschiebung erteilt, so leisten die Kräfte eine virtuelle Arbeit, deren Summe gleich null ist. Kehrt man die Reihenfolge der Vorgänge um, so erhält man das Prinzip der virtuellen Arbeit. Es dient als Grundlage für die Berechnung von Formänderungen durch Verknüpfung eines virtuellen Belastungszustandes mit dem wirklichen Verschiebungszustand.
2. Die Verschiebung einzelner Punkte eines Tragwerkes wird mit Hilfe der Arbeitsgleichung berechnet, wobei als virtuelle Größe eine einzige Kraft $\bar{P}_k = 1{,}0$ oder ein Moment $\bar{M}_k = 1{,}0$ angesetzt wird. Die Arbeit dieser äußeren Kraft ist gleich der Arbeit der inneren Kräfte, vermindert um die Arbeit der Stützkräfte, wobei die letztere im allgemeinen gleich null ist, da Auflagerverschiebungen selten auftreten.
3. Die Berechnung der Arbeit der inneren Kräfte bei vollwandigen Tragwerken erfolgt am zweckmäßigsten durch Benutzung einer Integraltafel. Darin sind für die häufigsten Formen und Kombinationen von Schnittgrößenflächen die Werte der Integrale $\int W_i W_k \, ds$ ausgerechnet enthalten. Der Ausdruck $\int W_i W_k \, ds$ soll andeuten, dass die Tabellen nicht nur für solche Formen von Momentenflächen, sondern auch für Quer- und Normalkraftflächen verwendbar sind. In den meisten Fällen kann jedoch der Einfluss der letzteren beiden Schnittgrößen vernachlässigt werden. Daraus resultiert die Bezeichnung Werte der Integrale $\int M_i M_k \, ds$, unter der die Tabellen häufig in den Handbüchern zu finden sind. Im Integrationsbereich muss das Flächenmoment I konstant sein. Verschiedene Flächenmomente innerhalb eines Tragwerkes berücksichtigt man durch ein Vergleichsflächenmoment I_c und durch Ermittlung von reduzierten Stablängen.
4. Bei Fachwerken ist die Arbeitsgleichung eine Summenformel, deren Auswertung keine besonderen Schwierigkeiten bereitet.
5. Der Maxwellsche Satz von der Gegenseitigkeit der elastischen Formänderungen sagt aus, dass die Verschiebung δ_{ki} des Punktes k infolge einer Last $P = 1{,}0$ im Punkt i gleich ist der Verschiebung δ_{ik} des Punktes i infolge einer Last $P = 1{,}0$ im Punkt k.

4.3 Verschiebungen und Verdrehungen bei Stab- und Fachwerken

4.3.1 Verschiebungen und Verdrehungen am Stabwerk

Grundlage der Berechnung ist Gl. (4.8) und in abgekürzter Form Gl. (4.9). Gl. (4.8) wird noch mit einem Vergleichsflächenmoment I_c multipliziert, und einzelne Glieder werden mit einer Vergleichsfläche A_c erweitert

$$\bar{1} \cdot EI_c \delta_k = \int M\bar{M} \frac{I_c}{I} ds + \frac{I_c}{A_c} \int N\bar{N} \frac{A_c}{A} ds + \frac{EI_c}{GA_c} \int \kappa V\bar{V} \frac{A_c}{A} ds$$

$$+ EI_c \left[\int \bar{N} \alpha_T T_s ds + \int \bar{M} \frac{\alpha_T \Delta T}{h} ds - \sum \bar{C} c \right] \qquad (4.20)$$

Mit dieser Gleichung kann man unter Berücksichtigung aller Einflüsse die Verschiebung δ_k berechnen. Ganz nach Voraussetzung und Zweckmäßigkeit können die einzelnen Glieder von Gl. (4.20) jedoch auch getrennt angewendet werden.

Zur Berechnung wählt man den folgenden Weg, nachdem das statische System und die äußere Belastung festgelegt worden sind:

1. Bestimmung der Flächenmomente, evtl. durch Schätzung; dabei genügen vorerst die Verhältnisse der Flächenmomente der einzelnen Stäbe zueinander
2. Auswahl eines Vergleichsflächenmomentes I_c und Bestimmung der reduzierten Stablängen s_i' bzw. $l_i' = l_i \frac{I_c}{I_i}$
3. Festlegung der gesuchten Verschiebungs- oder Verdrehungsgröße; Ansetzen einer virtuellen Last $\bar{P} = 1{,}0$ oder eines virtuellen Momentes $\bar{M} = 1{,}0$ am Ort und in Richtung der gesuchten Verschiebung oder Verdrehung
4. Bestimmung der Schnittgrößenflächen (im Allgemeinen nur der Momentenflächen), getrennt für die tatsächliche und virtuelle Belastung
5. Auswertung der anzusetzenden Glieder der Arbeitsgleichung (4.20) mit Hilfe der Integraltafel bzw. durch einfache Integration oder Summation.

Die Anwendung der Arbeitsgleichung soll jetzt an einigen Beispielen gezeigt werden.

4.3.2 Beispiele

Beispiel 4.3.1

Für den in Bild 4.10a dargestellten statisch bestimmten Rahmen mit konstantem Flächenmoment ist Folgendes zu bestimmen:

1. Verschiebung des Rollenlagers *b* infolge der Belastung *w* unter Berücksichtigung des Einflusses der Biegemomente
2. horizontale Verschiebung des linken oberen Eckpunktes *c* infolge der Belastung *w* unter Berücksichtigung des Einflusses der Biegemomente und Normalkräfte
3. Neigungswinkel der Biegelinie des linken Stiels am Auflager *a* unter den gleichen Voraussetzungen wie unter 2.

$I = 300000\ \text{cm}^4$; $\quad A = 200\ \text{cm}^2$; $\quad E = 21000\ \text{kN/cm}^2$

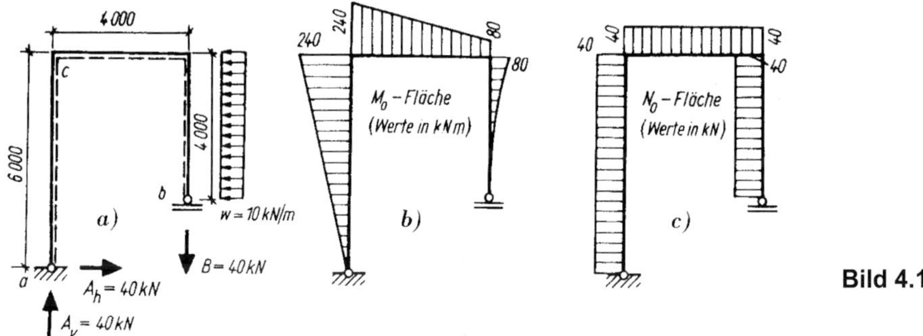

Bild 4.10

Lösung

Der Rahmen hat auf der ganzen Stablänge konstantes Flächenmoment, deswegen entfallen die ersten beiden Punkte des oben beschriebenen Lösungsweges. Die reduzierten Stablängen sind gleich den tatsächlichen. Da die Momenten- und Normalkraftflächen infolge der tatsächlichen Belastung zur Lösung der Aufgaben 1. bis 3. gebraucht werden, wird die Ermittlung vorangestellt. Es ist unbedingt notwendig, dass man diese fehlerfrei und mit wenig Aufwand für geknickte Tragwerke angeben kann. Die Berechnung wird hier übergangen. In den Bildern 4.10b und c sind die Ergebnisse dargestellt.

Zu 1. Am Ort und in Richtung der gesuchten Verschiebung wird eine Kraft $\overline{P}_k = 1{,}0$ angetragen (Bild 4.11) und dafür die Momentenfläche bestimmt. Beim Auftragen sind Vorzeichen nicht nötig; jedoch ist die Momentenfläche wie üblich an der Zugseite anzutragen. Auch eine maßstabsgerechte Darstellung kann entfallen.

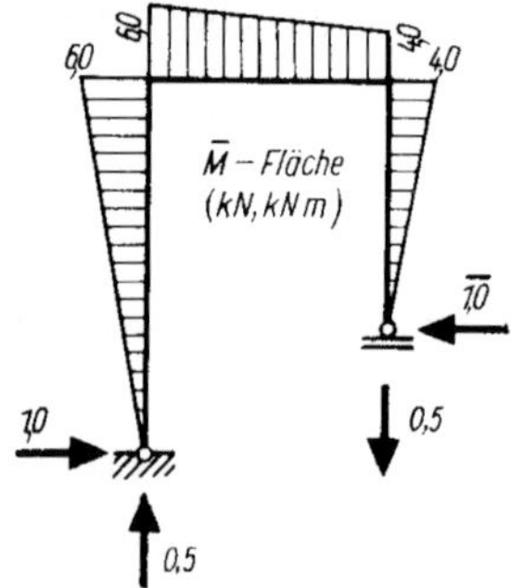

Bild 4.11

Es muss lediglich auf die richtige Form und die maßgebenden Ordinaten geachtet werden.

Auf der gleichen Seite der Stabachse liegende Schnittgrößenflächen liefern bei der Integration positive, auf verschiedenen Seiten liegende dagegen negative Arbeitsbeiträge.

Damit wird (Reihenfolge: linker Stiel – Riegel – rechter Stiel):

$$\bar{1} \cdot EI\delta_{b0} = \frac{1}{3} 240 \cdot 6{,}0 \cdot 6{,}0 + \frac{1}{6} 4{,}0 (2 \cdot 240 \cdot 6{,}0 + 240 \cdot 4{,}0 + 80 \cdot 6{,}0 + 2 \cdot 80 \cdot 4{,}0)$$

$$+ \frac{1}{4} 80 \cdot 4{,}0 \cdot 4{,}0$$

$$\bar{1} \cdot EI\delta_{b0} = 6506{,}7 \text{ kN}^2\text{m}^3 \qquad E = 21 \cdot 10^7 \text{ kN/m}^2$$

$$EI\delta_{b0} = 6506{,}7 \text{ kNm}^3 \qquad I = 3{,}0 \cdot 10^{-3} \text{ m}^4$$

$$\delta_{b0} = \frac{6506{,}7}{21 \cdot 10^7 \cdot 3{,}0 \cdot 10^{-3}} = 0{,}0103 \text{ m}$$

$$\delta_{b0} = 1{,}03 \text{ cm}$$

Bei der Auswertung sind für den linken Stiel Dreieck mit Dreieck, für den Riegel Trapez mit Trapez und für den rechten Stiel quadratische Parabel mit Dreieck zu kombinieren. Die kombinierten Momentenflächen liegen jeweils auf der gleichen Seite der Stabachse. Der Wert der einzelnen Integrale wird daher positiv. Die Verschiebung δ_{b0} erfolgt in Richtung der Kraft $\bar{1}$. Das ist aus dem positiven Vorzeichen des Ergebnisses ersichtlich.

Zu 2. Da zu erwarten ist, dass sich der linke obere Eckpunkt *c* unter der angegebenen Belastung *w* nach links verschiebt, wird zur Bestimmung der horizontalen Verschiebung gleich eine nach links gerichtete virtuelle Last $\bar{P} = 1{,}0$ angetragen.

Bild 4.12 enthält die Momenten- und Normalkraftfläche. Die Verschiebungsanteile werden getrennt berechnet.

Wirkung der Biegemomente (Bild 4.10b und 4.12a)

$$EI\delta_{cM} = \frac{1}{3}240 \cdot 6{,}0 \cdot 6{,}0 + \frac{1}{6}4{,}0 \cdot 6{,}0(2 \cdot 240 + 80) + 0$$

$$EI\delta_{cM} = 2880 + 2240 = 5120 \text{ kNm}^3$$

$$\delta_{cM} = \frac{5120}{21 \cdot 10^7 \cdot 3{,}0 \cdot 10^{-3}} = 0{,}00814 \text{ m}$$

$$\delta_{cM} = 0{,}814 \text{ cm}$$

Wirkung der Normalkräfte (Bilder 4.10c und 4.12b)

$$EA\delta_{cN} = 1{,}0 \cdot 40 \cdot 1{,}5 \cdot 6{,}0 + 0 + 1{,}0 \cdot 40 \cdot 1{,}5 \cdot 4{,}0$$

$$EA\delta_{cN} = 360 + 240 = 600 \text{ kNm} \qquad A = 20^{-2} \text{ cm}^2$$

$$\delta_{cN} = \frac{600}{21 \cdot 10^7 \cdot 2{,}0 \cdot 10^{-2}} = 0{,}00014 \text{ m} \qquad \delta_{cN} = 0{,}014 \text{ cm}$$

$$\delta_{c0} = \delta_{cM} + \delta_{cN} = 0{,}814 + 0{,}014 = 0{,}823 \text{ cm}$$

Anhand des Ergebnisses ist zu erkennen, dass die früher aufgestellte Behauptung über den geringen Einfluss der Normalkräfte auf die Verschiebung zu Recht besteht. In Bereichen, wo eine der zu überlagernden Schnittgrößenflächen gleich null ist, wird auch der Wert des Integrals $\int W_i W_k \, ds = 0$.

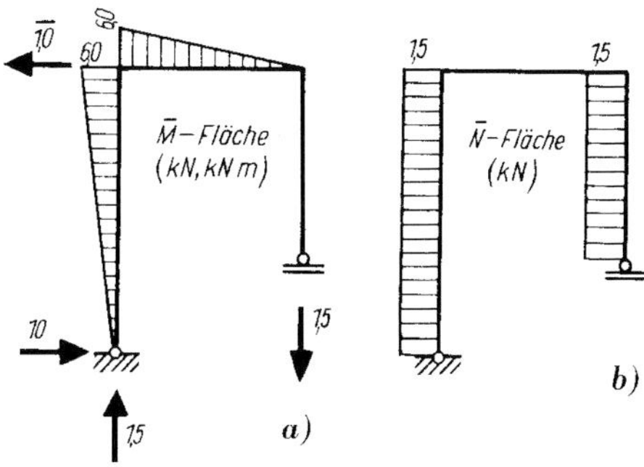

Bild 4.12

Zu 3. Als virtuelle Last wird jetzt in *a* ein Moment $\bar{M} = 1{,}0$ kNm angetragen und dafür die Momenten- und Normalkraftfläche bestimmt (Bild 4.13).

Wirkung der Biegemomente (Bilder 4.10b und 4.13a)

$$EI\varphi_{aM} = -\frac{1}{2}240 \cdot 1{,}0 \cdot 6{,}0 - \frac{1}{6}4{,}0 \cdot 1{,}0(2 \cdot 240 + 80) + 0$$

$$EI\varphi_{aM} = -720 - 373 = -1093 \text{ kNm}^3$$

$$\varphi_{aM} = \frac{-1093}{21 \cdot 10^7 \cdot 3{,}0 \cdot 10^{-3}} = -0{,}00174$$

Wirkung der Normalkräfte (Bilder 4.10c und 4.13b)

$$EA\varphi_{aN} = -1{,}0 \cdot 40 \cdot 0{,}25 \cdot 6{,}0 - 1{,}0 \cdot 40 \cdot 0{,}25 \cdot 4{,}0 = -100 \text{ kN}$$

$$\varphi_{aN} = \frac{-100}{21 \cdot 10^7 \cdot 2{,}0 \cdot 10^{-2}} = -0{,}00002$$

$$\varphi_{a0} = -0{,}00174 - 0{,}00002 = -0{,}00176$$

$$\varphi_{a0} = -0{,}00176 \frac{180°}{\pi} \approx -0{,}1°$$

Das negative Vorzeichen gibt an, dass die Verdrehung entgegen der Drehrichtung des angesetzten virtuellen Momentes erfolgt. Zum weiteren ist zu erkennen, dass die Verdrehung sehr gering ist. Auch hier war wieder der Anteil der Normalkräfte vernachlässigbar klein.

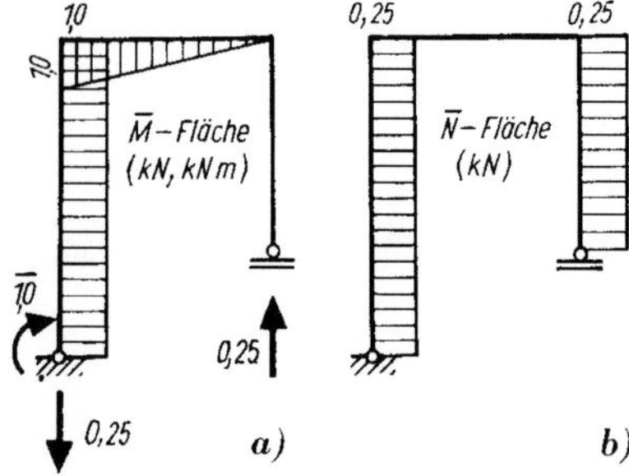

Bild 4.13

Beispiel 4.3.2

Für den in Bild 4.14 dargestellten Gelenkträger ist die Durchbiegung in der Mitte des eingehängten Trägers infolge einer gleichmäßig verteilten Last $g = 10$ kN/m zu bestimmen ($E = 21000$ kN/cm^2).

Lösung

Die Momentenfläche infolge der Belastung ist in Bild 4.14 dargestellt. Die Integraltafel lässt sich hier nur im Bereich des eingehängten Trägers verwenden. Die Belastung des Kragträgers kann man aber in drei Lastfälle aufspalten (Gelenkkraft, Belastung des Kragarms, Belastung des Feldes). Die zugehörigen Momentenflächen und die aus der virtuellen Belastung zeigt Bild 4.15. Die Auswertung erfolgt getrennt für jeden Lastfall, wobei sich jetzt die Integraltafel verwenden lässt. Da einzelne Bereiche bei den verschiedenen Lastfällen frei von Biegemomenten sind, entfallen noch einige Rechnungen. In der Reihenfolge linkes Feld – Kragarm – eingehängter Träger erhält man

$$EI\delta_{m0} = 0 + \frac{1}{3}40 \cdot 1{,}0 \cdot 5{,}0 + \frac{1}{3}20 \cdot 1{,}0 \cdot 5{,}0 - \frac{1}{3}31{,}25 \cdot 1{,}0 \cdot 5{,}0 + 0$$

$$+ \frac{1}{3}40 \cdot 1{,}0 \cdot 2{,}0 + \frac{1}{4}20 \cdot 1{,}0 \cdot 2{,}0 + 0 + \frac{5}{12}20 \cdot 1{,}0 \cdot 4{,}0 + 0 + 0 + 0$$

$$EI\delta_{m0} = 117{,}8 \text{ kNm}^3; \qquad E = 21000 \text{ kN/cm}^2; \qquad I = 9800 \text{ cm}^4$$

$$\delta_{m0} = \frac{117{,}8}{21 \cdot 10^3 \cdot 9{,}8 \cdot 10^3} = 0{,}572 \text{ cm}$$

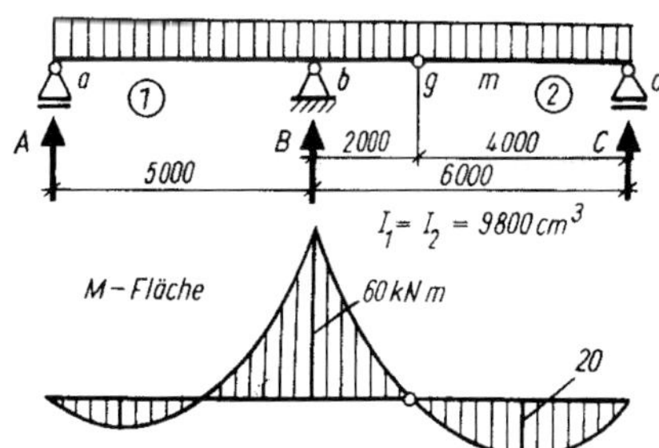

Bild 4.14

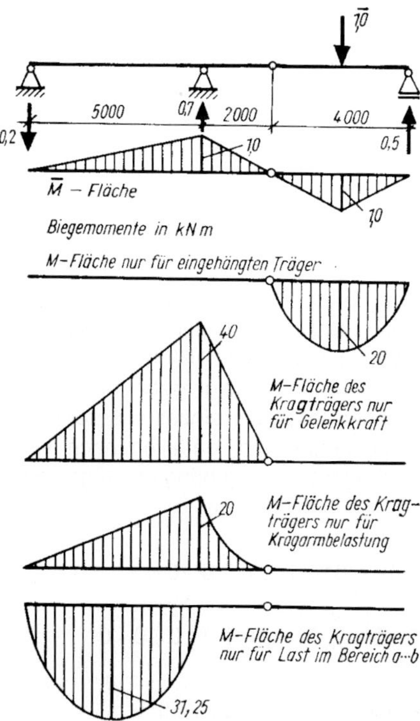

Bild 4.15

Das vorstehende Beispiel zeigt, dass man komplizierte Momentenflächen in einfachere aufgliedern kann. Auf diese Weise lässt sich die Integraltafel verwenden und die Rechnung kürzer gestalten.

Beispiel 4.3.3

In Bild 4.16 ist ein statisch bestimmter Rahmen dargestellt. Das Flächenmoment für den Stiel und den Riegel ist $I = 150000\ \text{cm}^4$. Außerdem gelten

$$E = 21000\ \text{kN/cm}^2; \qquad \alpha_T = 12 \cdot 10^{-6}\ \frac{1}{K}; \qquad h = 70\ \text{cm}$$

Gesucht sind

1. die vertikale Verschiebung des Punktes 1 infolge einer Last von $q = 10$ kN/m auf dem Riegel im Bereich 2 ... b
2. die vertikale Verschiebung des Punktes 1 infolge ungleichmäßiger Erwärmung des Riegels im Bereich 1 ... b um $\Delta T = 20$ K (außen +).

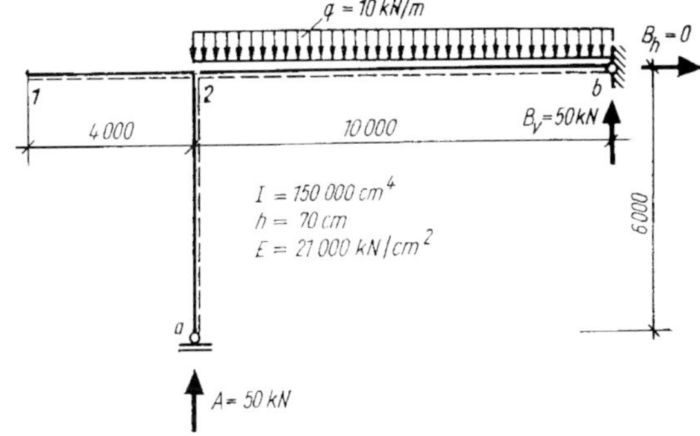

Bild 4.16

Lösung

Die Rechnung wird jetzt ohne weitere Erklärung nur noch in der knappsten Form durchgeführt. Die Momentenflächen sind in Bild 4.17 dargestellt.

Zu 1. $EI\delta_{10} = -\frac{1}{3}125 \cdot 4{,}0 \cdot 10{,}0 = -1667 \text{ kNm}^3$

$$\delta_{10} = \frac{-1667 \cdot 10^6}{21 \cdot 10^3 \cdot 150 \cdot 10^3} = -0{,}53 \text{cm}$$

Zu 2. Aus Gl. (4.8) oder Gl. (4.20) erhält man für die Verschiebung infolge ungleichmäßiger Erwärmung

$$\delta_T = \int \bar{M} \frac{\alpha_T \, \Delta T}{h} \text{ds} = \frac{\alpha_T \, \Delta T}{h} \sum \bar{M} \text{ds}$$

Im Integrationsbereich ist der Wert des Bruchs konstant und kann vor das Integral gezogen werden. Das Integral stellt den Inhalt der Momentenfläche infolge der virtuellen Belastung dar.

$$\delta_{1T} = \frac{12 \cdot 10^{-6} \cdot 20}{0{,}7} \frac{1}{2} 4{,}0(10{,}0 + 4{,}0) = 0{,}0096 \text{ m}$$

$$\delta_{1T} = 0{,}96 \text{ cm}$$

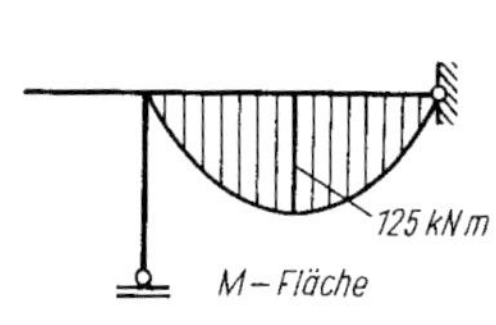

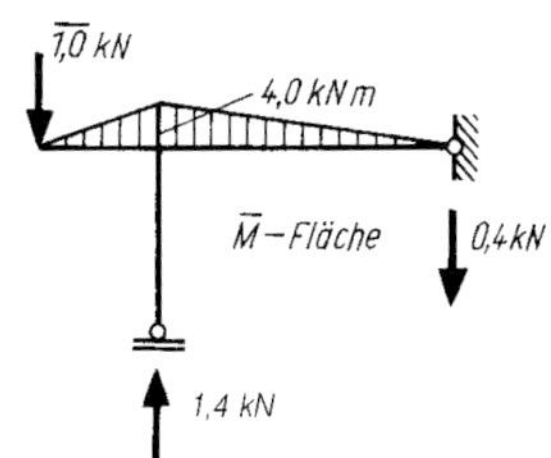

Bild 4.17

Der Wert $\int \bar{M}\frac{\alpha_T\,\Delta T}{h}ds$ wird positiv, wenn die Krümmung der Stabachse infolge ungleichmäßiger Erwärmung und infolge der virtuellen Belastung gleichsinnig ist. Die Momentenfläche aus der virtuellen Belastung und die wärmeren Fasern des Trägers liegen dann auf der gleichen Seite der Stabachse.

Beispiel 4.3.4

Für den in Bild 4.18 dargestellten Dreigelenkrahmen sind zu bestimmen

1. vertikale Verschiebung des Mittelgelenks infolge der Belastung w
2. vertikale Verschiebung des Mittelgelenks infolge gleichzeitiger Erwärmung der Oberseite des Riegels um $T_o = 40$ K und der Unterseite um $T_u = 10$ K.
3. Verdrehung der Stabachse am Auflager b infolge Erwärmung nach 2.

$I_R = 10^5\ \text{cm}^4$; $l_R = 6{,}0$ m ; $h_R = 50$ cm ; $E = 21000\ \text{kN/cm}^2$

$I_S = 1{,}2 \cdot 10^5\ \text{cm}^4$; $a_S = 5{,}0$ m ; $h_s = 60$ cm ; $\alpha_T = 12 \cdot 10^{-6}\ \text{K}^{-1}$

Lösung

$$I_c = I_S \ ; \qquad l' = l\frac{I_c}{I_R} = 6{,}0\frac{1{,}2\cdot 10^5}{10^5} = 7{,}2\ \text{m}$$

$$a' = a\frac{I_c}{I_S} = 5{,}0\ \text{m}$$

Zu 1. Die Momentenfläche infolge der Belastung w zeigt Bild 4.18 und die der virtuellen Last $\bar{P} = 1{,}0$ Bild 4.19. Zur besseren Anwendung der Integraltafel ist die M_0-Fläche am linken Stiel getrennt für den Einfluss der Belastung w (quadratische Parabel) und der Auflagerkraft H_a (Dreieck) dargestellt worden.

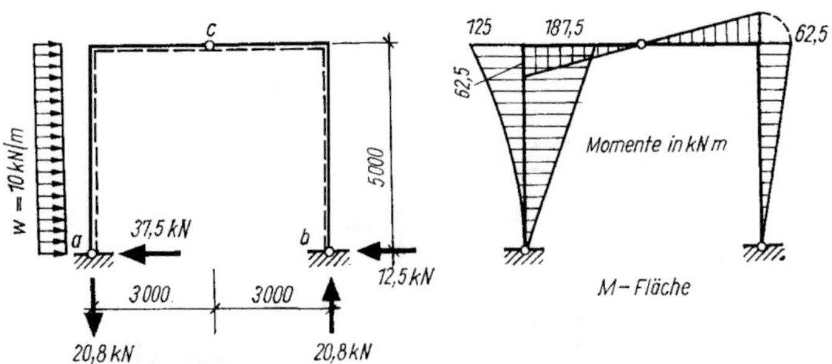

Bild 4.18

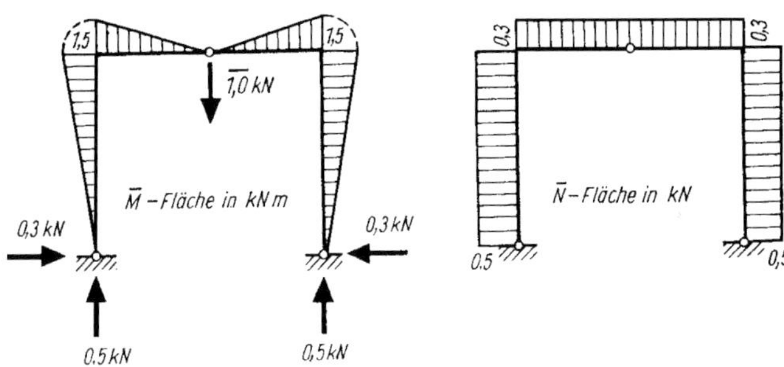

Bild 4.19

Die Auswertung ergibt

$$EI_c\delta_{c0} = -\frac{1}{4}125\cdot 1{,}5\cdot 5{,}0 - \frac{1}{3}187{,}5\cdot 1{,}5\cdot 5{,}0 + \frac{1}{3}62{,}5\cdot 1{,}5\cdot 5{,}0$$

$$EI_c\delta_{c0} = 234 - 469 + 156 = -79 \text{ kNm}^3$$

$$\delta_{c0} = \frac{-79\cdot 10^6}{21\cdot 10^3\cdot 1{,}2\cdot 10^5} = -0{,}0314\,\text{cm}$$

Die tatsächliche Verschiebung des Gelenks ist nach oben gerichtet. Bei der Auswertung wurde der Bereich des Riegels beim Ansatz weggelassen, da die Summe aus den beiden Hälften null ergibt.

Zu 2. Die angegebenen Temperaturänderungen zerlegt man in eine gleichmäßig über den Stab verteilte Erwärmung ($T_s = +25$ K) und ein Temperaturgefälle von der Ober- zur Unterseite des Riegels ($\Delta T = 30$ K). Zu beachten ist, dass sich T_s auf die Trägermitte bezieht und somit $T_s \pm \frac{\Delta T}{2}$ wieder die angegebenen Ausgangswerte ergibt. Nach Gl. (4.20) wird zur Bestimmung der Verschiebung infolge Temperaturänderung

$$\delta_T = \int \bar{N}\alpha_T T_s \,\text{d}s + \int \bar{M}\frac{\alpha_T\Delta T}{h}\text{d}s$$

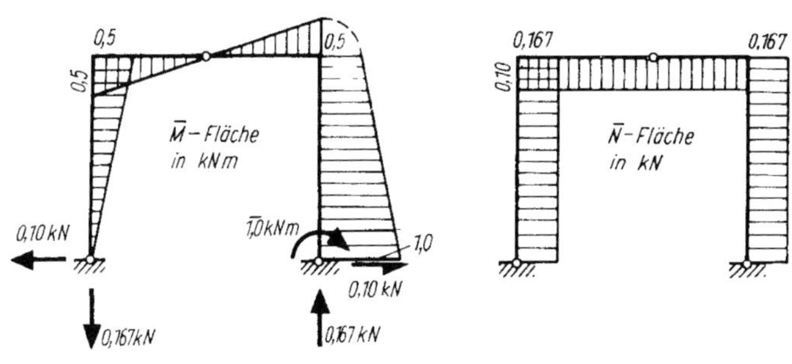

Bild 4.20

Es werden nur die $\bar{N}$- und $\bar{M}$-Flächen aus der virtuellen Belastung gebraucht (Bild 4.19). Zur Berechnung einer Verschiebungsgröße infolge von Temperatureinwirkungen sind auch keine Flächenmomente nötig.

Die beiden Anteile der Arbeitsgleichung bestimmt man am besten getrennt. Vorausgesetzt war nur eine Temperaturänderung des Riegels. Somit erstrecken sich T_S und ΔT nur über den Bereich des Riegels, so dass der Integrand im Bereich der Stiele zu null wird. Zum weiteren sind α_T, h und ΔT über die Länge des Riegels konstant. Man erhält somit

$$\delta_{cTs} = \alpha_T T_S \int \bar{N} ds \; ; \qquad \delta_{c\Delta T} = \frac{\alpha_T \Delta T}{h} \int \bar{M} ds$$

Die Integrale stellen den Inhalt der $\bar{N}$- und $\bar{M}$-Flächen im Bereich des Riegels dar. Die zahlenmäßige Auswertung ist nicht mehr schwierig.

$$\delta_{cTs} = -12 \cdot 10^{-6} \cdot 25 \cdot 0,3 \cdot 600 = -0,054 \text{ cm}$$

$$\delta_{c\Delta T} = \frac{12 \cdot 10^{-6} \cdot 30}{50} 2 \frac{1}{2} 150 \cdot 300 = 0,324 \text{ cm}$$

$$\delta_{cT} = -0,054 + 0,324 = 0,27 \text{ cm}$$

Zu 3. Als virtuelle Last ist jetzt in b ein virtuelles Moment $\bar{M} = 1,0$ anzutragen. Die entsprechenden Schnittgrößenflächen zeigt Bild 4.20.

Da die beiden Teile der Momentenfläche über dem Riegel gleichen Inhalt mit unterschiedlichem Vorzeichen haben, wird die Summe der Momentenflächen über dem Riegel gleich null. Somit liefert nur die Normalkraft zur Formänderung einen Beitrag.

$$\varphi_{bT} = 12 \cdot 10^{-6} \cdot 25 \cdot 0,10 \cdot 600 = 0,018 \; ; \qquad \varphi_{bT}{}^{\circ} = 1,03^{\circ}$$

4.3.3 Verschiebungen am Fachwerk

Zur Bestimmung von Verschiebungen einzelner Knoten des Fachwerkes dienen die Gln. (4.10) und (4.11) mit den dort angegebenen Erläuterungen. Es lässt sich auch hier eine Rechenvorschrift aufstellen:

1. Festlegung der Stablängen s und der Querschnittsflächen A; dabei ist stets mit dem vollen Querschnitt, also auch bei Zugstäben ohne Lochung oder anderen örtlich begrenzten Schwächungen zu rechnen
2. Bestimmung der Stabkräfte infolge der tatsächlichen Belastung, grafisch oder analytisch
3. Bestimmung der Stabkräfte $\bar{S}$ infolge der virtuellen Last $\bar{P} = 1,0$, grafisch oder analytisch

4. Auswertung der ersten beiden Glieder der Arbeitsgleichung, wobei die Rechnung für Belastung und Temperatureinwirkung am besten getrennt erfolgt
5. Summenbildung über sämtliche Stäbe des Fachwerks.

Die Rechnung ist zweckmäßig mit den Maßangaben kN und cm in Tabellenform durchzuführen. Der Tabellenkopf kann den folgenden Beispielen entnommen werden. Für die praktische Rechnung wird Gl. (4.11) etwas umgestellt:

$$E\delta_k = \sum S\bar{S}\frac{s}{A} \tag{4.21}$$

Auf eine Vergleichsfläche ist bewusst verzichtet worden, da sich durch das Verhältnis Stablänge zur Querschnittsfläche die Rechnung in einer günstigen Größenordnung bewegt.

Die Division durch den Elastizitätsmodul sollte jedoch stets erst nach der Summierung erfolgen.

Einige Beispiele sollen auch hier wieder die Anwendung zeigen.

4.3.4 Beispiele

Beispiel 4.3.5

Für das in Bild 4.21 dargestellte Fachwerk ist die Senkung des mittleren Untergurtknotens unter der angegebenen Belastung zu bestimmen (E = 1000 kN/cm^2). Die Stabquerschnitte sind in der nachfolgenden Tabelle enthalten.

Lösung

Am Ort und in Richtung der gesuchten Verschiebung wird die virtuelle Last von $\bar{P} = 1{,}0$ angetragen (Bild 4.22). Nach bekannten Regeln ermittelt man die Stabkräfte.

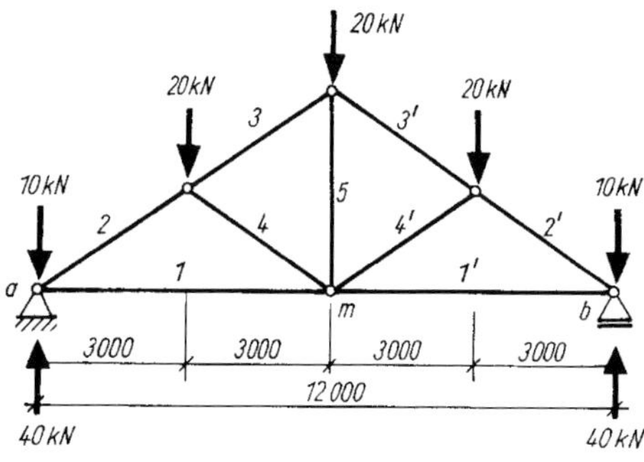

Bild 4.21

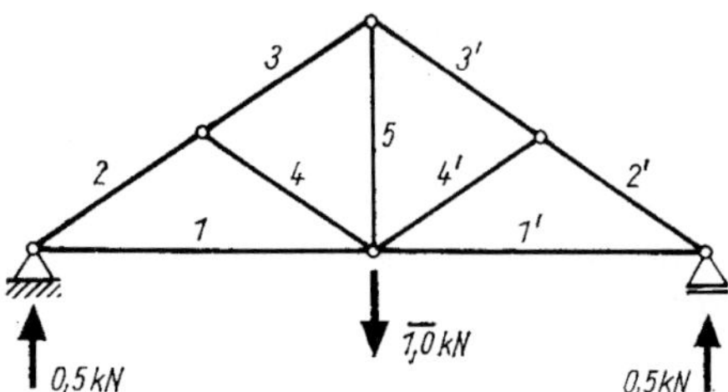

Bild 4.22

Da das Fachwerk und die Belastung symmetrisch sind, genügt es, die Berechnung nur für eine Hälfte durchzuführen. Bei der Summierung ist jedoch zu beachten, dass der Stab 5 im Fachwerk nur einmal vorkommt.

Tabelle 4.2: Tabellarische Lösung

Stab	***s*** cm	***A*** cm^2	***s*/*A*** 1/cm	***S*** kN	$\bar{S}$ kN	$S\bar{S}s/A$ kN/cm
1	600	100	6,00	+45	+0,75	202,5
2	360	160	2,25	–54	–0,90	109,2
3	360	160	2,25	–36	–0,90	72,8
4	360	120	3,00	–18	0	0,0
$\sum 1...4$						384,5
$2\sum 1...4$						769,0
5	400	100	4,00	+20	+1,0	80,0
$E\delta_{m0}$						849,0

$$\delta_{m0} = \frac{849,0}{1000} = 0,85 \text{ cm}$$

Sobald eine der beiden Stabkräfte gleich null wird, liefert der Stab keinen Beitrag zur Arbeitsgleichung (hier Stab 4). Es sind also zweckmäßig zur Vereinfachung der Zahlenrechnung zuerst die Nullstäbe zu bestimmen. Weiterhin wird das Produkt negativ, wenn die beiden Stabkräfte verschiedene Vorzeichen haben.

Beispiel 4.3.6

Für das in Bild 4.23 dargestellte Fachwerk ist die Senkung der Spitze für folgende Fälle zu bestimmen.

1. infolge einer Last $P = 10$ kN an der Spitze
2. infolge Erwärmung des Obergurtes um $T_s = 20$ K
3. infolge einer nach rechts gerichteten Verschiebung des Lagers a um $c_a = 1{,}0$ cm

$E = 21000$ kN/cm^2; $\alpha_T = 12 \cdot 10^{-6}$ K^{-1}

$A_1 = A_2 = 24{,}6$ cm^2; $A_3 = A_4 = 38{,}4$ cm^2; $A_7 = 13{,}8$ cm^2

Lösung

Zu 1. An der Spitze wird die virtuelle Last $\bar{P} = 1{,}0$ angetragen. Für diesen Lastfall erhalten die Stäbe 5 und 6 keine Kraft. Somit wird $\bar{S}_1 = \bar{S}_2$ und $\bar{S}_3 = \bar{S}_4$. Die Berechnung bietet keine Schwierigkeiten. Sie lässt sich in der nachstehenden Tabelle verfolgen.

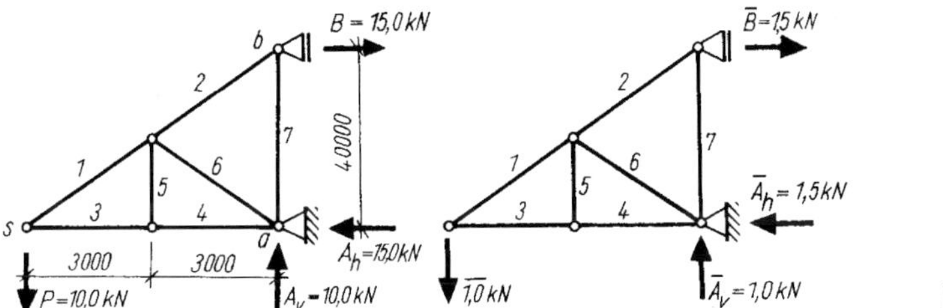

Bild 4.23

Tabelle 4.3: Tabellarische Lösung

Stab	***s*** cm	***A*** cm^2	***s/A*** 1/cm	***S*** kN	$\bar{S}$ kN	$S\bar{S}s/A$ kN/cm
1, 2	720	24,6	29,3	18,0	+1,8	950
3, 4	600	38,4	15,6	–15,0	–1,5	351
7	400	13,8	29,0	–10,0	–1,0	290
$\sum$1...7						1591

$$\delta_{s0} = \frac{1591}{21000} = 0{,}076 \text{ cm}$$

Zu 2. Nach der Aufgabenstellung erstreckt sich die Erwärmung T_s nur über den Obergurt. Somit wird die Arbeitsgleichung auch nur für die Stäbe 1 und 2 angesetzt. Da in beiden Stäben die Stabkraft $\bar{S}$ gleich ist, wird die zahlenmäßige Auswertung sehr einfach.

$$\delta_{sT} = \bar{S}\alpha_T T_s s = 1{,}8 \cdot 12 \cdot 10^{-6} \cdot 20 \cdot 720 = 0{,}31\ \text{cm}$$

Zu 3. Für die Lösung kommt jetzt das letzte Glied der Arbeitsgleichung (4.10) in Betracht. Zu beachten ist, dass dieses Glied die Arbeit der Auflagergrößen enthält. Für die Auflagerkraft $\bar{C}$ ist dabei stets nur die mit der Verschiebung *c* zusammenfallende Komponente in Rechnung zu stellen. Zum weiteren ist auf das Vorzeichen innerhalb der Arbeitsgleichung zu achten. Sind Auflagerkraft und Verschiebung gleichgerichtet, dann wird die Arbeit positiv, im umgekehrten Fall negativ.

Eine Verschiebung ist nur am Auflager *a* in horizontaler Richtung, nach rechts gerichtet, vorgegeben. Somit kommt für die weitere Rechnung nur die Auflagerkraft $\bar{A}_h$ in Frage, die bei der Belastung $\bar{P} = 1{,}0$ kN nach links gerichtet ist. Damit wird die virtuelle Arbeit negativ:

$$\bar{A}_h = 1{,}5\ \text{kN}\,; \qquad c_a = 1{,}0\ \text{cm}$$

$$\bar{C}c = -1{,}5 \cdot 1{,}0 = -1{,}5\ \text{kNcm}$$

$$\bar{1}\delta_s = -\sum \bar{C}c\,; \qquad \delta_s = 1{,}5\ \text{cm}$$

Das Ergebnis lässt sich in diesem Fall auch mit rein geometrischen Bedingungen gewinnen bzw. kontrollieren.

4.4 Biegelinie von vollwandigen Trägern

4.4.1 Allgemeines

Die Ermittlung der Biegelinie von vollwandigen Trägern ist bereits in Band 2 (Festigkeitslehre) erläutert worden. Es werden in den folgenden Abschnitten keine neuen Methoden gezeigt, sondern lediglich zur zweckmäßigen Berechnung einige Hinweise gegeben, die dann anschließend auch beim Fachwerk von Vorteil sind.

Es sollen zunächst alle Arbeitsgänge, die zur Ermittlung der Biegelinie auf Grund der Mohrschen Sätze führen, in Form einer Rechenanleitung zusammengestellt werden:

1. Bestimmung der Auflagerkräfte und Momentenfläche infolge der vorgegebenen Belastung
2. Erneute Belastung des Tragwerks mit der nach 1. ermittelten negativen Momentenfläche

3. Berücksichtigung der verschiedenen Flächenmomente durch Reduktion der Momentenfläche
4. Aufteilung der Momentenfläche in einzelne Bereiche; Ersatz der krummlinigen Begrenzung der Momentenlinie innerhalb eines Bereiches durch eine geradlinige; Bestimmung der Inhalte der einzelnen Teile der Momentenfläche und ihrer Schwerpunkte
5. Belastung des Trägers mit den die Momentenfläche ersetzenden Einzellasten
6. Bestimmung der zweiten Auflagerkräfte; diese stellen die *EI*-fachen Neigungswinkel der Biegelinie an den Auflagern dar
7. Bestimmung der zweiten Momentenfläche, die zugleich die *EI*-fache Biegelinie darstellt
8. die maximale Durchbiegung, also das maximale Moment, an der Stelle des Nullpunktes der zweiten Querkraft ist stets mit anzugeben.

Die Ermittlung der Biegelinie nach diesem Verfahren ist keine besonders schwierige Arbeit. Jedoch ist die Zahlenrechnung meist sehr umfangreich, deswegen wurde es auch zeichnerisch angewendet. Heute kann man auch Tabellenkalkulationsprogramme nutzen.

Zur Abkürzung der Zahlenrechnung kann man evtl. auf die Ermittlung der Schwerpunkte der Teilflächen verzichten, wenn diese Trapeze waren. Die Resultierende wird dann in der Mitte des Teilbereiches angetragen, ohne dass ein wesentlicher Fehler entsteht. Von vornherein traf man schon Annäherungen, indem die krummlinig begrenzte Momentenfläche durch eine geradlinige, geknickte ersetzt wurde.

Im nächsten Abschnitt soll eine Gleichung abgeleitet werden, mit der die Momentenfläche formelmäßig zu Einzellasten zusammengefasst werden kann, ohne dass auf die Schwerpunkte der Teilflächen Bezug genommen werden muss. Damit würden die Punkte 3. bis 5. der Zusammenstellung einfacher zu bearbeiten sein.

4.4.2 Ermittlung von *W*-Gewichten

In Bild 4.24 ist ein Träger auf zwei Stützen dargestellt, der mit einer allgemeinen Momentenfläche belastet ist. Ein beliebiger Schnitt wird mit k bezeichnet. Die beiden benachbarten Schnitte erhalten die Benennung $k - 1$ und $k + 1$. Der Trägerbereich zwischen diesen beiden Schnitten ist in Bild 4.25 nochmals abgebildet.

Die Länge der Teilbereiche wird mit λ_k und λ_{k+1} bezeichnet. Zu beachten ist dabei, dass der Index von λ stets mit der Bezeichnung des rechts danebenliegenden Schnittes übereinstimmt.

Die Größe der Bereiche ist beliebig. Bedingung ist jedoch ein konstantes Flächenmoment innerhalb des Bereiches.

Es sollen nun die Inhalte der Teilmomentenflächen bestimmt und so aufgegliedert werden, dass die an ihre Stelle tretenden Einzellasten nicht in den Schwerpunkten der Teilflächen, sondern in den festgelegten Schnitten, also in den Trennstellen der einzelnen Bereiche, anzutragen sind. Diese Einzellasten werden mit EI_cW_k bezeichnet. Sie werden wie die Auflagerkraft von zwei Trägern auf zwei Stützen mit den Stützweiten λ_k und λ_{k+1} ermittelt. Mit diesen Kräften EI_cW_k ist das Tragwerk zur Ermittlung der Biegelinie wiederum zu belasten, daher die Bezeichnung W-Gewichte. Auch hier wird die krummlinige Begrenzung der Momentenfläche durch eine geradlinige ersetzt. Die entstehenden Trapeze teilt man in Dreiecke auf und bestimmt W_k wie folgt (Bild 4.25):

$$EI_cW_k = \frac{1}{2}M_{k-1}\lambda_k\frac{I_c}{I_k}\frac{1}{3}+\frac{1}{2}M_k\lambda_k\frac{I_c}{I_k}\frac{2}{3}+\frac{1}{2}M_k\lambda_{k+1}\frac{I_c}{I_{k+1}}\frac{2}{3}+\frac{1}{2}M_{k+1}\lambda_{k+1}\frac{I_c}{I_{k+1}}\frac{1}{3}$$

$$EI_cW_k = \frac{1}{6}[(M_{k-1}+2M_k)\lambda_k{}'+(2M_k+M_{k+1})\lambda_{k+1}{}'] \tag{4.22}$$

$$\lambda_k{}' = \lambda_k\frac{I_c}{I_k}; \qquad \lambda_{k+1}{}' = \lambda_{k+1}\frac{I_c}{I_{k+1}}$$

Für den linken Auflagerpunkt $k = 0$ ist $\lambda_k = 0$ und $\lambda_{k+1} = \lambda_1$. Das W-Gewicht wird dann

$$EI_cW_0 = \frac{\lambda_1{}'}{6}(2M_0+M_1) \tag{4.23}$$

Entsprechend gilt für den rechten Auflagerpunkt $k = n$, $\lambda_{k+1} = 0$ und $\lambda_k = \lambda_n$.

$$EI_cW_n = \frac{\lambda_n{}'}{6}(M_{n-1}+2M_n) \tag{4.24}$$

Für den Sonderfall, dass die Bereiche gleich groß sind und das Flächenmoment über die gesamte Trägerlänge konstant ist, kann Gl. (4.22) vereinfacht werden.

$$EI_cW_k = \frac{\lambda}{6}(M_{k-1}+4M_k+M_{k+1}) \tag{4.25}$$

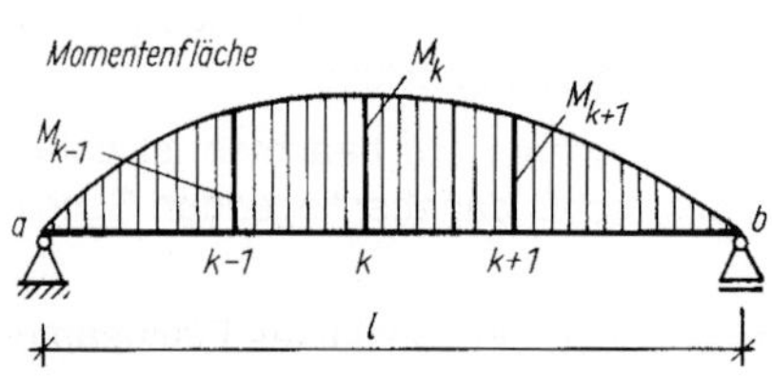

Bild 4.24

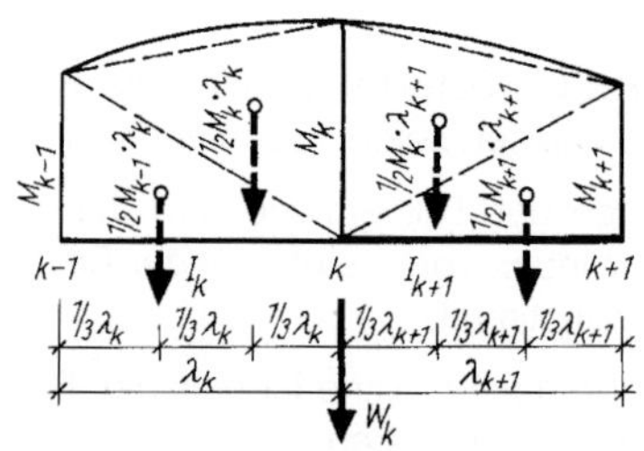

Bild 4.25

Für die Auflagerpunkte 0 und n lauten dann die Gleichungen

$$EI_c W_0 = \frac{\lambda}{6}(2M_0 + M_1) \tag{4.26}$$

$$EI_c W_n = \frac{\lambda}{6}(M_{n-1} + 2M_n) \tag{4.27}$$

4.4.3 Biegelinie mit Hilfe von *W*-Gewichten

Im vorhergehenden Abschnitt wurden Gleichungen gewonnen, mit deren Hilfe die Momentenflächenbelastung durch EI-fache elastische Gewichte in Form von Einzellasten ersetzt werden kann. In diesem Abschnitt soll nun gezeigt werden, wie man die Biegelinie am zweckmäßigsten auf rechnerischem Wege bestimmt.

Zunächst sei an zwei Gleichungen erinnert, die bei Einzellasten besonders vorteilhaft sind und bereits in Band 1 abgeleitet wurden (Bild 4.26):

$$V_k = V_{k-1} - P_{k-1}\,; \qquad M_k = M_{k-1} + V_k \lambda_k$$

Zur ersten Gleichung sind kaum Bemerkungen nötig. Der Inhalt der zweiten Gleichung soll noch mit Worten formuliert werden:

> Das Biegemoment M_k an einem beliebigen Lastangriffspunkt k eines mit Einzellasten belasteten Trägers ist gleich dem Biegemoment M_{k-1} am linken benachbarten Lastangriffspunkt $k-1$, vermehrt um das Produkt aus der Querkraft V_k zwischen den beiden Lastangriffspunkten und dem Abstand λ_k.

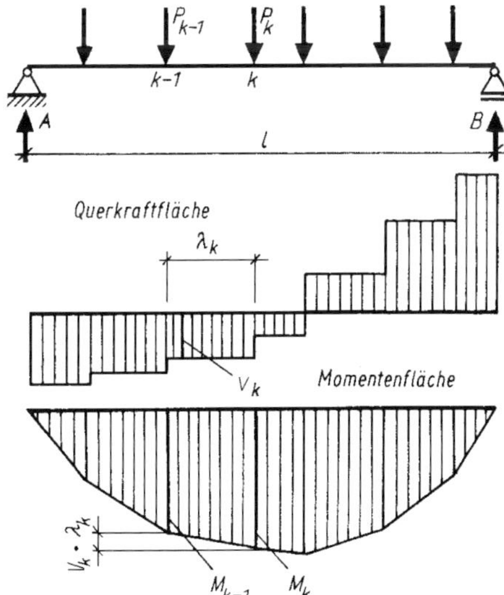

Bild 4.26

Nach diesen beiden Gleichungen berechnet man auf jeden Fall die zweite Querkraft (Neigungswinkel der Stabachse) und das zweite Moment (Durchbiegung), da die *W*-Gewichte Einzellasten sind. Falls die tatsächliche Belastung aus Einzellasten besteht, empfiehlt es sich, die wirklichen Querkräfte und Biegemomente auch auf diese Weise zu bestimmen. Streckenlasten werden häufig durch Einzellasten ersetzt, damit die Rechnung vereinfacht werden kann.

Die Anwendung wird an dem folgenden Beispiel gezeigt.

4.4.4 Beispiel

Beispiel 4.4.1

Für den in Bild 4.27a dargestellten Träger mit Lamellen im inneren Teil der Stützweite ist für die angegebene Belastung die Biegelinie rechnerisch zu bestimmen.

Lösung

Die Streckenlast wird durch Einzellasten ersetzt (Bild 4.27 b). Die Auflagerkräfte sind

$$A = \frac{1}{10{,}2} 20 \cdot 5{,}10 \cdot 7{,}65 = 76{,}5 \text{ kN}; \qquad B = \frac{1}{10{,}2} 20 \cdot 5{,}10 \cdot 2{,}55 = 25{,}5 \text{ kN}$$

Die gesamte Zahlenrechnung wird in Tabellenform vorzugsweise mit einem Tabellenkalkulationsprogramm (Tabelle 4.4) durchgeführt. Die Spalten 4 und 6 enthalten die Querkräfte und Biegemomente. Die Spalten 7 bis 17 dienen zur Bestimmung der Biegelinie. Die Flächenmomente sind

$$I_0 = 24000 \text{ cm}^4 ; \qquad I_1 = 44300 \text{ cm}^4 ; \qquad E = 21000 \text{ kN/cm}^2$$

Als Vergleichsflächenmoment wählt man zweckmäßig I_1, da es im größeren Bereich des Trägers vorhanden ist.

$$I_c = I_1 ; \qquad \frac{I_c}{I_1} = 1 ; \qquad \frac{I_c}{I_0} = \frac{44300}{24000} = 1{,}845$$

Die Festlegung der Abschnitte ist willkürlich erfolgt. Durch die Ersatzlasten erhält man im Bereich 0 ... 6 als Momentenlinie ein Polygon und keine Parabel (Bild 4.27c). Das ist hier kein Fehler, denn bei der Bestimmung der *W*-Gewichte würde man die Parabel sowieso durch ein Polygon ersetzen. Die Berechnung erfolgt sowohl für die erste und zweite Querkraft als auch für das erste und zweite Moment nach den beiden vorangestellten Gleichungen.

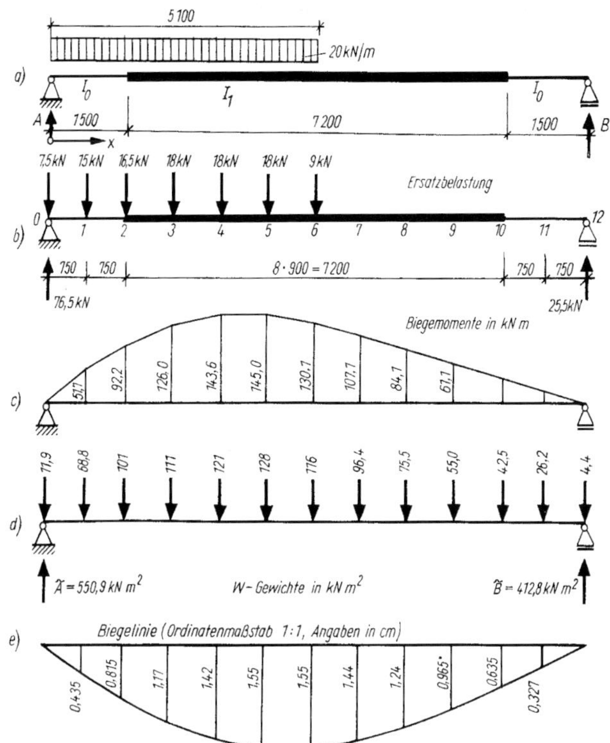

Bild 4.27

Zur Ermittlung der *W*-Gewichte dienen die Spalten 7 bis 11 der Tabelle 4.4. Die Berechnung erfolgt nach Gl. (4.22), wobei diese in den Spalten 9 bis 11 aufgeteilt worden ist.

$$EI_c W_k = \frac{1}{6}[(M_{k-1} + 2M_k)\lambda_k{}' + (2M_k + M_{k+1})\lambda_{k+1}{}']$$

$$EI_c W_k = \frac{1}{6}(m_k + n_k)$$

Tabelle 4.4: Ermittlung der Biegelinie für den Träger nach Bild 4.27

Pkt	x	λ	P_k	V	$V\lambda$	M_k	I_c/I_k	λ'	m_k	n_k	EI_cW_k	x/l	EI_cW_kx/l	$EI\tilde{V}$	$EI\tilde{V}\lambda$	$EI\tilde{M}_k$	δ_k
	m	m	kN	kN	kNm	kNm			kNm²	kNm²	kNm²		kNm²	kNm²	kNm³	kNm³	cm
	1	2	3	4	5	6	7	8	9	10	11	12	13	14	15	16	17
0	0,00		7,5			0,0			0,0	71,6	11,9	0,00	0,0			0,0	0,000
		0,75		69,0	51,8		1,845	1,38						539,3	404,5		
1	0,75		15,0			51,8			143,2	270,9	69,0	0,07	5,1			404,5	0,435
		0,75		54,0	40,5		1,845	1,38						470,3	352,7		
2	1,50		16,5			92,3			326,9	279,5	101,1	0,15	14,9			757,2	0,814
		0,90		37,5	33,8		1,0	0,90						369,3	332,3		
3	2,40		18,0			126,0			309,8	356,0	111,0	0,24	26,1			1089,6	1,171
		0,90		19,5	17,6		1,0	0,90						258,3	232,5		
4	3,30		18,0			143,6			371,8	388,8	126,8	0,32	41,0			1322,0	1,421
		0,90		1,5	1,4		1,0	0,90						131,5	118,4		
5	4,20		18,0			144,9			390,0	377,9	128,0	0,41	52,7			1440,4	1,548
		0,90		–16,5	–14,9		1,0	0,90						3,5	3,2		
6	5,10		9,0			130,1			364,5	330,5	115,8	0,50	57,9			1443,6	1,552
		0,90		–25,5	–23,0		1,0	0,90						–112,3	–101,1		
7	6,00					107,1			309,8	268,5	96,4	0,59	56,7			1342,5	1,443
		0,90		–25,5	–23,0		1,0	0,90						–208,7	–187,8		
8	6,90					84,2			247,9	206,6	75,7	0,68	51,2			1154,7	1,241
		0,90		–25,5	–23,0		1,0	0,90						–284,4	–256,0		
9	7,80					61,2			185,9	144,6	55,1	0,76	42,1			898,7	0,966
		0,90		–25,5	–23,0		1,0	0,90						–339,5	–305,5		
10	8,70					38,3			123,9	132,3	42,7	0,85	36,4			593,2	0,638
		0,75		–25,5	–19,1		1,845	1,38						–382,2	–286,7		
11	9,45					19,1			105,9	52,9	26,5	0,93	24,5			306,5	0,329
		0,75		–25,5	–19,1		1,845	1,38						–408,7	–306,5		
12	10,20					0,0			26,5	0,0	4,4	1,00	4,4			0,0	0,000
										$\Sigma\, EI_cW_k =$	964,3	$EI\tilde{B} = 413{,}1$					
												$EI\tilde{A} = 551{,}3$					

Für den Punkt 4 erhält man z. B.

$$EI_c W_4 = \frac{1}{6}[(M_3 + 2M_4)\lambda_4' + (2M_4 + M_5)\lambda_5'] = \frac{1}{6}(m_4 + n_4)$$

$$m_4 = (126 + 2 \cdot 143{,}6) \cdot 0{,}90 = 372 \text{ kNm}^2$$

$$n_4 = (2 \cdot 143{,}6 + 145) \cdot 0{,}90 = 389 \text{ kNm}^2$$

$$EI_c W_4 = \frac{1}{6}(372 + 389) = 127 \text{ kNm}^2$$

Mit diesen so ermittelten EI_c-fachen W-Gewichten ist der Träger wiederum zu belasten (Bild 4.27d). Die dafür ermittelte zweite Momentenfläche stellt die EI_c-fache Biegelinie dar. Man braucht dazu auch die zweiten Auflagerkräfte, die ebenfalls in der Tabelle ausgerechnet werden.

Diese werden bestimmt durch

$$\tilde{B} = \frac{1}{l} EI_c \sum W_i x_i = EI_c \sum W_i \frac{x_i}{l}$$

$$\tilde{A} = EI_c \sum W_i - \tilde{B} = EI_c \sum W_i - EI_c \sum W_i \frac{x_i}{l}$$

Die beiden Gleichungen sind in den Spalten 12 und 13 ausgewertet. Die Spalten 14 bis 17 (Tab. 4.4) dienen zur Bestimmung der zweiten Momentenfläche bzw. der Biegelinie (Bild 4.27 e). Der Rechnungsgang ist der gleiche wie bei der Ermittlung der ersten Momentenfläche.

4.5 Biegelinie von Fachwerken

4.5.1 Allgemeines

Bei einem vollwandigen Tragwerk wird die Biegelinie durch die verformte Stabachse dargestellt. Für Fachwerke lässt sich diese Festlegung nicht aufrechterhalten. Hier entsteht die Verformung durch die Längenänderung der einzelnen Stäbe und die damit bedingte Verschiebung der Knotenpunkte.

Man spricht von einer Biegelinie des Ober- und Untergurtes. Sie stellt keine stetige Kurve dar, sondern einen Polygonzug. Die einzelnen Stäbe eines Tragwerkes müssen gerade bleiben, da sie nur durch Längskräfte und nicht durch Biegemomente beansprucht werden. Die Biegelinie eines Gurtes ist eindeutig bestimmt, sobald die Verschiebungen der Knotenpunkte der Gurte bekannt sind.

In Form des *Williot*schen Verschiebeplans steht ein grafisches Verfahren zur Verfügung. Damit erhält man die Verschiebungen aller Knotenpunkte eines Fachwerks.

Eine weitere Möglichkeit hat man durch mehrmalige Anwendung der Summenformel. In einem der folgenden Beispiele wird diese Methode gezeigt. Sie bietet keine besonderen Schwierigkeiten, jedoch ist der Umfang der Zahlenrechnung nicht zu unterschätzen.

Für den Fall von vielen Knotenpunkten wird im folgenden Abschnitt eine weitere Methode gezeigt, die in ihren Grundzügen der bereits in Abschnitt 4.4 dargelegten Rechnung entspricht.

Aber auch hier ist der Zeitaufwand für die Rechnung „per Hand" nicht zu unterschätzen. Der Einsatz von Rechenhilfsmitteln ist deshalb zu empfehlen. Stehen keine speziellen Programme zur Verfügung, ist auf Grund der unkomplizierten Handhabung bereits ein Tabellenkalkulationsprogramm ausreichend.

4.5.2 Biegelinie von Fachwerken mit Hilfe von *W*-Gewichten

Bei der Bestimmung der Biegelinie für vollwandige Tragwerke wurden die *W*-Gewichte als Hilfsmittel verwendet. Dabei stellten die EI_c-fachen *W*-Gewichte die Inhalte der einzelnen Teilabschnitte der Momentenfläche dar. Es ist einzusehen, dass dies für das Fachwerk nicht zutreffen wird, da hier als Schnittgrößen Normalkräfte und keine Biegemomente auftreten. Die *W*-Gewichte müssen jetzt nach anderen, für das Fachwerk gültigen Gesetzen bestimmt werden. Sind sie ermittelt, so wird die Rechnung wie bei einem vollwandigen Tragwerk fortgeführt.

Man belastet dann also einen vollwandigen Träger – den Ersatzbalken – mit den *W*-Gewichten und bestimmt die zweite Momentenfläche. Damit erhält man die Biegelinie des Fachwerks. Es wird zunächst die Bestimmung der *W*-Gewichte für das Fachwerk gezeigt.

In Bild 4.28 ist ein Teil eines Fachwerks mit der dazugehörigen Biegelinie der Untergurtknotenpunkte dargestellt. Diese ergibt sich aus dem zweiten Seileck, das für die *W*-Gewichte als Lasten gezeichnet werden müsste. Ein Teil der Polfigur ist ebenfalls im Bild enthalten. Da die Polweite beliebig gewählt werden kann, ist hier $H = 1$ gesetzt worden. Außerdem ist im Seileck der Seilstrahl 2 besonders verlängert worden. Aus dieser grafischen Lösung werden nun rechnerische Zusammenhänge abgeleitet. Folgende Proportionen lassen sich aus Bild 4.28 ablesen:

$$\frac{a_k}{a_{k+1}} = \frac{\lambda_k}{\lambda_{k+1}}; \qquad a_k \frac{\lambda_{k+1}}{\lambda_k} = a_{k+1}$$

Weiterhin ist

$$a_k = \delta_k - \delta_{k-1}; \qquad a_{k+1} = \delta_{k+1} - \delta_k + b_{k+1}$$

Es werden nun die im Seileck und in der Polfigur (Lageplan und Kräfteplan) schraffierten Dreiecke verglichen. Da alle drei Seiten parallel sind, müssen die Dreiecke ähnlich sein. Somit lässt sich eine weitere Proportion ablesen:

$$\frac{b_{k+1}}{\lambda_{k+1}} = \frac{W_k}{H}\,; \qquad b_{k+1} = W_k\,\lambda_{k+1}$$

Die ermittelten Werte für a_k, a_{k+1} und b_{k+1} werden in die vorhergehende Gleichung eingesetzt, wobei das Ziel ist, einen Zusammenhang zwischen den W-Gewichten und den Ordinaten der Biegelinie herzustellen.

$$(\delta_k - \delta_{k-1})\frac{\lambda_{k+1}}{\lambda_k} = (\delta_{k+1} - \delta_k) + W_k\,\lambda_{k+1}$$

$$\frac{\delta_k - \delta_{k-1}}{\lambda_k} = \frac{\delta_{k+1} - \delta_k}{\lambda_{k+1}} + W_k$$

$$W_k = \frac{\delta_k - \delta_{k-1}}{\lambda_k} - \frac{\delta_{k+1} - \delta_k}{\lambda_{k+1}} \tag{4.28}$$

In dieser Gleichung ist der gesuchte Zusammenhang enthalten. Allerdings kann sie noch nicht zur Berechnung von W_k benutzt werden, denn die Ordinaten sind vorläufig noch unbekannt und sollen gerade mit Hilfe der W-Gewichte bestimmt werden. Gl. (4.28) wird deshalb noch etwas umgeformt.

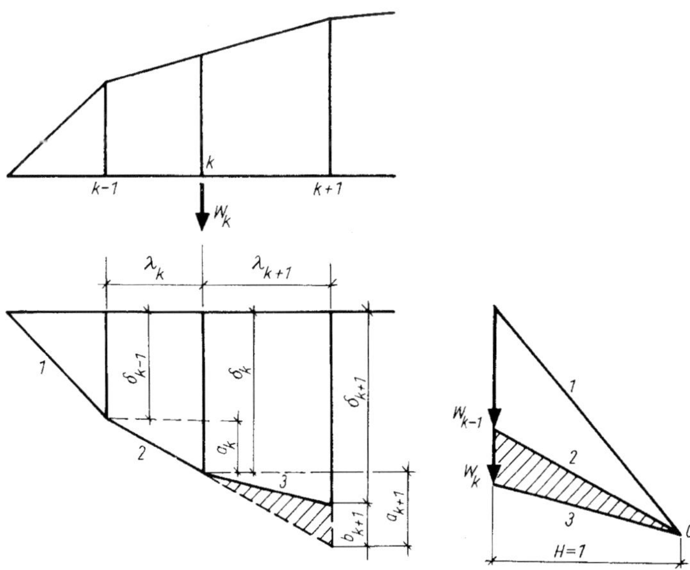

Bild 4.28

$$W_k = \frac{\delta_k}{\lambda_k} - \frac{\delta_{k-1}}{\lambda_k} - \frac{\delta_{k+1}}{\lambda_{k+1}} + \frac{\delta_k}{\lambda_{k+1}}$$

$$W_k = -\frac{1}{\lambda_k}\delta_{k-1} + \left(\frac{1}{\lambda_k} + \frac{1}{\lambda_{k+1}}\right)\delta_k - \frac{1}{\lambda_{k+1}}\delta_{k+1}$$

Die Gleichung enthält einzelne Produkte, deren einer Faktor die gesuchte tatsächliche Verschiebung infolge der vorgegebenen äußeren Belastung darstellt.

Fasst man $1/\lambda_k$ bzw. $1/\lambda_{k+1}$ als virtuelle Belastung auf, so ist das *W*-Gewicht nichts anderes als eine virtuelle äußere Arbeit. Diese muss aber bekanntlich auch gleich der virtuellen inneren Arbeit sein. Also kann man für das *W*-Gewicht auch schreiben

$$W_k = \sum \bar{S}\Delta s \tag{4.29}$$

Dabei ist Δs die Stabverlängerung infolge der tatsächlichen äußeren Belastung. $\bar{S}$ ist die Stabkraft infolge der virtuellen Belastung $1/\lambda_k$ bzw. $1/\lambda_{k+1}$. Bild 4.29 zeigt die notwendige virtuelle Belastung, die für die Bestimmung des *W*-Gewichtes am Knoten *k* anzusetzen ist. Es ist zu erkennen, dass die Lastgruppe im Gleichgewicht ist. Die bei der Behandlung des Prinzips der virtuellen Verrückungen gegebene Voraussetzung ist also erfüllt. Es sei besonders betont, dass die virtuelle Belastung nicht immer eine Last $\bar{P} = 1{,}0\,\text{kN}$ sein muss.

Da die virtuelle Lastgruppe für sich allein im Gleichgewicht ist, treten keine Auflagerkräfte auf. Außerdem erhalten nur die zwischen den Knoten $k-1$ und $k+1$ liegenden Stäbe Stabkräfte $\bar{S}$. Das Summenzeichen in Gl. (4.29) kann sich danach nur über diesen Bereich erstrecken. Außerdem ist zu empfehlen, bei der virtuellen Lastgruppe die Dimension [1/Längeneinheit] beizubehalten. Damit wird dann W_k dimensionslos.

Die *W*-Gewichte werden noch allgemein für ein Fachwerk mit den Stabanordnungen nach den Bildern 4.29 und 4.30 berechnet. Die Ermittlung der Stabkräfte erfolgt nach bekannten Methoden. Es werden daher nur die Ergebnisse angegeben.

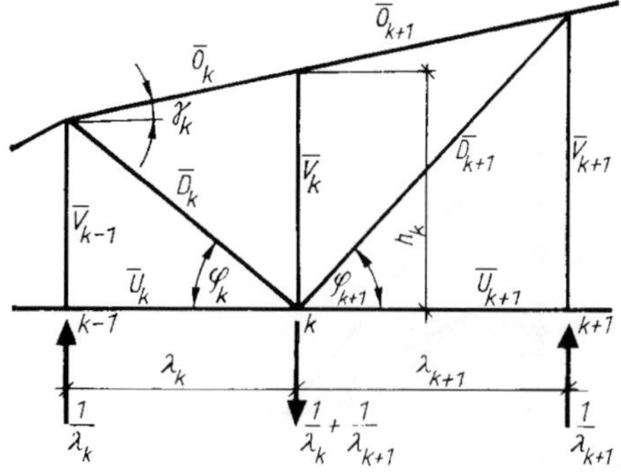

Bild 4.29

Virtuelle Stabkräfte $\overline{S}$ nach Bild 4.29

$$\overline{O_k} = \overline{O_{k+1}} = -\frac{1}{h_k \cos\gamma_k}; \qquad \overline{U_k} = \overline{U_{k+1}} = 0$$

$$\overline{D_k} = \frac{1}{h_k \cos\varphi_k}; \qquad \overline{D_{k+1}} = \frac{1}{h_k \cos\varphi_{k+1}}$$

$$\overline{V_{k-1}} = -\frac{1}{\lambda_k}; \qquad \overline{V_k} = 0; \qquad \overline{V_{k+1}} = -\frac{1}{\lambda_{k+1}}$$

Virtuelle Stabkräfte $\overline{S}$ nach Bild 4.30

$$\overline{U_k} = \overline{U_{k+1}} = \frac{1}{h_k}; \qquad \overline{O_k} = \overline{O_{k+1}} = 0$$

$$\overline{D_k} = -\frac{1}{h_k \cos\varphi_{k-1}}; \qquad \overline{D_{k+1}} = -\frac{1}{h_k \cos\varphi_{k+1}}$$

$$\overline{V_{k-1}} = 0; \qquad \overline{V_k} = \frac{1}{\lambda_k} + \frac{1}{\lambda_{k+1}}; \qquad \overline{V_{k+1}} = 0$$

Somit ergeben sich je nach der Stabführung für das *W*-Gewicht die endgültigen Werte nach Bild 4.29 in Gl. (4.30) und nach Bild 4.30 in Gl. (4.31).

$$W_k = -\frac{1}{h_k \cos\gamma_k}(\Delta o_k + \Delta o_{k+1}) + \frac{1}{h_k \cos\varphi_k}\Delta d_k + \frac{1}{h_k \cos\varphi_{k+1}}\Delta d_{k+1} - \frac{1}{\lambda_k}\Delta v_{k-1} - \frac{1}{\lambda_{k+1}}\Delta v_{k+1} \qquad (4.30)$$

$$W_k = -\frac{1}{h_k}(\Delta u_k + \Delta u_{k+1}) - \frac{1}{h_k \cos\varphi_{k-1}}\Delta d_k - \frac{1}{h_k \cos\varphi_{k+1}}\Delta d_{k+1} + \left(\frac{1}{\lambda_k} + \frac{1}{\lambda_{k+1}}\right)\Delta v_k \qquad (4.31)$$

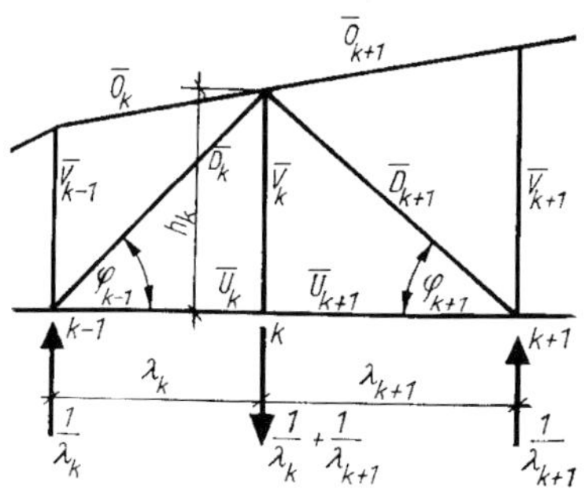

Bild 4.30

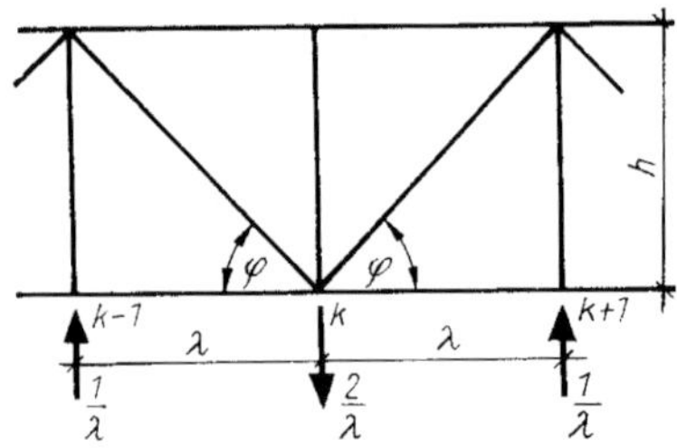

Bild 4.31

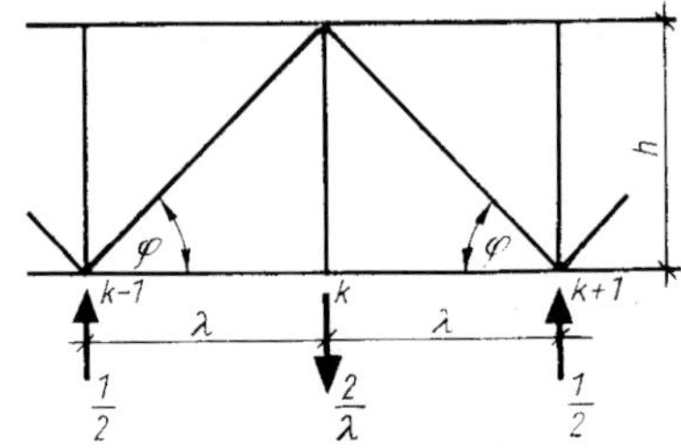

Bild 4.32

Es wurde damit eine Gleichung zur zahlenmäßigen Ermittlung des *W*-Gewichtes gefunden. Zu beachten ist, dass die Längenänderungen Δs der Stäbe mit ihren entsprechenden Vorzeichen einzuführen sind.

Für den Sonderfall eines Parallelfachwerks mit konstanten Feldweiten wird

$$\gamma_k = 0\,; \qquad \varphi_k = \varphi_{k+1} = \varphi = \text{konst.}$$

$$\lambda_k = \lambda_{k+1} = \lambda = \text{konst.}\,; \qquad h_k = h = \text{konst.}$$

Man erhält bei einer Lage der Diagonalstäbe nach Bild 4.31

$$W_k = -\frac{1}{h}(\Delta o_k + \Delta o_{k+1}) + \frac{1}{\lambda \sin\varphi}(\Delta d_k + \Delta d_{k+1}) - \frac{1}{\lambda}(\Delta v_{k-1} + \Delta v_{k+1}) \tag{4.32}$$

Bei einer Lage der Diagonalstäbe nach Bild 4.32 wird das *W*-Gewicht

$$W_k = \frac{1}{h}(\Delta u_k + \Delta u_{k+1}) - \frac{1}{\lambda \sin\varphi}(\Delta d_k + \Delta d_{k+1}) + \frac{2}{\lambda}\Delta v_k \tag{4.33}$$

Man erkennt, dass bereits die Berechnung der *W*-Gewichte einen erheblichen Aufwand mit sich bringt. Daran schließt sich noch die eigentliche Bestimmung der Biegelinie an, die als Momentenlinie für einen vollwandigen Träger infolge der angegebenen *W*-Gewichte ermittelt werden muss. Es ist auch hier zu empfehlen, die Längenänderungen Δs der Stäbe und die *W*-Gewichte *E*-fach einzusetzen, damit sich die Zahlenrechnung leichter übersehen lässt.

Für andere Formen von Fachwerken sind die *W*-Gewichte nach Gl. (4.29) zu entwickeln oder Handbüchern zu entnehmen.

4.5.3 Zusammenfassung

1. Als Biegelinie des Fachwerks bezeichnet man im Allgemeinen die Biegelinie des Untergurtes. Sie ist ein geknickter Linienzug, da die einzelnen Stäbe des Fach-

werks gerade bleiben. Durch die Verschiebung der einzelnen Knotenpunkte ist die Biegelinie des Fachwerks bestimmt.

2. Die Biegelinie wird bei Fachwerken mit wenigen Knotenpunkten durch Ermittlung der einzelnen Knotenpunktverschiebungen durch wiederholte Anwendung der Summenformel bestimmt.
3. Bei Fachwerken mit größerer Feldzahl verwendet man zur Bestimmung der Biegelinie *W*-Gewichte.
4. Die *W*-Gewichte berechnet man nach besonderen Gleichungen. Dazu benötigt man die Verlängerung der Stäbe infolge der tatsächlichen äußeren Belastung.
5. Mit den ermittelten *W*-Gewichten wird ein vollwandiger Träger von gleicher Spannweite – der Ersatzbalken – belastet. Die sich jetzt ergebende Momentenlinie stellt die Biegelinie des Fachwerks dar.

4.5.4 Beispiel

Beispiel 4.5.1

Für das in Bild 4.33 dargestellte Fachwerk und die angegebene Belastung ist die Biegelinie des Untergurtes zu bestimmen, und zwar

1. durch mehrmalige Anwendung der Summenformel
2. mit Hilfe von *W*-Gewichten.

Weitere Angaben zum System sind in Tabelle 4.5 enthalten. Der Elastizitätsmodul ist $E = 21000$ kN/cm^2.

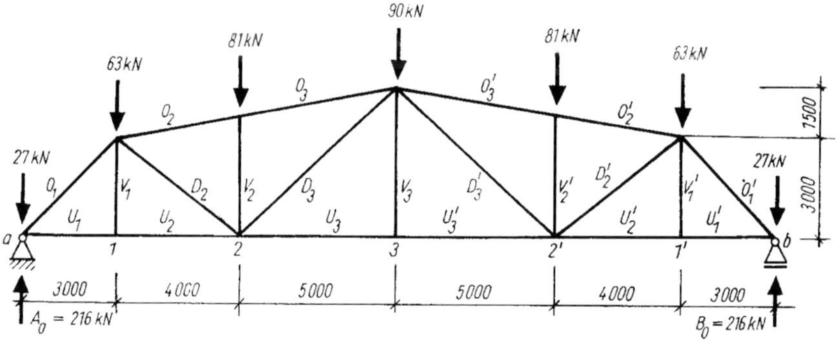

Bild 4.33

virtuelle Belastung zur Bestimmung der Verschiebung des Knotens 1 (Stabkräfte $\bar{S}_1$)

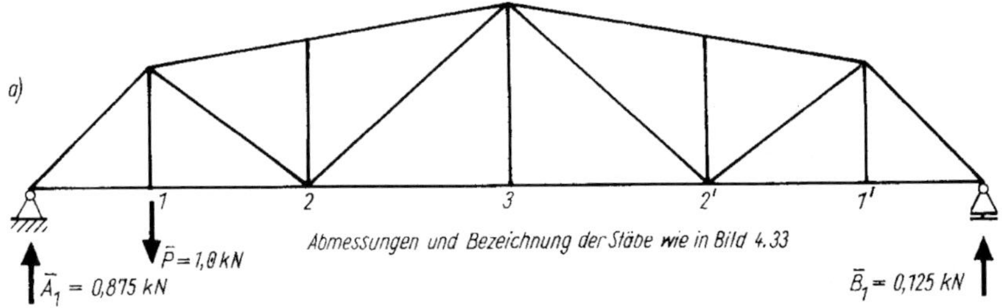

virtuelle Belastung zur Bestimmung der Verschiebung des Knotens 2 (Stabkräfte $\bar{S}_2$)

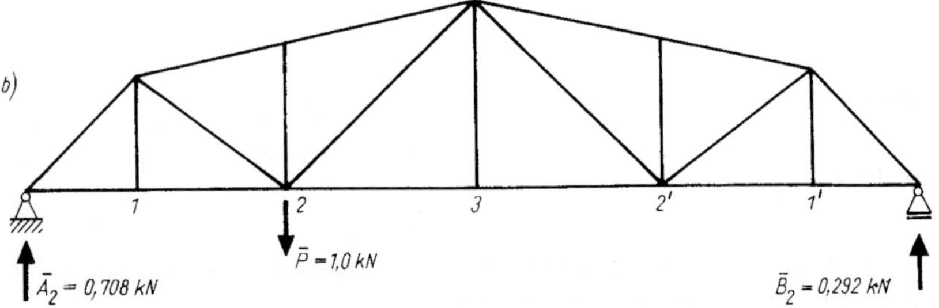

virtuelle Belastung zur Bestimmung der Verschiebung des Knotens 3 (Stabkräfte $\bar{S}_3$)

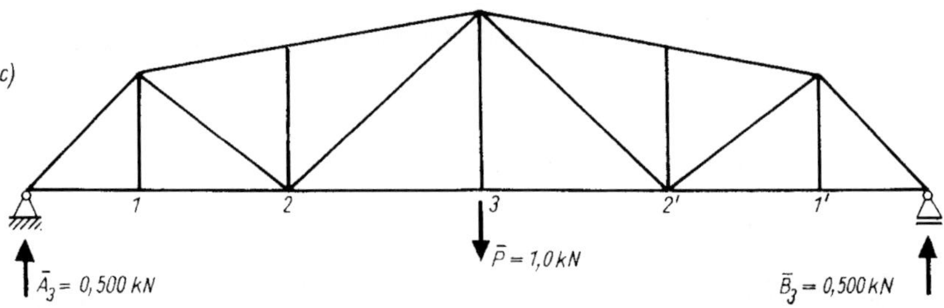

Bild 4.34

Lösung

Zu 1. Infolge der Symmetrie des Systems und der Belastung ist die Verschiebung von drei Untergurtknotenpunkten zu bestimmen. Dazu braucht man die Stabkräfte für die äußere Belastung (S_0) und die virtuelle Belastung ($\bar{S}_1$, $\bar{S}_2$, $\bar{S}_3$). Die virtuelle Kraft von $\bar{P} = 1,0$ kN ist insgesamt dreimal zur Bestimmung der Verschiebung der drei Knoten 1, 2 und 3 anzusetzen (Bilder 4.34a bis c).

Tabelle 4.5: Auflager- und Stabkräfte für das Fachwerk in Bild 4.34

Stab				Stabkräfte						
	s	A	s/A	S_0	$\bar{S}_1$	$\bar{S}_2$	$\bar{S}_3$	$E\delta_{10}$	$E\delta_{20}$	$E\delta_{30}$
	cm	cm²	cm⁻¹	kN	kN	kN	kN	kN/cm	kN/cm	kN/cm
1	2	3	4	5	6	7	8	9	10	11
O_1	424	60,0	7,07	–267	–1,237	–1,000	–0,707	2330	1885	1333
O_2, O_3	912	70,0	13,03	–296	–0,587	–1,370	–0,968	2265	5290	3735
O_2', O_3'	912	70,0	13,03	–296	–0,242	–0,562	–0,968	932	2170	3735
O_1'	424	60,0	7,07	–267	–0,177	–0,410	–0,707	334	773	1333
U_1, U_2	700	20,2	34,65	189	0,708	0,708	0,500	5735	4630	3275
U_3, U_3'	1000	24,6	40,70	288	0,333	0,778	1,333	3900	9120	15630
U_1',U_2'	700	20,2	34,65	189	0,125	0,290	0,500	818	1898	3275
D_2	500	12,63	39,65	129	0,369	0,800	0,569	1888	4100	2910
D_3	673	9,67	70,00	5,5	0,332	0,772	–0,509	125	292	–192
D_3'	673	9,67	70,00	5,5	0,128	–0,301	–0,509	–48	–114	–192
D_2'	500	12,63	39,65	129	0,141	0,328	0,569	721	1677	2910
V_1	300	9,90	32,25	0	1,00	0,00	0,00	0	0	0
V_2	367	31,00	11,82	–81	0,00	0,00	0,00	0	0	0
V_3	450	9,60	6,90	0	0,00	0,00	1,00	0	0	0
V_2'	367	31,00	11,82	–81	0,00	0,00	0,00	0	0	0
V_1'	300	9,60	31,25	0	0,00	0,00	0,00	0	0	0
								15219	31721	37752

Die Berechnung der Auflager- und Stabkräfte (S_0, $\bar{S}_1$, $\bar{S}_2$, $\bar{S}_3$) erfolgt nach bekannten Methoden rechnerisch oder zeichnerisch. Ihre Ermittlung wird hier übergangen. Die Ergebnisse sind in Tabelle 4.5 enthalten.

Nachdem sämtliche erforderliche Stabkräfte bekannt sind, erfolgt die Auswertung nach der Summenformel, ebenfalls tabellarisch. In den Spalten 9 bis 11 sind jeweils die Werte $S_0\bar{S}_1\frac{s}{A}$, $S_0\bar{S}_2\frac{s}{A}$ und $S_0\bar{S}_3\frac{s}{A}$ enthalten. Da die Stäbe O_2 und O_3, O_3' und O_2', U_1 und U_2, U_3 und U_3' sowie U_2' und U_1' jeweils gleiche Stabkräfte haben, sind sie in der Rechnung als ein Stab betrachtet worden. Für s ist dann die Gesamtlänge beider Stäbe einzusetzen.

Die vertikalen Verschiebungen der drei Knoten ergeben sich zu

$$\delta_{10} = \frac{15291}{21000} = 0{,}725 \text{ cm}$$

$$\delta_{20} = \frac{31721}{21000} = 0{,}725 \text{ cm}$$

$$\delta_{10} = \frac{37752}{21000} = 0{,}725 \text{ cm}$$

Zu 2. Zur Bestimmung der *W*-Gewichte werden die Längenänderungen der Fachwerkstäbe infolge der äußeren Belastung gebraucht. Dazu sind die Stabkräfte S_0 erforderlich. In Tabelle 4.6 sind die Stabkräfte S_0, die Längenänderung Δs und die Ermittlung der *W*-Gewichte enthalten. Infolge der Symmetrie kann die Rechnung auf eine Fachwerkhälfte beschränkt werden.

Zur Bestimmung von W_1 und W_3 wird Gl. (4.31) verwendet. W_2 wird nach Gl. (4.30) berechnet. Vorher ermittelt man noch einige Werte, die zur Auswertung der Gln. (4.30) und (4.31) notwendig sind.

$$\frac{1}{h_1} = \frac{1}{300} = 0{,}00333\,; \qquad \frac{1}{h_3} = \frac{1}{450} = 0{,}00222$$

$$\frac{1}{h_1 \cos\gamma_1} = \frac{1}{300 \cdot 0{,}707} = 0{,}00472$$

$$\frac{1}{h_2 \cos\gamma_2} = \frac{1}{367 \cdot 0{,}987} = 0{,}00276$$

Tabelle 4.6: Stabkräfte S_0, Längenänderungen Δs und *W*-Gewichte

Stab	***s*** cm	***A*** cm²	***S*** kN	***E*** Δ***s*** kN/cm	***EW***$_1$ kN/cm²	***EW***$_2$ kN/cm²	**1/2*EW***$_3$ kN/cm²
1	**2**	**3**	**4**	**5**	**6**	**7**	**8**
O_1	424	60,0	–267	–1888	+8,90	–	–
O_2, O_3	912	70,0	–296	–3850	–	+10,62	–
U_1, U_2	700	20,2	189	6550	21,80	–	–
U_3	500	24,6	288	5860	–	–	13,02
D_2	500	12,6	129	+5120	–21,35	+17,45	–
D_3	673	9,6	54	379	–	1,39	–1,14
V_1	300	9,6	0	0	0	0	–
V_2	367	31,0	–81	–958	–	–	–
V_3	450	9,6	0	0	–	0	0
					9,53	29,46	11,88

$$\frac{1}{h_1 \cos\varphi_1} = \frac{1}{300 \cdot 0{,}800} = 0{,}00417$$

$$\frac{1}{h_2 \cos\varphi_2} = \frac{1}{367 \cdot 0{,}800} = 0{,}00341$$

$$\frac{1}{h_2 \cos\varphi_3} = \frac{1}{367 \cdot 0{,}743} = 0{,}00367$$

$$\frac{1}{h_3 \cos\varphi_3} = \frac{1}{450 \cdot 0{,}743} = 0{,}00299$$

Für W_2 ergibt sich z. B. nach Gl. (4.30)

$$EW_2 = -0{,}00276(-3850) + 0{,}00341 \cdot 5120 + 0{,}00367 \cdot 379$$

$$EW_2 = +10{,}62 + 17{,}45 + 1{,}39 = 29{,}46 \text{ kN/cm}^2$$

Mit den so ermittelten W-Gewichten wird nun die Biegelinie im Ersatzbalken bestimmt (Tabelle 4.7).

Die Ergebnisse stimmen mit denen der Lösung zu 1. überein. Es ist zu erkennen, dass die Lösung mit W-Gewichten in diesem Beispiel weniger Rechenarbeit erfordert hat, als das mehrmalige Anwenden der Summenformel.

Tabelle 4.7: Bestimmung der Biegelinie im Ersatzbalken

k	EW_k kN/cm²	λ cm	$E\tilde{Q}$ kN/cm²	$E\tilde{Q}\lambda$ kN/cm	$E\tilde{M}$ kN/cm	δ cm
1	**2**	**3**	**4**	**5**	**6**	**7**
a					0	0
		300	50,87	15261		
1	9,53				15261	0,725
		400	41,34	16536		
2	29,46				31797	1,51
		500	11,88	5940		
3	23,76				37737	1,80

5 Statisch unbestimmte Rahmen

5.1 Allgemeines

Am häufigsten findet man ebene statisch unbestimmte Systeme unter den rahmenartigen Tragwerken. Statisch bestimmte Systeme bilden hier die Ausnahme. Sie werden meist nur dann gewählt, wenn besondere konstruktive oder technische Forderungen zu beachten sind oder die Baugrundverhältnisse keine andere Lösung zulassen.

Man unterteilt noch nach der Form in zwei- und mehrstielige Rahmen, einstöckige Rahmen, Stockwerkrahmen, geschlossene Rahmen, Rechteckrahmen und so weiter. Die einstöckigen Rahmensysteme sind durchweg äußerlich statisch unbestimmt. Dagegen liegt bei geschlossenen Rahmen auch innerliche statische Unbestimmtheit vor. Die Stockwerkrahmen sind im Allgemeinen innerlich und äußerlich statisch unbestimmt. Das Ziel der statischen Untersuchung ist die Bestimmung der Auflager- und Schnittgrößen für die möglichen Belastungen. Außerdem kann es erforderlich werden, auch die Formänderungen zu berechnen.

Für viele häufig vorkommende Rahmenformen und Belastungen sind in Handbüchern leicht auswertbare Gleichungen angegeben. Darauf wird jeweils in den einzelnen Abschnitten verwiesen. Sie ermöglichen neben Rechenprogrammen ebenfalls ein rationelles Arbeiten.

Durch den Einsatz der Rechentechnik verlieren Verfahren, die darauf abzielen, den Rechenaufwand zu minimieren an Bedeutung. Dies ist z. B. das Momentenausgleichsverfahren nach *Cross*. Es wurde in Abschnitt 3 für Durchlaufträger erläutert. Es lässt sich unter verschiedenen weiteren Annahmen auch für Rahmen anwenden. Besonders hinsichtlich der Verschieblichkeit der Knoten unter Belastung (z. B. bei Stockwerkrahmen) sind einige Besonderheiten zu beachten.

5.2 Allgemeine Darstellung des Kraftgrößenverfahrens

5.2.1 System der Elastizitätsgleichungen

In Abschnitt 1 wurden bereits die Grundlagen des Kraftgrößenverfahrens erklärt und in Abschnitt 2 und 3 für statisch unbestimmte Tragwerke mit gerader Stabachse angewendet. Bei Rahmen verfährt man genauso, indem durch Wegnahme von Stützungen oder Einschalten von Gelenken ein statisch bestimmtes Grundsystem gebildet wird. An diesem Grundsystem erfolgen zunächst alle Berechnungen. Aus der Bedingung, dass sich die Formänderungen am statisch bestimmten Grundsystem so ergeben müssen wie am wirklichen System, gewinnt man zusätzliche Gleichungen zur Berechnung der statisch überzähligen Größen. Diese Elastizitätsgleichungen wurden beim ein- und zweiseitig eingespannten Träger und auch beim Durchlaufträger durch spezielle Betrachtungen des betreffenden Trägersystems gewonnen. Im Folgenden wird eine allgemein anwendbare Form eines Systems von Elastizitätsgleichungen abgeleitet, die für jedes statisch unbestimmte Tragwerk brauchbar ist.

Als Beispiel wird ein Durchlaufträger auf fünf Stützen zugrunde gelegt, wobei die Auflagerkräfte der inneren Stützen als statisch Überzählige X_1, X_2 und X_3 angesetzt werden. Es sei nochmals hervorgehoben, dass die nachstehenden Gleichungen grundsätzlich für jedes statisch unbestimmte System gelten. Lediglich aus Gründen der Anschaulichkeit ist zur Darstellung ein Durchlaufträger gewählt worden (Bild 5.1). Der als statisch bestimmtes Grundsystem gewählte Träger auf zwei Stützen wird neben

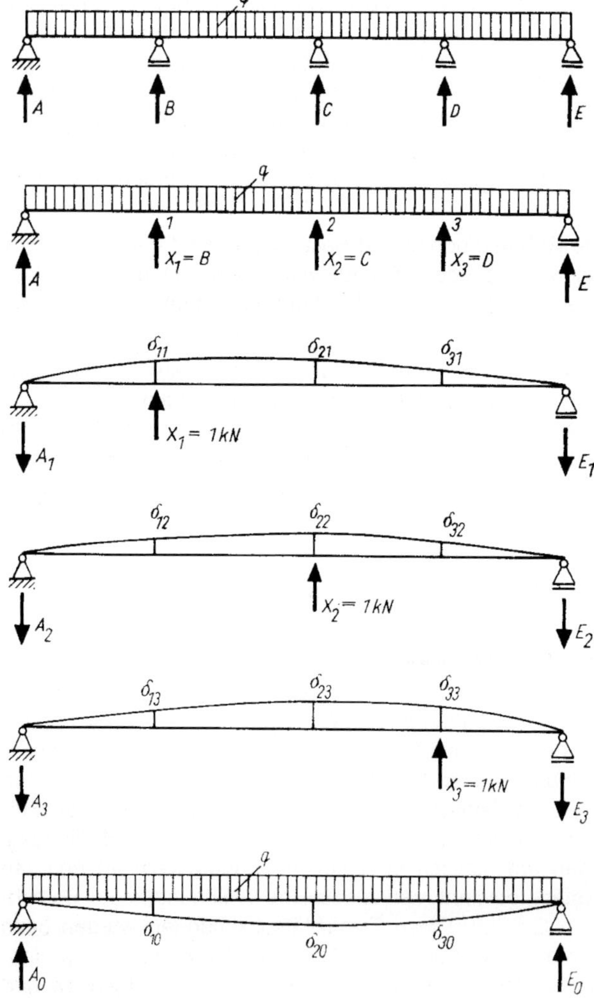

Bild 5.1

der Belastung noch durch die Unbekannten X_1, X_2 und X_3 belastet. Es ist bekannt, dass man jeden Lastfall einzeln betrachten und anschließend die Einzelergebnisse addieren kann. Es wird in diesem Fall wie folgt vorgegangen:

Der Träger auf zwei Stützen wird nur mit X_1 belastet. Da die Größe der statisch Unbestimmten noch nicht bekannt ist, wird $X_1 = 1{,}0$ kN gewählt.

Am Punkt 1, das ist der Angriffspunkt von X_1, ergibt sich infolge $X_1 = 1{,}0$ kN die Durchbiegung δ_{11} und bei dem tatsächlichen Wert von X_1 die Durchbiegung $X_1\delta_{11}$.

Wirkt nur die Unbekannte X_2 am Tragwerk, so erzeugt sie am Punkt 1 die Durchbiegung $X_2\delta_{12}$. Entsprechend liefert die Unbekannte X_3 am Punkt 1 die Durchbiegung $X_3\delta_{13}$. Neben diesen infolge der statisch Unbestimmten auftretenden Durchbiegungen ergibt sich noch aus der Belastung die Durchbiegung δ_{10}.

Beim statisch unbestimmten System befindet sich aber am Punkt 1 eine Stütze, also kann an dieser Stelle keine Durchbiegung auftreten. Soll sich das statisch bestimmte Grundsystem bei seiner Formänderung genauso verhalten wie das statisch unbestimmte System, so muss die Summe aller Durchbiegungen null ergeben.

$$X_1\delta_{11} + X_2\delta_{12} + X_3\delta_{13} + \delta_{10} = 0$$

Die vorstehenden Überlegungen lassen sich ebenfalls auf den Punkt 2 anwenden

Durchbiegung am Punkt 2 infolge $X_1 = 1$:	δ_{21}
Durchbiegung am Punkt 2 infolge $X_2 = 1$:	δ_{22}
Durchbiegung am Punkt 2 infolge $X_3 = 1$:	δ_{23}
Durchbiegung am Punkt 2 infolge Belastung:	δ_{20}

Auch hier muss die Gesamtdurchbiegung null ergeben, somit

$$X_1\delta_{21} + X_2\delta_{22} + X_3\delta_{23} + \delta_{20} = 0$$

Analoge Überlegungen führen am Punkt 3 zu der Gleichung

$$X_1\delta_{31} + X_2\delta_{32} + X_3\delta_{33} + \delta_{30} = 0$$

Für das dreifach statisch unbestimmte System haben sich drei Elastizitätsgleichungen ergeben. Damit lassen sich X_1, X_2 und X_3 berechnen.

Für ein n-fach statisch unbestimmtes System werden n lineare Elastizitätsgleichungen aufgestellt.

$$\begin{aligned}
&X_1\delta_{11} + X_2\delta_{12} + \ldots + X_k\delta_{1k} + \ldots + X_n\delta_{2n} + \delta_{10} = 0 \\
&X_2\delta_{21} + X_2\delta_{22} + \ldots + X_k\delta_{2k} + \ldots + X_n\delta_{2n} + \delta_{10} = 0 \\
&\ldots \quad \ldots \quad \ldots \quad \ldots \quad \ldots \\
&X_1\delta_{k1} + X_2\delta_{k2} + \ldots + X_k\delta_{kk} + \ldots + X_n\delta_{kn} + \delta_{k0} = 0 \\
&\ldots \quad \ldots \quad \ldots \quad \ldots \quad \ldots \\
&X_1\delta_{n1} + X_2\delta_{n2} + \ldots + X_k\delta_{nk} + \ldots + X_n\delta_{nn} + \delta_{n0} = 0
\end{aligned} \tag{5.1}$$

Die Größen δ_{ik} auf der linken Seite der Gleichungen werden als Vorzahlen bezeichnet. Man kann sie ohne Schwierigkeiten bestimmen, denn sie stellen nichts anderes dar als die Verschiebung oder Verdrehung der Stabachse im Punkt *i* in Richtung von $X_i = 1$ infolge einer Last $X_k = 1$ (Kraft oder Moment) im Punkt *k* am statisch bestimmten Grundsystem. Ihre Berechnung erfolgt mit Hilfe der Arbeitsgleichung (4.8). Meist wird nur der Einfluss der Biegemomente berücksichtigt. Damit wird δ_{ik}

$$EI_c\delta_{ik} = \int M_i M_k \frac{I_c}{I}\,\mathrm{d}s \tag{5.2}$$

Außerdem sei an dieser Stelle an das Gesetz von der Gegenseitigkeit der elastischen Formänderungen [Gl. (4.19)] erinnert.

Danach war

$$\delta_{ik} = \delta_{ki}$$

Hervorzuheben ist noch, dass die Vorzahlen δ_{ik} nur durch die Wirkungen $X_i = 1{,}0$ kN bzw. kNm und $X_k = 1{,}0$ kN bzw. kNm bestimmt werden. Sie sind also von der Belastung vollkommen unabhängig und müssen auch bei mehreren Lastfällen nur einmal bestimmt werden. Dagegen sind die Größen δ_{k0} von der Belastung abhängig. Sie heißen Belastungsglieder und kennzeichnen die Verschiebung des Punktes *k* in Richtung von $X_k = 1{,}0$ infolge der gegebenen Belastung. Werden nur die Einflüsse der Biegemomente berücksichtigt, dann wird δ_{k0}

$$EI_c\delta_{k0} = \int M_k M_0 \frac{I_c}{I}\,\mathrm{d}s \tag{5.3}$$

Diese Werte sind für jeden Lastfall extra zu bestimmen.

Sind die Vorzahlen und Belastungsglieder berechnet, kann das Gleichungssystem nach Gl. (5.1) aufgestellt werden. Damit lassen sich die statisch unbestimmten Größen $X_1, \ldots, X_n$ je Lastfall bestimmen.

Es kann somit abschließend festgestellt werden:

Bei der Berechnung eines statisch unbestimmten Systems nach dem Kraftgrößenverfahren wird zuerst ein statisch bestimmtes Grundsystem gewählt. Die damit festgelegten statisch unbestimmten Größen werden mit Hilfe von Elastizitätsgleichungen berechnet, wobei die Vorzahlen und Belastungsglieder nach den in Abschnitt 4 behandelten Methoden bestimmt werden.

5.2.2 Auflösung der Elastizitätsgleichungen

Der rechnerische Aufwand zur Auflösung des Gleichungssystems steigt mit der Anzahl der Unbekannten erheblich an. Zur Auflösung wird heute fast ausschließlich Computertechnik eingesetzt.

Im Folgenden werden die auf Determinanten beruhenden Lösungswege für ein- bis dreifach statisch unbestimmte Systeme angegeben.

1. Einfach statisch unbestimmtes System

$$X_1\delta_{11} = -\delta_{10}$$

$$X_1 = -\frac{\delta_{10}}{\delta_{11}} \tag{5.4}$$

2. Zweifach statisch unbestimmtes System

$$X_1\delta_{11} + X_2\delta_{12} = -\delta_{10}$$

$$X_1\delta_{21} + X_2\delta_{22} = -\delta_{20}$$

$$X_1 = \frac{-\delta_{10}\delta_{22} + \delta_{20}\delta_{12}}{\delta_{11}\delta_{22} - \delta_{12}^2}; \qquad X_2 = \frac{-\delta_{20}\delta_{11} + \delta_{10}\delta_{21}}{\delta_{11}\delta_{22} - \delta_{12}^2} \tag{5.5}$$

3. Dreifach statisch unbestimmtes System

$$X_1\delta_{11} + X_2\delta_{12} + X_3\delta_{13} = -\delta_{10}$$

$$X_1\delta_{21} + X_2\delta_{22} + X_3\delta_{23} = -\delta_{20}$$

$$X_1\delta_{31} + X_2\delta_{32} + X_3\delta_{33} = -\delta_{30}$$

Die Diagonale mit den gleichlautenden Indizes wird Hauptdiagonale genannt. Nach dem Gesetz von der Gegenseitigkeit der elastischen Formänderungen ist $\delta_{ik} = \delta_{ki}$. Demnach ist die Matrix zur Hauptdiagonale stets symmetrisch.

Zur Lösung des Gleichungssystems wird zuerst die Nennerdeterminante mit drei unabhängigen Ansätzen bestimmt.

$$D = \delta_{11}(\delta_{22}\delta_{33} - \delta_{32}\delta_{23}) - \delta_{21}(\delta_{12}\delta_{33} - \delta_{32}\delta_{13}) + \delta_{31}(\delta_{12}\delta_{23} - \delta_{22}\delta_{13})$$

$$D = -\delta_{12}(\delta_{21}\delta_{33} - \delta_{31}\delta_{23}) + \delta_{22}(\delta_{11}\delta_{33} - \delta_{31}\delta_{13}) - \delta_{32}(\delta_{11}\delta_{23} - \delta_{21}\delta_{13})$$

$$D = \delta_{13}(\delta_{21}\delta_{32} - \delta_{31}\delta_{22}) - \delta_{23}(\delta_{11}\delta_{32} - \delta_{31}\delta_{12}) + \delta_{33}(\delta_{11}\delta_{22} - \delta_{21}\delta_{12}) \tag{5.6}$$

Man hat somit eine vorteilhafte Rechenkontrolle. Diese Kontrolle sollte immer erfolgen, da die Genauigkeit der Nennerdeterminante für die Lösung des Gleichungssystems von Bedeutung ist. Die drei Ansätze bringen auch keine zusätzliche Rechenarbeit, denn die obigen Klammerwerte werden ohnehin für die weitere Rechnung gebraucht. Nach den Regeln für Determinanten folgt

$$DX_1 = (-\delta_{10})(\delta_{22}\delta_{33} - \delta_{32}\delta_{23}) - (-\delta_{20})(\delta_{12}\delta_{33} - \delta_{32}\delta_{13})$$
$$+ (-\delta_{30})(\delta_{12}\delta_{23} - \delta_{22}\delta_{13})$$

$$DX_2 = (-\delta_{10})(\delta_{21}\delta_{33} - \delta_{31}\delta_{23}) + (-\delta_{20})(\delta_{11}\delta_{33} - \delta_{31}\delta_{13})$$
$$- (-\delta_{30})(\delta_{11}\delta_{23} - \delta_{21}\delta_{13})$$

$$DX_3 = (-\delta_{10})(\delta_{21}\delta_{32} - \delta_{31}\delta_{22}) - (-\delta_{20})(\delta_{11}\delta_{32} - \delta_{31}\delta_{12})$$
$$+ (-\delta_{30})(\delta_{11}\delta_{22} - \delta_{21}\delta_{12}). \qquad (5.7)$$

Mit der Bezeichnung D_{ik} für die Unterdeterminante ergibt sich

$$X_1 = -\frac{D_{11}}{D}\delta_{10} - \frac{D_{21}}{D}\delta_{20} - \frac{D_{31}}{D}\delta_{30}$$

$$X_2 = -\frac{D_{12}}{D}\delta_{10} - \frac{D_{22}}{D}\delta_{20} - \frac{D_{32}}{D}\delta_{30}$$

$$X_3 = -\frac{D_{13}}{D}\delta_{10} - \frac{D_{23}}{D}\delta_{20} - \frac{D_{33}}{D}\delta_{30} \qquad (5.8)$$

Zur Abkürzung bezeichnet man auch den Quotienten aus Unter- und Nennerdeterminante als β-Vorzahl:

$$\beta_{ik} = \frac{D_{ik}}{D} \qquad (5.9)$$

$$X_1 = -\beta_{11}\delta_{10} - \beta_{21}\delta_{20} - \beta_{31}\delta_{30}$$

$$X_2 = -\beta_{12}\delta_{10} - \beta_{22}\delta_{20} - \beta_{32}\delta_{30}$$

$$X_3 = -\beta_{13}\delta_{10} - \beta_{23}\delta_{20} - \beta_{33}\delta_{30} \qquad (5.10)$$

Zu beachten ist, dass die Unterdeterminante D_{ik} bzw. die Vorzahl β_{ik} mit dem Vorzeichen zu versehen ist, das sich nach den Regeln der Determinantenrechnung ergibt. Es ist durch $(-1)^{i+k}$ bestimmt.

Die Darstellung der Gleichungen für X_1, X_2 und X_3 mit Hilfe der β-Vorzahlen hat vor allem bei mehreren Lastfällen Bedeutung. Da die β-Vorzahlen nur von den δ_{ik}-Werten abhängen, lassen sich diese unabhängig von der Belastung bestimmen. Anschließend können dann die statisch Überzähligen für mehrere Lastfälle einfach berechnet werden.

4. Hochgradig statisch unbestimmte Systeme

Bei Gleichungssystemen mit mehr als drei Unbekannten ist die Lösung mit Determinanten nicht zu empfehlen. Für diese Fälle benutzt man das von *C. F. Gauß* eingeführte Eliminationsverfahren, das als *Gauß*scher Algorithmus bezeichnet wird, oder das auf dieser Grundlage von *Banachiewicz* entwickelte Matrizenverfahren (vgl. Beispiel in Abschnitt 5.4).

5.2.3 Berechnung der Stütz- und Schnittgrößen

Nachdem die statisch Überzähligen bekannt sind, lassen sich mit Hilfe der Gleichgewichtsbedingungen alle Stütz- und Schnittgrößen berechnen. Das kann in der üblichen Weise am statisch unbestimmten System geschehen.

Bei der Ermittlung der Vorzahlen und Belastungsglieder wurden aber bereits die Stützgrößen (C_0, C_1, C_2, ..., C_n) und Biegemomente (Momentenflächen M_0, M_1, M_2, ..., M_n) infolge der Belastung und infolge $X_1 = 1$, $X_2 = 1$, ..., $X_n = 1$ bestimmt. Die tatsächlichen Stützgrößen und Biegemomente infolge der statisch Unbestimmten X_1 sind dann X_1C_1 bzw. X_1M_1. Im gegebenen statisch unbestimmten System werden nach dem Überlagerungsprinzip die Stütz- und Schnittgrößen

$$C = C_0 + X_1C_1 + X_2C_2 + ... + X_nC_n \tag{5.11}$$

$$M = M_0 + X_1M_1 + X_2M_2 + ... + X_nM_n \tag{5.12}$$

5.2.4 Zusammenfassung

Zum Abschluss soll der gesamte Arbeitsgang zur allgemeinen Berechnung eines statisch unbestimmten Systems nach dem Kraftgrößenverfahren in Form einer Rechenanleitung zusammengefasst werden.

1. Gegeben ist ein statisch unbestimmtes System mit seinen Systemmaßen und Belastungen.
2. Schätzen der Verhältnisse der Flächenmomente und Wahl eines Vergleichsflächenmomentes I_c
3. Bestimmung der reduzierten Stablängen
4. Wahl eines statisch bestimmten Grundsystems durch Zerschneiden von Stäben, Wegnahme von Auflagergrößen oder durch Einschalten von Gelenken, damit Festlegung der statisch unbestimmten Größen X_1, ... X_n
5. Bestimmung der Auflagergrößen und Biegemomente (bei Bedarf auch weiterer Schnittgrößen) am statisch bestimmten Grundsystem infolge der Belastung und der Größen $X_1 = 1{,}0$, ..., $X_n = 1{,}0$ kN bzw. kNm
6. Ermittlung der Vorzahlen und Belastungsglieder mit Hilfe der Integraltafel
7. Aufstellung der Elastizitätsgleichungen
8. Auflösung der Elastizitätsgleichungen
9. Bestimmung der endgültigen Auflager- und Schnittgrößen. Das kann durch Superpositionen der einzelnen Anteile erfolgen.

Eine Kontrolle der Rechnungen ist lediglich für das Auflösen der Gleichungen möglich. Darüber hinaus können Rechenfehler, z. B. beim Ermitteln der Vorzahlen und Belastungsglieder, auftreten. Die richtige Ermittlung der statisch unbestimmten Größen lässt sich jedoch nicht mit Gleichgewichtsbedingungen nachprüfen. Eine Rechenkontrolle ergibt sich nur durch Ermittlung und Vergleich bestimmter Formänderungen am statisch unbestimmten System.

5.3 Einfache Rahmen

5.3.1 Allgemeines

Nachdem in den bisherigen Abschnitten die Voraussetzungen zur Auswertung des Kraftgrößenverfahrens in allgemeiner Form gebracht wurden, soll nun die Anwendung gezeigt werden. Dabei wird mit den zweistieligen Rahmen begonnen. Als Rechteckrahmen und auch in anderer Form kommen sie sehr häufig vor. Die statische Untersuchung ist noch verhältnismäßig einfach, denn sie sind nur ein- (Zweigelenkrahmen) bis dreifach (eingespannter Rahmen) statisch unbestimmt. Für typische Lastfälle liegen daher die Lösungen für die statisch Überzähligen als Formeln vor, die in den üblichen bautechnischen Handbüchern angegeben sind. Darüber hinaus gibt es Spezialliteratur, die für die verschiedenartigsten Rahmensysteme und Belastungen Angaben über die Auflager- und Schnittgrößen enthält. Grundsätzlich werden bei praktischen Berechnungen solche Formelsammlungen (Rahmenformeln) oder Rechenprogramme benutzt. Es ist aber trotzdem notwendig, sich mit dem Inhalt der folgenden Abschnitte vertraut zu machen, da sonst die Kenntnisse nur formal bleiben würden.

5.3.2 Zweigelenkrahmen

Der einfachste statisch unbestimmte Rahmen ist der mit zwei Fußgelenken versehene Rechteckrahmen. Er ist einfach statisch unbestimmt. Als statisch Unbestimmte X_1 wählt man im Allgemeinen die horizontale Auflagerkraft eines Auflagers. An dem in Bild 5.2a dargestellten Zweigelenkrahmen mit gleichmäßig verteilter Belastung soll die Berechnung gezeigt werden. In Bild 5.2b ist das gewählte statisch bestimmte Grundsystem dargestellt. Bild 5.3a zeigt die Momentenfläche M_0 infolge der Belastung g und Bild 5.3b die Momentenfläche M_1 infolge der Belastung $X_1 = 1{,}0$ kN.

Für das einfach statisch unbestimmte Tragwerk lautet die Elastizitätsgleichung

$$X_1\delta_{11} + \delta_{10} = 0$$

Die Berechnung soll hier mit allgemeinen Werten erfolgen. Es wird $I_c = I_R$ gesetzt.

Somit wird

$$l' = l \quad \text{und} \quad h' = h\frac{I_R}{I_S}$$

Die Vorzahl δ_{11} und das Belastungsglied δ_{10} werden mit Hilfe der Integraltafel (Tabelle 4.1) bestimmt.

$$EI_c\delta_{10} = -\frac{2}{3}l\frac{gl^2}{8}h = -\frac{1}{12}gl^3h$$

$$EI_c\delta_{11} = lh^2 + \frac{2}{3}h'h^2 = \frac{1}{3}h^2(3l + 2h')$$

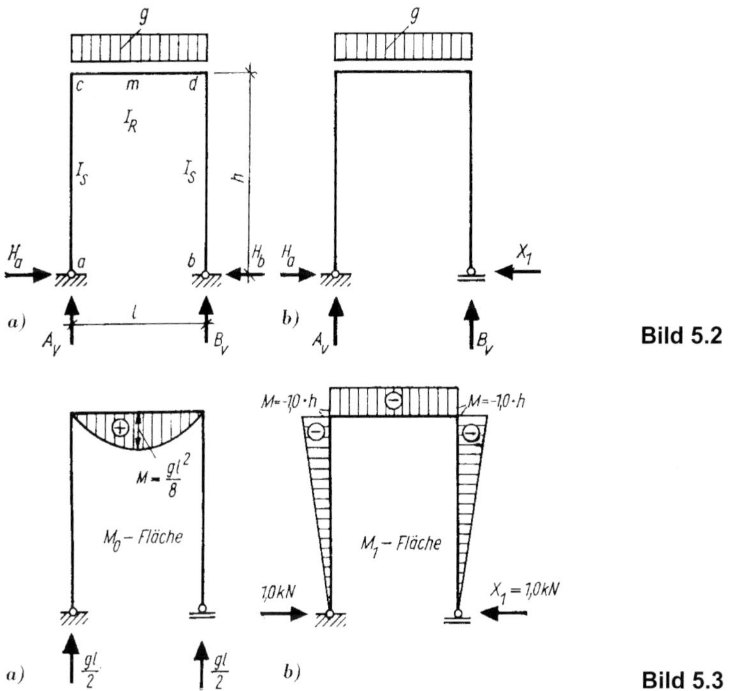

Bild 5.2

Bild 5.3

Damit ergibt sich für die statisch unbestimmte Größe X_1

$$X_1 = -\frac{\delta_{10}}{\delta_{11}} = -\frac{EI_c\delta_{10}}{EI_c\delta_{11}} = \frac{gl^3}{4h(3l+2h')}$$

Nun lassen sich alle weiteren Auflager- und Schnittgrößen bestimmen, z. B.

$$M_c = M_d = M_0 + X_1 M_1 = 0 + X_1(-h) = -\frac{gl^3}{4(3l+2h')}$$

$$M_m = M_0 + X_1 M_1 = \frac{gl^2}{8} + X_1(-h) = \frac{gl^2}{8}\left(1 - \frac{2l}{3l+2h'}\right)$$

Wie bereits angeführt wurde, bewirken bei statisch unbestimmten Systemen Temperaturänderungen und Stützenverschiebungen ebenfalls Schnittgrößen. Für diese beiden Fälle soll X_1 noch bestimmt werden. Dabei lässt sich der bereits ermittelte Wert der Vorzahl δ_{11} wiederverwenden, da diese von der Belastung vollkommen unabhängig ist.

$$EI_c\delta_{11} = \frac{1}{3}h^2(3l+2h')$$

Bei der Bestimmung von X_1 infolge Temperatureinwirkung wird für das Belastungsglied δ_{10} aus Gl. (4.20) das 5. bzw. 6. Glied verwendet. Da eine gleichmäßige Erwärmung des Riegels vorausgesetzt werden soll, wird nur das 5. Glied von Gl. (4.20) benötigt. N bedeutet die Normalkraft infolge X_1 im Bereich des Riegels, in diesem Fall also $N_1 = -1{,}0$ kN. Somit wird

$$\delta_{1T} = \int N_1 \alpha_T T_s \, ds = \alpha_T T_s \int (-1{,}0) \, ds = -\alpha_T T_s l$$

Beim Ansetzen der Gleichung für X_1 ist zu beachten, dass die Vorzahl δ_{11} im Nenner der rechten Seite EI_c enthält.

$$X_1 = -\frac{\delta_{1T}}{\delta_{11}} = -\frac{-\alpha_T T_s l}{h^2(3l + 2h')} 3EI_c = \frac{3EI_R \alpha_T T_s l}{h^2(3l + 2h')}$$

Zur Bestimmung der statisch Unbestimmten X_1 infolge einer Auflagerverschiebung wird das letzte Glied von Gl. (4.20) benutzt. Es soll eine horizontale Verschiebung des Auflagers a nach links um Δa angenommen werden. In Gl. (4.20) bedeutet C die mit der Verschiebung c in eine Wirkungslinie fallende Auflagerkraft. In diesem Fall wäre das die in Richtung von Δa wirkende Stützkraft infolge $X_1 = 1{,}0$ kN. Zu beachten ist dabei, dass das Produkt $\bar{C}c$ eine Arbeit darstellt. Es wird hier negativ, da H_{a1} nach innen und Δa nach außen gerichtet ist.

$$\delta_{1\Delta} = -\bar{C}c = -(-1{,}0\,\Delta a) = +\Delta a$$

$$X_1 = -\frac{\delta_{1\Delta}}{\delta_{11}} = -\frac{3EI_R \Delta a}{h^2(3l + 2h')}$$

Da die Berechnung allgemein durchgeführt wurde, stellen die Ergebnisse bereits Rahmenformeln für das betrachtete System mit den drei verschiedenen Belastungszuständen dar. Sie sollen noch zahlenmäßig für die folgenden Angaben ausgewertet werden:

$l = 10{,}0$ m ;	$I_R = 200000$ cm^4 ;	$g = 10$ kN/m
$h = 8{,}0$ m ;	$I_S = 100000$ cm^4;	$E = 21000$ kN/cm^2
$\alpha_T = 12 \cdot 10^{-6}$ /K ;	$\Delta a = 2{,}0$ cm, (nach links gerichtet)	
$T_s = +35$ K		

Infolge von g, T_s und Δa sind die Auflager- und Schnittgrößen getrennt anzugeben.

1. Auflager und Schnittgrößen infolge *g* (Bilder 5.4a bis d)

$$X_1 = H_b = H_a = \frac{10 \cdot 10{,}0^3}{4 \cdot 8{,}0(3 \cdot 10{,}0 + 2 \cdot 16{,}0)} = 5{,}05 \text{ kN}$$

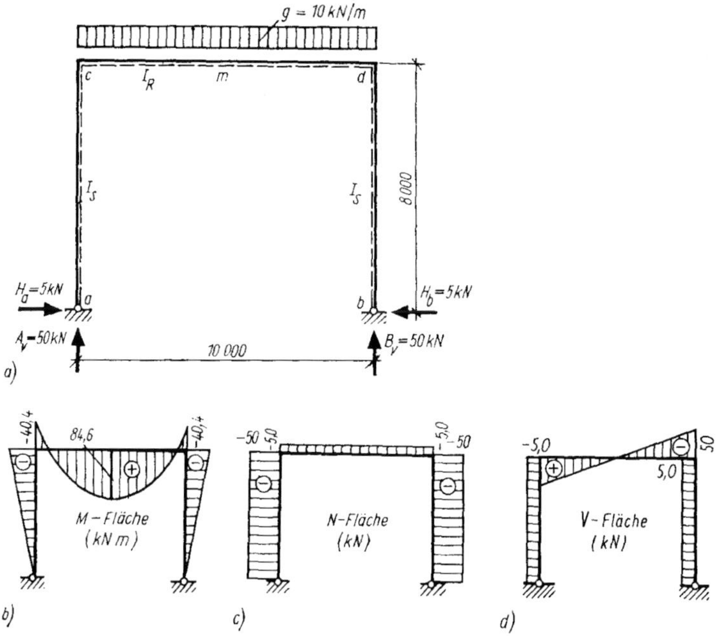

Bild 5.4

$$A_v = B_v = 50 \text{ kN}$$

$$M_c = M_d = -5{,}05 \cdot 8{,}0 = -40{,}4 \text{ kNm}$$

$$M_m = \frac{10{,}0 \cdot 10{,}0^2}{8} - 40{,}4 = 84{,}6 \text{ kNm} \qquad \text{(Bild 5.4b)}$$

Normal- und Querkräfte nach den Bildern 5.4c und d.

2. Auflager- und Schnittgrößen infolge gleichmäßiger Erwärmung des Riegels um $T_s = 35$ K (Bilder 5.5a bis c)

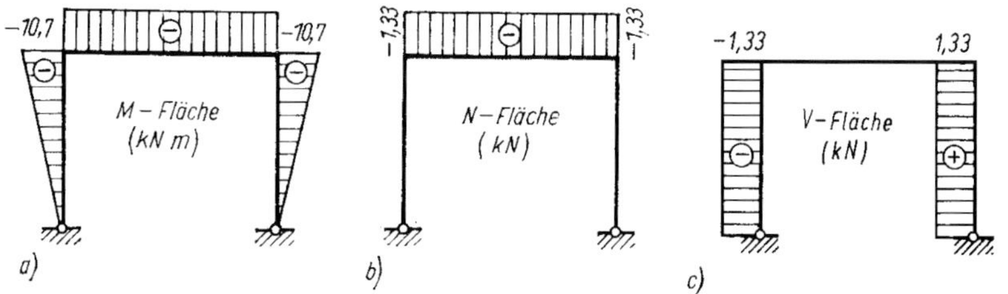

Bild 5.5

$$X_1 = H_b = H_a = \frac{3 \cdot 2{,}1 \cdot 10^4 \cdot 2 \cdot 10^5 \cdot 12 \cdot 10^{-6} \cdot 35 \cdot 10{,}0 \cdot 10^2}{8{,}0^2 \cdot 10^4 \left(3 \cdot 10{,}0 \cdot 10^2 + 2 \cdot 16{,}0 \cdot 10^2\right)} = 1{,}33 \text{ kN}$$

$$A_v = B_v = 0 \text{ kN}$$

$$M_c = M_d = -1{,}33 \cdot 8{,}0 = -10{,}7 \text{ kNm}$$

$$M_m = 10{,}7 \text{ kNm} \qquad \text{(Bild 5.5a)}$$

Normal- und Querkräfte nach den Bildern 5.5b und c.

3. Auflager- und Schnittgrößen infolge Δa = 2,0 cm nach außen (Bilder 5.6 a bis c)

$$X_1 = H_b = H_a = -\frac{3 \cdot 2{,}1 \cdot 10^4 \cdot 2 \cdot 10^5 \cdot 2{,}0}{8{,}0^2 \cdot 10^4 \cdot 62} = -6{,}37 \text{ kN}$$

$$A_v = B_v = 0 \text{ kN}$$

$$M_c = M_d = M_m = 6{,}37 \cdot 8{,}0 = 51{,}0 \text{ kNm} \qquad \text{(Bild 5.6a)}$$

Normal- und Querkräfte nach den Bildern 5.6b und c.

Damit sollen die Betrachtungen über den Zweigelenkrahmen beendet werden. Die Formelsammlungen über dieses System sind in der Literatur so reichhaltig, dass man bei Berechnungen fast ausschließlich auf fertige Formeln zurückgreifen kann.

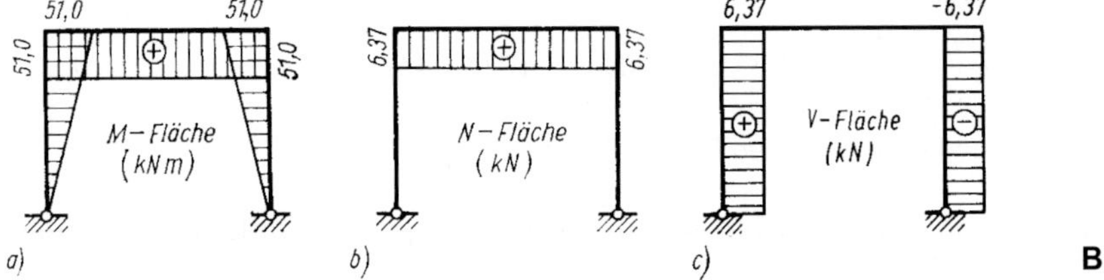

Bild 5.6

5.3.3 Zwei- und dreifach statisch unbestimmte Rahmen

Die Berechnung der mehrfach statisch unbestimmten Rahmen erfordert keine neuen Kenntnisse. Weitere theoretische Ableitungen sind daher nicht notwendig. Im Prinzip ist die gleiche Arbeit wie im vorangegangenen Abschnitt durchzuführen. Allerdings sind jetzt mehrere Momentenflächen, Vorzahlen und Belastungsglieder zu bestimmen. Weiterhin kommt noch die Auflösung des Gleichungssystems hinzu. Voraussetzung ist, dass die Ermittlung der Momentenflächen und die Benutzung der Integraltafel beherrscht werden.

Die Anwendung soll an folgenden Zahlenbeispielen gezeigt werden.

5.3.4 Beispiele

Beispiel 5.3.1

Die Stütz- und Schnittkräfte des Rahmens nach Bild 5.7 sind für die angegebene Belastung zu berechnen.

Lösung

Der aus einem Stab bestehende Rahmen hat fünf Auflagerkräfte (Fesselungen) und ist somit zweifach statisch unbestimmt. Als statisch Unbestimmte X_1 und X_2 wählt man das Biegemoment M_c im Eckpunkt c und das Einspannmoment M_A. Als statisch bestimmtes Grundsystem entsteht somit ein Dreigelenkrahmen (Bild 5.8). Bei diesem Grundsystem kann man die Vorzahlen und Belastungsglieder mit wenig Rechenaufwand ermitteln, da man einfache Momentenflächen erhält bzw. die Momentenflächen sich zu null ergeben. Zur zweckmäßigen Rechnung ist immer zu empfehlen, das statisch bestimmte Grundsystem durch Einschalten von Gelenken herzustellen und somit Momente als Unbekannte X_k anzusetzen.

1. Reduzierte Stablängen

$$I_c = I_S\,; \qquad h' = h = 6{,}0\ \text{m}$$

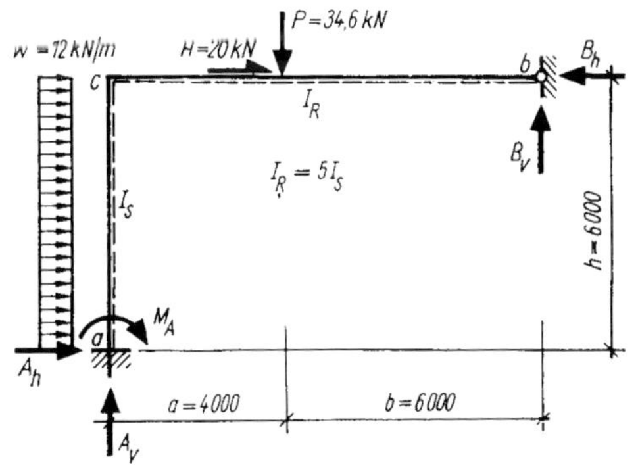

Bild 5.7

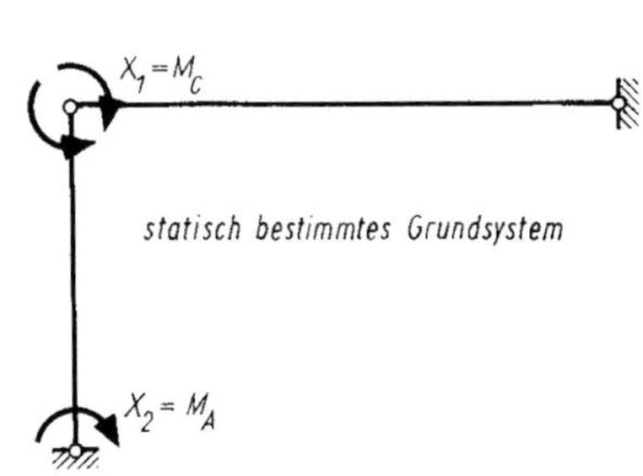

Bild 5.8

$$a' = a\frac{I_c}{I_R} = 4{,}0\frac{1}{5} = 0{,}80\text{ m}$$

$$b' = b\frac{I_c}{I_R} = 6{,}0\frac{1}{5} = 1{,}20\text{ m}$$

$$l' = a' + b' = 0{,}8 + 1{,}2 = 2{,}0\text{ m}$$

2. Ermittlung der Momentenflächen M_0, M_1 und M_2

Die Momentenflächen infolge der Belastung und infolge $X_1 = 1{,}0$ kNm bzw. $X_2 = 1{,}0$ kNm zeigen die Bilder 5.9 bis 5.11.

3. Elastizitätsgleichungen

$$X_1\delta_{11} + X_2\delta_{12} = -\delta_{10}$$

$$X_1\delta_{21} + X_2\delta_{22} = -\delta_{20} \quad \text{mit} \quad \delta_{12} = \delta_{21}$$

Die Ermittlung der Vorzahlen und Belastungsglieder erfolgt nach Gl. (5.2) bzw. (5.3). Der Faktor 1,0 auf der linken Seite ist in den beiden Gleichungen bereits weggelassen worden, da er ohne Einfluss auf die praktische Rechnung ist.

Über die Dimensionen wäre noch einiges zu sagen. Der Wert $1{,}0\delta$ hat die Dimension einer Arbeit. Sind die Überzähligen X_k Kräfte (in kN), dann ist δ eine Verschiebung und hat die Dimension einer Länge. Sind sie Momente (in kNm), dann ist δ eine Verdrehung im Bogenmaß und somit dimensionslos. In den folgenden Rechnungen wird stets angenommen, dass mit 1,0 auch die Dimension einer Kraft herausgekürzt wurde. Damit hat $EI\delta$ die Maßeinheit kNm^3.

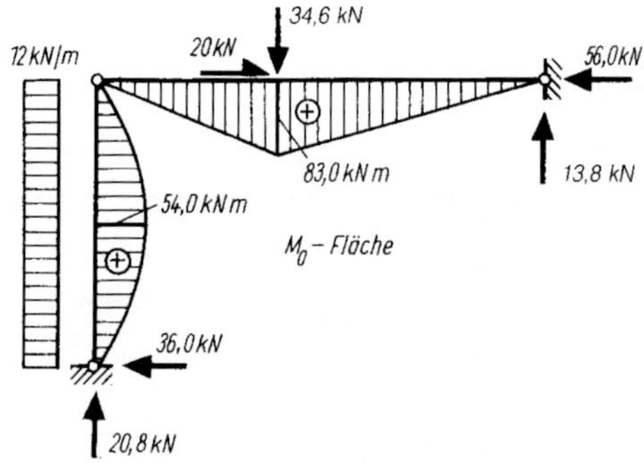

Bild 5.9

Bei der Vorzahl δ_{kk} wird die Momentenfläche M_k mit sich selbst multipliziert. Das Ergebnis ist somit stets positiv.

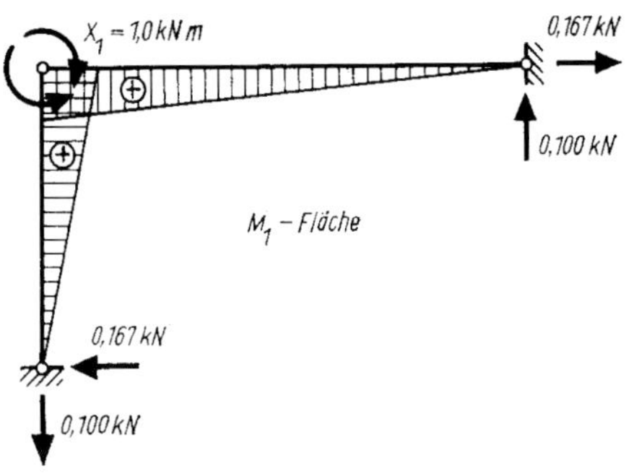

Bild 5.10

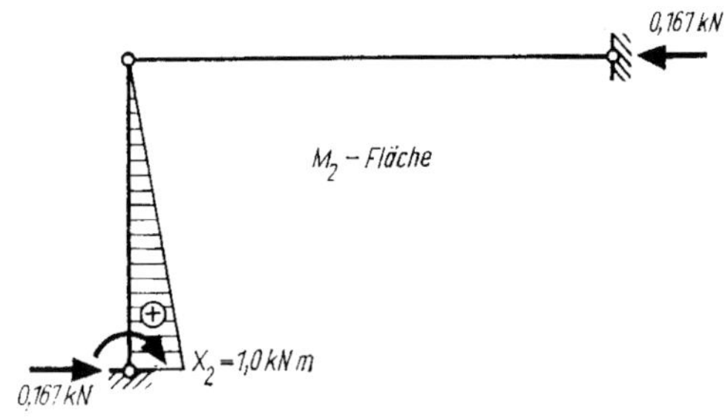

Bild 5.11

4. Ermittlung der Vorzahlen

$$EI_c\delta_{11} = +\frac{1}{3}6{,}0\cdot 1{,}0^2 + \frac{1}{3}2{,}0\cdot 1{,}0^2 = 2{,}67\ \text{kNm}^3$$

$$EI_c\delta_{22} = +\frac{1}{3}6{,}0\cdot 1{,}0^2 = 2{,}00\ \text{kNm}^3$$

$$EI_c\delta_{12} = +\frac{1}{6}6{,}0\cdot 1{,}0\cdot 1{,}0 = 1{,}00\ \text{kNm}^3$$

5. Ermittlung der Belastungsglieder

$$EI_c\delta_{10} = +\frac{1}{3}6{,}0\cdot 54\cdot 1{,}0 + \frac{1}{6}2{,}0\cdot(1{,}0+0{,}60)83\cdot 1{,}0$$

$$EI_c\delta_{10} = 108 + 44{,}2 = 152{,}2\ \text{kNm}^3$$

$$EI_c\delta_{20} = +\frac{1}{6}6{,}0\cdot 54\cdot 1{,}0 = 108\ \text{kNm}^3$$

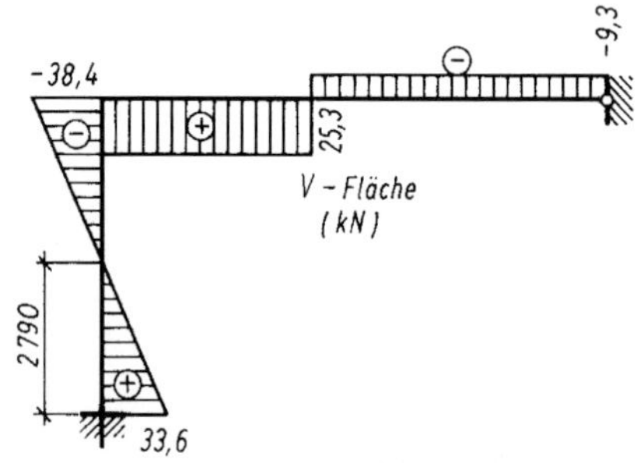

Bild 5.12

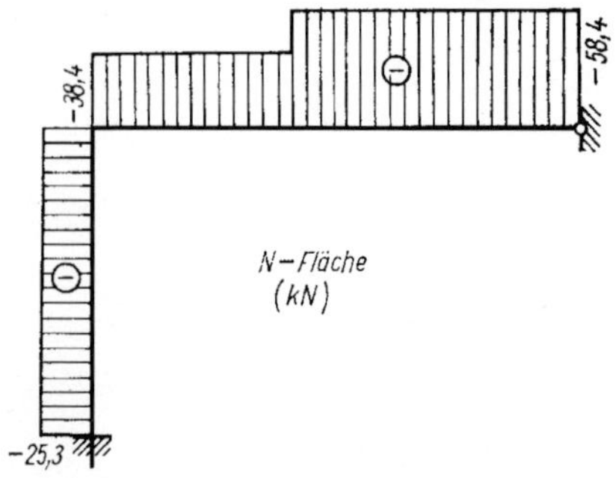

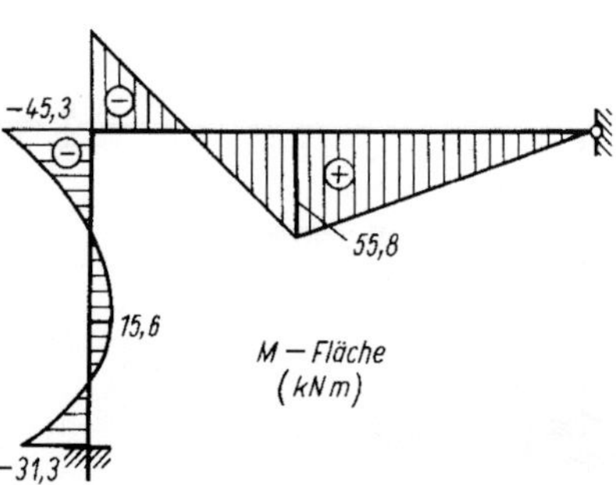

Bild 5.13

Bild 5.14

6. Auflösung der Elastizitätsgleichungen

$$2{,}67\,X_1 + 1{,}0\,X_2 = -152{,}2$$

$$1{,}0\,X_1 + 2{,}0\,X_2 = -108$$

$$X_1 = -45{,}3 \text{ kNm}\,; \qquad X_2 = -31{,}3 \text{ kNm}$$

7. Auflager- und Schnittgrößen

$$A_v = 20{,}8 - 45{,}3(-0{,}10) - 31{,}3 \cdot 0 = 20{,}8 + 4{,}5 = 25{,}3 \text{ kN}$$

$$A_h = -36{,}0 - 45{,}3(-0{,}67) - 31{,}3 \cdot 0{,}167 = -36{,}0 + 7{,}6 - 5{,}2 = -33{,}6 \text{ kN}$$

$$M_A = -31{,}3 \text{ kNm}$$

$$B_v = 13{,}8 - 45{,}3 \cdot 0{,}1 - 31{,}3 \cdot 0 = 13{,}8 - 4{,}5 = 9{,}3 \text{ kN}$$

$$B_h = 56{,}0 - 45{,}3(-0{,}167) - 31{,}3 \cdot 0{,}167 = 56{,}0 + 7{,}6 - 5{,}2 = 58{,}4 \text{ kN}$$

$$h_0 = \frac{33{,}6}{12} = 2{,}79 \text{ m} \quad \text{(oberhalb von } a\text{)}$$

$$\max M_S = \frac{33{,}6^2}{2 \cdot 12} - 31{,}3 = 46{,}9 - 31{,}3 = 15{,}6 \text{ kNm}$$

$$\max M_R = 9{,}3 \cdot 6{,}0 = 55{,}8 \text{ kNm}$$

$$M_c = -45{,}3 \text{ kNm}$$

$$M_a = -31{,}3 \text{ kNm}$$

Die Bilder 5.12 bis 5.14 zeigen die endgültigen Schnittkraftflächen.

Beispiel 5.3.2

Für den in Bild 5.15 dargestellten Rahmen sind die Auflagerkräfte zu bestimmen und die Momentenflächen darzustellen.

a) Lastfälle

1. Belastung des Riegels *d–e* mit $q = 20$ kN/m
2. Belastung des Riegels *f–g* mit $q = 20$ kN/m
3. Erwärmung der Riegel *d–e* und *f–g* außen um 35 K und innen um 5 K
   ($\Delta T = 30$ K, $T_s = 20$ K in der neutralen Faser)
4. Stützensenkung des Mittelstiels um 1,0 cm in lotrechter Richtung.

b) Querschnittswerte

Riegel *d–e*:	$I = 7200000 \text{ cm}^4$;	$h = 120$ cm
Riegel *f–g*:	$I = 4800000 \text{ cm}^4$;	$h = 100$ cm
Stiel *a–d*:	$I = 1200000 \text{ cm}^4$	
Stiel *b–f*:	$I = 3600000 \text{ cm}^4$	
Stiel *c–g*:	$I = 3600000 \text{ cm}^4$	

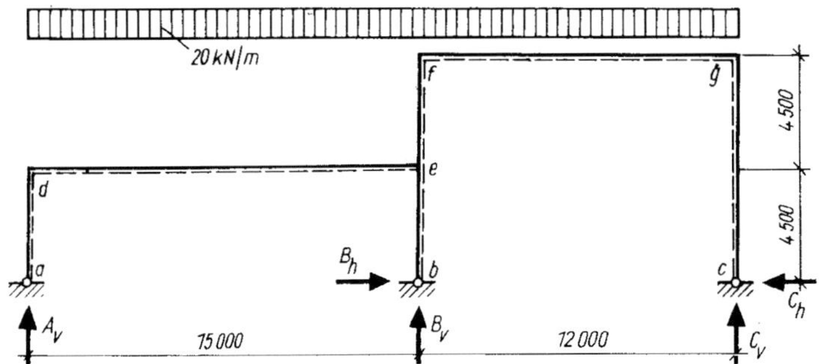

Bild 5.15

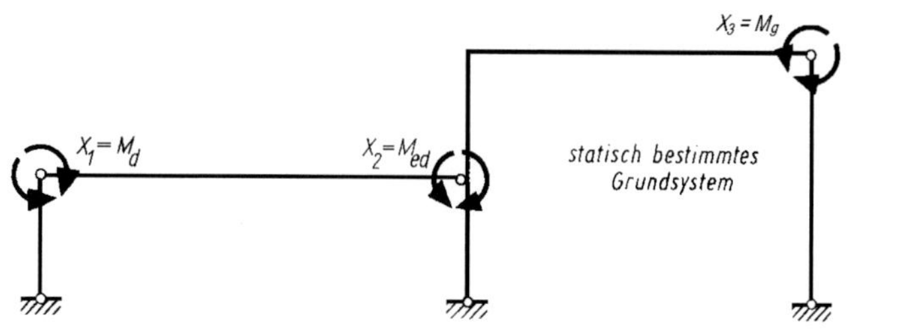

Bild 5.16

c) Materialkonstanten

$E = 21000$ kN/cm²; $\alpha_T = 1 \cdot 10^{-5}$ K⁻¹

d) Lösung

Das System ist dreifach statisch unbestimmt. Es werden drei Gelenke eingeschaltet und die in diesen Punkten vorhandenen Biegemomente (M_d, M_{ed}, M_g) als statisch Überzählige gewählt. Man erhält das in Bild 5.16 dargestellte statisch bestimmte Grundsystem. Damit lässt sich die Zahlenrechnung verhältnismäßig einfach gestalten.

Der gesamte Rechnungsgang bleibt der gleiche wie in Beispiel 1. Der Umfang wird jedoch größer, da es sich um einen dreifach statisch unbestimmten Rahmen handelt, der außerdem für mehrere Lastfälle zu untersuchen ist.

1. Reduzierte Stablängen

$$I_c = 3600000 \text{ cm}^4$$

$$h_{be}' = h_{ef}' = 4{,}50 \text{ m}; \qquad l_{de}' = 15{,}0\frac{3{,}6}{7{,}2} = 7{,}50 \text{ m}$$

$$h_{cg}' = 9{,}00 \text{ m}; \qquad l_{fg}' = 12{,}0\frac{3{,}6}{4{,}8} = 9{,}00 \text{ m}$$

$$h_{ad}' = 4{,}50\frac{3{,}60}{1{,}20} = 13{,}50 \text{ m}$$

2. Ermittlung der Momenten- und Normalkraftflächen

Auf die Bestimmung der Momentenflächen wird hier nicht eingegangen, da sie bekannt ist. Die Ergebnisse sind in den Bildern 5.17 bis 5.20 dargestellt.

Für den Lastfall 3 werden außerdem die Normalkräfte N_1, N_2 und N_3 für den Riegel gebraucht. Sie sind nicht in Diagrammen dargestellt, da ihre Größe sofort aus den Bildern 5.17 bis 5.20 abgeleitet werden kann. Infolge X_1 entstehen Normalkräfte im Riegel *d–e*, infolge X_2 entstehen in beiden Riegeln keine Normalkräfte, und infolge X_3 entstehen Normalkräfte im Riegel *f–g*.

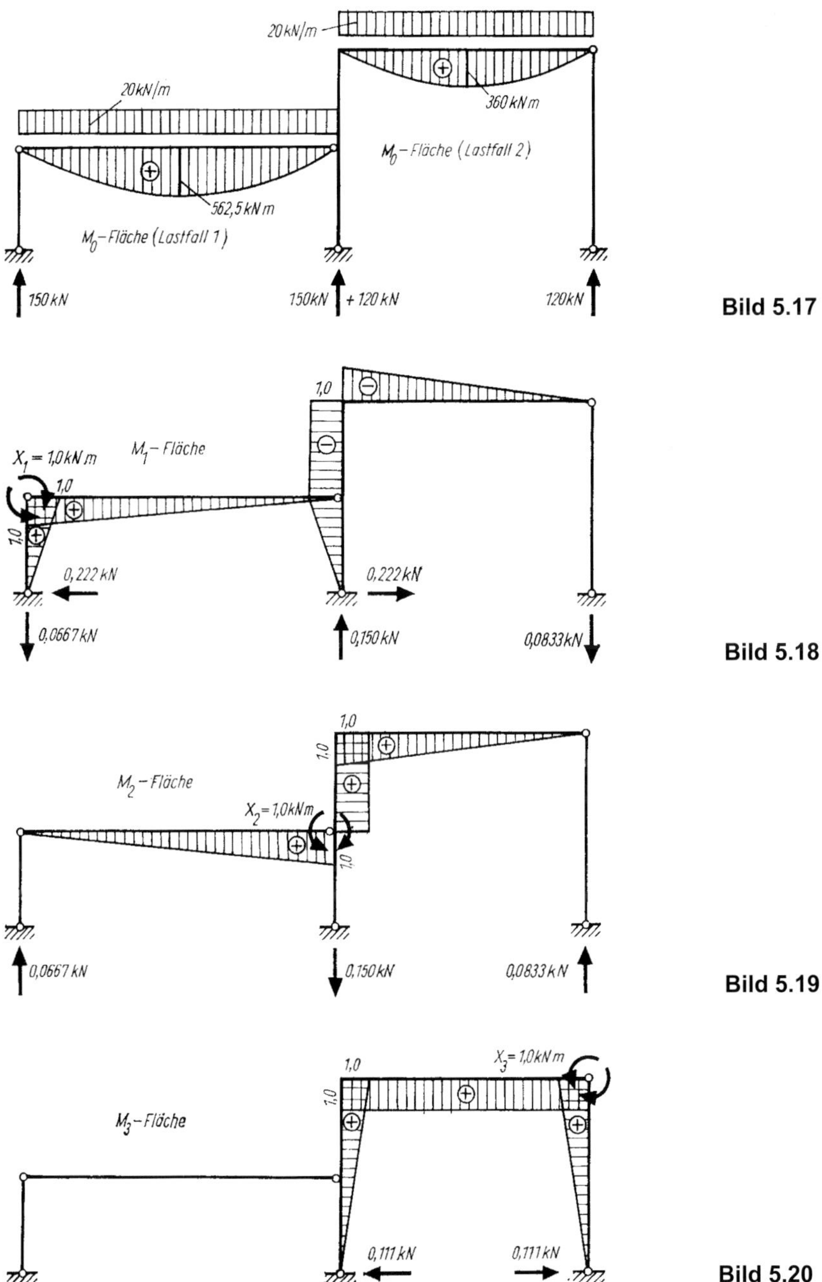

Bild 5.17

Bild 5.18

Bild 5.19

Bild 5.20

3. Ermittlung der Vorzahlen

$$EI_c\delta_{11} = \frac{1}{3}13,5\cdot 1,0^2 + \frac{1}{3}7,5\cdot 1,0^2 + \frac{1}{3}4,5\cdot 1,0^2 + 4,5\cdot 1,0^2 + \frac{1}{3}9,0\cdot 1,0^2$$

$$EI_c\delta_{11} = +16,0 \text{ kNm}^3$$

$$EI_c\delta_{22} = \frac{1}{3}7,5\cdot 1,0^2 + 4,5\cdot 1,0^2 + \frac{1}{3}9,0\cdot 1,0^2$$

$$EI_c\delta_{22} = +10,0 \text{ kNm}^3$$

$$EI_c\delta_{33} = \frac{1}{3}9,0\cdot 1,0^2 + 9,0\cdot 1,0^2 + \frac{1}{3}9,0\cdot 1,0^2$$

$$EI_c\delta_{33} = +15,0 \text{ kNm}^3$$

$$EI_c\delta_{12} = \frac{1}{6}7,5\cdot 1,0^2 - 4,5\cdot 1,0^2 - \frac{1}{3}9,0\cdot 1,0^2$$

$$EI_c\delta_{12} = -6,25 \text{ kNm}^3$$

$$EI_c\delta_{13} = -\frac{1}{3}4,5\cdot 1,0\cdot 0,5 - \frac{1}{2}4,5\cdot 1,0(1,0+0,5) - \frac{1}{2}9,0\cdot 1,0^2$$

$$EI_c\delta_{13} = -8,625 \text{ kNm}^3$$

$$EI_c\delta_{23} = \frac{1}{2}4,5\cdot 1,0(1,0+0,5) + \frac{1}{2}9,0\cdot 1,0^2$$

$$EI_c\delta_{23} = +7,875 \text{ kNm}^3$$

4. Auflösen der Elastizitätsgleichungen

X_1	X_2	X_3	
+16,00	– 6,25	– 8,625	$-\delta_{10}$
– 6,250	+10,000	+ 7,875	$-\delta_{20}$
– 8,625	+ 7,845	+15,000	$-\delta_{30}$

Nach Abschnitt 5.5.5 ergibt sich bei Auflösung mit Determinanten [Gln. (5.6) bis (5.10)]

$$D = +16{,}0\ (10{,}0 \cdot 15{,}0 - 7{,}875^2) - (-6{,}25)\ (-6{,}25 \cdot 15{,}0 + 8{,}625 \cdot 7{,}875)$$

$$+ (-8{,}625)\ (-6{,}25 \cdot 7{,}875 + 8{,}625 \cdot 10{,}0)$$

$$= 16{,}0 \cdot 88{,}0 + 6{,}25 \cdot (-25{,}75) - 8{,}625 \cdot 37{,}0$$

$$D = +1408 - 161 - 319 = +928$$

$$D = -6{,}25\ (-6{,}25 \cdot 15{,}0 + 7{,}875 \cdot 8{,}625) - 10{,}0\ (16{,}0 \cdot 15{,}0 - 8{,}625^2)$$

$$+ 7{,}875\ (16{,}0 \cdot 7{,}875 - 8{,}625 \cdot 6{,}25)$$

$$= -6{,}25 \cdot 25{,}75 + 10{,}0 \cdot 165{,}7 - 7{,}875 \cdot 72{,}1$$

$$D = -161 + 1657 - 568 = +928$$

$$D = +(-8{,}625)\ (-6{,}25 \cdot 7{,}875 + 10{,}0 \cdot 8{,}625) - 7{,}875\ (16{,}0 \cdot 7{,}785$$

$$- 6{,}25 \cdot 8{,}625) + 15{,}0\ (16{,}0 \cdot 10{,}0 - 6{,}25^2)$$

$$= 8{,}625 \cdot 37{,}0 - 7{,}875 \cdot 72{,}1 - 15{,}0 \cdot 121{,}0$$

$$D = -319 - 568 + 1815 = +928$$

In dieser Rechnung sind alle Vorzahlen δ_{ki} mit EI_c-fachem Wert eingeführt worden. Daher müssen auch die Belastungsglieder δ_{k0} mit EI_c erweitert werden.

Zur Abkürzung wird gesetzt: $\delta^*_{k0} = EI_c \delta_{k0}$.

$$X_1 = +\frac{88{,}0}{928}\left(-\delta^*_{10}\right) - \frac{-25{,}75}{928}\left(-\delta^*_{20}\right) + \frac{37{,}0}{928}\left(-\delta^*_{30}\right)$$

$$X_2 = -\frac{-25{,}75}{928}\left(-\delta^*_{10}\right) + \frac{165{,}7}{928}\left(-\delta^*_{20}\right) - \frac{72{,}1}{928}\left(-\delta^*_{30}\right)$$

$$X_3 = +\frac{37{,}0}{928}\left(-\delta^*_{10}\right) - \frac{72{,}1}{928}\left(-\delta^*_{20}\right) + \frac{121{,}0}{928}\left(-\delta^*_{30}\right)$$

$$X_1 = -0{,}0948\,\delta^*_{10} - 0{,}0278\,\delta^*_{20} - 0{,}0398\,\delta^*_{30}$$

$$X_2 = -0{,}0278\,\delta^*_{10} - 0{,}1783\,\delta^*_{20} + 0{,}0777\,\delta^*_{30}$$

$$X_3 = -0{,}0398\,\delta^*_{10} + 0{,}0777\,\delta^*_{20} - 0{,}1303\,\delta^*_{30}$$

5. Belastungsglieder für Lastfall 1 und 2

Belastung nur auf den linken Riegel (Lastfall 1)

$$EI_c\delta_{10} = \frac{1}{3} 7{,}5 \cdot 562{,}5 \cdot 1{,}0 = 1406{,}25 \text{ kNm}^3$$

$$EI_c\delta_{20} = 1406{,}25 \text{ kNm}^3$$

$$EI_c\delta_{30} = 0$$

Belastung nur auf den rechten Riegel (Lastfall 2)

$$EI_c\delta_{10} = -\frac{1}{3}9{,}0\cdot 360\cdot 1{,}0 = -1080 \text{ kNm}^3$$

$$EI_c\delta_{20} = +\frac{1}{3}9{,}0\cdot 360\cdot 1{,}0 = +1080 \text{ kNm}^3$$

$$EI_c\delta_{30} = +\frac{2}{3}9{,}0\cdot 360\cdot 1{,}0 = +2160 \text{ kNm}^3$$

6. Belastungsglieder für den Lastfall 3

Die Ermittlung der Belastungsglieder erfolgt nach den folgenden Gliedern aus Gl. (4.20):

$$\delta_{kT} = \int \overline{M_k}\,\frac{\alpha_T\,\Delta T}{h}\,\text{ds} + \int \overline{N_k}\,\alpha_T\,T_s\,\text{ds} \tag{5.13}$$

Zur Verwendung des Vorzeichens sollen noch die folgenden Hinweise dienen. Die gleichmäßige Temperaturänderung T_s wird dann als positiv angesetzt, wenn sie der Wirkung einer positiven Normalkraft gleichkommt, also eine Verlängerung hervorruft. Entsprechend ist die Temperaturdifferenz ΔT dann positiv, wenn sie der Wirkung eines positiven Biegemomentes gleich ist. In diesem Beispiel wird die Außenseite stärker erwärmt als die Innenseite. Dann ruft ΔT eine Krümmung hervor, die der Wirkung eines negativen Biegemoments entspricht.

Die Größen $\frac{\alpha_T\,\Delta T}{h}$ und $\alpha_T\,T_s$ sind jeweils über den Bereich eines Riegels konstant.

Sie können somit vor das Integralzeichen gesetzt werden:

$$\delta_{kT} = \frac{\alpha_T\,\Delta T}{h}\int \overline{M_k}\,\text{ds} + \alpha_T\,T_s\int \overline{N_k}\,\text{ds}$$

Die Integrale stellen nichts anderes dar als den Inhalt der Momentenfläche M_k bzw. der Normalkraftfläche N_k.

$$\delta_{1T} = \frac{-1{,}0\cdot 10^{-5}\cdot 30}{1{,}2}\frac{1}{2}1{,}0\cdot 15 + \frac{-1{,}0\cdot 10^{-5}\cdot 30}{1{,}0}\frac{1}{2}(-1{,}0)12{,}0$$
$$+1{,}0\cdot 10^{-5}\cdot 20\cdot 0{,}222\cdot 15{,}0$$

$$\delta_{1T} = (-187{,}5 + 180{,}0 + 66{,}7)\cdot 10^{-5} = 59{,}2\cdot 10^{-5}\text{ m}$$

$$\delta_{2T} = \frac{-1{,}0\cdot 10^{-5}\cdot 30}{1{,}2}\frac{1}{2}1{,}0\cdot 15 + \frac{-1{,}0\cdot 10^{-5}\cdot 30}{1{,}0}\frac{1}{2}1{,}0\cdot 12{,}0$$

$$\delta_{2T} = (-187{,}5 - 180{,}0) \cdot 10^{-5} = -367{,}5 \cdot 10^{-5} \text{ m}$$

$$\delta_{3T} = \frac{-1{,}0 \cdot 10^{-5} \cdot 30}{1{,}0} 1{,}0 \cdot 12{,}0 + 1{,}0 \cdot 10^{-5} \cdot 20 \cdot 0{,}111 \cdot 12{,}0$$

$$\delta_{3T} = (-360{,}0 + 26{,}7) \cdot 10^{-5} = -333{,}3 \cdot 10^{-5} \text{ m}$$

Da das gesamte System der Elastizitätsgleichungen mit EI_c erweitert wurde, sind die Belastungsglieder δ_{kt} ebenfalls noch mit EI_c zu multiplizieren.

$$EI_c = 21000 \cdot 3600000 = 7{,}56 \cdot 10^9 \text{ kNcm}^2 = 7{,}56 \cdot 10^5 \text{ kNm}^2$$

$$EI_c\delta_{1T} = \delta^*_{1T} = +7{,}56 \cdot 59{,}2 = +448 \text{ kNm}^3$$

$$EI_c\delta_{2T} = \delta^*_{2T} = -7{,}56 \cdot 367{,}5 = -2780 \text{ kNm}^3$$

$$EI_c\delta_{3T} = \delta^*_{3T} = -7{,}56 \cdot 333{,}3 = -2520 \text{ kNm}^3$$

7. Belastungsglieder für den Lastfall 4

Maßgebend ist jetzt aus Gl. (4.20) das Glied

$$\delta_{k\Delta} = -\sum \overline{C_k} c \qquad (5.14)$$

Dabei ist gemäß Aufgabenstellung $c = \Delta b = -1{,}0$ cm. Das negative Vorzeichen besagt, dass die Verschiebung nach unten wirkt, also die gleiche Richtung hat wie eine negative Auflagerkraft.

$$EI_c\delta_{1\Delta} = -7{,}56 \cdot 10^5 \cdot 0{,}150(-0{,}01) = +1134 \text{ kNm}^3$$

$$EI_c\delta_{2\Delta} = -7{,}56 \cdot 10^5 \cdot (-0{,}150)(-0{,}01) = -1134 \text{ kNm}^3$$

$$EI_c\delta_{3\Delta} = 0$$

8. Lösung für den Lastfall 1 (Bild 5.21)

$$X_1 = -(0{,}0948 + 0{,}0278)1406{,}25 = -172 \text{ kNm}$$

$$X_2 = -(0{,}0278 + 0{,}1783)1406{,}25 = -290 \text{ kNm}$$

$$X_3 = -(0{,}0398 - 0{,}0777)1406{,}25 = +53{,}3 \text{ kNm}$$

$$A_v = A_{v0} + X_1A_{v1} + X_2A_{v2} + X_3A_{v3}$$

$$A_v = 150 - 172 \cdot 0{,}0667 - 290 \cdot 0{,}0667 + 53{,}3 \cdot 0$$

$$A_v = 150 + 11{,}5 - 19{,}3 = 142{,}2 \text{ kN}$$

$$A_h = 0 - 172 \cdot 0{,}222 - 290 \cdot 0 + 53{,}3 \cdot 0 = +38{,}2 \text{ kN}$$

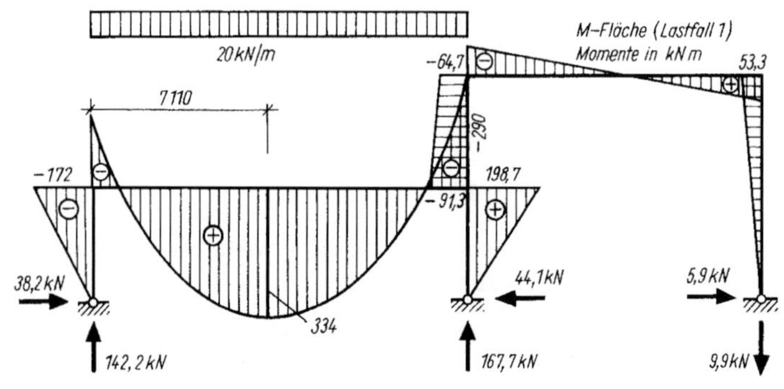

Bild 5.21

$$B_v = 150 - 172 \cdot 0{,}150 + 290 \cdot 0{,}150 = 150 + 17{,}7 = 167{,}7 \text{ kN}$$

$$B_h = -172 \cdot 0{,}222 - 53{,}3 \cdot 0{,}111 = -44{,}1 \text{ kN}$$

$$C_v = 172 \cdot 0{,}0833 - 290 \cdot 0{,}0833 = -9{,}9 \text{ kN}$$

$$C_h = -53{,}3 \cdot 0{,}111 = -5{,}9 \text{ kN}$$

$$M_{eb} = 0 - 172\,(-1{,}0) - 290 \cdot 0 + 53{,}3 \cdot 0{,}5 = +198{,}7 \text{ kNm}$$

oder auch

$$M_{eb} = 44{,}1 \cdot 4{,}50 = 198{,}5 \text{ kNm}$$

$$M_{ef} = 172 - 290 + 26{,}7 = -91{,}3 \text{ kNm}$$

$$M_f = 172 - 290 + 53{,}3 = -64{,}7 \text{ kNm}$$

Ort und Größe des Maximalmomentes im linken Riegel

$$V_x = 142{,}2 - 20\,x_0 = 0; \qquad x_0 = 7{,}11 \text{ m}$$

$$\max M_{R1} = 142{,}2 \cdot 7{,}11 - 38{,}2 \cdot 4{,}5 - 20 \cdot 7{,}11 \cdot 3{,}555$$

$$\max M_{R1} = 1012 - 172 - 506 = +334 \text{ kN}$$

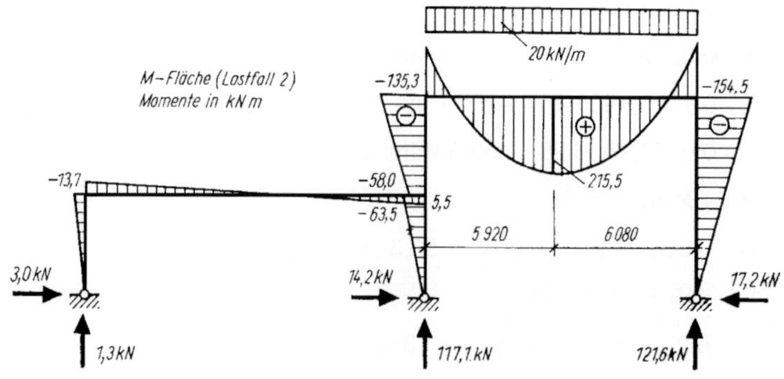

Bild 5.22

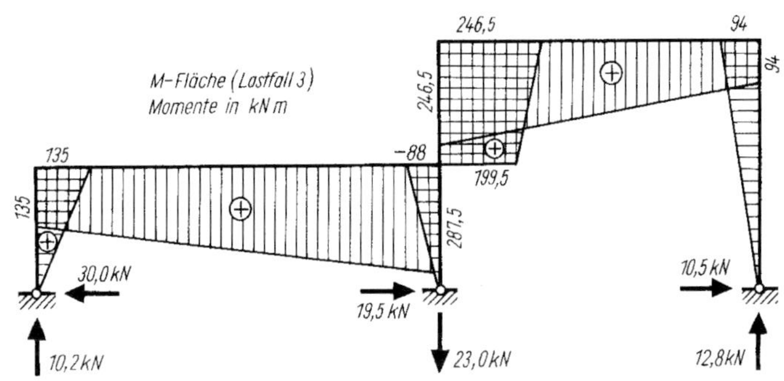

Bild 5.23

9. Lösung für den Lastfall 2 (Bild 5.22)

$X_1 = (0{,}0948 - 0{,}0278)1080 - 0{,}0398 \cdot 2160 = -13{,}7$ kNm

$X_2 = (0{,}0278 - 0{,}1783)1080 - 0{,}0777 \cdot 2160 = +5{,}5$ kNm

$X_3 = (0{,}0398 + 0{,}0777)1080 - 0{,}1303 \cdot 2160 = -154{,}5$ kNm

$A_v = 13{,}7 \cdot 0{,}0667 + 5{,}5 \cdot 0{,}0667 = 1{,}3$ kN

$A_h = 13{,}7 \cdot 0{,}222 = +3{,}0$ kN

$B_v = 120 - 13{,}7 \cdot 0{,}150 - 5{,}5 \cdot 0{,}150 = 117{,}1$ kN

$B_h = -13{,}7 \cdot 0{,}222 + 154{,}5 \cdot 0{,}111 = 14{,}2$ kN

$C_v = 120 + 13{,}7 \cdot 0{,}0833 + 5{,}5 \cdot 0{,}0833 = 121{,}6$ kN

$C_h = 145{,}5 \cdot 0{,}111 = 17{,}2$ kN

$M_{eb} = 13{,}7 - 0{,}5 \cdot 154{,}5 = -63{,}5$ kNm

$M_{ef} = 13{,}7 + 5{,}5 - 77{,}2 = -58{,}0$ kNm

$M_f = 13{,}7 + 5{,}5 - 154{,}5 = -135{,}3$ kNm

Maximales Biegemoment im Riegel f–g

$V_x = -121{,}6 - 20\,x_0{}' = 0$; $\quad x_0{}' = 6{,}08$ m (links von g)

$\max M_{Rr} = 121{,}6 \cdot 6{,}08 - 17{,}2 \cdot 9{,}0 - 20 \cdot 6{,}08 \cdot 3{,}04 = 215{,}5$ kNm

10. Lösung für den Lastfall 3 (Bild 5.23)

$X_1 = -0{,}0948 \cdot 448 + 0{,}0278 \cdot 2780 + 0{,}0398 \cdot 2520 = 135{,}0$ kNm

$X_2 = -0{,}0278 \cdot 448 + 0{,}1783 \cdot 2780 - 0{,}0777 \cdot 2520 = 287{,}5$ kNm

$X_3 = -0{,}0398 \cdot 448 - 0{,}0777 \cdot 2780 + 0{,}1303 \cdot 2520 = 94{,}0$ kNm

$A_v = -135 \cdot 0{,}0667 + 287{,}5 \cdot 0{,}0667 = 10{,}2$ kN

$A_h = -135 \cdot 0{,}222 = -30{,}0$ kN

$B_v = 135 \cdot 0{,}150 - 287{,}5 \cdot 0{,}150 = -23{,}0$ kN

$B_h = 135 \cdot 0{,}222 - 94 \cdot 0{,}111 = 19{,}5$ kN

$C_v = 135 \cdot 0{,}0833 + 287{,}5 \cdot 0{,}0833 = 12{,}8$ kN

$C_h = -95 \cdot 0{,}111 = -10{,}5$ kN

$M_{eb} = -135 + 0{,}5 \cdot 94{,}0 = -88{,}0$ kNm

$M_{ef} = -135 + 287{,}5 + 0{,}5 \cdot 94{,}0 = 199{,}5$ kNm

$M_f = -135 + 287{,}5 + 94{,}0 = 246{,}5$ kNm

Es ist zu erkennen, dass durch Temperatureinwirkungen große Biegemomente hervorgerufen werden.

11. Lösung für den Lastfall 4 (Bild 5.24)

$X_1 = -(0{,}0948 - 0{,}0278)1134 = -76{,}0$ kNm

$X_2 = -(0{,}0278 - 0{,}1783)1134 = 170{,}8$ kNm

$X_3 = -(0{,}0398 + 0{,}0777)1134 = -133{,}3$ kNm

$A_v = 76{,}0 \cdot 0{,}0667 + 170{,}8 \cdot 0{,}0667 = 16{,}5$ kN

$A_h = 76{,}0 \cdot 0{,}222 = 16{,}9$ kN

$B_v = 76{,}0 \cdot 0{,}150 - 170{,}8 \cdot 0{,}150 = -37{,}0$ kN

$B_h = -76{,}0 \cdot 0{,}222 + 133{,}3 \cdot 0{,}111 = -2{,}1$ kN

$C_v = 76{,}0 \cdot 0{,}0833 + 170{,}7 \cdot 0{,}0833 = 20{,}5$ kN

$C_h = 133{,}3 \cdot 0{,}111 = 17{,}8$ kN

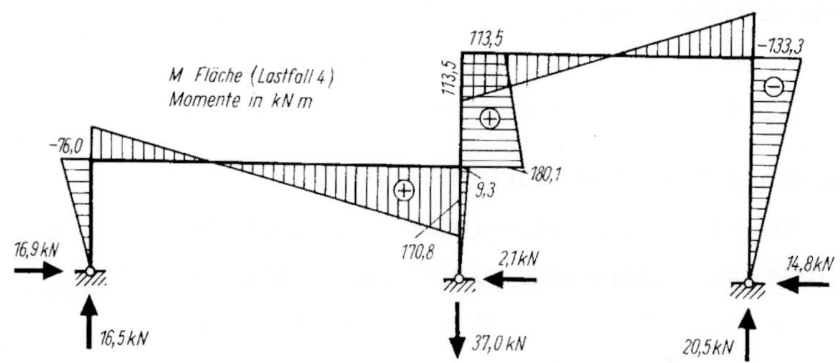

Bild 5.24

$M_{eb} = 76{,}0 - 0{,}5 \cdot 133{,}3 = 9{,}3$ kNm

$M_{ef} = 76{,}0 + 170{,}8 - 0{,}5 \cdot 133{,}3 = 180{,}1$ kNm

$M_f = 76{,}0 + 170{,}8 - 133{,}3 = 113{,}5$ kNm

Auch die Stützensenkung bei *b* von 1,0 cm ruft beachtliche Biegemomente hervor.

12. Zusammenstellung der Ergebnisse (Angaben in kN)

	Lastfall			
	Last auf linken Riegel	**Last auf rechten Riegel**	**Erwärmung des Riegels**	**Stützensenkung bei *b***
A_v	142,2 kN	1,3 kN	10,2 kN	16,5 kN
A_h	38,2 kN	3,0 kN	–30,0 kN	16,9 kN
B_v	161,7 kN	117,1 kN	–23,0 kN	–37,0 kN
B_h	–44,1 kN	14,2 kN	19,5 kN	–2,1 kN
C_v	–9,9 kN	121,6 kN	12,8 kN	20,5 kN
C_h	–5,9 kN	17,2 kN	–10,5 kN	14,8 kN
M_d	–172,0 kNm	–13,7 kNm	135,0 kNm	–76,0 kNm
M_{ed}	–290,0 kNm	5,5 kNm	287,5 kNm	170,8 kNm
M_{cb}	198,7 kNm	–63,5 kNm	–88,0 kNm	9,3 kNm
M_{ef}	–91,3 kNm	–58,0 kNm	199,5 kNm	180,1 kNm
M_f	–64,7 kNm	–135,3 kNm	246,5 kNm	113,5 kNm
M_g	53,3 kNm	–154,5 kNm	94,0 kNm	–133,3 kNm

5.3.5 Eingespannte zweistielige Rahmen

Der eingespannte zweistielige Rahmen ist dreifach statisch unbestimmt (Bild 5.25). Die Elastizitätsgleichungen lauten demnach

$$X_1\delta_{11} + X_2\delta_{12} + X_3\delta_{13} + \delta_{10} = 0$$

$$X_1\delta_{21} + X_2\delta_{22} + X_3\delta_{23} + \delta_{20} = 0$$

$$X_1\delta_{31} + X_2\delta_{32} + X_3\delta_{33} + \delta_{30} = 0$$

Die Wahl der statisch Unbestimmten X_1, X_2 und X_3 ist freigestellt. Man kann die beiden Einspannmomente und die Horizontalkraft eines Auflagers wählen (Bild 5.26). Als Grundsystem entsteht dann ein statisch bestimmter Rahmen.

Man kann auch beide Einspannmomente und das Moment in der Mitte des Riegels als statisch Unbestimmte einführen. Das statisch bestimmte Grundsystem ist dann ein Dreigelenkrahmen (Bild 5.27).

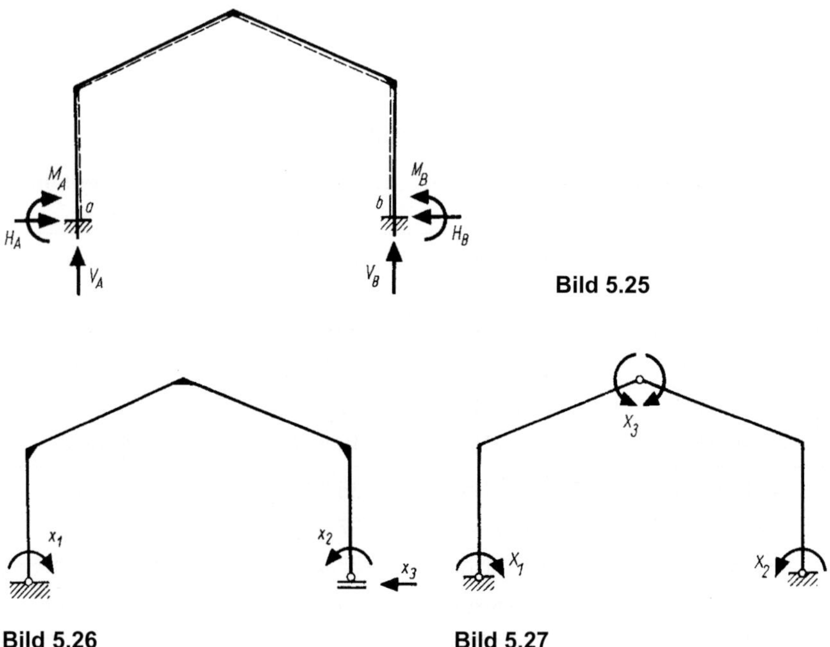

Bild 5.25

Bild 5.26

Bild 5.27

Für symmetrische eingespannte zweistielige Rahmen gibt es zusätzliche Vereinfachungsmöglichkeiten des allgemeinen Verfahrens. Damit kann der Rechenaufwand beim Auflösen des Gleichungssystems vermindert werden. In Anbetracht der Entwicklung der Computertechnik sowie des Angebotes von Rahmenformeln in der Literatur haben solche Verfahren an Bedeutung verloren.

Diese Systeme werden in einigen Beispielen nur unter Verwendung von Rahmenformeln betrachtet. Um den Unterschied zum Zweigelenkrahmen darzulegen, wird die Aufgabenstellung laut 5.3.2 (vgl. Bild 5.4) für die gleichen Rahmenabmessungen und Belastungen bei eingespannten Stielen verwendet.

5.3.6 Beispiele

Beispiel 5.3.3

Für den in Bild 5.28 dargestellten Rahmen sind die Stütz- und Schnittgrößen zu ermitteln:

1. Für die Last auf den Riegel nach Bild 5.28
2. Für gleichmäßige Erwärmung des Riegels um $T_s = 35$ K
3. Für eine Verschiebung des linken Auflagers um $\Delta a = 2$ cm nach außen.

Lösung

Zu 1. System- und Materialkennwerte

$l = 10{,}0$ m ; $I_R = 200000\ \text{cm}^4$; $E = 21000\ \text{kN/cm}^2$

$h = 8{,}0$ m ; $I_s = 100000\ \text{cm}^4$; $\alpha_T = 12 \cdot 10^{-6}$/K

Rahmenfestwerte: $k = \dfrac{I_R}{I_S} \cdot \dfrac{h}{l} = \dfrac{200000}{100000} \cdot \dfrac{800}{1000} = 1{,}6$

Zu 2. Auflager- und Schnittgrößen infolge *g* (Bild 5.28; 5.29a–c):

$$F_A = F_B = \frac{gl}{2} = \frac{10 \cdot 10}{2} = 59\ \text{kN}$$

$$H_A = H_B = H = \frac{gl^2}{4h(k+2)} = \frac{10 \cdot 10^2}{4 \cdot 8(1{,}6+2)} = 8{,}68\ \text{kN}$$

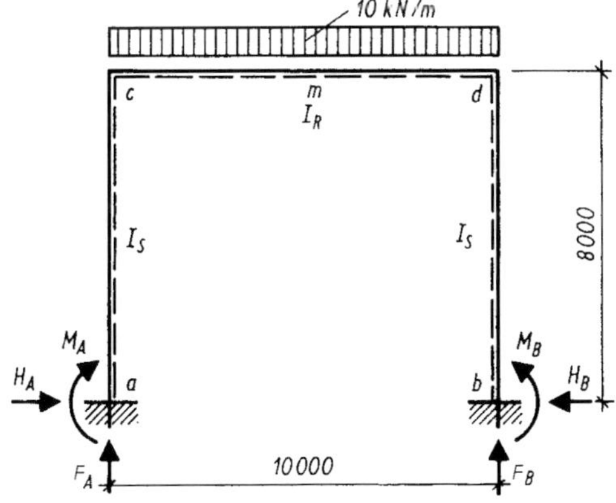

Bild 5.28

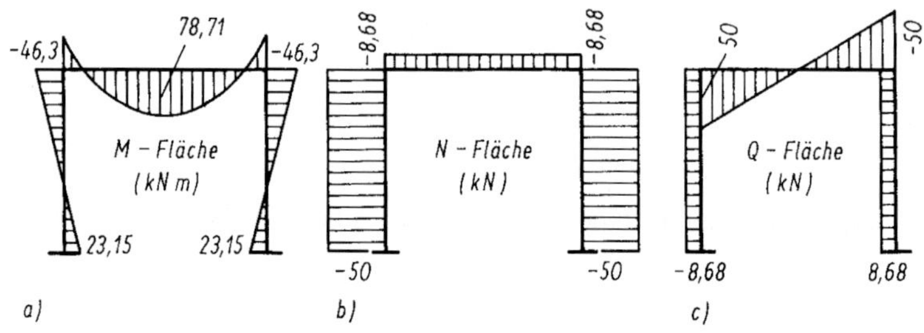

Bild 5.29

$$M_A = M_B = M_E = \frac{Hh}{3} = \frac{8{,}68 \cdot 8}{3} = 23{,}15 \text{ kNm}$$

$$M_a = M_b = 23{,}15 \text{ kNm}$$

$$M_c = M_d = -8{,}68 \cdot 8 + 23{,}15 = -46{,}29 \text{ kNm}$$

$$M_m = \max M_R = 50 \cdot 5 - 8{,}68 \cdot 8 + 23{,}15 - 10 \cdot 5 \cdot 2{,}5 = 78{,}71 \text{ kNm}$$

Biegemomente, Normal- und Querkräfte nach Bild 5.29.

Zu 3. Auflager und Schnittgrößen infolge $T_s = 35$ K des Riegels

$$F_A = F_B = 0$$

$$H_A = H_B = H = 3\alpha_T \cdot T_s \cdot \frac{E \cdot I_R}{h^2} \cdot \frac{2k+1}{k(k+2)}$$

$$H = 3 \cdot 12 \cdot 10^{-6} \cdot 35 \cdot \frac{2{,}1 \cdot 10^4 \cdot 2 \cdot 10^5}{8{,}0^2 \cdot 10^4} \cdot \frac{2 \cdot 1{,}6 + 1}{1{,}6(1{,}6+2)}$$

$$H = 0{,}00126 \cdot 6562{,}5 \cdot 0{,}7292 = 6{,}03 \text{ kN}$$

$$M_A = M_B = M_E = Hh\frac{k+1}{2k+1} = 6{,}03 \cdot 8{,}0\frac{1{,}6+1}{2 \cdot 1{,}6+1} = 29{,}91 \text{ kNm}$$

$$M_a = M_b = 29{,}91 \text{ kNm}$$

$$M_c = M_d = -6{,}03 \cdot 8 + 29{,}91 = -18{,}33 \text{ kNm}$$

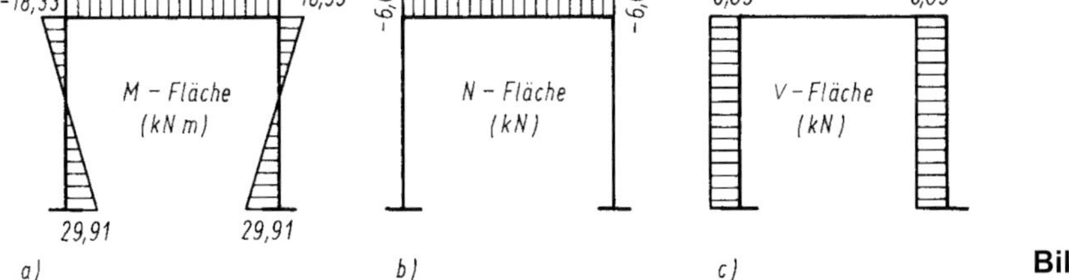

Bild 5.30

Biegemomente, Normal- und Querkräfte nach Bild 5.30.

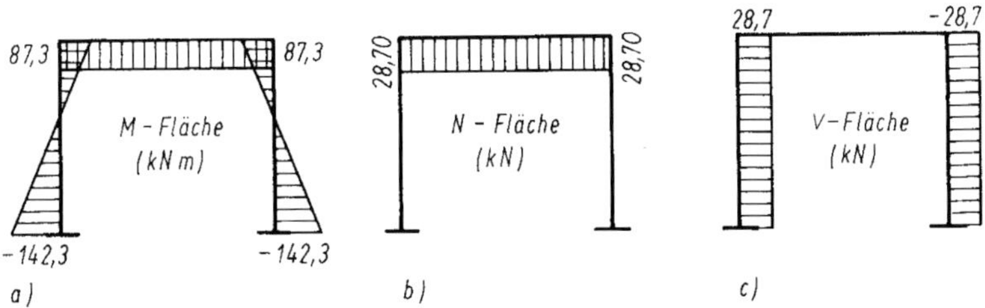

Bild 5.31

Zu 4. Auflager- und Schnittgrößen infolge Δa = 2 cm horizontal nach außen:

$$F_A = F_B = 0$$

$$H_A = H_B = H = -3\,\Delta a \cdot \frac{E \cdot I_R}{h^2 \cdot l} \cdot \frac{2k+1}{k\,(k+2)}$$

$$H = \;3 \cdot 2 \frac{2{,}1 \cdot 10^4 \cdot 2 \cdot 10^5}{8{,}0^2 \cdot 10^4 \cdot 1 \cdot 10^3} \cdot \frac{2 \cdot 1{,}6+1}{1{,}6\,(1{,}6+2)}$$

$$H = -6 \cdot 6{,}5625 \cdot 0{,}729 = -28{,}7 \text{ kN}$$

$$M_A = M_B = M_E = Hh \frac{k+1}{2k+1} = -28{,}70 \cdot 8{,}0 \frac{1{,}6+1}{2 \cdot 1{,}6+1} = -142{,}3 \text{ kNm}$$

$$M_a = M_b = -142{,}3 \text{ kNm}$$

$$M_c = M_d = 28{,}70 \cdot 8 - 142{,}3 = -87{,}3 \text{ kNm}$$

Biegemomente, Normal- und Querkräfte nach Bild 5.31.

Beispiel 5.3.4

Der gleiche Rahmen soll noch für horizontale Lasten untersucht werden.

Gesucht sind Auflagergrößen und Biegemomente für Winddruck auf den rechten Stiel infolge $w_D = 2{,}0$ kN/m (Bild 5.32).

1. System-, Materialkennwerte und Rahmenfestwerte wie in Bsp. 5.3.1

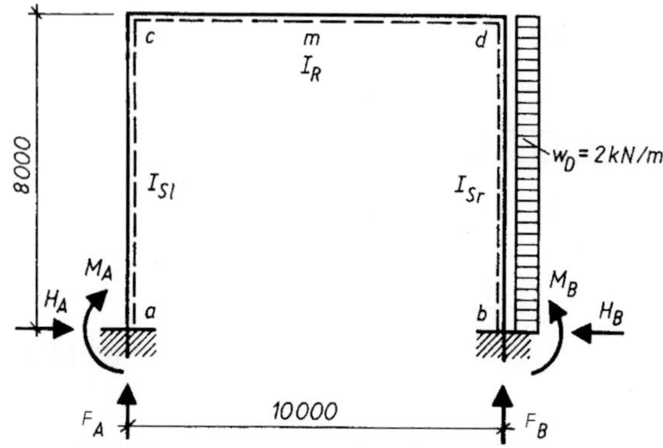

Bild 5.32

2. Stützgrößen

$$F_A = -F_B = \pm F = \frac{wh^2}{l} \cdot \frac{k}{6k+1} = \frac{2 \cdot 8^2}{10} \cdot \frac{1{,}6}{6 \cdot 1{,}6 + 1} = 1{,}93 \text{ kN}$$

$$H_A = \frac{wh}{8} \cdot \frac{2k+3}{k+2} = \frac{2 \cdot 8}{8} \cdot \frac{2 \cdot 1{,}6 + 3}{1{,}6 + 2} = 3{,}44 \text{ kN}$$

$$H_B = -wh + H_A = -2 \cdot 8 + 3{,}44 = -12{,}56 \text{ kN}$$

$$M_A = \frac{w \cdot h^2}{24}\left(\frac{5k+9}{k+2} - \frac{12}{6k+1}\right) = \frac{2 \cdot 8^2}{24}\left(\frac{5 \cdot 1{,}6 + 9}{1{,}6 + 2} - \frac{12 \cdot 1{,}6}{6 \cdot 1{,}6 + 1}\right)$$

$$M_A = 5{,}33(4{,}72 - 1{,}81) = 5{,}33 \cdot 2{,}91 = 15{,}5 \text{ kNm}$$

$$M_B = -\frac{w \cdot h^2}{24}\left(12 - \frac{5k+9}{k+2} - \frac{12k}{6k+1}\right)$$

$$M_B = -5{,}33(12 - 4{,}72 - 1{,}81) = -5{,}33 \cdot 5{,}47 = -29{,}2 \text{ kNm}$$

3. Biegemomente

$M_a = 15{,}5$ kNm

$M_b = -29{,}2$ kNm

$M_c = -3{,}44 \cdot 8 + 15{,}5 = -12{,}0$ kNm

$M_d = 12{,}56 \cdot 8 - 2 \cdot 8 \cdot 4 - 29{,}2 = 7{,}3$ kNm

$\max M_{Sr} = 12{,}56 \cdot 6{,}28 - 2 \cdot 6{,}28 \cdot 3{,}14 - 29{,}2 = 10{,}2$ kNm

für $V = 0$ bei $h_0 = 12{,}5672 = 6{,}28$ m

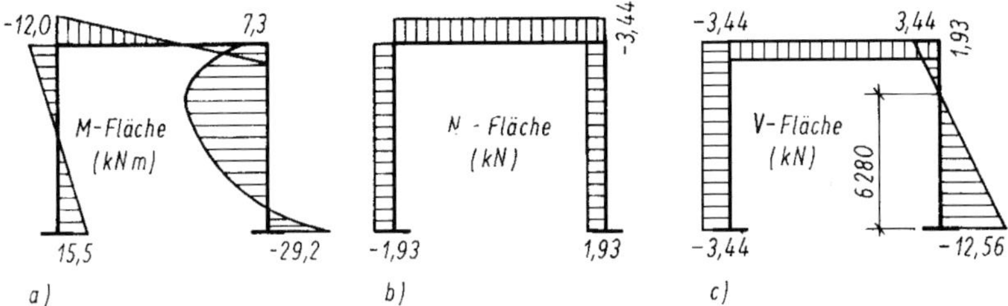

Bild 5.33

Schnittgrößenflächen (einschl. N- und V-Fläche) siehe Bild 5.33.

5.3.7 Zusammenfassung

Bei der Untersuchung von statisch unbestimmten Rahmen wählt man Auflagergrößen (meist Einspannmomente) und Biegemomente als statisch überzählige Größen. Dadurch erhält man Momentenflächen, für deren Auswertung die Integraltafel genügt. Nach der Bestimmung der Vorzahlen und Belastungsglieder wird das Gleichungssystem aufgestellt und aufgelöst.

Die Berechnung der endgültigen Auflager- und Schnittgrößen kann nach dem Überlagerungsprinzip oder in der üblichen Weise erfolgen.

Weitere Möglichkeiten (Wahl eines statisch unbestimmten Grundsystems und Ausnützung von Symmetrieeigenschaften) werden in Abschnitt 5.4 gezeigt.

Für typische Rahmensysteme sind stets die in der Literatur vorhandenen fertigen Rahmenformeln zu verwenden.

5.4 Weitere Rahmensysteme

5.4.1 Allgemeines

Die bisher gezeigten Methoden reichen zur Berechnung der Stütz- und Schnittgrößen aller statisch unbestimmten Rahmen aus. In den folgenden Abschnitten wird daher nur für einige besondere Rahmensysteme die Anwendung erklärt und an Rechenbeispielen gezeigt. Außerdem soll noch auf Möglichkeiten hingewiesen werden, die Anzahl der Elastizitätsgleichungen zu vermindern.

In den bisherigen Beispielen wurden nur Auflagerreaktionen und Biegemomente als statisch Überzählige angesetzt. Es können jedoch auch Normal- und Querkräfte verwendet werden. Auch dafür sind, wie bei den Biegemomenten, Doppelkräfte X_k an den beiden Schnittufern anzubringen (Bild 5.34). Führt man jeweils nur eine Schnittgröße als Überzählige ein, dann baut man in die vorher starre Stabachse die in Bild 5.34 dargestellten Bewegungsmöglichkeiten ein. Man kann jedoch auch den Rahmen an einer Stelle völlig durchschneiden und alle drei Schnittgrößen als Überzählige einführen. Ihre Richtungen wurden in Bild 5.34 so gewählt, dass sie nach den bisherigen Definitionen positiv sind. Die Ergebnisse für X_k stellen dann auch dem Vorzeichen nach gleich die wirklichen Schnittgrößen für den betreffenden Schnitt dar. Werden Auflagerreaktionen (äußere Größen) als Überzählige gewählt, dann trägt man nur einfache Größen an. Das ist einzusehen, da ja lediglich die Wirkung des Lagers auf das Stabende durch äußere Größen X_k ersetzt wird.

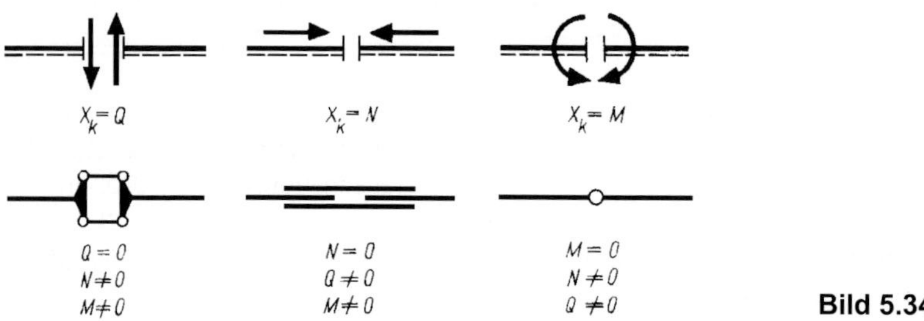

Bild 5.34

5.4.2 Rahmen mit Zugband

In Band 1 wurde bereits der Dreigelenkrahmen mit Zugband erwähnt. Man kann selbstverständlich auch einen Zweigelenkrahmen oder einen eingespannten Rahmen mit einem Zugband versehen.

Das Zugband wird beiderseits gelenkig angeschlossen und kann somit keine Biegemomente übernehmen. Eine äußere Belastung des Zugbandes zwischen den Gelenkpunkten soll stets ausgeschlossen sein.

Damit tritt im Zugband nur eine Schnittkraft, nämlich eine Normalkraft auf. Jedes neu eingeschaltete Zugband vermehrt daher die statische Unbestimmtheit um einen Grad. Ein Zweigelenkrahmen mit einem Zugband ist demnach zweifach statisch unbestimmt.

Bei der Berechnung wählt man im Allgemeinen die Kraft des Zugbandes mit als Unbekannte. Dabei müssen bei der Bestimmung der Vorzahlen und Belastungsglieder neben den Biegemomenten auch die Normalkräfte mit berücksichtigt werden. Die Bestimmung der statisch unbestimmten Größen wird genauso durchgeführt wie bei den bisher behandelten Rahmensystemen. Die Anwendung wird an dem folgenden Beispiel gezeigt.

5.4.3 Beispiele

Beispiel 5.4.1

Der Zweigelenkrahmen mit Zugband nach Bild 5.35 ist für die nachstehenden Lastfälle zu berechnen. Es sind die Stützkräfte und Biegemomente zu bestimmen und die Momentenflächen darzustellen.

Lastfälle:
1. Dachlast $q = 1{,}0$ kN/m
2. Windlast $w = 1{,}0$ kN/m
3. gleichmäßige Temperaturzunahme des Rahmens um $T_s = 35$ K

Systemmaße und Querschnittswerte

$$l = 10{,}0 \text{ m}; \qquad h = 5{,}0 \text{ m}; \qquad f = 3{,}0 \text{ m}$$

$$I = \text{konst.} = 400000 \text{ cm}^4$$

$$A_R = 250 \text{ cm}^2; \qquad A_Z = 50 \text{ cm}^2$$

$$\frac{I}{A_R} = \frac{400000}{250} = 1600 \text{ cm}^2 = 0{,}16 \text{ m}^2$$

$$\frac{I}{A_Z} = \frac{400000}{50} = 8000 \text{ cm}^2 = 0{,}80 \text{ m}^2$$

Materialkonstanten

$$E = 21000 \text{ kN/cm}^2; \qquad \alpha_T = 1{,}2 \cdot 10^{-6} \text{ K}^{-1}$$

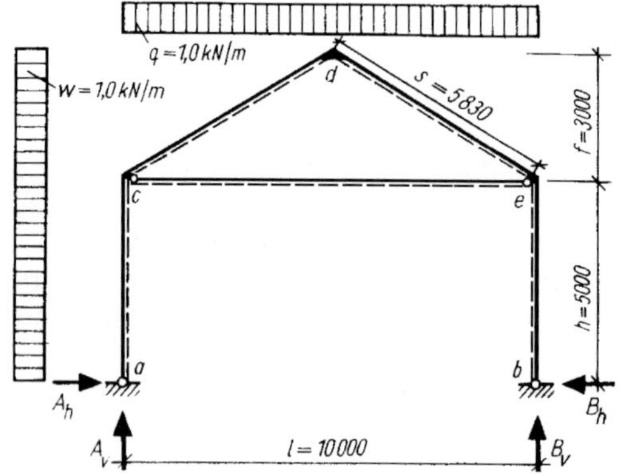

Bild 5.35

Lösung

Als statisch bestimmtes Grundsystem soll ein Dreigelenkrahmen verwendet werden. Somit sind die Normalkraft des Zugbandes und das Riegelmoment M_d die statisch Unbestimmten X_1 und X_2 (Bild 5.36). Nach den Erläuterungen sind zur Bestimmung der statisch Unbestimmten neben den Biegemomenten auch die Normalkräfte zu berücksichtigen. Die Schnittgrößenflächen infolge X_1 = 1,0 kN und X_2 = 1,0 kNm und der Belastung sind in den Bildern 5.37 bis 5.44 dargestellt.

Zur leichteren Auswertung sind die Momentenflächen für die Belastung in solche mit einfachen Formen aufgespalten worden.

1. Ermittlung der Vorzahlen

Zur Berechnung wird folgende Formel verwendet.

$$EI\delta_{ik} = \int M_i M_k \, ds + \frac{I}{A}\int N_i N_k \, ds$$

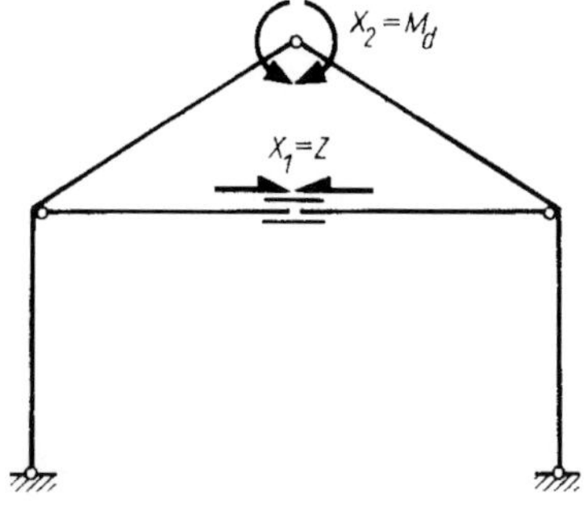

Bild 5.36

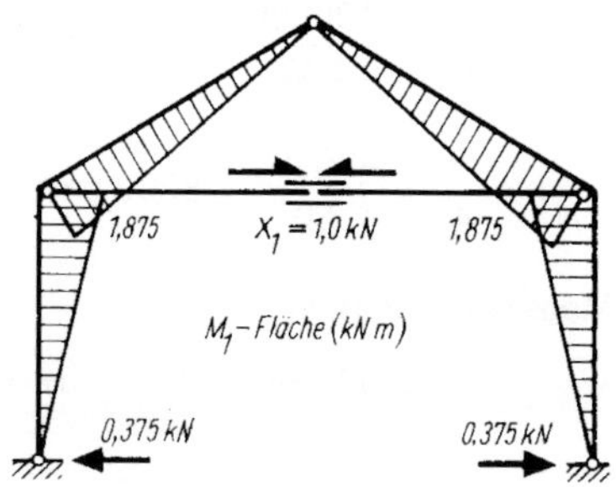

Bild 5.37

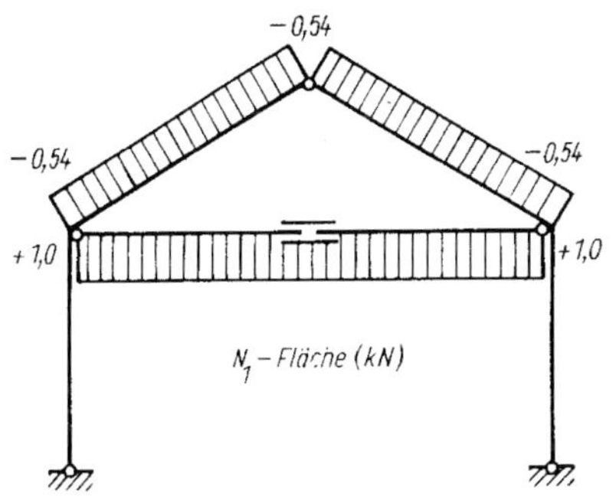

Bild 5.38

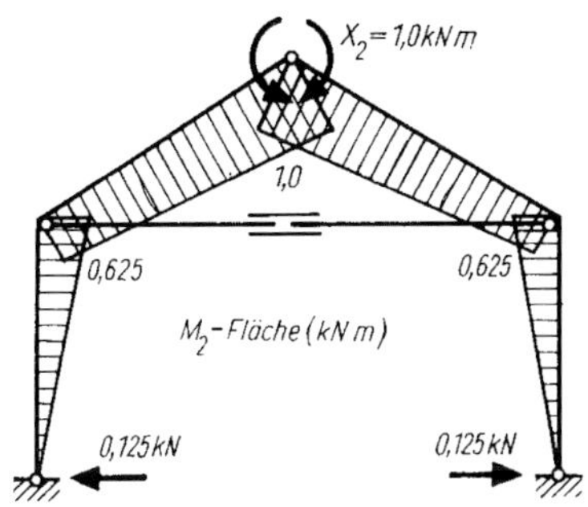

Bild 5.39

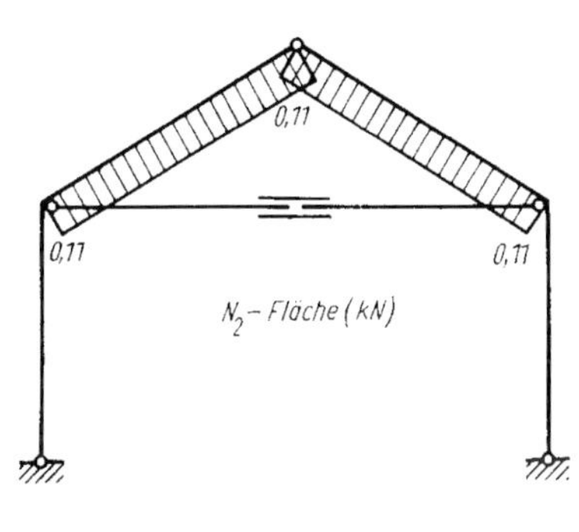

Bild 5.40

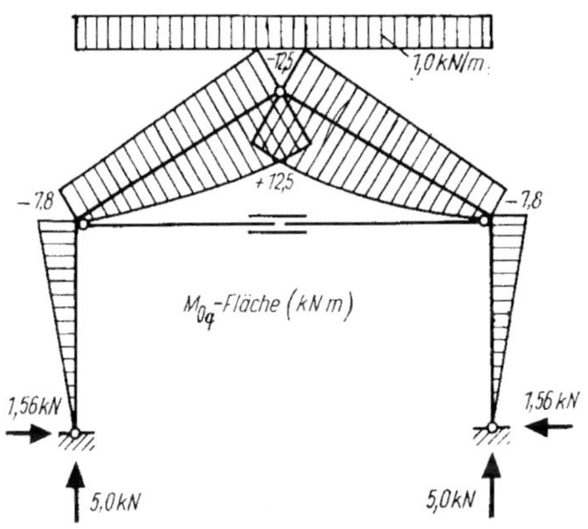

Bild 5.41

$$EI\delta_{11} = 2\frac{1}{3}5,0(1,875)^2 + 2\frac{1}{3}5,83(1,875)^2 + 0,16\cdot 2\cdot 5,83\cdot 0,54^2 + 0,80\cdot 10\cdot 1,0^2$$

$$EI\delta_{11} = 11,72 + 13,67 + 0,54 + 8,0 = 33,93 \text{ kNm}^3$$

$$EI\delta_{22} = 2\frac{1}{3}5,0(0,625)^2 + 2\frac{1}{3}5,83\left(0,625^2 + 1,0^2 + 0,625\cdot 1,0\right)$$
$$+ 0,16\cdot 2\cdot 5,83\cdot 0,11^2$$

$$EI\delta_{22} = 1,30 + 7,82 + 0,02 = 9,14 \text{ kNm}^3$$

$$EI\delta_{12} = 2\frac{1}{3}5,0\cdot 1,875\cdot 0,625 + 2\frac{1}{6}5,83\cdot 1,875(2\cdot 0,625 + 1,0)$$
$$- 0,16\cdot 2\cdot 5,83\cdot 0,11\cdot 0,54$$

$$EI\delta_{12} = 3,91 + 8,2 - 0,11 = 12,0 \text{ kNm}^3$$

Es ist zu erkennen, dass der Beitrag zu den Vorzahlen aus der Normalkraft des Rahmens sehr gering ist. Man kann also den Einfluss der Normalkräfte des Rahmens, wie bereits früher schon festgestellt, ohne weiteres wegen Geringfügigkeit vernachlässigen. Die Normalkraft des Zugbandes ist jedoch stets zu berücksichtigen, da ihr Anteil wesentlich größer ist. Der Einfluss auf die Vorzahl $EI\delta_{11}$ beträgt hier z. B. mehr als 20 %. Eine Vernachlässigung dieses Einflusses würde sich auf das Endergebnis fehlerhaft auswirken.

2. Auflösung der Elastizitätsgleichungen

$$33{,}93\,X_1 + 12{,}0\,X_2 = -\delta_{10}^{*}\,; \qquad 12{,}0\,X_1 + 9{,}14\,X_2 = -\delta_{20}^{*}$$

$$D = \left(33{,}93 \cdot 9{,}14 - 12{,}0^2\right) = 166{,}1$$

$$X_1 = -0{,}055\,\delta_{10}^{*} + 0{,}0722\,\delta_{20}^{*}\,; \qquad X_2 = 0{,}0722\,\delta_{10}^{*} - 0{,}2020\,\delta_{20}^{*}$$

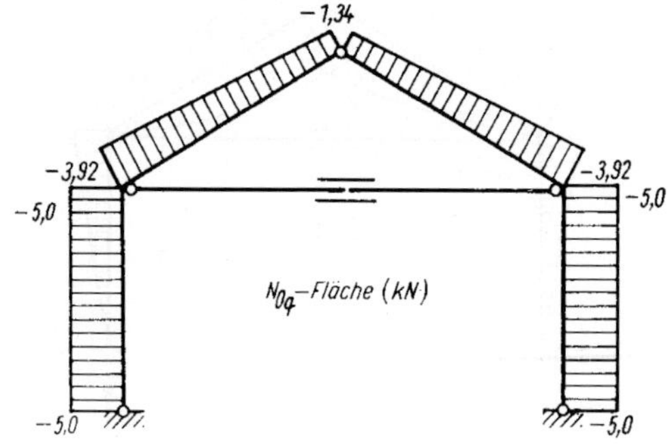

Bild 5.42

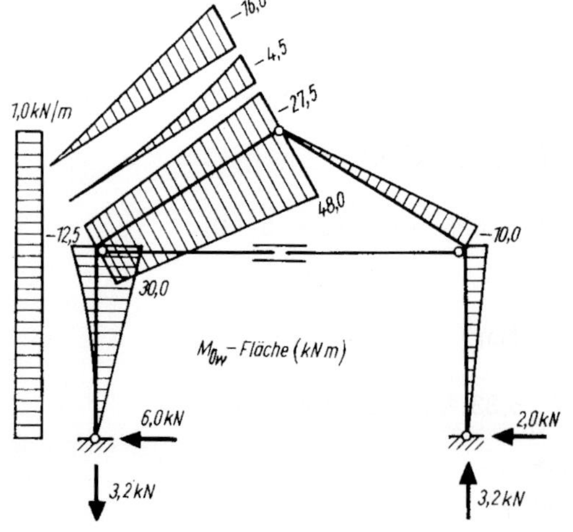

Bild 5.43

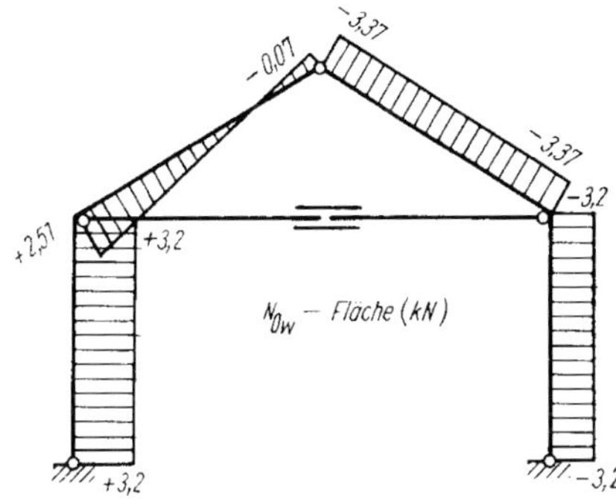

Bild 5.44

3. Lösung für den Lastfall 1 (Bild 5.45)

$$EI\delta_{10} = -2\frac{1}{3}5{,}0\cdot 1{,}875\cdot 7{,}8 - 2\frac{1}{6}5{,}83\cdot 1{,}875(2\cdot 7{,}8+12{,}5)+$$
$$2\frac{1}{4}5{,}73\cdot 1{,}875\cdot 12{,}5+0{,}16\cdot 2\cdot 5{,}83\cdot 0{,}54\frac{1}{2}(3{,}92+1{,}34)$$

$$EI\delta_{10} = -48{,}7-102{,}3+68{,}3+2{,}63 = -80{,}07\ \text{kNm}^3$$

$$EI\delta_{20} = -2\frac{1}{3}5{,}0\cdot 0{,}625\cdot 7{,}8 - 2\frac{1}{6}5{,}83(2\cdot 7{,}8\cdot 0{,}625+2\cdot 12{,}5\cdot 1{,}0+7{,}8\cdot 1{,}0$$
$$+12{,}5\cdot 0{,}625)+2\frac{1}{12}5{,}83\cdot 12{,}5(3\cdot 0{,}625\cdot 5\cdot 1{,}0)$$
$$-0{,}16\cdot 2\cdot 5{,}83\cdot 0{,}11\frac{1}{2}(3{,}92+1{,}34)$$

$$EI\delta_{20} = -16{,}25-97{,}8+83{,}5-0{,}54 = -31{,}1\ \text{kNm}^3$$

$X_1 = 0{,}0550 \cdot 80{,}07 - 0{,}0722 \cdot 31{,}1 = 2{,}16$ kN

$X_2 = -0{,}0722 \cdot 80{,}07 + 0{,}2020 \cdot 31{,}1 = 0{,}50$ kNm

$A_v = B_v = 5{,}0$ kN

$A_h = B_h = 1{,}56 - 0{,}375 \cdot 2{,}16 - 0{,}125 \cdot 0{,}50 = 0{,}69$ kN

$M_c = M_e = -0{,}69 \cdot 5{,}0 = -3{,}44$ kNm

$M_d = X_2 = 0{,}50$ kNm

$Z = X_1 = 2{,}16$ kN

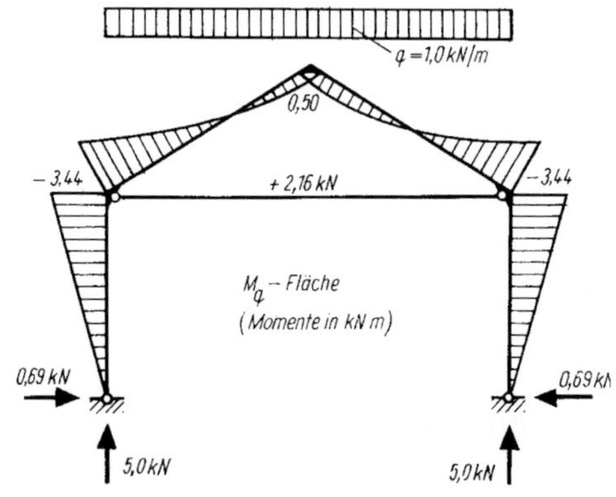

Bild 5.45

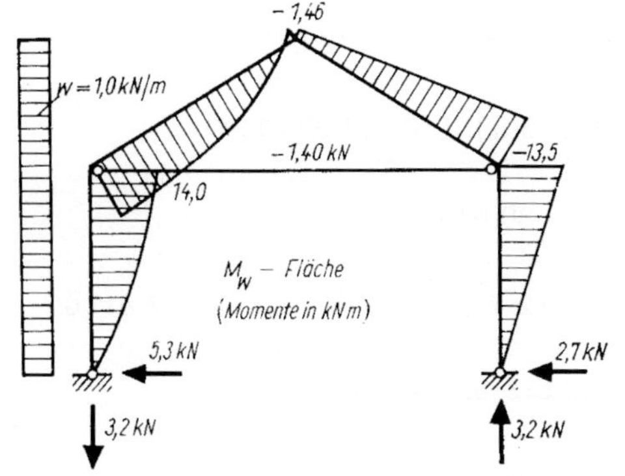

Bild 5.46

4. Lösung für den Lastfall 2 (Bild 5.46)

$$
\begin{aligned}
EI\delta_{10} = {} & \frac{1}{3}5{,}0\cdot 30{,}0\cdot 1{,}875-\frac{1}{4}5{,}0\cdot 1{,}875\cdot 12{,}5+\frac{1}{6}5{,}73\cdot 1{,}875\cdot 16{,}0 \\
& -\frac{1}{12}5{,}83\cdot 1{,}875\cdot 4{,}5\ -\frac{1}{6}5{,}83\cdot 1{,}875(27{,}5+2\cdot 12{,}5) \\
& +\frac{1}{6}5{,}83\cdot 1{,}875(2\cdot 30{,}0+48{,}0)-\frac{1}{3}5{,}83\cdot 1{,}875\cdot 10{,}0 \\
& -\frac{1}{3}5{,}0\cdot 1{,}875\cdot 10{,}0-0{,}16\cdot 5{,}83\cdot 0{,}54\cdot\frac{1}{2}(2{,}51-0{,}07) \\
& +0{,}16\cdot 5{,}83\cdot 3{,}57\cdot 0{,}54
\end{aligned}
$$

$$
\begin{aligned}
EI\delta_{10} & = 93{,}7-29{,}3-29{,}15-4{,}1-95{,}5+196{,}7-36{,}45-31{,}25-0{,}61+1{,}70 \\
& = 65{,}75\ \text{kNm}^3
\end{aligned}
$$

$$EI\delta_{20} = \frac{1}{3}5{,}0\cdot 0{,}625\cdot 30{,}0 - \frac{1}{4}5{,}0\cdot 0{,}625\cdot 12{,}5$$
$$-\frac{1}{6}5{,}83\cdot 16{,}0(0{,}625+2\cdot 1{,}0) - \frac{1}{12}5{,}83\cdot 4{,}5(0{,}625+3\cdot 1{,}0)$$
$$-\frac{1}{6}5{,}83(2\cdot 12{,}5\cdot 0{,}625+2\cdot 27{,}5\cdot 1{,}0+12{,}5\cdot 1{,}0+0{,}625\cdot 27{,}5)$$
$$+\frac{1}{6}5{,}83(2\cdot 30{,}0\cdot 0{,}625+2\cdot 48{,}0\cdot 1{,}0+30{,}0\cdot 1{,}0+48{,}0\cdot 0{,}625)$$
$$-\frac{1}{6}5{,}83\cdot 10{,}0(1{,}0+2\cdot 0{,}625) - \frac{1}{3}5{,}0\cdot 10{,}0\cdot 0{,}625$$
$$+0{,}16\cdot 5{,}83\cdot 0{,}11\frac{1}{2}(2{,}51-0{,}07) - 0{,}16\cdot 5{,}83\cdot 0{,}11\cdot 3{,}37$$

$$EI\delta_{20} = 31{,}25-9{,}77-40{,}8-7{,}93-97{,}5+188{,}0-21{,}85-10{,}41+0{,}13-0{,}35$$
$$= 30{,}77 \text{ kNm}^3$$

$X_1 = -0{,}0550 \cdot 65{,}75 + 0{,}0722 \cdot 30{,}77 = -1{,}40$ kN

$X_2 = 0{,}0722 \cdot 65{,}75 - 0{,}2020 \cdot 30{,}77 = -1{,}46$ kNm

$A_v = -3{,}2$ kN ; $B_v = 3{,}20$ kN

$A_h = -6{,}00 + 0{,}375 \cdot 1{,}40 + 0{,}125 \cdot 1{,}46 = -5{,}30$ kN

$B_h = 2{,}00 + 0{,}375 \cdot 1{,}40 + 0{,}125 \cdot 1{,}46 = 2{,}70$ kN

$Z = X_1 = -1{,}40$ kN

$M_c = 30{,}0 - 12{,}5 - 1{,}40 \cdot 1{,}875 - 1{,}46 \cdot 0{,}625 = 13{,}97$ kNm oder

$M_c = 5{,}3 \cdot 5{,}0 - 1{,}0 \cdot 5{,}0 \cdot 2{,}5 = 14{,}0$ kNm

$M_d = X_2 = -1{,}46$ kNm

$M_e = -10{,}0 - 1{,}40 \cdot 1{,}875 - 1{,}46 \cdot 0{,}625 = -13{,}53$ kNm

5. Lösung für den Lastfall 3 (Bild 5.47)

$$EI\delta_{k0} = EI\alpha_T T_s \int N_k \, ds$$

$EI = 21000 \cdot 400000 = 84 \cdot 10^8$ kNcm^2

$EI = 84 \cdot 10^4$ kNm^2

$$\alpha_T T_s = 1{,}2\cdot 10^{-5}\cdot 35 = 42\cdot 10^{-5}$$

$$EI\alpha_T T_s = 84\cdot 10^4 \cdot 4{,}2\cdot 10^{-4} = 352{,}8 \text{ kNm}^2$$

$$EI\delta_{10} = 352{,}8\cdot 2\cdot 5{,}83(-0{,}54) = -2220 \text{ kNm}^3$$

$$EI\delta_{20} = 352{,}8\cdot 2\cdot 5{,}83\cdot 0{,}11 = 457{,}5 \text{ kNm}^3$$

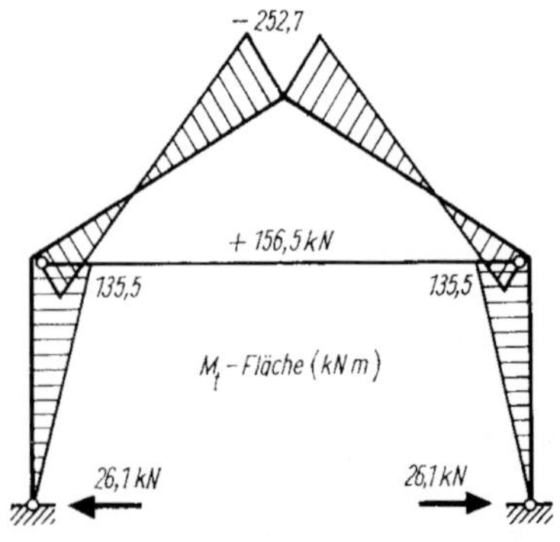

Bild 5.47

$$X_1 = 0{,}0550 \cdot 220 + 0{,}0722 \cdot 457{,}5 = 156{,}5 \text{ kN}$$

$$X_2 = -\,0{,}0722 \cdot 2220 - 0{,}2020 \cdot 457{,}5 = -252{,}7 \text{ kNm}$$

$$A_v = B_v = 0 \text{ kN}$$

$$A_h = B_h = -\,0{,}375 \cdot 156{,}5 + 0{,}125 \cdot 252{,}7 = -26{,}1 \text{ kN}$$

$$Z = X_1 = 156{,}5 \text{ kN}$$

$$M_c = M_e = 1{,}875 \cdot 156{,}5 - 0{,}625 \cdot 252{,}7 = 135{,}5 \text{ kNm}$$

$$M_d = X_2 = -252{,}7 \text{ kNm}$$

Damit sind für alle drei Lastfälle die Auflagerkräfte und Biegemomente bestimmt. Der Rechenaufwand wurde bei diesem Übungsbeispiel noch dadurch erhöht, dass zur Berechnung der Vorzahlen und Belastungsglieder konsequent der Einfluss der Normalkräfte berücksichtigt wurde. Wie jedoch schon früher erläutert, kann auf den Einfluss der Normalkraft des Rahmens wegen Geringfügigkeit verzichtet werden. Die Normalkraft des Zugbandes sollte jedoch stets berücksichtigt werden.

Die Ergebnisse werden noch in der folgenden Tabelle zusammengestellt.

	q	w	T_s
A_v	5,00 kN	–3,20 kN	0 kN
B_v	5,00 kN	3,20 kN	0 kN
A_h	0,69 kN	–5,30 kN	–26,10 kN
B_h	–0,69 kN	2,70 kN	–26,10 kN
Z	–2,16 kN	–1,40 kN	+156,50 kN
M_c	–3,44 kNm	13,97 kNm	135,50 kNm
M_d	0,50 kNm	–1,46 kNm	–252,70 kNm
M_e	–3,44 kNm	–13,53 kNm	135,50 kNm

5.4.4 Geschlossene Rahmen

Zu den innerlich statisch unbestimmten Systemen gehören die geschlossenen Rahmen. Je nach der Lagerung kann außerdem noch äußerlich statische Unbestimmtheit dazukommen.

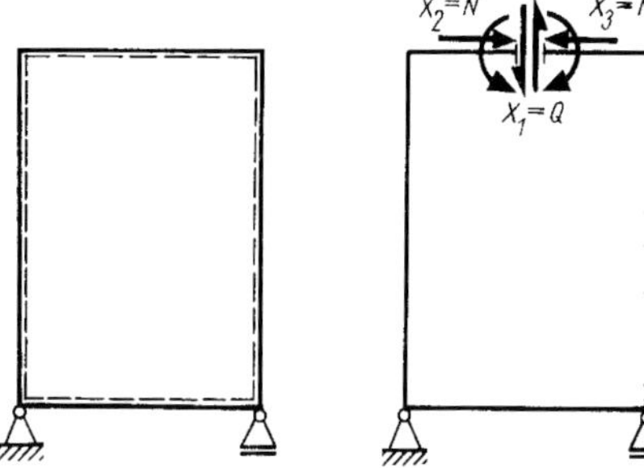

Bild 5.48

Die Berechnung erfolgt genauso wie bei den übrigen Systemen. Als Überzählige führt man meist die inneren Kräfte eines Schnittes ein, den man bei symmetrischen Rahmen in die Symmetrieachse legt (Bild 5.48). Es sind jedoch auch andere statisch bestimmte Grundsysteme verwendbar. Das Ziel muss stets sein, einfache Momentenflächen zu erhalten. Damit erleichtert man sich die Rechnung.

Das in Bild 5.48 dargestellte Grundsystem ist bei symmetrischen Rahmen stets zu empfehlen, da man die im folgenden Abschnitt gezeigten Symmetrieeigenschaften zur Vereinfachung der Rechnung nutzen kann.

Auch hier soll anhand eines Beispiels ein statisch bestimmt gelagerter geschlossener Rahmen mit Hilfe von Rahmenformeln berechnet werden (Bild 5.49).

5.4.5 Beispiel

Beispiel 5.4.2

Für die in Bild 5.49 dargestellten Lasten sind getrennt für jeden Lastfall mit Hilfe von Rahmenformeln die Schnittgrößen zu berechnen und in Zustandslinien darzustellen.

$I_1 = 100000\ \text{cm}^4$; $E = 21000\ \text{kN/cm}^2$

$I_2 = 40000\ \text{cm}^4$; $\alpha_T = 1{,}2 \cdot 10^5\ \text{K}^{-1}$

$I_3 = 20000\ \text{cm}^4$; $l = 8{,}0\ \text{m}$; $h = 8{,}0\ \text{m}$

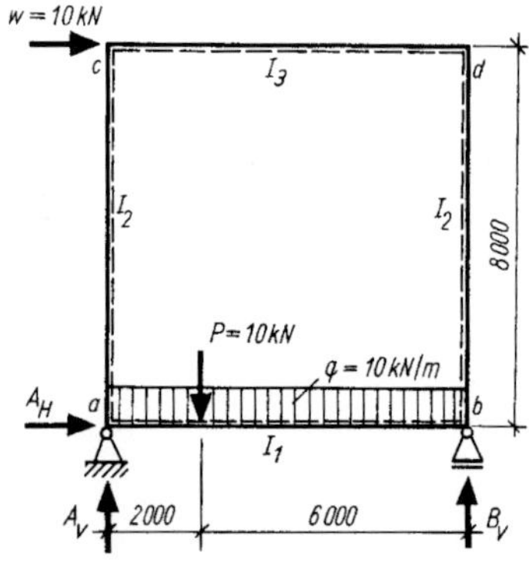

Bild 5.49

1. Rahmenfestwerte

$$k_1 = \frac{I_3}{I_1} = \frac{20000}{100000} = 0{,}2\,; \qquad k_2 = \frac{I_3}{I_2} = \frac{20000}{40000} = 0{,}5$$

$$K_1 = 2k_2 + 3 = 4{,}0\,; \qquad K_2 = 3k_1 + 2k_2 = 1{,}6$$

$$R_1 = 3k_2 + 1 = 2{,}5\,; \qquad R_2 = k_1 + 3k_2 = 1{,}7$$

$$F_1 = K_1 \cdot K_2 - k_2^2 = 6{,}15\,; \qquad F_2 = 1 + k_1 + 6k_2 = 4{,}2$$

2. Lastfall $q = 10{,}0$ kN/m (Bild 5.49)

a) Biegemomente (Bild 5.50)

b) Eckpunkte:

$$M_a = M_b = \frac{ql^2}{4} \cdot \frac{k_1 \cdot K_1}{F_1} = \frac{10 \cdot 8^2}{4} \cdot \frac{0{,}2 \cdot 4}{6{,}15} = 20{,}8 \text{ kNm}$$

$$M_c = M_d = -\frac{ql^2}{4} \cdot \frac{k_1 \cdot k_2}{F_1} = -\frac{10 \cdot 8^2}{4} \cdot \frac{0{,}2 \cdot 0{,}5}{6{,}15} = -2{,}6 \text{ kNm}$$

c) Unterer Riegel: parabelförmiger Verlauf

$$M_{1x} = -\frac{q}{2} x_1 \cdot x_1{}' + M_a = -5 \cdot 4 \cdot 4 + 20{,}8 = -59{,}2 \text{ kNm} = \min M_{UR}$$

Übrige Rahmenstäbe: linearer Verlauf, da lastfreie Bereiche.

Die Vorzeichen der Biegemomente sind unter Beachtung der positiven Stabseiten (gestrichelte Linien) zu sehen. Der untere Rahmenriegel weist abweichend vom Träger auf zwei Stützen eine obenliegende positive Seite auf. Die Lage der Momentenfläche auf der gezogenen Stabseite bleibt davon unberührt.

d) Auflagergrößen

$$A_v = B_v = \frac{ql}{2} = \frac{10 \cdot 8}{2} = 40 \text{ kN}; \qquad A_H = 0$$

e) Normalkräfte (Bild 5.51)

$$N_1 = -N_3 = \frac{M_a - M_d}{h} = \frac{20{,}8 - (-2{,}6)}{8} = 2{,}93 \text{ kN}$$

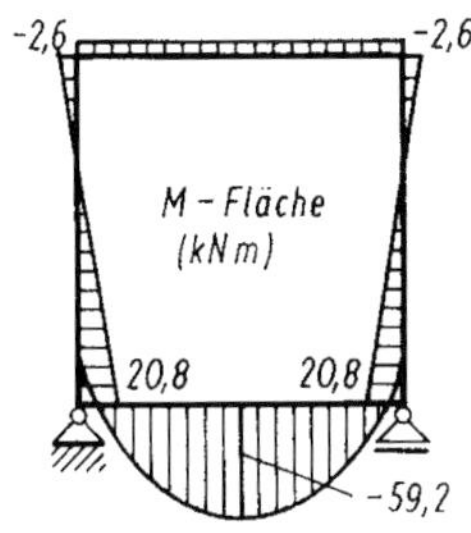

Bild 5.50

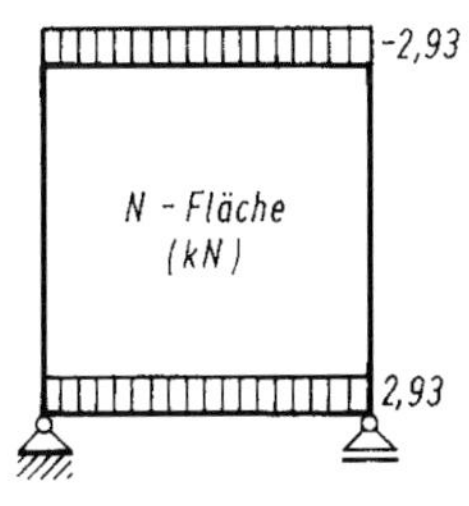

Bild 5.51

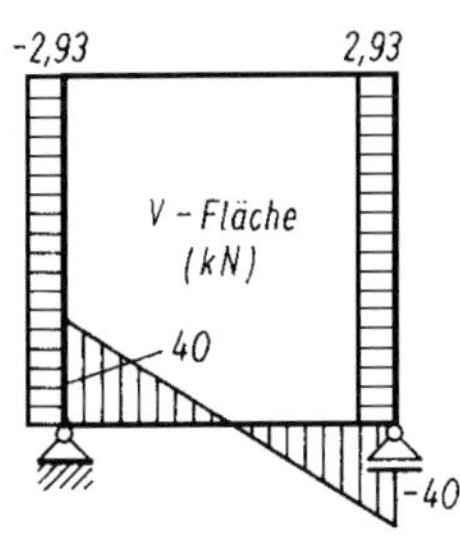

Bild 5.52

f) Querkräfte (Bild 5.52)

$V_{ar} = -V_{bl} = A_v = 40$ kN

$V_{2l} = -2{,}93$ kN; $\qquad V_{2r} = 2{,}93$ kN

$V_3 = 0$

3. Lastfall $W = 10{,}0$ kN am linken oberen Eckpunkt (Bild 5.49)

a) Biegemomente (Bild 5.53)

b) Eckpunkte:

$$-M_a = M_b = \frac{W \cdot h \cdot R_1}{2F_2} = \frac{10 \cdot 8 \cdot 2{,}5}{2 \cdot 4{,}2} = 23{,}8 \text{ kNm}$$

$$M_c = -M_d = \frac{W \cdot h \cdot R_2}{2F_2} = \frac{10 \cdot 8 \cdot 1{,}7}{2 \cdot 4{,}2} = 16{,}2 \text{ kNm}$$

Alle Rahmenstäbe: linearer Biegemomentenverlauf

c) Auflagergrößen

$$-A_v = B_v = \frac{Wh}{l} = \frac{10 \cdot 8}{8} = 10 \text{ kN}; \qquad A_H = -W = -10 \text{ kN}$$

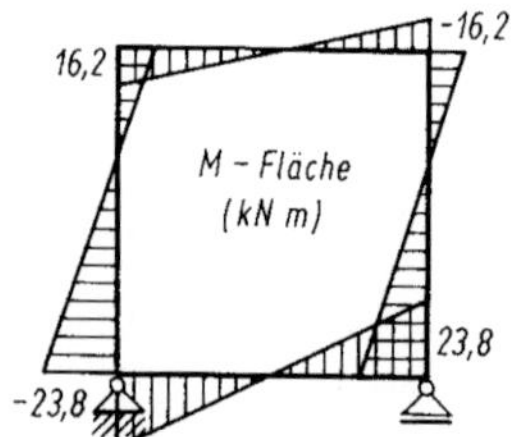

Bild 5.53

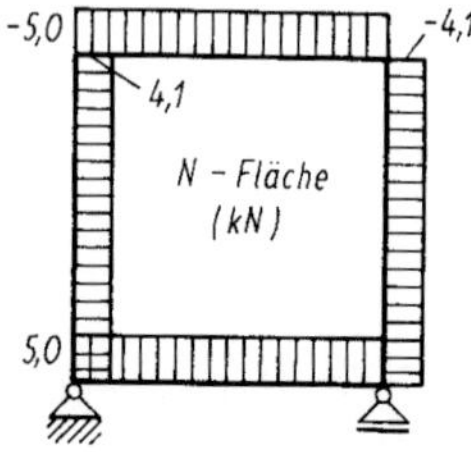

Bild 5.54

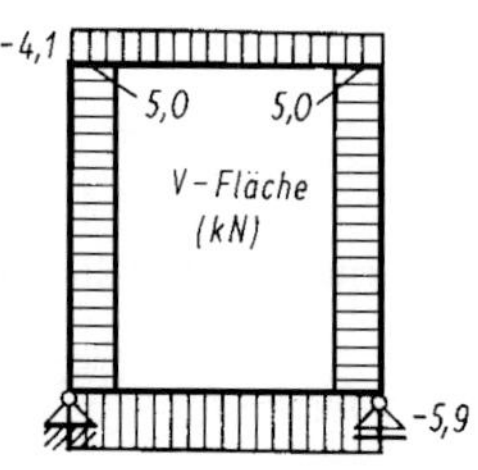

Bild 5.55

d) Normalkräfte (Bild 5.51)

$$N_1 = -N_3 = \frac{W}{2} = 5{,}0 \text{ kN}$$

$$N_{2l} = -N_{2r} = -\frac{2M_c}{l} = \frac{2 \cdot 16{,}2}{8} = 4{,}1 \text{ kN}$$

e) Querkräfte (Bild 5.52)

$V_{ar} = V_{bl} = -5{,}6$ kN (Stab 1)

$V_{cr} = V_{dl} = -4{,}1$ kN (Stab 3)

$V_{ao} = V_{cu} = 5{,}0$ kN (Stab 2l)

$V_{bo} = V_{du} = 5{,}0$ kN (Stab 2r)

4. Lastfall *P* = 10 kN auf unteren Riegel (Bild 5.49)

Da unmittelbar für diesen Lastfall keine Formeln vorliegen, muss er nach „Unterer Riegel beliebig senkrecht belastet" behandelt werden. Dafür sind die Belastungsglieder *L* und *R* laut Abschnitt 3.2.2 und Tafel 3.1 erforderlich. Für *P* auf unteren Riegel werden diese:

$$L = \frac{P \cdot x \cdot x'}{l^2}(l + x') = \frac{10 \cdot 2 \cdot 6}{8^2}(8 + 6) = 26{,}25 \text{ kNm}$$

$$R = \frac{P \cdot x \cdot x'}{l^2}(l + x) = \frac{10 \cdot 2 \cdot 6}{8^2}(8 + 2) = 18{,}75 \text{ kNm}$$

$L + R = 26{,}25 + 17{,}85 = 45{,}0$ kNm

$L - R = 26{,}25 - 17{,}85 = 7{,}5$ kNm

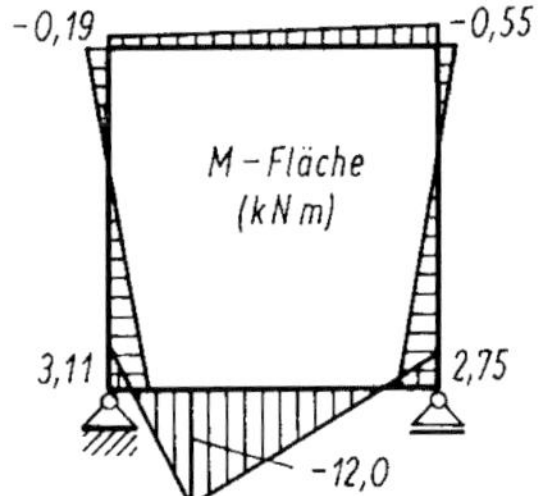

Bild 5.56

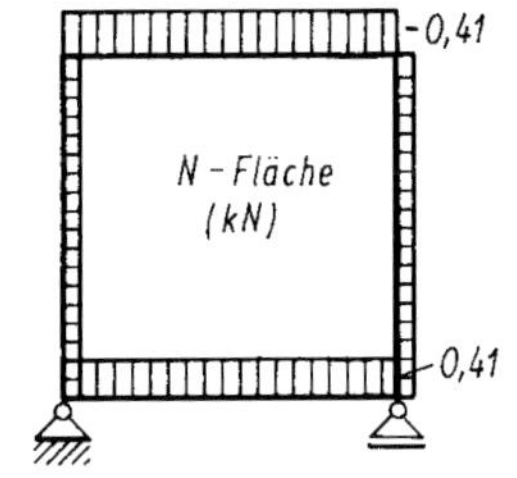

Bild 5.57

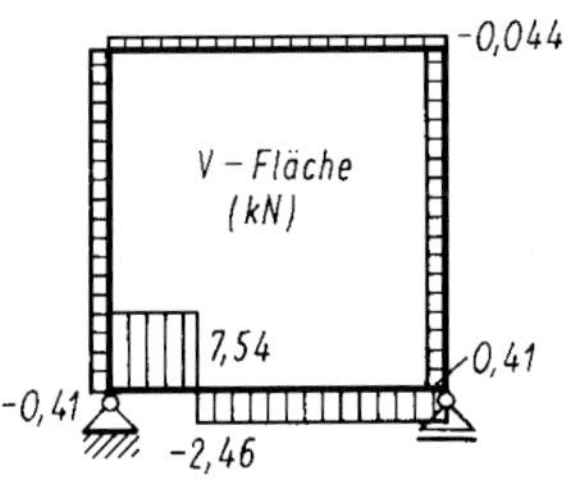

Bild 5.58

a) Biegemomente (Bild 5.56)

b) Eckpunkte

$$M_a = \frac{(L+R)k_1K_1}{2F_1} + \frac{(L-R)k_1}{2F_2} = \frac{45 \cdot 0,2 \cdot 4}{2 \cdot 6,15} + \frac{7,5 \cdot 0,2}{2 \cdot 4,2} = 2,93 + 0,18 = 3,11 \text{ kNm}$$

$$M_b = 2,93 - 0,18 = 2,75 \text{ kNm}$$

$$M_c = -\frac{(L+R)k_1k_2}{2F_1} + \frac{(L-R)k_1}{2F_2} = -\frac{45 \cdot 0,2 \cdot 0,5}{2 \cdot 6,15} + \frac{7,5 \cdot 0,2}{2 \cdot 4,2}$$
$$= -0,37 + 0,18 = -0,19 \text{ kNm}$$

$$M_d = -0,37 - 0,18 = -0,55 \text{ kNm}$$

c) Momentenverlauf im unteren Riegel

$$M_{1x} = M_{x0} + M_a \frac{x_1'}{l} + M_b \frac{x_1}{l} \quad \text{für } x_1 = 2,0 \text{ m}$$

$$M_{1x} = -10 \cdot \frac{2 \cdot 6}{8} + 3,11 \frac{6}{8} + 2,75 \frac{2}{8} = -12,0 \text{ kNm}$$

d) Auflagergrößen

$$A_v = P \frac{x'}{l} = 10 \frac{6}{8} = 7,5 \text{ kN}; \qquad A_H = 0$$

$$B_v = P \frac{x}{l} = 10 \frac{2}{8} = 2,5 \text{ kN}$$

e) Normalkräfte (Bild 5.57)

$$-N_1 = N_3 = \frac{M_c - M_a}{h} = \frac{-0,19 - 3,11}{8} = -0,41 \text{ kN}$$

$$N_{2l} = -N_{2r} = \frac{(L-R)}{l \cdot F_2} = \frac{7,5 \cdot 10,2}{8 \cdot 4,2} = 0,044 \text{ kN}$$

f) Querkräfte (Bild 5.58)

$V_{ar} = V_{Pl} = 7{,}5 + 0{,}044 = 7{,}54$ kN (Stab 1)

$V_{Pr} = V_{bl} = -7{,}54 - 10{,}0 = -2{,}46$ kN (Stab 1)

$V_{cr} = V_{dl} = -0{,}044$ kN (Stab 3)

$V_{ao} = V_{cu} = -0{,}41$ kN (Stab 2l)

$V_{bo} = V_{du} = 0{,}41$ kN (Stab 2r)

5.4.6 Symmetrische Rahmen

Ein großer Teil der im Bauwesen vorkommenden Rahmen zeigt einen symmetrischen Aufbau sowohl in den Systemmaßen als auch in den Flächenmomenten I und den Trägerhöhen. Derartige Tragwerke weisen besondere Eigenschaften auf, die in diesem Abschnitt näher betrachtet werden sollen.

Als Beispiel für die folgenden Erläuterungen wird ein symmetrischer Zweigelenkrahmen mit gleichmäßig verteilter Windlast w gewählt (Bild 5.59). Es sei aber besonders betont, dass man auch jedes andere symmetrische System benutzen könnte. Jede beliebige Belastung lässt sich in einen symmetrischen (Bild 5.60) und einen antimetrischen Teil (Bild 5.61) zerlegen. Wenn man die beiden Belastungen überlagert, so entsteht wieder der vorgegebene Lastfall nach Bild 5.59.

Somit kann man den Rahmen sowohl für den symmetrischen als auch für den antimetrischen Lastfall getrennt berechnen und die Ergebnisse anschließend überlagern. Ein symmetrischer Rahmen zeigt nur unter symmetrischer Belastung eine symmetrische Verformung (Bild 5.60). In der Symmetrieachse liegt die Tangente an der Biegelinie horizontal. Das bedeutet aber, dass dort das Biegemoment einen Extremwert aufweist und somit die Querkraft in der Symmetrieachse gleich null sein muss.

Bei antimetrischer Belastung dagegen weist ein symmetrischer Rahmen die in Bild 5.61 dargestellt Verformung auf. In der Symmetrieachse hat die Biegelinie jetzt einen Wendepunkt, also muss dort das Biegemoment gleich null sein. Außerdem ist für diesen Lastfall auch die Normalkraft in der Symmetrieachse gleich null. Man kann zusammenfassend feststellen:

> Bei symmetrischen Tragwerken ist in der Symmetrieachse bei symmetrischer Belastung die Querkraft gleich null, unter antimetrischer Belastung sind das Biegemoment und die Normalkraft gleich null.

Zum gleichen Ergebnis gelangt man, wenn man nicht von den Verformungen, sondern gleich von den Schnittgrößen ausgeht. Bei symmetrischer Belastung zeigen Biegemomente und Normalkraft einen symmetrischen, die Querkraft einen antimetrischen Verlauf. Bei antimetrischer Belastung dagegen verlaufen die Biegemomente und Normalkräfte antimetrisch, die Querkräfte symmetrisch. Diese Kenntnisse vom Schnitt-

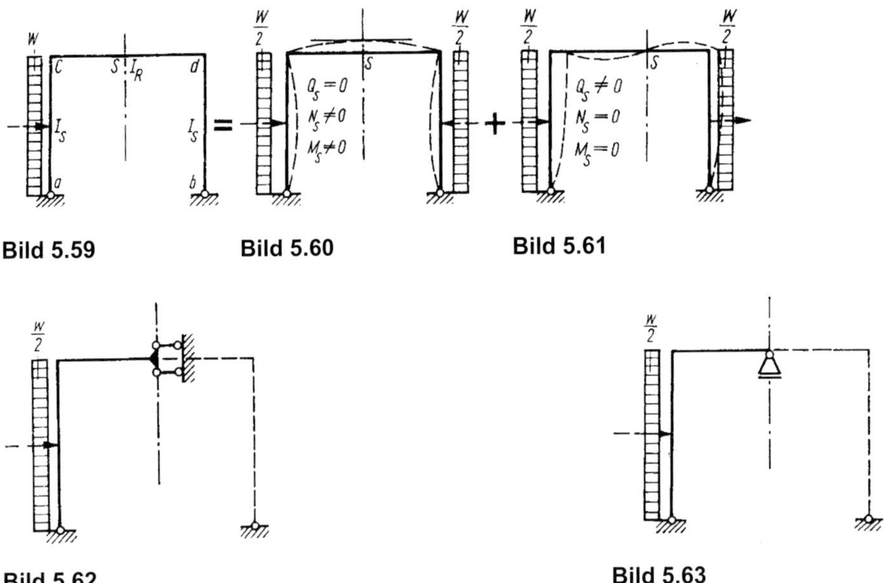

Bild 5.59 **Bild 5.60** **Bild 5.61**

Bild 5.62 **Bild 5.63**

größenverlauf in der Symmetrieachse können zur Vereinfachung der Rechnung verwendet werden. Man braucht nur den halben Rahmen bzw. bei doppelter Symmetrie den von zwei Achsen begrenzten Teil des Rahmens zu betrachten. Dabei wird bei symmetrischer Belastung an der Trennstelle eine Lagerung nach Bild 5.62, bei antimetrischer Belastung eine nach Bild 5.63 eingeführt. Für beide Belastungen wird der Rahmen berechnet, und die Ergebnisse werden dann anschließend überlagert. In den meisten Fällen ist der Grad der statischen Unbestimmtheit für jede einzelne Belastung kleiner, da die oben angegebenen Schnittgrößen gleich null sind. Dadurch erhält man leichter zu lösende Gleichungssysteme.

In gleicher Weise sind diese Vereinfachungen bei Rechenprogrammen nutzbar und können dort den Eingabeaufwand erheblich vereinfachen. Dies gilt besonders bei einfacher Belastung und Rahmen mit vielen Stäben und Knoten.

Ebenfalls anwendbar sind die gleichen Überlegungen bei den in diesem Buch nicht näher behandelten Finite-Elemente-Strukturen. Sind die Programme in Knoten-, Stab- oder Elementanzahl begrenzt, kann die Berechnung durch solche Vereinfachungen in bestimmten Fällen erst ermöglicht werden. Größere und teuere Rechenprogramme sind somit vermeidbar.

5.4.7 Beispiel

Beispiel 5.4.3

Der in Bild 5.64 dargestellte symmetrische Stockwerkrahmen mit konstantem Flächenmoment I ist für die angegebene Belastung $w = 5{,}0$ kN/m unter Ausnutzung der Symmetrieeigenschaften zu untersuchen. Die endgültige Momentenfläche ist grafisch darzustellen.

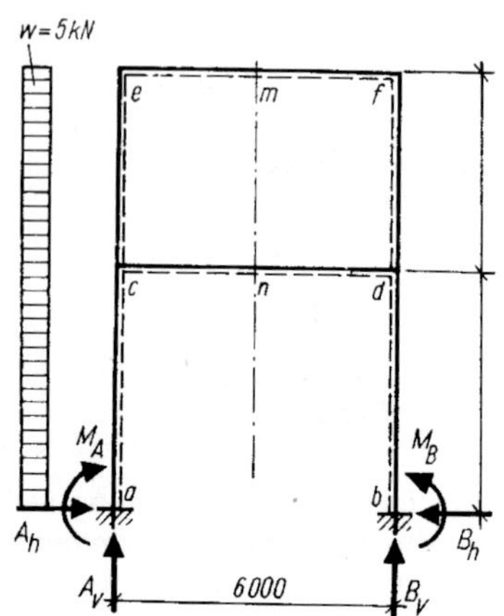

Bild 5.64

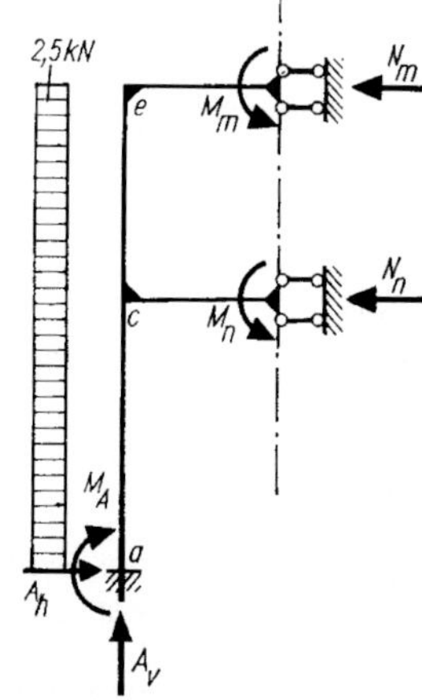

Bild 5.65

Lösung

Der eingespannte Rahmen ist sechsfach statisch unbestimmt. Nach den vorhergegangenen Erläuterungen ist die Berechnung mit der Kraftgrößenmethode ohne Hilfsmittel sehr umfangreich, da die Auflösung eines linearen Gleichungssystems mit sechs Unbekannten notwendig wird. Nutzt man jedoch die Symmetrie des Tragwerkes aus und spaltet die Belastung in einen symmetrischen und einen antimetrischen Teil auf, so vereinfacht sich die Berechnung.

Für die symmetrische Belastung entsteht ein vierfach statisch unbestimmtes (Bild 5.65) und für die antimetrische Belastung ein zweifach statisch unbestimmtes System. Die Auflösung der zwei Gleichungssysteme mit vier bzw. zwei Unbekannten erfordert weniger Rechenarbeit als die eines solchen mit sechs Unbekannten.

1. Symmetrische Belastung

Zur Berechnung wird das in Bild 5.66 dargestellte statisch bestimmte Grundsystem verwendet. Die Momentenfläche infolge $X_k = 1{,}0$ kNm und infolge der Belastung zeigen die Bilder 5.67 bis 5.71.

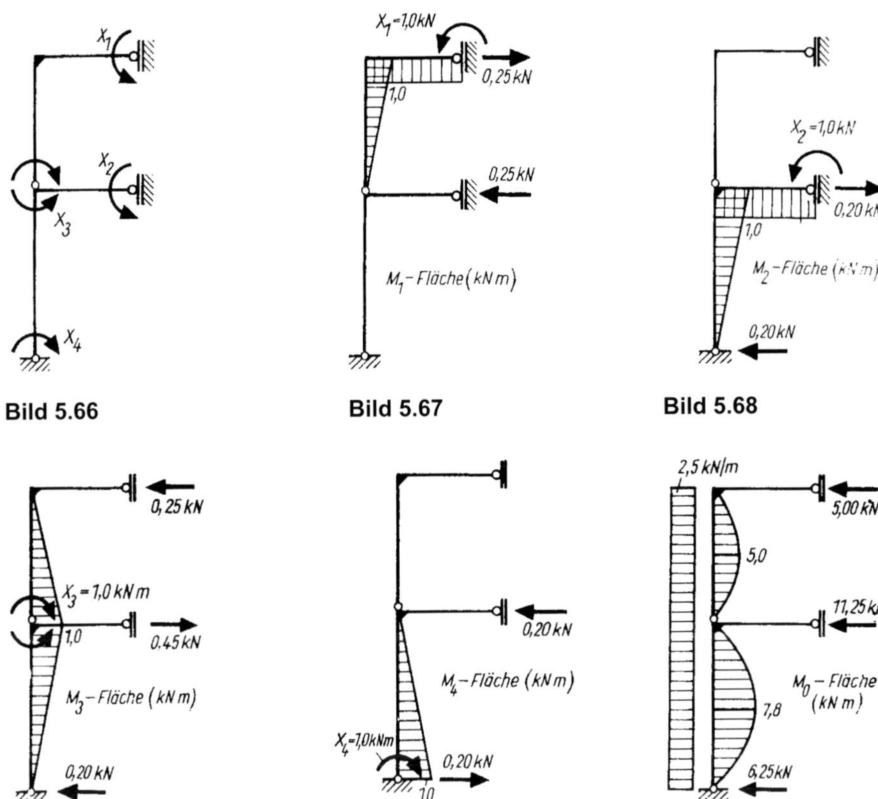

Bild 5.66 **Bild 5.67** **Bild 5.68**

Bild 5.69 **Bild 5.70** **Bild 5.71**

a) Ermittlung der Vorzahlen (Kräfte in kN, Längen in m)

$$EI\delta_{11} = 3{,}0 \cdot 1{,}0^2 + \frac{1}{3}4{,}0 \cdot 1{,}0^2 = 4{,}33$$

$$EI\delta_{12} = 0$$

$$EI\delta_{13} = \frac{1}{6}4{,}0 \cdot 1{,}0^2 = 0{,}67$$

$$EI\delta_{14} = 0$$

$$EI\delta_{22} = 3{,}0 \cdot 1{,}0^2 + \frac{1}{3}5{,}0 \cdot 1{,}0^2 = 4{,}67$$

$$EI\delta_{23} = \frac{1}{3}5{,}0 \cdot 1{,}0^2 = 1{,}67$$

$$EI\delta_{24} = \frac{1}{6}5{,}0 \cdot 1{,}0^2 \qquad = 0{,}83$$

$$EI\delta_{33} = \frac{1}{3}(4{,}0 + 5{,}0) \cdot 1{,}0^2 \qquad = 1{,}67$$

$$EI\delta_{34} = \frac{1}{6}5{,}0 \cdot 1{,}0^2 \qquad = 0{,}83$$

$$EI\delta_{44} = \frac{1}{3}5{,}0 \cdot 1{,}0^2 \qquad = 1{,}67$$

b) Belastungsglieder (Kräfte in kN, Längen in m)

$$EI\delta_{10} = \frac{1}{3}4{,}0 \cdot 1{,}0 \cdot 5{,}0 \qquad = 1{,}67$$

$$EI\delta_{20} = \frac{1}{3}5{,}0 \cdot 1{,}0 \cdot 7{,}8 \qquad = 13{,}0$$

$$EI\delta_{30} = 6{,}7 + 13{,}0 \qquad = 19{,}7$$

$$EI\delta_{40} \qquad = 13{,}0$$

c) Elastizitätsgleichungen

X_1	X_2	X_3	X_4	δ_{k0}^*
4,33	0	0,67	0	6,70
0	4,67	1,67	0,83	13,0
0,67	1,67	3,00	0,83	19,7
0	0,83	0,83	1,67	13,0

d) Auflösung der Elastizitätsgleichungen

Die Auflösung eines Gleichungssystems mit 4 Unbekannten erfolgt fast ausschließlich mit Hilfsmitteln. Entsprechende Programme stehen heute bereits auf fast jedem programmierbaren Taschenrechner zur Verfügung. Beispielhaft soll hier das Gleichungssystem mit Hilfe des Gaußschen Algorithmus aufgelöst werden.

$$X_4 = -\frac{7{,}5}{1{,}4} = -5{,}35 \text{ kNm}$$

$$X_3 = -\frac{14{,}1 - 5{,}35 \cdot 0{,}53}{2{,}3} = -4{,}90 \text{ kNm}$$

$$X_2 = -\frac{13{,}0 - 5{,}35 \cdot 0{,}83 - 4{,}90 \cdot 1{,}67}{4{,}67} = -0{,}10 \text{ kNm}$$

$$X_1 = -\frac{6{,}7 - 5{,}35 \cdot 0 - 4{,}90 \cdot 0{,}67 - 0{,}10 \cdot 0}{4{,}33} = -0{,}80 \text{ kNm}$$

	Weg	X_1	X_2	X_3	X_4	δ^*_{k0}
1.		4,33	0	0,67	0	6,700
2.			4,67	1,67	0,83	13,00
3.				3,00	0,83	19,70
4.					1,60	1,30
I.	(1)	4,33	0	0,67	0	6,70
5.	(2)		4,67	1,67	0,83	13,0
6.	$-\frac{0}{4,33}\cdot(\mathrm{I})$		0	0	0	0
II.	(5) + (6)		4,67	1,67	0,83	13,00
7.	(3)			3,00	0,83	19,70
8.	$-\frac{0,67}{4,33}\cdot(\mathrm{I})$			–0,10	0	–1,00
9.	$-\frac{1,67}{4,67}\cdot(\mathrm{II})$			–0,60	–0,30	–4,6
III.	(7) + (8) + (9)			2,30	0,53	14,1
10.	(4)				1,67	13,0
11.	$-\frac{0}{4,33}\cdot(\mathrm{I})$				0	0
12.	$-\frac{0,83}{4,67}\cdot(\mathrm{II})$				–0,15	–2,3
13.	$-\frac{0,53}{2,30}\cdot(\mathrm{III})$				–0,12	–3,2
IV.	(10) + (11) + (12) + (13)				1,40	7,5

e) Auflagergrößen und Biegemomente

$A_v = B_v = 0$

$A_h = B_h = -6{,}25 - 0{,}20(-0{,}10) - 0{,}20(-4{,}90) + 0{,}20(-5{,}35) = -6{,}32$ kN

$M_A = M_B = -5{,}35$ kNm

$M_{ca} = M_{db} = 1{,}0(-0{,}10) + 1{,}0(-4{,}90) = -5{,}00$ kNm

$M_{cd} = M_{dc} = 1{,}0(-0{,}10) = -0{,}10$ kNm

$M_{ce} = M_{df} = -4{,}60$ kNm

$M_c = M_f = 1{,}0(-0{,}80) = -0{,}80$ kNm

2. Antimetrische Belastung

Für diesen Lastfall ist das System zweifach statisch unbestimmt. Es wird das statisch bestimmte Grundsystem nach Bild 5.72 verwendet. Die Momentenflächen M_1, M_2 und M_0 zeigen die Bilder 5.73 bis 5.76.

a) Ermittlung der Vorzahlen (Kräfte in kN, Längen in m)

$$EI\delta_{11} = 2\frac{1}{3}3{,}0\cdot 1{,}0^2 + 4{,}0\cdot 1{,}0^2 = 6{,}00$$

$$EI\delta_{22} = \frac{1}{3}3{,}0\cdot 1{,}0^2 + 5{,}0\cdot 1{,}0^2 = 6{,}00$$

$$EI\delta_{12} = -\frac{1}{3}1{,}0^2\cdot 3{,}0 = -1{,}00$$

b) Belastungsglieder (Kräfte in kN, Längen in m)

$$EI\delta_{10} = 2\frac{1}{3}3{,}0\cdot 1{,}0\cdot 20 + \frac{2}{3}4{,}0\cdot 1{,}0\cdot 20 - \frac{1}{3}3{,}0\cdot 1{,}0\cdot 50 - \frac{1}{3}3{,}0\cdot 1{,}0\cdot 31{,}2 = -7{,}9$$

$$EI\delta_{20} = 2\frac{1}{3}3{,}0\cdot 1{,}0\cdot 50 + \frac{2}{3}5{,}0\cdot 1{,}0\cdot 50 + \frac{1}{3}3{,}0\cdot 1{,}0\cdot 31{,}2 + \frac{2}{3}5{,}0\cdot 1{,}0\cdot 31{,}2 = 310{,}2$$

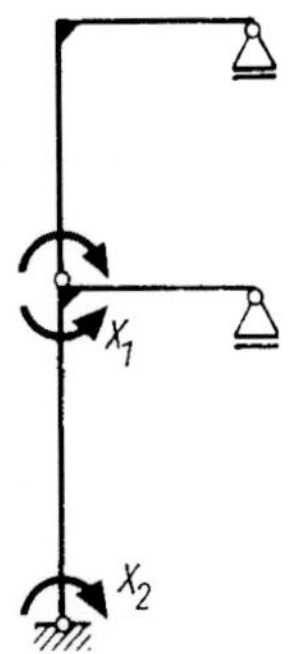

Bild 5.72

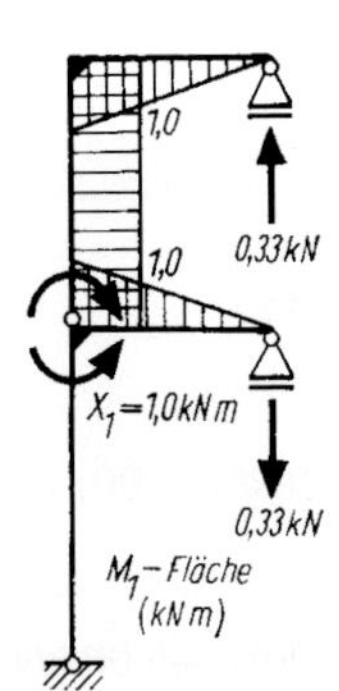

Bild 5.73

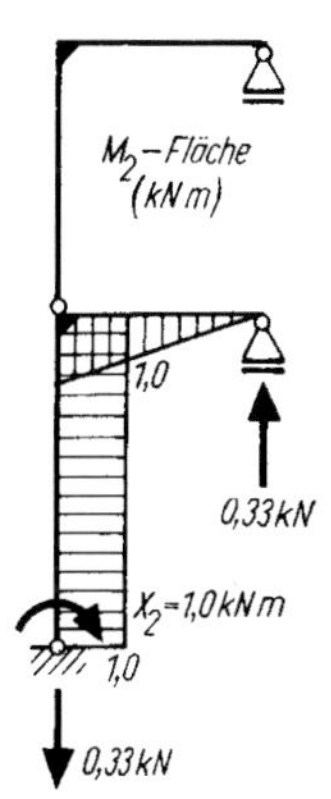

Bild 5.74

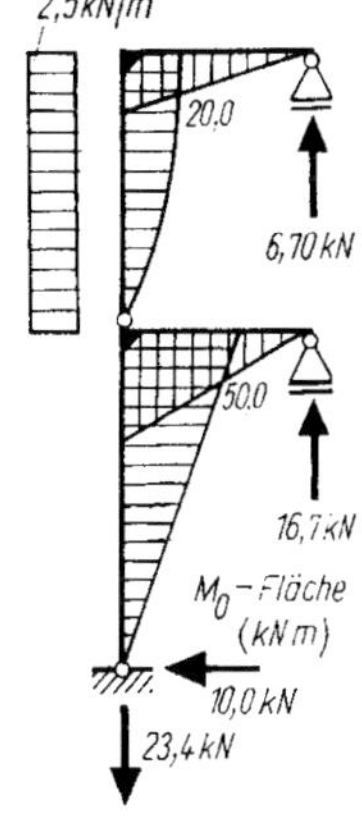

Bild 5.75

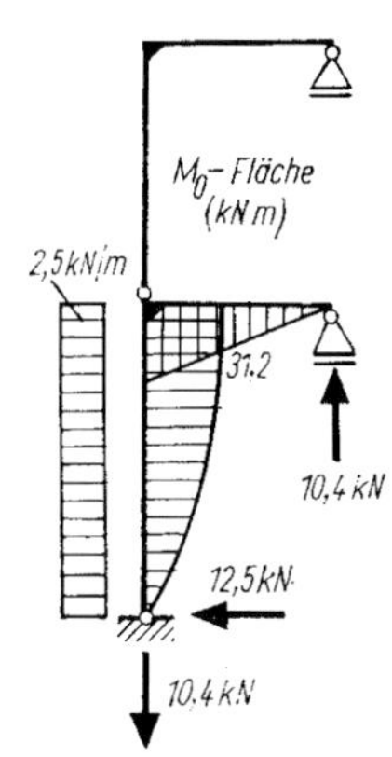

Bild 5.76

c) Auflösung der Elastizitätsgleichungen

$$6{,}0X_1 - 1{,}0X_2 - 7{,}9 = 0$$

$$-1{,}0X_1 + 6{,}0X_2 + 310{,}2 = 0$$

$$D_N = 6{,}0 \cdot 6{,}0 - 1{,}0^2 = 35{,}0$$

$$X_1 = \frac{1}{35{,}0}(6{,}0 \cdot 7{,}9 - 1{,}0 \cdot 310{,}2) = -7{,}5 \text{ kNm}$$

$$X_2 = \frac{1}{35{,}0}(1{,}0 \cdot 7{,}9 - 6{,}0 \cdot 310{,}2) = -53{,}0 \text{ kNm}$$

d) Auflagergrößen und Biegemomente

$A_v = -B_v = -23{,}4 - 10{,}4 - 0{,}33(-53{,}0) = -16{,}1$ kN

$A_h = -B_h = -10{,}0 - 12{,}5 = -22{,}5$ kN

$M_A = -M_B = -53{,}0$ kNm

$M_{ca} = -M_{db} = 50{,}0 + 31{,}2 + 1{,}0(-53{,}0) = 28{,}2$ kNm

$M_{cd} = -M_{dc} = 50{,}0 + 31{,}2 - 1{,}0(-7{,}5) + 1{,}0(-53{,}0) = 35{,}7$ kNm

$M_{ce} = -M_{df} = -7{,}5$ kNm

$M_e = -M_f = 20{,}0 + 1{,}0(-7{,}5) = 12{,}5$ kNm

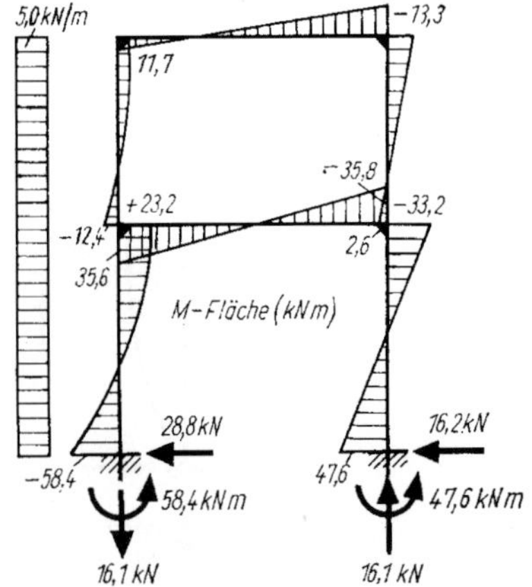

Bild 5.77

3. Superposition

Durch die Überlagerung der Ergebnisse aus symmetrischer und antimetrischer Belastung ergeben sich die Auflagerkräfte und Momente

$A_v = -16{,}1$ kN ; $B_v = 16{,}1$ kN

$A_h = -28{,}8$ kN ; $B_h = 16{,}2$ kN

$M_A = -58{,}4$ kNm ; $M_B = 47{,}6$ kNm

$M_{ca} = 23{,}2$ kNm ; $M_{cd} = 35{,}6$ kNm

$M_{ce} = -12{,}4$ kNm ; $M_{db} = -33{,}2$ kNm

$M_{dc} = -35{,}8$ kNm ; $M_{df} = 2{,}6$ kNm

$M_e = 11{,}7$ kNm ; $M_f = -13{,}3$ kNm

Bild 5.77 zeigt die endgültige Momentenfläche.

5.4.8 Statisch unbestimmte Grundsysteme

Bei der Berechnung der Überzähligen eines *n*-fach statisch unbestimmten Systems versucht man, alle Möglichkeiten auszunutzen, um Gleichungssysteme mit weniger als *n* Unbekannten zu erhalten. Das kann man auch mit einem statisch unbestimmten Grundsystem erreichen. Liegt z. B. ein fünffach statisch unbestimmtes System vor, dann ist nur noch ein Gleichungssystem mit zwei Unbekannten aufzulösen, wenn man ein dreifach statisch unbestimmtes Grundsystem wählt. Die zwei überzähligen Größen greifen dann an einem dreifach statisch unbestimmten Grundsystem an. Sie werden aus Formänderungsbedingungen des gegebenen statisch unbestimmten Systems berechnet. Damit ist der Rechnungsgang der gleiche wie beim statisch bestimmten

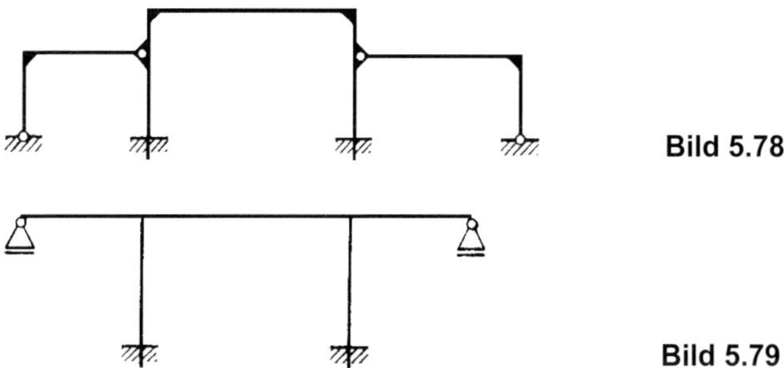

Bild 5.78

Bild 5.79

Grundsystem. Nur müssen die Vorzahlen und Belastungsglieder als Formänderungsgrößen an einem statisch unbestimmten System berechnet werden. Auch das erfolgt in der gleichen Weise wie bisher. Dazu bestimmt man die Schnittgrößen (meist nur die Biegemomente) infolge der äußeren Belastung, die auch eine Temperaturänderung oder Stützensenkung sein kann, sowie infolge der Überzähligen am statisch unbestimmten Grundsystem.

Es wird schon hier offensichtlich, dass man Vorteile nur erwarten kann, wenn zur Berechnung der genannten Schnittgrößen am statisch unbestimmten Grundsystem Tabellenbücher verfügbar sind. Das Verfahren ist also dann zu empfehlen, wenn in dem gegebenen *n*-fach statisch unbestimmten System statisch unbestimmte Rahmen enthalten sind, für die umfangreiches Material aufbereitet in Tabellenbüchern vorliegt.

Das ist z. B. für den Zweigelenkrahmen und für den zweistieligen eingespannten Rahmen der Fall. Die Berechnung der beiden fünffach statisch unbestimmten Rahmen nach den Bildern 5.78 und 5.79 lässt sich auf diese Weise vereinfachen. Die Anwendung wird an den bereits in Abschnitt 5.4.2 untersuchten Zweigelenkrahmen mit Zugband gezeigt (Bild 5.35). Die Biegemomente für Dachlast und Temperaturzunahme sollen bestimmt werden, jedoch mit einem statisch unbestimmten Grundsystem nach Bild 5.80. Die Überzählige ist dann die Normalkraft des Zugbandes. Für den Rahmen werden die Biegemomente und Normalkräfte mit Hilfe eines Tabellenbuches bestimmt. Diese Rechnung wird hier übergangen. Die Ergebnisse sind in den Bildern 5.81 bis 5.84 dargestellt.

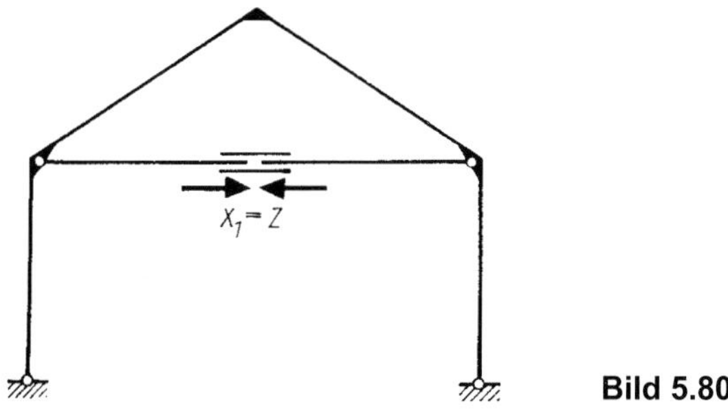

Bild 5.80

Die Biegemomente und Normalkräfte infolge $X_1 = 1{,}0$ kN für das statisch unbestimmte Grundsystem werden ebenfalls nach einem Tabellenbuch ermittelt (Bilder 5.85 und 5.86). Alle für die Rechnung benötigten Angaben werden Abschnitt 5.4.2 entnommen.

5.4.9 Beispiel

Beispiel 5.4.4

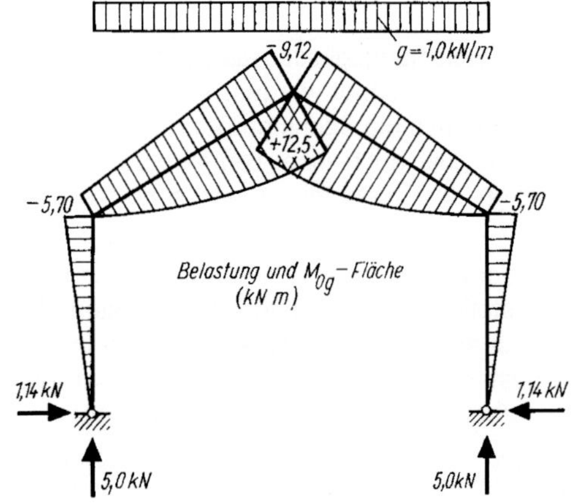

Bild 5.81

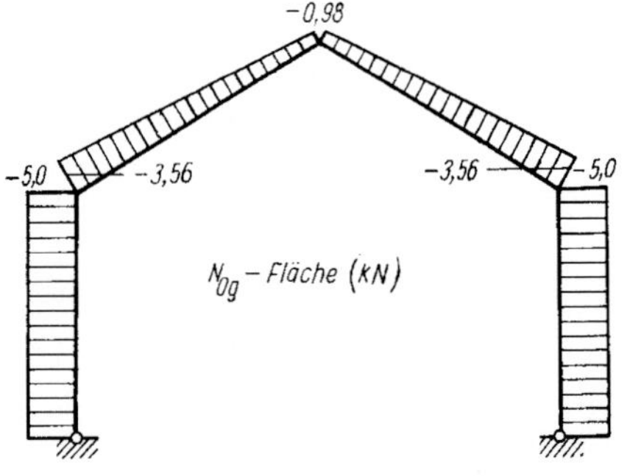

Bild 5.82

1. Ermittlung der Vorzahl (Kräfte in kN, Längen in m)

$$EI\delta_{11} = 2\frac{1}{3}5{,}0\cdot 1{,}05^2 + 2\frac{1}{3}5{,}83\left(1{,}05^2 + 1{,}32^2 - 1{,}05\cdot 1{,}32\right) + 0{,}16\cdot 2\cdot 5{,}83\cdot 0{,}68^2$$
$$+ 0{,}80\cdot 10{,}0\cdot 1{,}0^2 = 3{,}67 + 5{,}68 + 0{,}86 + 8{,}0 = 18{,}21$$

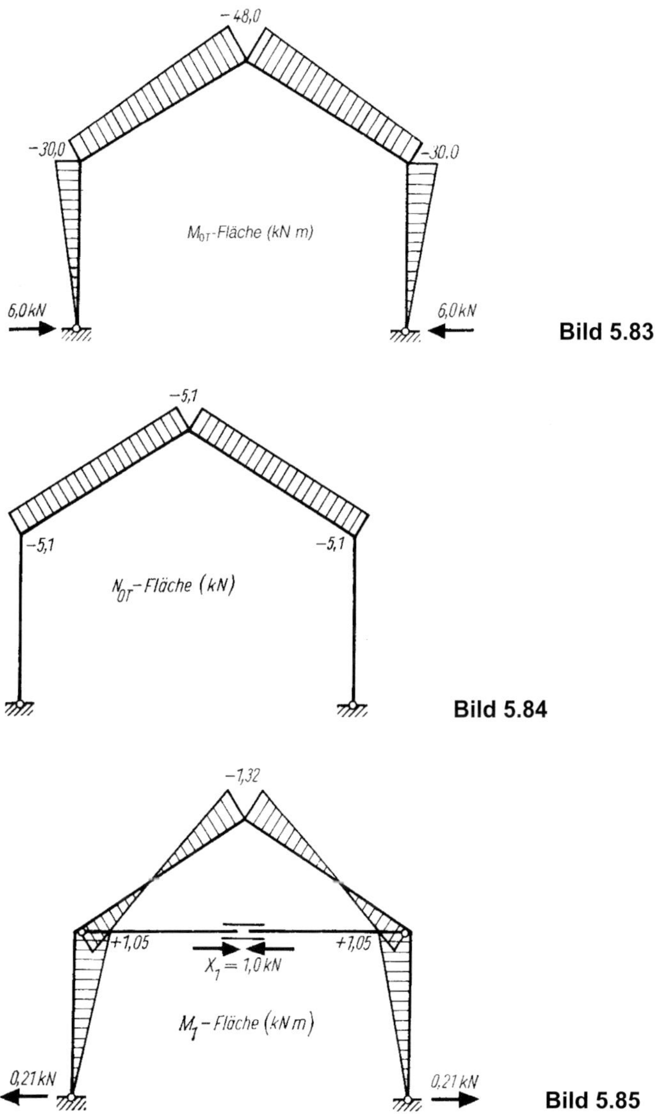

Bild 5.83

Bild 5.84

Bild 5.85

Die letzten Glieder stellen den Anteil aus der Normalkraft dar, die in dieser Aufgabe berücksichtigt werden soll.

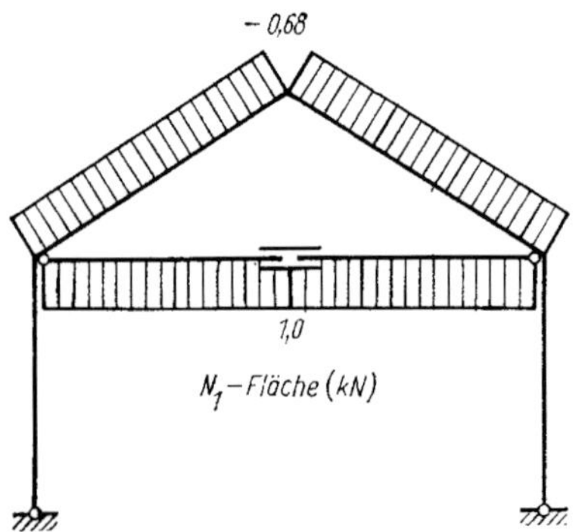

Bild 5.86

2. Lösung für Dachlast *g* = 1,0 kN/m

$$EI\delta_{10} = -2\frac{1}{3}5{,}0\cdot 1{,}05\cdot 5{,}70 + 2\frac{1}{12}5{,}83\cdot 12{,}5(3\cdot 1{,}05 - 5\cdot 1{,}32)$$
$$+2\frac{1}{6}5{,}83(-2\cdot 1{,}05\cdot 5{,}70 + 2\cdot 1{,}32\cdot 9{,}12 - 1{,}05\cdot 9{,}12 + 1{,}32\cdot 5{,}70)$$
$$+0{,}16\cdot 2\cdot 5{,}83\cdot 0{,}68\frac{1}{2}(3{,}56 + 0{,}98) = -39{,}1$$

$$X_1 = -\frac{-39{,}1}{18{,}21} = 2{,}14 \text{ kN}$$

$A_v = B_v = 5{,}0$ kN

$A_h = B_h = 1{,}14 - 0{,}21 \cdot 2{,}14 = 0{,}69$ kN

$M_c = M_e = -5{,}70 + 1{,}05 \cdot 2{,}14 = -3{,}45$ kNm

$M_d = 12{,}5 - 9{,}12 - 1{,}32 \cdot 2{,}14 = 0{,}65$ kNm

3. Lösung für Temperaturzunahme T_s = +35 K

Bei der Ermittlung des Belastungsgliedes δ_{1t} ist darauf zu achten, dass am Hauptsystem infolge der gleichmäßigen Temperaturänderung T_s bereits Momente M_0 und Normalkräfte N_0 vorhanden sind. Somit lautet die Gleichung

$$EI\delta_{1T} = \int M_{0T} M_1 ds + \frac{I}{A}\int N_{0T} N_1 ds + EI\int \alpha_T T_s N_1 ds$$

$$EI\delta_{1T} = -2\frac{1}{3}5{,}0\cdot 30\cdot 1{,}05 - 2\frac{1}{6}5{,}83(2\cdot 30\cdot 1{,}05 - 2\cdot 1{,}32\cdot 48 - 1{,}32\cdot 30 + 1{,}05\cdot 48)$$
$$+0{,}16\cdot 2\cdot 5{,}83\cdot 5{,}1\cdot 0{,}68 - 352{,}8\cdot 2\cdot 5{,}83\cdot 0{,}68 = -2795{,}5$$

$$X_1 = -\frac{-2795{,}5}{18{,}21} = 153{,}5 \text{ kN}$$

$$A_v = B_v = 0$$

$$A_h = B_h = 6{,}0 - 0{,}21 \cdot 153{,}5 = -26{,}2 \text{ kN}$$

$$M_c = M_d = -30{,}0 + 1{,}05 \cdot 153{,}5 = 131{,}0 \text{ kNm}$$

$$M_e = -48{,}0 - 1{,}32 \cdot 153{,}5 = -249{,}0 \text{ kNm}$$

Die Momentenflächen waren bereits in den Bildern 5.45 und 5.47 dargestellt worden. Die verschiedenen Lösungen zeigen zufriedenstellende Übereinstimmung.

5.4.10 Hochgradig statisch unbestimmte Rahmen

Auf Grund der bisherigen Untersuchungen von vorwiegend ein- bis dreifach statisch unbestimmten Rahmen kann man auch den Rechnungsgang von hochgradig statisch unbestimmten Rahmen übersehen. Im Prinzip sind die gleichen Arbeitsgänge vorzunehmen wie bisher. Allerdings nimmt der Rechenaufwand mit dem Grad der statischen Unbestimmtheit zu. Außerdem sind bei praktischen Berechnungen immer mehrere Lastfälle zu untersuchen. Da die Auflösung des Gleichungssystems viel Arbeit verursacht, werden auch die anderen in Abschnitt 1 erwähnten Verfahren angewendet.

Man sollte aber beachten, dass mit der Verwendung von Computern die Auflösung von Gleichungssystemen nur noch wenig Zeit beansprucht. Damit dürfte dann das Kraftgrößenverfahren auch bei hochgradig statisch unbestimmten Systemen vorteilhaft bleiben.

5.4.11 Zusammenfassung

In diesem Abschnitt wurde die Anwendung des Kraftgrößenverfahrens für einige weitere Rahmensysteme gezeigt.

Die Berechnung von Rahmen mit Zugband erfolgt in der üblichen Weise. Zu beachten ist, dass bei der Ermittlung der Vorzahlen und Belastungsglieder neben dem Einfluss der Biegemomente auch der Einfluss der Normalkräfte des Zugbandes berücksichtigt werden sollte.

Bei statisch bestimmt gelagerten geschlossenen Rahmen werden Schnittgrößen als Überzählige eingeführt.

Bei symmetrischen Rahmen kann man außerdem jede beliebige Belastung in einen symmetrischen und einen antimetrischen Anteil aufspalten. Die Belastungsumordnung führt ebenfalls zu einer Vereinfachung der Rechnung, da in der Symmetrieachse unter symmetrischer Belastung die Querkraft gleich null ist und unter antimetrischer Belastung das Biegemoment und die Normalkraft gleich null sind. Die Berechnung wird nur am halben System durchgeführt, wobei in der Symmetrieachse die dem Lastfall entsprechenden Lagerungen angeordnet werden. Die endgültigen Ergebnisse erhält man aus der Überlagerung der Werte aus den beiden Lastfällen.

Die Berechnung von hochgradig statisch unbestimmten Systemen erfordert bei Anwendung des Kraftgrößenverfahrens keine weiteren Kenntnisse. Es wird lediglich der Arbeitsumfang größer.

6 Statisch unbestimmte Fachwerke

6.1 Allgemeines

In Band 1 wurden verschiedene Verfahren zur Berechnung der Auflager- und Stabkräfte von statisch bestimmten Fachwerken gezeigt, wobei zur Ermittlung nur Gleichgewichtsbedingungen genügten. Bei statisch unbestimmten Fachwerken sind genauso wie bei den anderen statisch unbestimmten Systemen zur Berechnung der Überzähligen zusätzliche Gleichungen (Elastizitätsgleichungen) notwendig. Als Überzählige können je nach der Ursache der statischen Unbestimmtheit äußere (Auflagerkräfte) oder innere Kräfte (Stabkräfte) eingeführt werden.

Bei Fachwerken müssen s Stabkräfte und a Auflagerkräfte berechnet werden. Zur Verfügung stehen für jeden Knoten zwei Gleichgewichtsbedingungen, also bei k Knoten insgesamt $2k$. Demnach gilt bei Fachwerken

$2k = s + a$ statisch bestimmtes Fachwerk

$2k < s + a$ statisch unbestimmtes Fachwerk

$2k > s + a$ statisch überbestimmtes Fachwerk

Der Grad der statischen Unbestimmtheit wird

$$n = s + a - 2k$$

s Anzahl der Fachwerkstäbe

a Anzahl der Auflagerunbekannten

k Anzahl der Knoten des Fachwerks, einschließlich der Auflagerknoten.

6.2 Grundlagen der Berechnung

6.2.1 Elastizitätsgleichungen

Aus einem n-fach statisch unbestimmten Fachwerk bildet man durch Entfernen von n Fesselungen oder Stäben ein statisch bestimmtes Fachwerk (Grundsystem), an dem alle Berechnungen erfolgen. In diesem System werden die Auflager und Stabkräfte getrennt für die äußere Belastung (A_0, B_0, S_{10}, S_{20} usw.) und für die statisch Überzähligen $X_1 = 1{,}0$ (A_1, B_1, S_{11}, S_{21} usw.) bis $X_n = 1{,}0$ (A_n, B_n, S_{1n}, S_{2n}, ...) nach einem der in Band 1 gezeigten Verfahren ermittelt. Es sind also im Prinzip die gleichen Rechengänge notwendig wie bei Rahmen; lediglich anstelle der Schnittgrößen (M, N, V) sind Stabkräfte zu bestimmen.

Aus der Forderung, dass die Formänderungen mit den Bedingungen des statisch unbestimmten Systems verträglich sein müssen, erhält man zusätzliche Gleichungen. Dieses

Gleichungssystem ist bereits in Abschnitt 5.2 in Gl. (5.1) allgemein entwickelt worden und kann daher auch bei statisch unbestimmten Fachwerken verwendet werden.

6.2.2 Vorzahlen und Belastungsglieder

Die erforderlichen Verschiebungsgrößen δ_{ik} und δ_{i0} werden nach der Arbeitsgleichung berechnet. Aus Gl. (4.10) lässt sich für normale Belastung ableiten

$$\delta_{ik} = \sum \frac{S_i S_k}{EA} s\,; \qquad \delta_{i0} = \sum \frac{S_i S_0}{EA} s \tag{6.1}$$

Für den praktischen Gebrauch ist zu empfehlen, die Werte δ_{ik} und δ_{i0} E-fach anzusetzen und bei der Berechnung von Hand die Maßeinheiten kN und cm zu verwenden. Gl. (6.1) würde dann wie folgt auszuwerten sein:

$$E\delta_{ik} = \sum S_i S_k \frac{s}{A} \tag{6.2}$$

Bei Temperaturänderungen werden die Belastungsglieder

$$\delta_{iT} = \sum S_i \alpha_T T_s s \tag{6.3}$$

Die Vorzahlen bleiben bei diesem Lastfall die Gleichen, da sie nur von den Größen $X_i = 1{,}0$ und $X_k = 1{,}0$ abhängen. Beim Einsetzen in das Gleichungssystem ist jetzt zu beachten, dass entweder die E-fach ermittelten Vorzahlen durch E zu dividieren oder die Belastungsglieder mit E zu multiplizieren sind.

Für Stützensenkungen ergeben sich die Belastungsglieder

$$\delta_{i\Delta} = -\sum C_i s \tag{6.4}$$

Für die Vorzahlen gilt hier das Gleiche wie bei den Temperaturänderungen.

In den Gln. (6.2) und (6.3) muss die Summenbildung für sämtliche Stäbe des Fachwerks erfolgen. Am zweckmäßigsten lässt sich die Rechnung in Tabellenform bewältigen. Die Beispiele in den Abschnitten 6.3 und 6.4 zeigen die Anwendung.

6.2.3 Endgültige Auflager- und Stabkräfte

Nachdem die Vorzahlen und Belastungsglieder bestimmt sind, können die Elastizitätsgleichungen aufgestellt und aufgelöst werden. Damit sind die statisch Überzähligen bekannt. Die endgültigen Auflager- und Stabkräfte kann man nach einem der üblichen Verfahren mit Hilfe der Gleichgewichtsbedingungen berechnen, oder man bestimmt sie durch Überlagerung nach der Gleichung

$$S = S_0 + S_1 X_1 + S_2 X_2 + \ldots + S_n X_n \tag{6.5}$$

6.3 Äußerlich statisch unbestimmte Fachwerke

6.3.1 Statisch bestimmte Grundsysteme

Ein äußerlich statisch unbestimmtes Fachwerk zeigt Bild 6.1a. Es handelt sich um ein Durchlauffachwerk auf vier Stützen. Als statisch bestimmtes Grundsystem kann dasjenige nach den Bildern 6.1b oder c verwendet werden.

Der grundsätzliche Gang der Rechnung wurde bereits in den vorangegangenen Abschnitten beschrieben, so dass auf weitere Erklärungen verzichtet werden kann. Deswegen wird die Anwendung sofort an einigen Beispielen gezeigt.

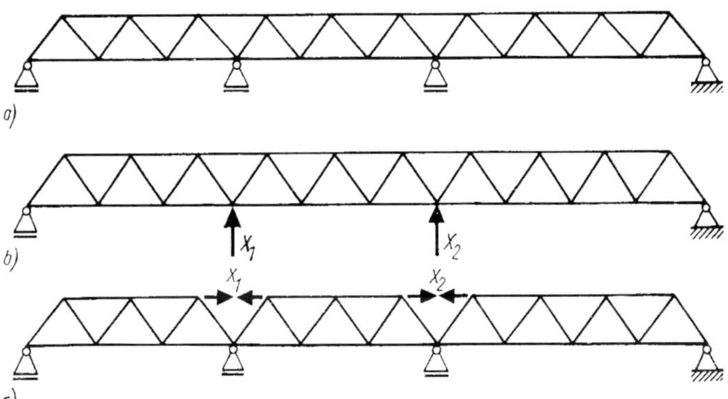

Bild 6.1

6.3.2 Beispiele

Beispiel 6.3.1

Für das Fachwerk nach Bild 6.2a sind die Auflager- und Stabkräfte für eine Belastung von $g = 1{,}0$ kN/m am Untergurt zu bestimmen. Die Stabquerschnitte enthält Tabelle 6.1, in der auch die Berechnung erfolgt.

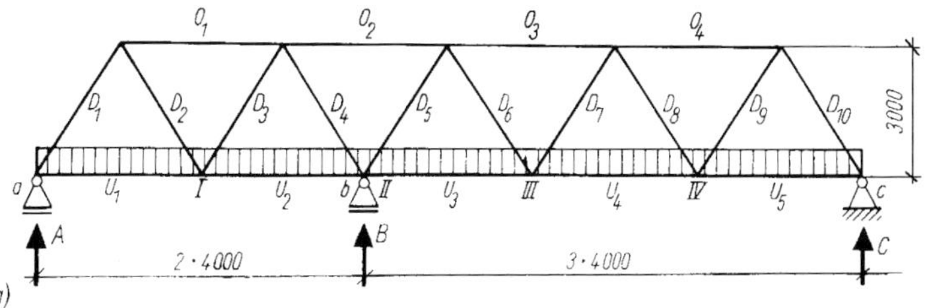

Bild 6.2a

Lösung

Als statisch Unbestimmte X_1 wird die Auflagerkraft der Innenstütze angesetzt. Das statisch bestimmte Grundsystem ist somit ein gewöhnliches, parallelgurtiges Fachwerk auf zwei Stützen. Die Berechnung der Auflager- und Stabkräfte für die gegebene Belastung und für $X_1 = 1{,}0$ kN kann als bekannt vorausgesetzt werden (Bilder 6.2b und c). Die Ergebnisse lauten:

Knotenlasten:

$$P_a = P_c = 2{,}0 \text{ kN}$$

$$P_{\mathrm{I}} = P_{\mathrm{II}} = P_{\mathrm{III}} = P_{\mathrm{IV}} = 4{,}0 \text{ kN}$$

Tabelle 6.1: Berechnung von $E\delta_{10}$ und $E\delta_{11}$ für das Fachwerk in Bild 6.2a

Stab	A	s	$\frac{s}{A}$	S_0	S_1	$S_0 S_1 \frac{s}{A}$	$S_1 S_1 \frac{s}{A}$	$S_1 X_1$	S
	cm^2	cm	cm^{-1}	kN	kN			kN	kN
1	2	3	4	5	6	7	8	9	10
U_1	31,0	400	12,90	5,333	–0,400	–27,53	2,06	–4,69	0,64
U_2	38,4	400	10,42	13,333	–1,200	–166,66	15,00	–14,07	–0,74
U_3	38,4	400	10,42	16,000	–1,333	–222,17	18,51	–15,63	0,37
U_4	31,0	400	12,90	13,333	–0,800	–137,63	8,26	–9,38	3,95
U_5	31,0	400	12,90	5,333	–0,267	–18,37	0,92	–3,13	2,20
O_1	38,4	400	10,42	–10,667	0,800	–88,89	6,67	9,38	–1,28
O_2	38,4	400	10,42	–16,000	1,600	–266,67	26,67	18,77	2,77
O_3	38,4	400	10,42	–16,000	1,067	–177,83	11,86	12,52	–3,48
O_4	38,4	400	10,42	–10,667	0,533	–59,22	2,96	6,25	–4,42
D_1	31,0	360	11,61	–9,600	0,720	–80,27	6,02	8,44	–1,16
D_2	24,6	360	14,63	9,600	–0,720	–101,15	7,59	–8,44	1,16
D_3	24,6	360	14,63	–4,080	0,720	–42,99	7,59	8,44	4,36
D_4	38,4	360	9,38	4,800	–0,720	–32,40	4,86	–8,44	–3,64
D_5	38,4	360	9,38	0,000	–0,480	0,00	2,16	–5,63	–5,63
D_6	24,6	360	14,63	0,000	0,480	0,00	3,37	5,63	5,63
D_7	24,6	360	14,63	4,800	–0,480	–33,72	3,37	–5,63	–0,83
D_8	24,6	360	14,63	–4,800	0,480	–33,72	3,37	5,63	0,83
D_9	24,6	360	14,63	9,600	–0,480	–67,43	3,37	–5,63	3,97
D_{10}	31,0	360	11,61	–9,600	0,480	–53,51	2,68	5,63	–3,97
Σ						–1610,16	137,28		

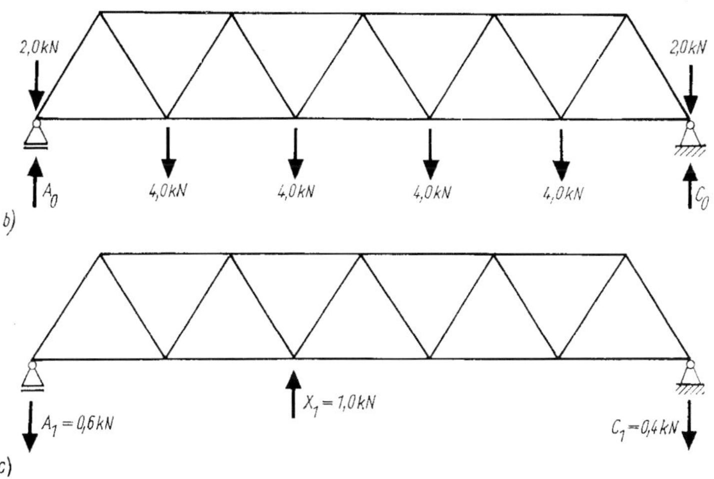

Bild 6.2b und c

Auflagerkräfte:

$$A_0 = C_0 = 10{,}0 \text{ kN}$$

$$A_1 = -0{,}6 \text{ kN}; \qquad C_1 = -0{,}4 \text{ kN}$$

Die Stabkräfte S_0 und S_1 enthält Tabelle 6.1.

Der nächste Schritt ist die Berechnung von δ_{11}, δ_{10} und X_1

$$E\delta_{11} = \sum S_1 S_1 \frac{s}{A}; \qquad E\delta_{10} = \sum S_1 S_0 \frac{s}{A}$$

(Tabelle 6.1, Spalten 7 und 8)

$$E\delta_{11} X_1 + E\delta_{10} = 0$$

$$X_1 = -\frac{E\delta_{10}}{E\delta_{11}} = -\frac{-1610{,}16}{138{,}28} = 11{,}73 \text{ kN}; \qquad B = X_1$$

Die Auflagerkräfte werden damit

$$A = 10{,}0 - 11{,}8 \cdot 0{,}6 = 2{,}92 \text{ kN}; \qquad B = 11{,}8 \text{ kN}$$

$$C = 10{,}0 - 11{,}8 \cdot 0{,}4 = 5{,}28 \text{ kN}$$

In den letzten beiden Spalten der Tabelle 6.1 errechnet man die endgültigen Stabkräfte nach Gl. (6.5)

$$S = S_0 + S_1 X_1$$

Beispiel 6.3.2

Für das in Bild 6.3a dargestellte Fachwerk mit gleicher Querschnittsfläche von $A = 13{,}8\ \text{cm}^2$ sind bei allen Stäben die Auflager- und Stabkräfte zu bestimmen. ($E = 21000\ \text{kN/cm}^2$; $\alpha_T = 12 \cdot 10^{-6}\ \text{K}^{-1}$)

1. infolge $P = 1{,}0$ kN
2. infolge Erwärmung der Stäbe 5, 6 und 13 um 30 K
3. infolge Stützenverschiebung des Auflagers *b* in lotrechter Richtung nach unten um 1,0 cm.

Lösung

Das Fachwerk ist einfach statisch unbestimmt. Als Überzählige X_1 soll die horizontale Auflagerkraft des Lagers *b* angesetzt werden (Bild 6.3b).

Zu 1. Es ist vorteilhaft, zuerst alle Stäbe, die infolge *P* oder X_1 keine Stabkräfte erhalten (Nullstäbe), zu bestimmen. In diesem Fall sind das die Stäbe 4, 10 und 12. Außerdem wird $S_2 = S_3$, $S_5 = S_6$, und $S_7 = S_8$. Als Auflagerkräfte ergeben sich

$$A_{h0} = -1{,}0\ \text{kN}\,; \qquad A_{v0} = -B_{v0} = -1{,}0\ \text{kN}$$

$$A_{h1} = 1{,}0\ \text{kN}\,; \qquad A_{v1} = -B_{v1} = 0{,}667\ \text{kN}$$

Da die Querschnittsflächen in allen Stäben gleich sind, verkürzt sich die Rechnung. Die Stablänge wird in diesem Fall am besten in m eingesetzt, um die Zahlen in einer brauchbaren Größenordnung zu halten (Tabelle 6.2, Spalten 1 bis 6):

$$EA\delta_{10} = -62{,}85\ \text{kNm}\,; \qquad EA\delta_{11} = 66{,}25\ \text{kNm}$$

$$X_1 = -\frac{\delta_{10}}{\delta_{11}} = -\frac{EA\delta_{10}}{EA\delta_{11}} = -\frac{-62{,}68}{66{,}22} = 0{,}95\ \text{kN}$$

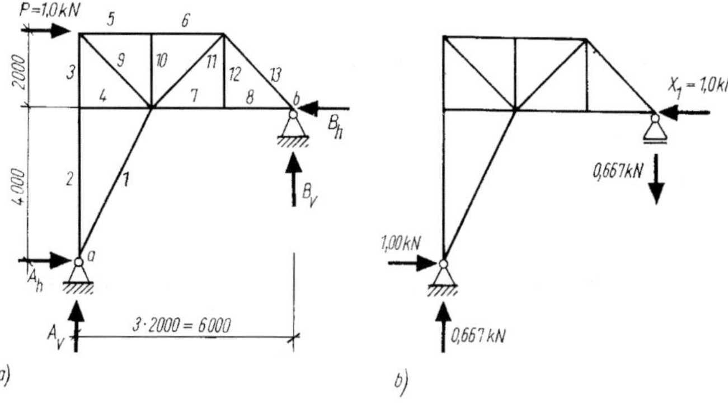

Bild 6.3

$A_h = -1{,}0 + 0{,}95 \cdot 1{,}0 = -0{,}05$ kN ; $\quad B_h = X_1 = 0{,}95$ kN

$A_v = -1{,}0 + 0{,}95 \cdot 0{,}667 = -0{,}36$ kN ; $\quad B_v = 0{,}36$ kN

Die Stabkräfte werden in den Spalten 7 und 8 der Tabelle 6.2 ausgerechnet.

Zu 2. An der Vorzahl δ_{11} ändert sich gegenüber der Lösung zu **1**. nichts. Sie wird sofort übernommen. Das Belastungsglied berechnet man nach Gl. (6.3) zu

$$\delta_{1T} = \sum S_1 \alpha_T T_s s \; ; \qquad \alpha_T T_s = 12 \cdot 10^{-6} \cdot 30 = 3{,}6 \cdot 10^{-4}$$

Die Rechnung ist in Tabelle 6.2, Spalte 9 enthalten. Es können nur die Stäbe Beiträge zu δ_{1t} liefern, die einer Temperaturänderung unterworfen sind. Bei allen anderen Stäben ist $T_s = 0$.

$$EA\delta_{11} = 66{,}25 \text{ kNm} \; ; \qquad \delta_{1T} = 28{,}74 \cdot 10^{-4} \text{ kNm}$$

$$X_1 = -\frac{\delta_{1T}}{\delta_{11}} = -\frac{28{,}74 \cdot 21000 \cdot 13{,}8}{10^4 \cdot 66{,}25} = -12{,}6 \text{ kN}$$

$A_h = -12{,}6 \cdot 1{,}0 = -12{,}6$ kN ; $\quad B_h = X_1 = -12{,}6$ kN

$A_v = -12{,}6 \cdot 0{,}667 = -8{,}4$ kN ; $\quad B_v = 8{,}4$ kN

Die Stabkräfte für diesen Lastfall sind in Tabelle 6.2, Spalte 10 ausgerechnet worden.

Tabelle 6.2: Stabkräfte für das Fachwerk in Bild 6.3

Stab						**Belastung P**		**Temperaturänd. T_s**		**Δb**
	s m	**S_0** kN	**S_1** kN	**S_0S_1s**	**S_1S_1s**	**X_1S_1** kN	**S** kN	**$S_1\alpha_T T_s s$** kNm	**$S = X_1S_1$** kN	**$S = X_1S_1$** kN
1	**2**	**3**	**4**	**5**	**6**	**7**	**8**	**9**	**10**	**11**
1	4,47	2,24	–2,24	–22,43	22,43	–2,13	0,11		28,22	–65,41
2,3	6,00	–1,00	1,33	–7,98	10,61	1,26	0,26		–16,76	38,84
5,6	4,00	–2,00	1,33	–10,64	7,08	1,26	–0,74	$19{,}2 \cdot 10^{-04}$	–16,76	38,84
7,8	4,00	1,00	–1,67	–6,68	11,16	–1,59	–0,59		21,04	–48,76
9	2,82	1,41	–1,88	–7,48	9,97	–1,79	–0,38		23,69	–54,90
11	2,82	1,41	–0,94	–3,74	2,49	–0,89	0,52		11,84	–27,45
13	2,82	–1,41	0,94	–3,74	2,49	0,89	–0,52	$9{,}6 \cdot 10^{-04}$	–11,84	27,45
				–62,68	66,22			$28{,}7 \cdot 10^{-04}$		

Zu 3. Die Vorzahl δ_{11} wird auch hier wie bei den beiden vorangegangenen Fällen ermittelt. Für das Belastungsglied gilt jetzt

$$\delta_{1\Delta} = -\sum C_{i1} c$$

Das Produkt unter dem Summenzeichen stellt eine Arbeit dar. Sie ist dann positiv, wenn Auflagerkraft und Verschiebung gleichgerichtet sind.

In diesem Fall ist nur eine Verschiebung δ_b und die in diese Richtung fallende Auflagerkraft B_{v1} vorhanden. Damit wird

$$\sum C_{i1} c = B_{v1} \delta_b = 0{,}667 \cdot 1{,}0 = 0{,}667 \text{ kNcm}$$

$$\delta_{1\Delta} = -\sum C_{i1} c = -0{,}667 \text{ kNcm}$$

$$X_1 = -\frac{\delta_{1\Delta}}{\delta_{11}} = -\frac{-0{,}667 \cdot 21000 \cdot 13{,}88}{10^2 \cdot 66{,}25} = 29{,}2 \text{ kN}$$

$A_h = 29{,}2 \cdot 1{,}0 = 29{,}2$ kN ; $\quad B_h = X_1 = 29{,}2$ kN

$A_v = 29{,}2 \cdot 0{,}667 = 19{,}5$ kN ; $\quad B_v = -19{,}5$ kN

Die Stabkräfte infolge Stützensenkung enthält Spalte 10 der Tabelle 6.2. Es ist zu erkennen, dass die Stabkräfte aus einer Stützensenkung von 1,0 cm wesentlich größer sind als die aus der Belastung von $P = 1{,}0$ kN.

Da man die Stützensenkung nicht genau im Voraus bestimmen kann, sind bei statisch unbestimmten Systemen Auflager- und Stabkräfte jeweils für eine Stützensenkung von 1,0 cm getrennt für jede Richtung der Auflagerkräfte zu bestimmen. So lassen sich dann, wenn das wirkliche Maß der Stützensenkung besser übersehbar vorliegt, die Beanspruchungen durch Überlagerung der einzelnen Anteile bestimmen.

6.4 Innerlich statisch unbestimmte Fachwerke

6.4.1 Statisch bestimmte Grundsysteme

Bei diesen Systemen liegt die Ursache der statischen Unbestimmtheit im inneren Aufbau. Es sind zuviele Stäbe vorhanden. Ein statisch bestimmtes Grundsystem kann daher nur durch Ausschalten der *n* überzähligen Stabkräfte gebildet werden. Die statisch unbestimmten X_k sind dann die Normalkräfte der durchschnittenen Stäbe. Sie werden in Richtung der jeweiligen Stäbe an den beiden Anschlussknoten als Zugkräfte eingeführt (Bild 6.4). Bei der Festlegung der Überzähligen ist zu beachten, dass ein kinematisch starres, statisch bestimmtes Grundsystem gebildet wird. Die Ermittlung der Stabkräfte S_0 am statisch bestimmten Grundsystem erfolgt nach einem der bekannten Verfahren.

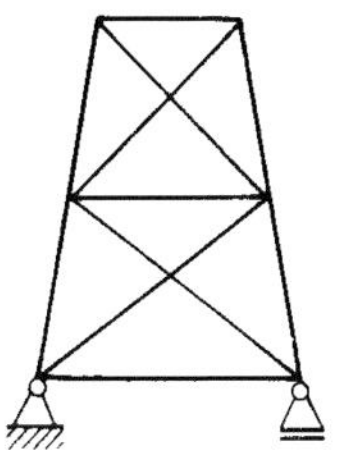

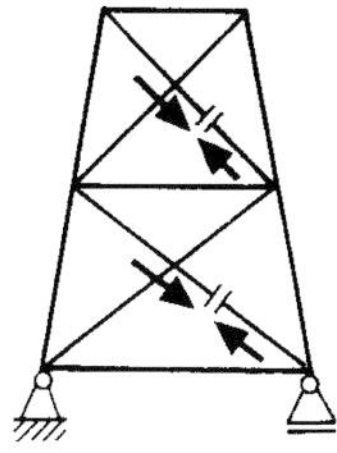

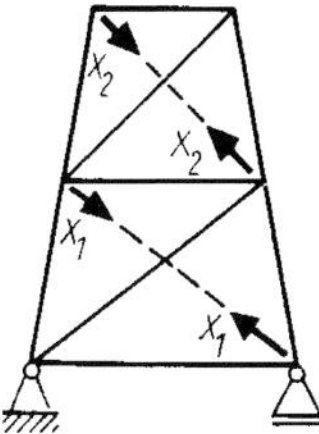

Bild 6.4

Da $X_k = 1{,}0$, an zwei Knoten eines Fachwerks entgegengesetzt gerichtet, gleich groß angreift, können infolge $X_k = 1{,}0$ keine Auflagerkräfte, wohl aber Stabkräfte entstehen. Die gesamte weitere Berechnung wird wie beim äußerlich statisch unbestimmten Fachwerk durchgeführt.

Im durchschnittenen Stab k ist nur bei dem Lastfall $X_k = 1{,}0$ eine Stabkraft der Größe $S_k = 1{,}0$ vorhanden. Bei der Überlagerung ergibt sich daher

$$S_k = S_{k0} + X_1 S_{k1} + \ldots + X_k S_{kk} + \ldots + X_n S_{kn}$$

$$S_k = 0 + 0 + \ldots + X_k\, 1{,}0 + \ldots + 0 = X_k$$

6.4.2 Beispiele

Beispiel 6.4.1

Für das in Bild 6.5a dargestellte innerlich einfach statisch unbestimmte Fachwerk sind für die gegebene Belastung die Auflager- und Stabkräfte zu bestimmen.

Vorhandene Querschnittsflächen

$A = 24{,}6$ cm^2 für S_1 bis S_6 und $A = 13{,}82$ cm^2 für S_7 bis S_{10}

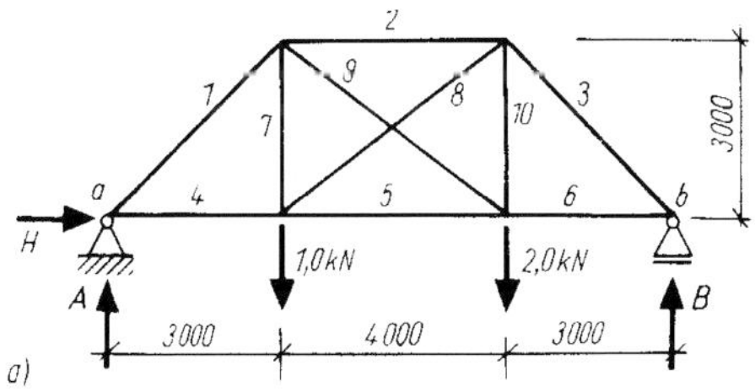

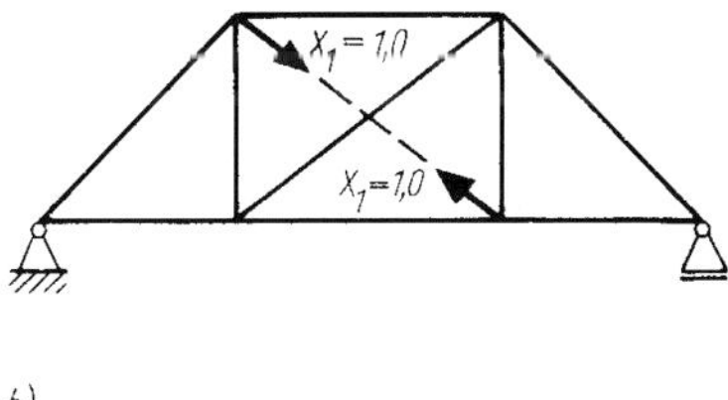

Bild 6.5

Lösung

Als überzähliger Stab wird Stab 9 eingesetzt (Bild 6.5b).

Auflagerkräfte

$$A = A_0 = 1{,}30 \text{ kN}\,; \qquad A_1 = 0$$

$$B = B_0 = 1{,}70 \text{ kN}\,; \qquad B_1 = 0$$

$$H = H_0 = 0\,; \qquad H_1 = 0$$

Die weitere Berechnung wird wieder in Tabellenform durchgeführt (Tabelle 6.3). Infolge $X_1 = 1{,}0$ kN entstehen in den Stäben 1, 4, 3 und 6 keine Stabkräfte, da $X_1 = 1{,}0$ keine Auflagerkräfte hervorruft. Für X_1 erhält man

$$X_1 = -\frac{-66{,}3}{108{,}86} = 0{,}61 \text{ kN}$$

Die endgültigen Stabkräfte werden wieder in Tabelle 6.3 ausgerechnet (Spalten 9 und 10).

Tabelle 6.3: Stabkräfte für das Fachwerk in Bild 6.5

Stab	A	s	$\frac{s}{A}$	S_0	S_1	$S_0 S_1 \frac{s}{A}$	$S_1 S_1 \frac{s}{A}$	$X_1 S_1$	S
	cm^2	cm	cm^{-1}	kN	kN			kN	kN
1	**2**	**3**	**4**	**5**	**6**	**7**	**8**	**9**	**10**
1	24,60	424	17,24	–1,84	0,00	0,00	0,00	0,00	–1,84
2	24,60	400	16,26	–1,30	–0,80	16,91	10,41	–0,49	–1,79
3	24,60	424	17,24	–2,40	0,00	0,00	0,00	0,00	–2,40
4	24,60	300	12,20	1,30	0,00	0,00	0,00	0,00	1,30
5	24,60	400	16,26	1,70	–0,80	–22,11	10,41	–0,49	1,21
6	24,60	300	12,20	1,70	0,00	0,00	0,00	0,00	1,70
7	13,82	300	21,71	1,30	–0,60	–16,93	7,81	–0,37	0,93
8	13,82	500	36,18	–0,50	1,00	–18,09	36,18	0,61	0,11
9	13,82	500	36,18	0,00	1,00	0,00	36,18	0,61	0,61
10	13,82	300	21,71	2,00	–0,60	–26,05	7,81	–0,37	1,63
						–66,27	108,80		

6.5 Zusammenfassung

1. Bei äußerlich statisch unbestimmten Fachwerken führt man Auflagerkräfte oder Stabkräfte als Überzählige ein. Falls man Stabkräfte gewählt hat, dann besteht das Grundsystem aus mehreren statisch bestimmten Fachwerken.
2. Bei innerlich statisch unbestimmten Fachwerken kann das statisch bestimmte Grundsystem nur gebildet werden, indem man die n überzähligen Stäbe durchschneidet und ihre Stabkräfte als statisch unbestimmte Größen einführt. Es ergeben sich infolge $X_k = 1{,}0$ kN keine Auflagerkräfte, sondern lediglich Stabkräfte.
3. Die Ermittlung der Vorzahlen und Belastungsglieder erfolgt nach der Arbeitsgleichung für Fachwerke. Je nach der Art der Beanspruchung aus äußeren Kräften, Temperaturänderungen oder Stützensenkungen sind die maßgebenden Glieder der Arbeitsgleichung anzusetzen.
4. Die statisch Überzähligen werden mit Hilfe von Elastizitätsgleichungen nach Gl. (5.1) errechnet. Die endgültigen Auflager- und Stabkräfte bestimmt man aus Gleichgewichtsbedingungen oder durch Überlagerung.

7 Formänderung bei statisch unbestimmten Stabwerken

7.1 Allgemeines

Die Bestimmung der Verschiebung oder Verdrehung der Stabachse statisch bestimmter Stabwerke mit Hilfe der Arbeitsgleichung wurde in Abschnitt 4 dieses Bandes gezeigt. Es wird dazu in dem jeweiligen Punkt in Richtung der gesuchten Verschiebung oder Verdrehung eine virtuelle Kraft $\bar{P} = 1{,}0$ kN oder ein virtuelles Moment $\bar{M} = 1{,}0$ kNm angetragen. Aus der Momentenfläche M infolge der äußeren Belastung sowie der Momentenfläche $\bar{M}$ aus der virtuellen Belastung konnte mit der Arbeitsgleichung die Verschiebung δ_k oder die Verdrehung φ_k berechnet werden.

Bei der Bestimmung von Verschiebungen oder Verdrehungen an statisch unbestimmten Tragwerken ist vollständig der gleiche Rechnungsgang durchzuführen. Neben der Momentenfläche $M^{(n)}$ infolge der äußeren Belastung muss außerdem noch in einem weiteren Lastfall die Momentenfläche $\bar{M}^{(n)}$ infolge $\bar{P} = 1{,}0$ kN oder $\bar{M} = 1{,}0$ kNm am statisch unbestimmten System ermittelt werden. Die Verschiebung oder Verdrehung folgt dann aus der Arbeitsgleichung zu

$$EI_c \delta_k^{(n)} = \int M^{(n)} \bar{M}^{(n)} \frac{I_c}{I} \mathrm{d}s \tag{7.1}$$

Das Symbol (n) kennzeichnet dabei, dass die Verschiebung δ_k und die Momentenflächen M bzw. $\bar{M}$ in einem n-fach statisch unbestimmten System ermittelt wurden. Für ein statisch bestimmtes System würde das Symbol (0) verwendet werden.

Da die Momentenfläche $\bar{M}$ ebenfalls am statisch unbestimmten System ermittelt werden muss, würde noch ein zusätzlicher Rechenaufwand zu bewältigen sein. Dieser Arbeitsaufwand kann jedoch mit Hilfe des im folgenden Abschnitt gezeigten Reduktionssatzes vermindert werden.

7.2 Der Reduktionssatz

Dieser Lehrsatz, auf dessen Beweis hier verzichtet werden soll, sagt aus:

> Bei der Bestimmung von Verdrehungen und Verschiebungen an statisch unbestimmten Tragwerken infolge äußerer Belastung mit Hilfe der Arbeitsgleichung kann eine der beiden Momentenflächen M oder $\bar{M}$ an einem in dem statisch unbestimmten System enthaltenen statisch bestimmten Grundsystem ermittelt werden.

Damit vereinfacht sich Gl. (7.1), und es gelten die beiden Ansätze

$$EI_c\delta_k^{(n)} = \int M^{(n)}\bar{M}^{(0)} \frac{I_c}{I} \mathrm{d}s \tag{7.2}$$

$$EI_c\delta_k^{(n)} = \int M^{(0)}\bar{M}^{(n)} \frac{I_c}{I} \mathrm{d}s \tag{7.3}$$

Bei der Bestimmung von Verschiebungen und Verdrehungen an statisch unbestimmten Systemen infolge Temperaturänderungen und Auflagerverschiebungen lassen sich ebenfalls zwei Ansätze verwenden. Sie werden jedoch einen etwas verschiedenen Aufbau zeigen. Da am statisch unbestimmten System infolge Temperaturänderungen und Auflagerverschiebungen bereits Momentenflächen $M_T^{(n)}$ bzw. $M_\Delta^{(n)}$ und Normalkraftflächen $N_T^{(n)}$ bzw. $N_\Delta^{(n)}$ vorhanden sind, gehen diese beim ersten Ansatz mit in die Gleichung ein. Beim zweiten Ansatz sind $M_T^{(0)}$, $M_\Delta^{(0)}$, $N_T^{(0)}$ und $N_\Delta^{(0)}$ bekanntlich gleich null.

Somit lautet die Arbeitsgleichung zur Bestimmung von Verschiebungen $\delta_{kT}^{(n)}$ bzw. Verdrehungen $\varphi_{kT}^{(n)}$ an statisch unbestimmten Tragwerken infolge Temperaturänderungen unter Berücksichtigung des Reduktionssatzes

$$\begin{aligned} EI_c\delta_{kT}^{(n)} &= \int M_T^{(n)}\bar{M}^{(0)} \frac{I_c}{I} \mathrm{d}s + \frac{I_c}{A_c}\int N_T^{(n)}\bar{N}^{(0)} \frac{A_c}{A} \mathrm{d}s \\ &\quad + EI_c\int \bar{M}^{(0)} \frac{\alpha_T \Delta T}{h} \mathrm{d}s + EI_c\int \bar{N}^{(0)}\alpha_T T_s \mathrm{d}s \end{aligned} \tag{7.4}$$

$$EI_c\delta_{kT}^{(n)} = EI_c\int \bar{M}^{(n)} \frac{\alpha_T \Delta T}{h} \mathrm{d}s + EI_c\int \bar{N}^{(n)}\alpha_T T_s \mathrm{d}s \tag{7.5}$$

Zur Bestimmung der Verschiebung oder Verdrehung infolge Auflagerverschiebungen lauten die beiden Ansätze

$$EI_c\delta_{k\Delta}^{(n)} = \int M_\Delta^{(n)}\bar{M}^{(0)} \frac{I_c}{I} \mathrm{d}s + \frac{I_c}{A_c}\int N_\Delta^{(n)}\bar{N}^{(0)} \frac{A_c}{A} \mathrm{d}s - EI_c\sum \bar{C}^{(0)}c \tag{7.6}$$

$$EI_c\delta_{k\Delta}^{(n)} = -EI_c\sum \bar{C}^{(n)}c \tag{7.7}$$

Am zweckmäßigsten dürften die Gln. (7.2), (7.4) und (7.6) zu verwenden sein, da die Schnittgrößen im statisch unbestimmten System infolge Belastung, Temperaturänderungen und Auflagerverschiebungen im Zuge der vorangegangenen Berechnung bereits ermittelt wurden. Es sind dann die Schnittgrößen infolge der virtuellen Belastung nur noch an einem statisch bestimmten System zu ermitteln.

7.3 Kontrolle der mit dem Kraftgrößenverfahren ermittelten Ergebnisse

An früherer Stelle wurde bereits erwähnt, dass die Rechenergebnisse der statisch Unbestimmten X_k und damit auch die der endgültigen Auflager- und Schnittgrößen nicht mit Gleichgewichtsbedingungen kontrolliert werden können. Das Gleichgewicht der Kräfte lässt sich an einem statisch unbestimmten Tragwerk mit jeder beliebigen Annahme für die Überzähligen X_k erfüllen. Eine Bestätigung für richtige Ergebnisse kann man nur aus Formänderungsbedingungen erhalten. Eine solche Bedingung ist der Nachweis der Kontinuität des Stabzuges.

Führt man an einer Stelle des Stabzuges einen gedachten Schnitt, dann müssen die gegenseitigen Verdrehungen oder Verschiebungen des Stabzuges gleich null sein. Bisher wurden nur absolute Verschiebungen oder Verdrehungen von Punkten eines Tragwerkes berechnet. Dazu musste man eine virtuelle Kraft oder ein virtuelles Moment nach Bild 7.1 ansetzen. Zur Bestimmung von relativen Verschiebungen oder Verdrehungen der beiden Schnittufer eines Schnitts sind virtuelle Kräfte oder Momente nach Bild 7.2 zu verwenden. Im Allgemeinen wird man auch bei der Kontrolle nur den Einfluss der Biegemomente berücksichtigen, so dass die Bedingung für die Kontinuität des Stabzuges lautet

$$\int M^{(n)} \bar{M}^{(0)} \frac{I_c}{I} \, ds = 0 \tag{7.8}$$

Mit dieser Formel ist eine Rechenkontrolle für die Biegemomente aus äußerer Belastung möglich. Die virtuellen Kräfte oder Momente werden unter Verwendung des Reduktionssatzes an einem statisch bestimmten Grundsystem angebracht. Dieses ist so auszuwählen, dass sich die Momentenflächen $M^{(n)}$ und $\bar{M}^{(n)}$ in einem möglichst großen Bereich überdecken. Dann ist die Gewähr gegeben, dass die Rechenkontrolle umfassend ist.

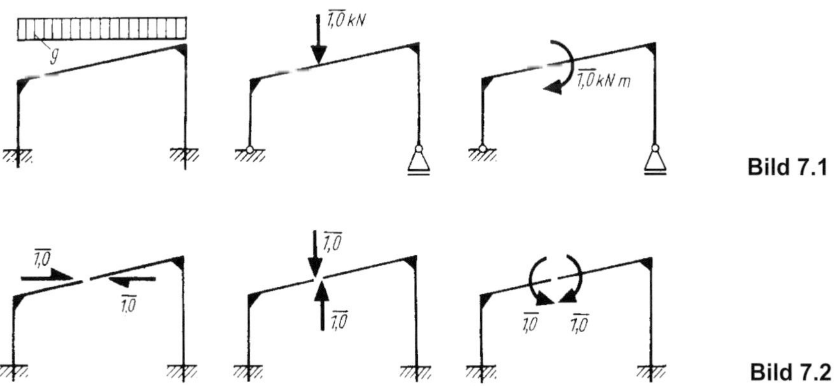

Bild 7.1

Bild 7.2

Bei symmetrischen Tragwerken ist zu beachten, dass nicht Verschiebungen und Verdrehungen zur Rechenkontrolle herangezogen werden, die auf Grund der Symmetrie des Tragwerkes und der Belastung von vornherein gleich null sind.

Bei der Rechenkontrolle für die Schnittkräfte aus Temperaturänderungen bzw. Stützensenkungen ist der vollständige Ansatz nach Gl. (7.4) bzw. (7.6) zu verwenden. Das Ergebnis muss wiederum gleich null sein.

Die Kontrolle wird je nach der Rechengenauigkeit fast immer einen von Null abweichenden Wert liefern. Die Größe dieses Fehlers lässt keine direkten Schlüsse auf die Genauigkeit der Berechnung zu. Da das Ergebnis aus der Differenz zweier Zahlen entsteht, kann lediglich der Vergleich des Fehlers mit den beiden Zahlen Anhaltspunkte dafür geben, ob man sich innerhalb der erreichbaren Rechengenauigkeit bewegt.

7.4 Zusammenfassung

1. Die Bestimmung einer Verschiebung oder Verdrehung der Stabachse eines statisch unbestimmten Systems erfolgt mit Hilfe der Arbeitsgleichung. Dabei kann auf Grund des Reduktionssatzes die Momentenfläche M oder $\bar{M}$ an einem beliebigen, in dem statisch unbestimmten System enthaltenen statisch bestimmten Grundsystem ermittelt werden.
2. Zur Rechenkontrolle der Ergebnisse nach der Kraftgrößenmethode wird mit Hilfe der Arbeitsgleichung und des Reduktionssatzes die Kontinuität des Stabzuges an dafür geeigneten Punkten nachgeprüft. An den Schnittstellen dieser Punkte werden virtuelle Kräfte oder Momente der Größe $\bar{1}$ angebracht. Die relativen Verschiebungen oder Verdrehungen der Schnittufer müssen gleich null sein.
3. Das in dem statisch unbestimmten System enthaltene statisch bestimmte Grundsystem zur Ermittlung der Momentenflächen $\bar{M}$ ist so zu wählen, dass sich die Momentenflächen $M^{(n)}$ und $M^{(0)}$ in einem möglichst großen Bereich überdecken. Punkte, bei denen auf Grund der Symmetrie des Tragwerks und der Belastung die Verschiebung bzw. Verdrehung gleich null ist, sind von der Rechenkontrolle auszuschließen.

7.5 Beispiele

Beispiel 7.5.1

Für den in Abschnitt 5.4.4 untersuchten sechsfach statisch unbestimmten Stockwerkrahmen ist die EI-fache horizontale Verschiebung des linken oberen Eckpunktes zu bestimmen. Ferner sind die in Abschnitt 5.4.4 ermittelten Rechenergebnisse zu kontrollieren.

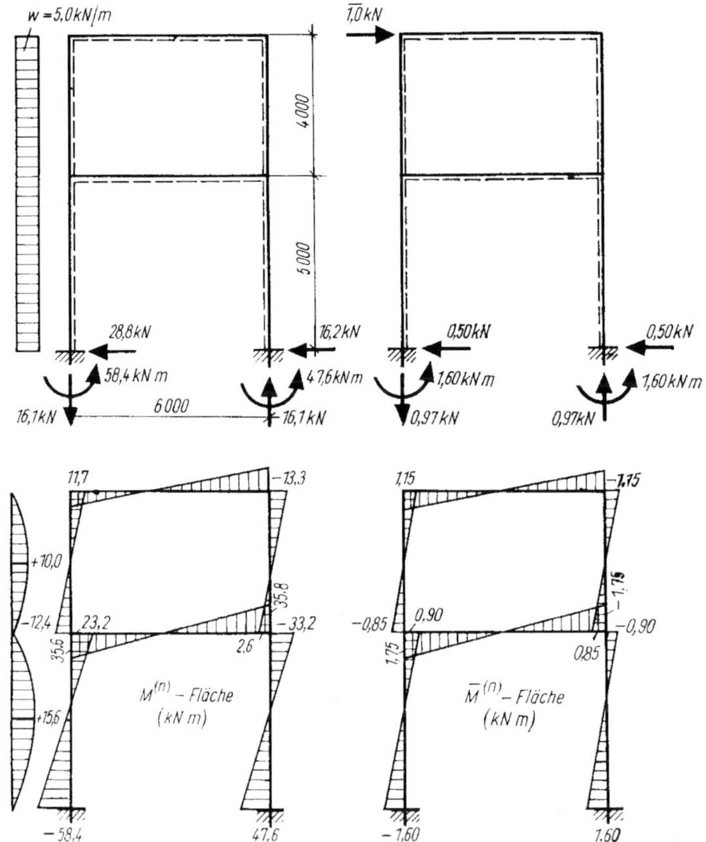

Bild 7.3

Lösung

Es soll zuerst die Verschiebung ohne Benutzung des Reduktionssatzes, also nach Gl. (7.1), bestimmt werden. Dazu werden die bereits bekannte Momentenfläche $M^{(n)}$ und die noch zu ermittelnde Momentenfläche $\bar{M}^{(n)}$ gebraucht. Beide sowie die Belastung und das System sind in Bild 7.3 enthalten. Die Bestimmung von $\bar{M}^{(n)}$ wird hier übergangen. Die Momentenfläche $M^{(n)}$ist gegenüber Bild 5.77 lediglich etwas zweckmäßiger für die Benutzung der Integraltafel dargestellt worden.

$$EI\delta = +\frac{1}{6}5{,}0(2\cdot 58{,}4\cdot 1{,}60 + 2\cdot 23{,}2\cdot 0{,}90 - 58{,}4\cdot 0{,}90 - 23{,}2\cdot 1{,}60)$$
$$+\frac{1}{3}5{,}0\cdot 15{,}6(0{,}90 - 1{,}60)$$
$$+\frac{1}{6}4{,}0(2\cdot 12{,}4\cdot 0{,}85 + 2\cdot 11{,}7\cdot 1{,}15 - 12{,}4\cdot 1{,}15 - 11{,}7\cdot 0{,}85)$$
$$+\frac{1}{3}4{,}0\cdot 10{,}0(1{,}15 - 0{,}85)$$
$$+\frac{1}{6}6{,}0(2\cdot 1{,}15\cdot 11{,}7 + 2\cdot 1{,}15\cdot 13{,}3 - 1{,}15\cdot 13{,}3 - 1{,}15\cdot 11{,}7)$$
$$+\frac{1}{6}6{,}0(2\cdot 1{,}75\cdot 35{,}6 + 2\cdot 1{,}75\cdot 35{,}8 - 1{,}75\cdot 35{,}6 - 1{,}75\cdot 35{,}8)$$
$$+\frac{1}{6}4{,}0(2\cdot 1{,}15\cdot 13{,}3 + 2\cdot 0{,}85\cdot 2{,}6 - 1{,}15\cdot 2{,}6 - 0{,}85\cdot 13{,}3)$$
$$+\frac{1}{6}5{,}0(2\cdot 0{,}90\cdot 33{,}2 + 2\cdot 1{,}60\cdot 47{,}6 - 0{,}90\cdot 47{,}6 - 1{,}60\cdot 33{,}2)$$

$$EI\delta = 382{,}2 \text{ kNm}^3$$

Nunmehr soll zur Anwendung des Reduktionssatzes die virtuelle Momentenfläche $\bar{M}^{(0)}$ an einem möglichst einfachen statisch bestimmten Grundsystem ermittelt werden. Es wird dazu ein eingespannter Träger verwendet (Bild 7.4a).

$$EI\delta = -\frac{1}{3}4{,}0\cdot 4{,}0\cdot 10{,}0 - \frac{1}{6}4{,}0\cdot 4{,}0(11{,}7 - 2\cdot 12{,}4)$$
$$-\frac{1}{3}5{,}0\cdot 15{,}6(4{,}0 + 9{,}0)$$
$$+\frac{1}{6}5{,}0(-2\cdot 4{,}0\cdot 23{,}2 + 2\cdot 9{,}0\cdot 58{,}4 + 4{,}0\cdot 58{,}4 - 9{,}0\cdot 23{,}2)$$

$$EI\delta = 386{,}6 \text{ kNm}^3$$

Das Ergebnis zeigt mit dem vorigen ausreichende Übereinstimmung. Der Rechenaufwand war jedoch jetzt wesentlich geringer. Man wird daher bei der Berechnung von Formänderungen stets den Reduktionssatz anwenden.

Es soll die horizontale Verschiebung des linken oberen Eckpunktes nochmals mit einer Momentenfläche $M^{(0)}$ an einem statisch bestimmten Grundsystem berechnet werden (Bild 7.4b). Für die $\bar{M}^{(n)}$-Fläche muss jetzt die Momentenfläche nach Bild 7.3 verwendet werden.

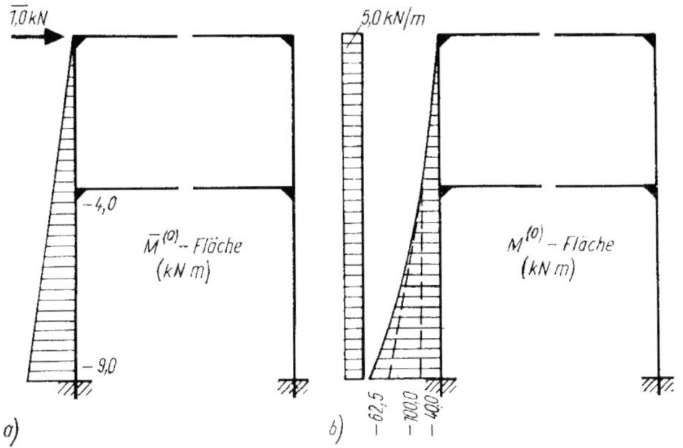

Bild 7.4

$$EI\delta = -\frac{1}{12}4{,}0\cdot 40{,}0(1{,}15-3\cdot 0{,}85)-\frac{1}{2}5{,}0\cdot 40{,}0(0{,}90-1{,}60)$$

$$-\frac{1}{6}5{,}0\cdot 100{,}0(0{,}90-2\cdot 1{,}60)-\frac{1}{12}5{,}0\cdot 62{,}5(0{,}90-3\cdot 1{,}60)$$

$$EI\delta = 382{,}1\ \text{kNm}^3$$

Auch dieses Ergebnis zeigt befriedigende Übereinstimmung mit den beiden vorstehenden. Man wird bei Berechnungen im Allgemeinen den Weg wählen, der an zweiter Stelle gezeigt wurde, da die Momentenfläche M aus der äußeren Belastung am statisch unbestimmten System durch die vorangegangene Rechnung vorliegt und nur noch die Momentenfläche $\bar{M}$ an einem einfachen, statisch bestimmten Grundsystem zu ermitteln ist.

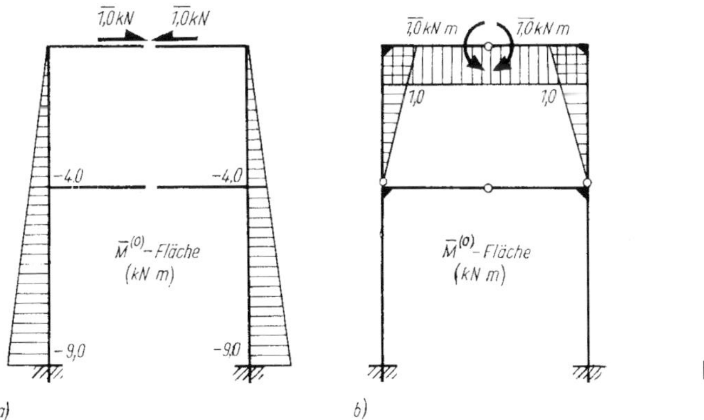

Bild 7.5

Nach der Aufgabenstellung soll noch eine Rechenkontrolle für die Ergebnisse aus Abschnitt 5.4.4 durchgeführt werden.

Dazu wird das statisch bestimmte Grundsystem nach Bild 7.5a mit der dort angegebenen virtuellen Belastung benutzt. Auch hier wird, wie fast immer, nur der Einfluss der Biegemomente erfasst. Nach Gl. (7.8) erhält man

$$
\begin{aligned}
EI\delta = & -\frac{1}{3}4{,}0\cdot 4{,}0\cdot 10{,}0-\frac{1}{6}4{,}0\cdot 4{,}0(11{,}7-2\cdot 12{,}4)\\
& +\frac{1}{3}5{,}0\cdot 15{,}6(4{,}0+9{,}0)\\
& +\frac{1}{6}5{,}0(-2\cdot 4{,}0\cdot 23{,}2+2\cdot 9{,}0\cdot 58{,}4+4{,}0\cdot 58{,}4-9{,}0\cdot 23{,}2)\\
& -\frac{1}{6}4{,}0\cdot 4{,}0(-13{,}3+2\cdot 2{,}6)\\
& +\frac{1}{6}5{,}0(2\cdot 4{,}0\cdot 33{,}2-2\cdot 9{,}0\cdot 47{,}6-4{,}0\cdot 47{,}6+9{,}0\cdot 33{,}2)
\end{aligned}
$$

$$EI\delta = -53{,}3+34{,}9-338{,}0+742{,}0+21{,}6-402{,}3 = 798{,}5-793{,}6 = 4{,}9 \approx 0$$

Infolge der Rechenungenauigkeiten ergibt sich ein Fehler von 4,9 kNm^3. Das entspricht 0,6 % der Werte, aus denen die Differenz gebildet wurde, und liegt daher in einer vertretbaren Größenordnung.

Die Rechenkontrolle soll noch mit dem Hauptsystem und der virtuellen Belastung nach Bild 7.5b durchgeführt werden.

$$
\begin{aligned}
EI\delta = & +\frac{1}{2}1{,}0\cdot 1{,}0(11{,}7-13{,}3)+\frac{1}{6}4{,}0\cdot 1{,}0(2\cdot 11{,}7-12{,}4)\\
& +\frac{1}{6}4{,}0\cdot 1{,}0(-2\cdot 13{,}3+2{,}6)+\frac{1}{3}4{,}0\cdot 1{,}0\cdot 10{,}0
\end{aligned}
$$

$$EI\delta = -4{,}8+7{,}3-16{,}0+13{,}0 = -20{,}8+20{,}3 \approx 0$$

Man erkennt, dass die Zahlenrechnung der Kontrolle bei Verwendung eines virtuellen Momentes $\bar{M} = 1{,}0$ kNm einfacher wird.

Beispiel 7.5.2

Für den in Abschnitt 5.3.3 (Bild 5.15) untersuchten Rahmen ist über die Rechenergebnisse der Lastfälle Temperaturänderung und Stützensenkung eine Kontrolle durchzuführen. Weiterhin soll für diese Lastfälle die Verschiebung des rechten oberen Eckpunktes *g* bestimmt werden.

Lösung

Da jedes in dem statisch unbestimmten System enthaltene statisch bestimmte Grundsystem zugrunde gelegt werden kann, wird dasjenige des untersuchten Beispiels verwendet (Bild 5.16). Als virtuelle Belastung werden Momente $\bar{M} = 1{,}0$ angesetzt, da diese zweckmäßig für die Rechnung sind. Wählt man dazu den Eckpunkt *d*, so erhält man als Momentenfläche $\bar{M}$ die M_1-Fläche des Beispiels in Abschnitt 5.3.3 (Bild 5.18). Diese erstreckt sich über alle Stäbe mit Ausnahme des Stabes *c–g*. Die Rechenkontrolle dürfte damit umfassend genug sein.

Zur Kontrolle der Ergebnisse infolge Temperaturänderungen ist Gl. (7.4) anzusetzen. Dabei kann der Anteil aus der Formänderung der Normalkräfte wieder wie üblich wegen Geringfügigkeit vernachlässigt werden. Die letzten beiden Glieder der Gleichung werden aus dem Beispiel übernommen (S. 157) als $\delta_{1T}^{*} = EI\delta_{1T} = 448 \text{ kNm}^3$. Die Bedingung lautet demnach (Bilder 5.18 und 5.23)

$$EI_c\varphi_T = \int M_T^{(n)}\bar{M}^{(0)}\,\frac{I_c}{I}\,\mathrm{d}s + 448 = 0$$

$$\begin{aligned} EI_c\varphi_T = {} & +\frac{1}{3}13{,}5\cdot 135{,}0\cdot 1{,}0 + \frac{1}{6}7{,}5\cdot 1{,}0(2\cdot 135{,}0 + 287{,}5) \\ & +\frac{1}{3}4{,}5\cdot 1{,}0\cdot 88{,}0 - \frac{1}{2}4{,}5\cdot 1{,}0(199{,}5 + 246{,}5) \\ & -\frac{1}{6}9{,}0\cdot 1{,}0(2\cdot 246{,}5 + 94{,}0) + 488{,}0 \end{aligned}$$

$$EI_c\varphi_T = 607{,}5 + 697{,}5 + 132{,}0 - 1003{,}0 - 980{,}5 + 488{,}0$$

$$EI_c\varphi_T = 1885{,}0 - 1883{,}0 \approx 0$$

Bei der Rechenkontrolle der Ergebnisse infolge Stützensenkung findet ebenfalls der vollständige Ansatz nach Gl. (7.6) Anwendung. Das letzte Glied wurde bereits im Beispiel (S. 158) als Belastungsglied $EI_2\delta_{1\Delta} = 1134 \text{ kNm}^3$ zahlenmäßig ermittelt.

Vernachlässigt man wieder den Anteil der Normalkraft, so ergibt sich auf Grund der Momentenflächen in den Bildern 5.18 und 5.24 nach der Bedingung

$$EI_c\varphi_\Delta = \int M_\Delta^{(n)}\bar{M}^{(0)}\,\frac{I_c}{I}\,\mathrm{d}s + 1134 = 0$$

$$\begin{aligned} EI_c\varphi_\Delta = {} & -\frac{1}{3}13{,}5\cdot 76{,}0\cdot 1{,}0 + \frac{1}{6}7{,}5\cdot 1{,}0(-2\cdot 76{,}0 + 170{,}8) \\ & -\frac{1}{3}4{,}5\cdot 1{,}0\cdot 9{,}3 - \frac{1}{2}4{,}5\cdot 1{,}0(180{,}1 + 113{,}5) \\ & -\frac{1}{6}9{,}0\cdot 1{,}0(2\cdot 113{,}5 - 133{,}3) - 1134{,}0 \end{aligned}$$

$$EI_c\varphi_\Delta = -342{,}0 + 23{,}2 - 14{,}0 - 660{,}0 - 140{,}5 + 1134{,}0$$

$$EI_c\varphi_\Delta = -1156{,}5 + 1157{,}2 \approx 0$$

Zur Bestimmung der horizontalen Verschiebung ist an einem in dem statisch unbestimmten System enthaltenen beliebigen statisch bestimmten Grundsystem die virtuelle Momentenfläche $\bar{M}$ infolge $\bar{P} = 1{,}0$ kN zu ermitteln (Bild 7.6). Das bisher verwendete Grundsystem ist auch hier günstig, da sich die Momentenfläche $\bar{M}$ nur über zwei Stäbe erstreckt.

Die Verschiebung infolge Temperaturänderungen berechnet man nach Gl. (7.4) sowie nach den Bildern 5.23 und 7.6. Außerdem war nach dem Beispiel $EI_c = 7{,}56 \cdot 10^5$ kNm².

$$\begin{aligned} EI_c\delta_{gT} &= +\frac{1}{6}9{,}0\cdot 9{,}0(2\cdot 246{,}5 + 94{,}0) \\ &+\frac{1}{6}4{,}5(2\cdot 9{,}0\cdot 246{,}5 + 2\cdot 4{,}5\cdot 199{,}5 + 9{,}0\cdot 199{,}5 + 4{,}5\cdot 246{,}5) \\ &-\frac{1}{3}4{,}5\cdot 4{,}5\cdot 88{,}0 \\ &+7{,}56\cdot 10^5\left[\frac{-1{,}0\cdot 10^{-5}(20-50)}{1{,}0}\frac{1}{2}9{,}0\cdot 12{,}0 + 1{,}0\cdot 10^{-5}\cdot 20\cdot 12{,}0\right] \end{aligned}$$

$$EI_c\delta_{gT} = 3751\ \text{kNm}^3; \qquad \delta_{gT} = 0{,}5\ \text{cm}$$

Zur Bestimmung der Verschiebung infolge Stützensenkung benutzt man Gl. (7.6) sowie die Momentenflächen in den Bildern 5.24 und 7.6.

$$\begin{aligned} EI_c\delta_{g\Delta} &= +\frac{1}{6}9{,}0\cdot 9{,}0(-133{,}3 + 2\cdot 113{,}5) \\ &+\frac{1}{6}4{,}5(2\cdot 9{,}0\cdot 113{,}5 + 2\cdot 4{,}5\cdot 180{,}1 + 9{,}0\cdot 180{,}1 + 4{,}5\cdot 113{,}5) \\ &+\frac{1}{3}4{,}5\cdot 4{,}5\cdot 9{,}3 - 7{,}56\cdot 10^5(-0{,}75)(-0{,}01) \end{aligned}$$

$$EI_c\delta_{g\Delta} = 4\ \text{kNm}^3; \qquad \delta_{g\Delta} \approx 0$$

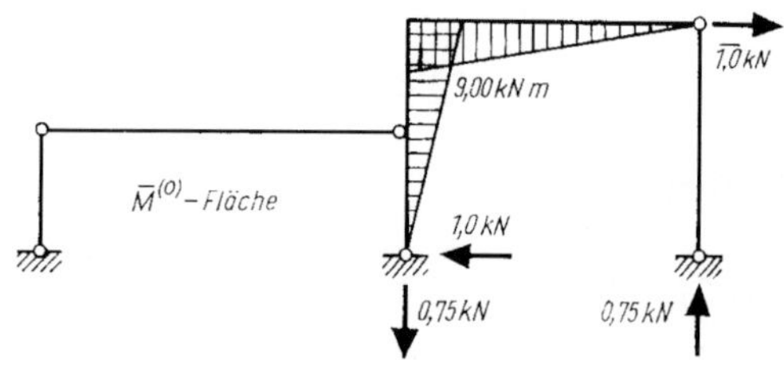

Bild 7.6

8 Einflusslinien

8.1 Grundlagen zur Ermittlung und Auswertung von Einflusslinien

8.1.1 Allgemeines

Die Statik hat die Aufgabe, für ein vorgegebenes Tragwerk und eine bestimmte Belastung die Auflager- und Schnittgrößen zu liefern, damit dann nach den Regeln der Festigkeitslehre die Querschnittsabmessungen festgelegt und die sich ergebenden Beanspruchungen und Formänderungen berechnet werden können. Diese Ermittlungen erfolgten bisher nur für Lasten, deren Angriffspunkte festlagen, die also ortsgebunden waren. Es handelte sich dabei um Eigengewichte und ruhende Verkehrslasten, wobei letztere zwar nicht ständig zu wirken brauchten, ihr Angriffspunkt jedoch immer bekannt war. Es treten aber im Bauwesen, besonders bei der Belastung von Kranbahnen, Straßen- und Eisenbahnbrücken noch weitere Lasten, die beweglichen Verkehrslasten, auf deren Angriffspunkte zeitlich veränderlich sind.

Sie wirken in den meisten Fällen lotrecht, so dass allen weiteren Betrachtungen nur diese Kraftrichtung zugrunde gelegt werden kann. Auch haben die beweglichen Lasten im Allgemeinen einen konstanten Abstand zueinander.

Bei den ortsgebundenen Lasten waren zwar die Schnittgrößen für die einzelnen Schnitte des Trägers verschieden, jedoch ergab sich für jeden Schnitt ein fester Wert. Man erhielt für das Tragwerk eindeutige *V*-, *N*- und *M*-Flächen. Bei Wanderlasten ergeben sich schon für einen Schnitt je nach der Laststellung verschiedene Ergebnisse. Für die Bemessung des Tragwerkes muss man aber die maximalen und minimalen Auflager- und Schnittgrößen der Schnitte berücksichtigen.

Zum Erkennen der dafür maßgebenden Laststellungen verwendet man Einflusslinien. Die Einflusslinie ist für jede statische Größe (Auflagerkraft, Schnittgröße eines bestimmten Schnittes, Durchbiegung eines Punktes) ein charakteristischer Linienzug. Ihre Ermittlung ist der erste Teil der Aufgabe, die Auswertung als zweiter Teil liefert dann die gesuchten Schnittgrößen.

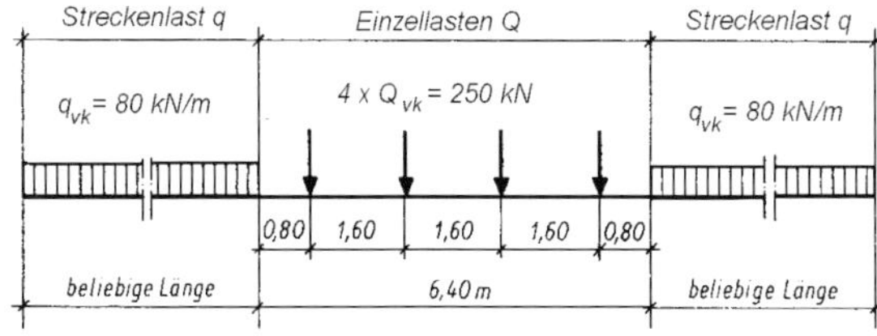

Bild 8.1

Die Wanderlasten selbst können Radlasten von Kränen, idealisierte Lastbilder von Eisenbahnen oder den Straßenverkehr ersetzende Regelfahrzeuge sein. Ihre Größe und Anordnung sind den entsprechenden Vorschriften zu entnehmen. Als Beispiel sei das Lastbild für Tragwerke in Eisenbahnstrecken mit Regelspur nach DIN Fachbericht 101 angeführt (Bild 8.1).

Teilweise wird in den Vorschriften auch geregelt, welche Teile des Bauwerks belastet werden dürfen. Bei den Lastannahmen für Straßenbrücken ist so beispielsweise vorgeschrieben, dass bei der Belastung der Brückenfläche alle mindernd wirkenden Verkehrslasten (Teilsicherheitsbeiwert $\gamma_Q = 0$) unberücksichtigt bleiben. Diese Regelung setzt unbedingt die Kenntnis von Einflusslinien voraus, da nur Bereiche mit gleichen Vorzeichen belastet werden dürfen.

8.1.2 Ermittlung der Einflusslinien

Bei der Berechnung eines Tragwerkes mit ruhenden Lasten wird der Schnitt festgelegt, für den man die inneren Kräfte ermitteln will. Auch bei Wanderlasten muss man wissen, an welchem Schnitt und für welche Schnittgröße die Einflusslinie bestimmt werden soll. Mit ihr verfügt man dann über ein Hilfsmittel zur Bestimmung der maßgebenden Laststellungen und der Größe der maximalen und minimalen Größen im vorgegebenen Schnitt. Das brauchen aber keineswegs die Maximal- und Minimalwerte der Schnittgrößen des ganzen Trägers zu sein. Sie ergeben sich für einen Schnitt, den man auf Grund der bisher gewonnenen Kenntnisse bestimmen muss, um dann für diesen Schnitt mit Hilfe der Einflusslinien die maßgebenden Laststellungen bei beweglichen Lasten angeben zu können.

Zur Ermittlung der Einflusslinie lässt man eine Einzellast über das Tragwerk rollen und hält in jeder Stellung die Wirkung auf den betrachteten Schnitt oder das Auflager fest.

Zur Erklärung ist in Bild 8.2 ein Träger auf drei Stützen dargestellt. Wie bekannt, liefert eine Last Q im linken Feld eine positive Auflagerkraft A. Sie wird umso größer sein, je näher die Last am Auflager a steht. Steht diese Last dagegen im rechten Feld, so

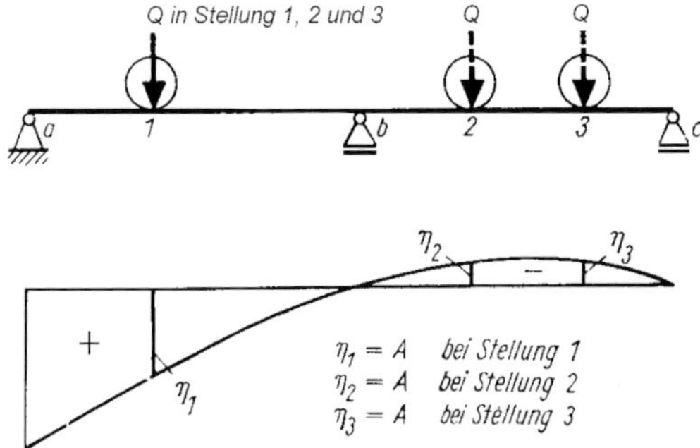

Bild 8.2

liefert sie eine negative Auflagerkraft *A*. Die Größe der im Auflager *a* entstehenden Kraft wird an der jeweiligen Stellung der Last als Ordinate η aufgetragen. Die grafische Darstellung in Bild 8.2 lässt diesen Zusammenhang erkennen. Diese Darstellung ist aber bereits eine Einflusslinie; denn sie gibt an, welche Wirkung eine über der betreffenden Ordinate stehende Last *Q*, in diesem Fall im Auflager *a*, hervorruft.

Zur Ermittlung der einzelnen Ordinaten einer Einflusslinie lässt man nun eine Last $Q = 1{,}0$ kN über den Träger rollen, ermittelt in verschiedenen Laststellungen den Einfluss, den diese Last $Q = 1{,}0$ auf die gesuchte statische Größe ausübt, und trägt diesen Betrag als Ordinate η unter der jeweiligen Laststellung ein. Die Verbindungslinie aller Endpunkte dieser Ordinaten bezeichnet man als Einflusslinie und die durch sie dargestellte Fläche als Einflussfläche.

Die Einflusslinie kann positive oder negative Ordinaten aufweisen. Für das Auftragen werden Regeln wie bei Stütz- und Schnittgrößen verwendet. Danach werden die positiven Flächen nach unten und die negativen Flächen nach oben aufgetragen. Den Schnittpunkt der Einflusslinie mit der Grundlinie ($\eta = 0$) bezeichnet man als Lastscheide. Eine dort aufgestellte Last kann zu der gesuchten statischen Größe keinen Beitrag liefern. Die Einflusslinie ist charakteristisch für jedes Tragwerk und für jede zu ermittelnde Auflager- und Schnittgröße. Sie ist vollkommen unabhängig von der Belastung und kann getrennt von dieser bestimmt werden.

Es sei noch besonders darauf hingewiesen, dass eine Einflusslinie sich zwar über die ganze Länge eines Tragwerkes erstreckt, aber alle Ordinaten eine statische Größe an einer Stelle des Trägers betreffen. Hierin unterscheidet sie sich von den Schnittgrößenlinien; denn dort kennzeichnet jede Ordinate die statische Größe des betreffenden Punktes, an dem sie angetragen wird.

8.1.3 Auswertung der Einflusslinien

Die folgenden Erläuterungen über das Auswerten von Einflusslinien werden am Beispiel einer Auflagerkraft durchgeführt. Sie gelten sinngemäß für alle Arten von Einflusslinien. Eine Last $Q = 1{,}0$ kN erzeugt in dem Auflager *a* (Bild 8.3) die Kraft $(1{,}0)\ \eta$.

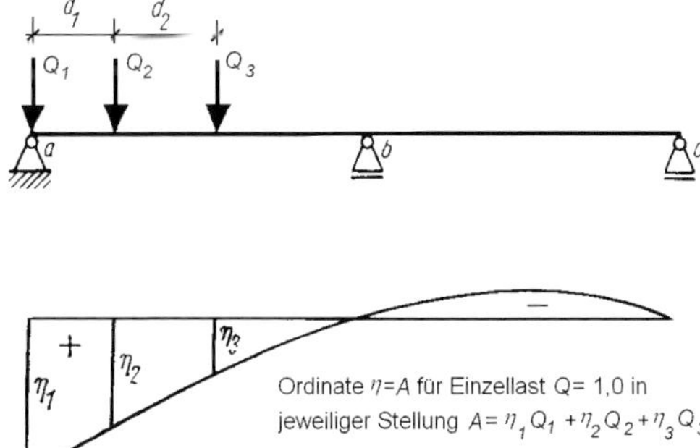

Bild 8.3

Eine Last von beliebiger Größe Q in der gleichen Stellung ruft demzufolge die Auflagerkraft $Q\eta$ hervor. Steht ein ganzer Zug mit n Lasten auf der Brücke, so ruft jede einzelne Last eine Auflagerkraft $Q_i\eta_i$ hervor. Man erhält

$$A = \sum_{i=1}^{i=n} Q_i \eta_i \tag{8.1}$$

Zur Bestimmung der Auflagerkraft, also zur Auswertung der Einflusslinie, hat man jede Last mit der dazugehörigen Ordinate zu multiplizieren und sämtliche Produkte zu addieren, wobei die Ordinaten η_i mit ihrem Vorzeichen einzuführen sind. Um nun das Maximum zu erhalten, wird der Lastenzug so verschoben, dass er nur die positive Fläche belastet, entsprechend bei dem Minimum nur die negative. Dabei ist jedoch die Laststellung innerhalb der positiven bzw. negativen Fläche noch unbestimmt. Man wählt sie so, dass sich der Extremwert ergibt. Das ist nur durch Probieren möglich. Die Einflusslinie selbst ist rein bildlich dazu angetan, die ungünstigste Laststellung erkennen zu lassen. Als Regel möge gelten:

> Man stellt die größte Last über die Spitze der Einflusslinie und möglichst große Lasten dichtgedrängt daneben.

Sollten Zweifel über die in Frage kommende Laststellung entstehen, so müssen mehrere untersucht werden, wobei die nächste Laststellung aus der vorhergehenden dadurch entsteht, dass der Lastenzug um den Abstand zweier Lasten verschoben wird, so dass dann wieder eine Last über der Spitze der Einflusslinie zu stehen kommt.

In den meisten Fällen lässt sich die ungünstigste Laststellung gut erkennen. Bei längeren Lastenzügen zeichnet man diesen auf einen Streifen Transparentpapier und schiebt ihn über der Einflussfläche hin und her, wobei man dann die gesuchten Laststellungen einigermaßen erkennen kann.

Fasst man eine gleichmäßig verteilte Streckenlast auf der Länge dx zu einer Einzellast zusammen, so gilt nach Gl. (8.1) und Bild 8.4 folgender Ansatz:

$$A = \int_m^n q\,\mathrm{d}x\,\eta = q\int_m^n \eta\,\mathrm{d}x = qE_{(m,n)}$$

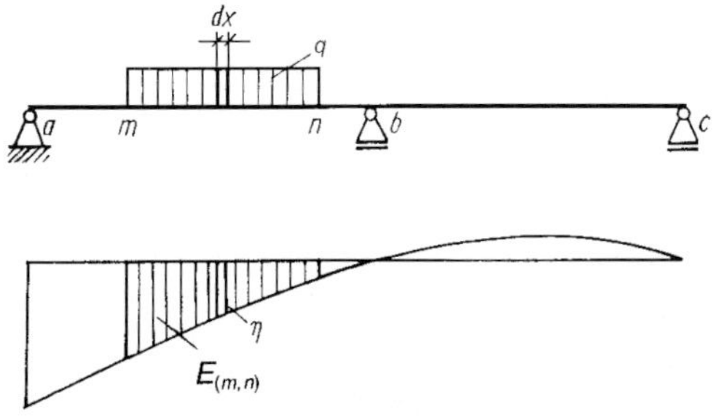

Bild 8.4

Der Wert des Integrals stellt den Inhalt der Einflussfläche zwischen den Punkten m und n dar, damit erhält man

$$A = qE_{(m,n)} \tag{8.2}$$

Bei gleichmäßig verteilter Streckenlast wird jeweils die Lastordinate q mit der unter der gleichmäßig verteilten Streckenlast liegenden Einflussfläche multipliziert.

Zur Ermittlung der Grenzwerte belastet man also auch hier die gesamte positive bzw. die gesamte negative Fläche. Handelt es sich um eine ungleichmäßig verteilte Streckenlast, so unterteilt man diese in einzelne Abschnitte, fasst sie dort zu Einzellasten zusammen und verfährt dann nach Gl. (8.1). Die Rechnung wird umso genauer, je kleiner die Abschnitte gewählt werden.

8.1.4 Zusammenfassung

1. Die Einflusslinie dient zur Ermittlung der Grenzwerte der Auflager- und Schnittgrößen bei beweglicher Belastung.
2. Aus ihrer Form lässt sich erkennen, wie das Tragwerk belastet werden muss, damit sich für die gesuchte statische Größe an dem vorgegebenen Schnitt die Grenzwerte ergeben.
3. Zur Ermittlung der Einflusslinie für eine bestimmte Auflager- oder Schnittgröße lässt man eine Last $Q = 1{,}0$ kN über das Tragwerk rollen und trägt die sich ergebenden Werte dieser statischen Größe unter der jeweiligen Laststellung als Ordinate auf.
4. Einen Nullpunkt der Einflusslinie nennt man Lastscheide. Eine dort aufgestellte Last Q liefert zur Auflager- bzw. Schnittgröße keinen Beitrag.
5. Zur Auswertung werden entweder nur die positiven oder nur die negativen Flächen belastet. Bei gleichmäßig verteilter Verkehrslast wird diese mit der darunterliegenden Fläche multipliziert. Bei Einzellasten multipliziert man die Last mit der darunterliegenden Ordinate und summiert über sämtliche Produkte. Dabei stellt man die größte Last über die Spitze der Ordinate und möglichst viele große Lasten dicht daneben.

8.2 Einflusslinien für den Träger auf zwei Stützen

8.2.1 Einflusslinien der Auflagerkräfte

Es soll zunächst die Einflusslinie für die Auflagerkraft A ermittelt werden.

Wie in Abschnitt 8.1.2 festgelegt, lässt man dazu eine Last $Q = 1{,}0$ kN über den Träger rollen. Wird sie zuerst über das Auflager a selbst gestellt, so erzeugt sie die Aufla-

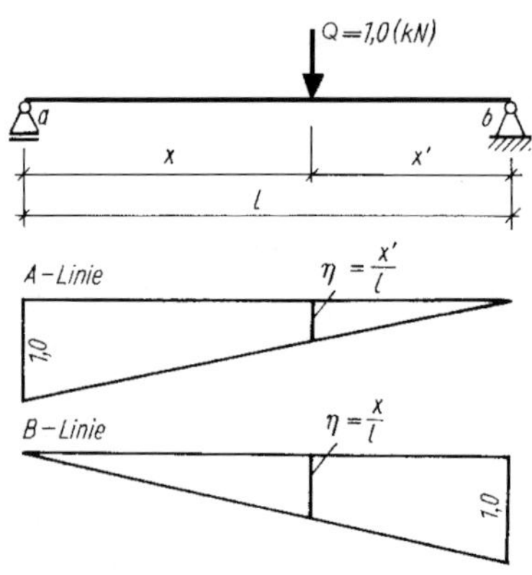

Bild 8.5

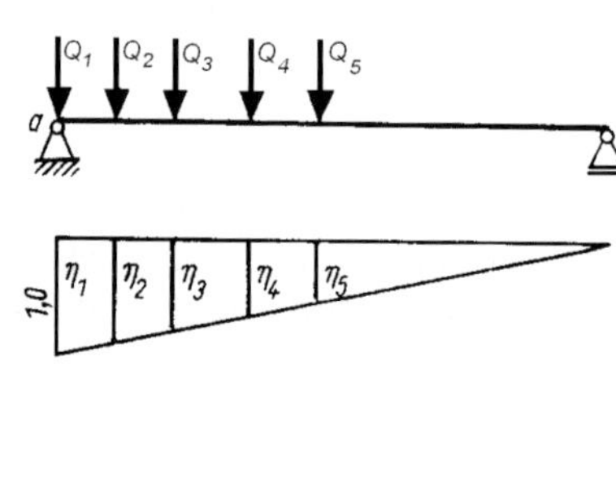

Bild 8.6

gerkraft $A = 1{,}0$. Die Einflusslinie muss demnach dort die Ordinate $\eta = 1{,}0$ haben. Stellt man dagegen die Last $Q = 1{,}0$ über das Auflager *b,* so geht die gesamte Belastung in das Auflager *b* und die Auflagerkraft *A* hat jetzt den Wert $A = 0$. Infolgedessen hat die Einflusslinie in *b* die Ordinate $\eta = 0$. Steht die Last $Q = 1{,}0$ an einer beliebigen Stelle innerhalb der Stützweite, so ist $A = 1{,}0\frac{x'}{l}$. Die Ordinate der Einflusslinie ist bei dieser Laststellung $\eta = \frac{x'}{l}1{,}0$. Das ist aber die Gleichung einer Geraden. Setzt man in dieser Gleichung $x' = 0$ und $x' = 1$, so ergeben sich die vorhin schon ermittelten Ordinaten für *b* und *a.* Die Einflusslinie für die Auflagerkraft *A* ergibt sich also, indem man unter *a* den Wert $\eta = 1{,}0$ anträgt und den Endpunkt dieser Strecke geradlinig mit dem Auflager *b* verbindet (Bild 8.5).

Entsprechend erhält man die Einflusslinie für die Auflagerkraft *B,* indem unter *b* der Wert $\eta = 1{,}0$ angetragen und der Endpunkt geradlinig mit *a* verbunden wird (Bild 8.5).

Zur Auswertung der Einflusslinie, also zur Bestimmung der Auflagerkräfte infolge eines vorgegebenen Lastenzuges, stellt man diesen über die Einflusslinie und multipliziert jede Last mit ihrer darunterliegenden Ordinate (Bild 8.6).

$$A = \sum Q_i \eta_i = \sum Q_i \frac{x_i'}{l} = \frac{1}{l} \sum Q_i x_i'$$

Der gleiche Betrag für *A* ergibt sich, wenn bei derselben Laststellung die bekannten Regeln für ruhende Lasten angewendet würden.

8.2.2 Einflusslinien der Querkräfte

Die Querkraft ist als die Summe aller äußeren Kräfte rechtwinklig zur Stabachse, links bzw. rechts vom Schnitt definiert. Steht die Last $Q = 1{,}0$ rechts vom Schnitt *c* (Bild 8.7), so ist $V_c = A$. Für Laststellungen im Bereich von *c* bis zum Auflager *b* stimmt daher die Einflusslinie der Querkraft mit der der Auflagerkraft *A* überein.

Steht die Last $Q = 1{,}0$ links vom Schnitt *c*, so ergibt sich $V_c = A - 1{,}0 = B$. Für Stellungen im Bereich links von *c* bis *a* ist die Einflusslinie der Querkraft mit der negativen Einflusslinie der Auflagerkraft *B* identisch.

Man erhält also die Einflusslinie der Querkraft für einen beliebigen Schnitt innerhalb der Trägerstützweite, indem man unter *a* den Betrag $\eta = 1{,}0$ und über *b* den Betrag $\eta = -1{,}0$ anträgt, die Endpunkte dieser Strecken jeweils mit dem gegenüberliegenden Auflager verbindet und sodann im festgelegten Schnitt eine Senkrechte zur Trägerachse einzeichnet (Bild 8.7). Für den Teil links vom Schnitt ist die Einflussfläche negativ und für den Teil rechts vom Schnitt positiv.

Die Auswertung geschieht wie bei den Auflagerkräften. Da jedoch hier zwei Flächen mit verschiedenen Vorzeichen vorliegen, wird sich ein positiver und ein negativer Grenzwert der Querkraft ergeben.

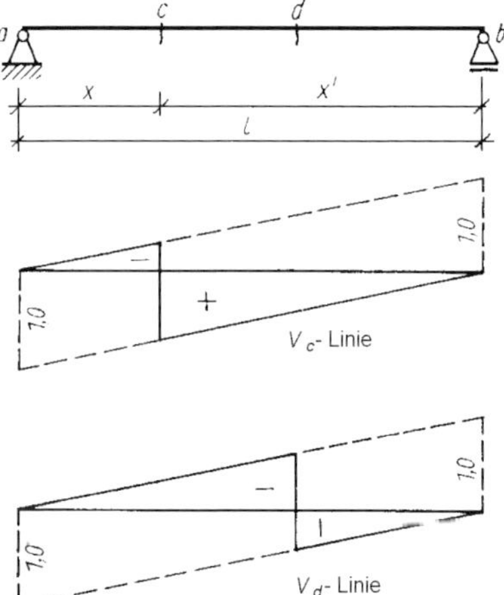

Bild 8.7

8.2.3 Einflusslinien der Biegemomente

Es ist leicht zu übersehen, dass die Einzellast $Q = 1{,}0$ über den Punkten *a* und *b* im Schnitt *x* (Bild 8.8) kein Moment liefert. Die Einflusslinie muss demzufolge in den Auflagern den Wert $\eta = 0$ haben. Stellt man nun die Last $Q = 1{,}0$ in den Schnitt selbst, so

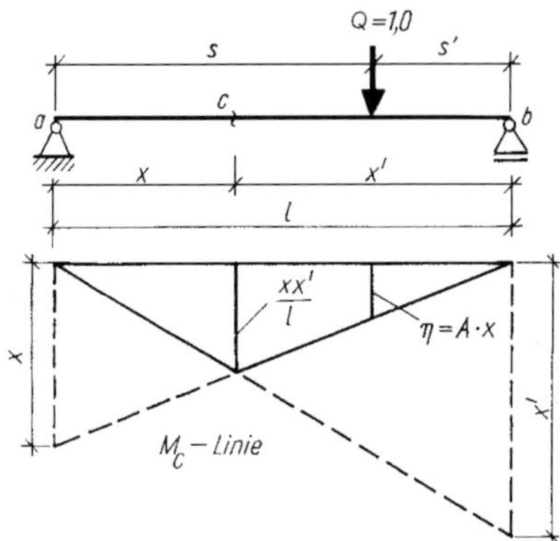

Bild 8.8

erzeugt sie dort das Moment $M = 1{,}0\dfrac{xx'}{l}$. Somit ist der Wert $\dfrac{xx'}{l}$ die Ordinate η der Einflusslinie an der Schnittstelle. Eine Einzellast $Q = 1{,}0$ rechts von der Schnittstelle liefert das Moment $M = Ax$. Die Einflusslinie ist also in diesem Bereich die mit x multiplizierte Einflusslinie der Auflagerkraft A. Da sie eine Gerade ist, muss auch die Einflusslinie des Momentes in diesem Bereich eine Gerade sein. Entsprechend ergibt sich für eine Last im linken Trägerabschnitt $M = Bx'$, d. h., die mit x' multiplizierte Einflusslinie der Auflagerkraft B.

Die Einflusslinie eines Biegemomentes für einen beliebigen Schnitt x des Trägers wird also gefunden, indem unter diesem die Ordinate $\eta = \dfrac{xx'}{l}$ aufgetragen und deren Endpunkt mit den Auflagern a und b geradlinig verbunden wird. Man kann auch unter a den Wert x und unter b den Wert x' auftragen und die Endpunkte jeweils mit dem gegenüberliegenden Auflager verbinden, wobei sich die Geraden unter dem Schnitt x schneiden müssen und dort die Ordinate η_x ergeben (Bild 8.8). Die letztere Tatsache erlaubt, dass man nur unter einem Auflager den entsprechenden Wert x oder x' anträgt, den Endpunkt mit dem gegenüberliegenden Auflager verbindet und die Schnittstelle herunterlotet.

8.2.4 Indirekte Belastung

Bei verschiedenen Bauwerken, besonders bei Brücken, werden die Lasten nicht direkt in den Hauptträger eingeleitet, sondern erst von den Längsträgern aufgenommen und dann durch den Querträger auf die Hauptträger übertragen. Man spricht in diesem Fall von indirekter Lasteintragung (Bild 8.9).

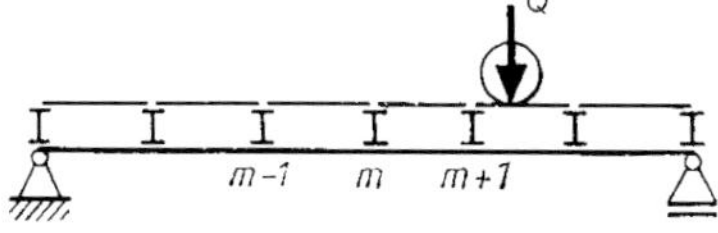

Bild 8.9

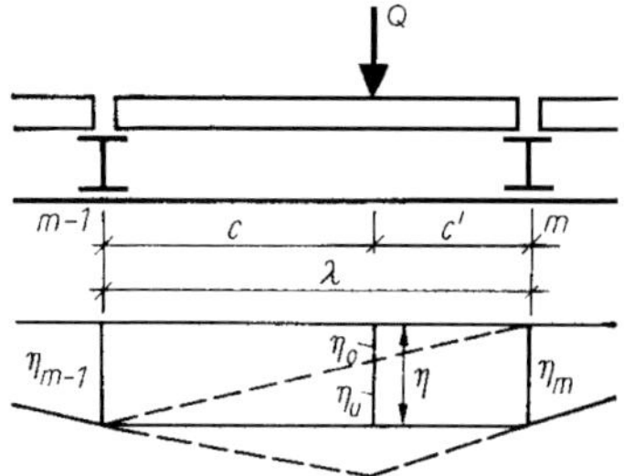

Bild 8.10

Steht eine Last *P* zwischen den Punkten $m-1$ und m (Bild 8.10), so entfallen auf die Querträger-Anschlusspunkte als Aktion für den Hauptträger die Lasten

$$Q_{m-1} = Q\frac{c'}{\lambda}; \qquad Q_m = Q\frac{c}{\lambda}$$

Bei der Auswertung muss jedoch die Last Q das gleiche Ergebnis liefern wie die Lasten Q_m und Q_{m-1} zusammen. Es ist also

$$Q \cdot \eta = Q_{m-1}\eta_{m-1} + Q_m \eta_m$$

$$Q \cdot \eta = Q\frac{c'}{\lambda}\eta_{m-1} + Q\frac{c}{\lambda}\eta_m$$

$$\eta = \frac{c'}{\lambda}\eta_{m-1} + \frac{c}{\lambda}\eta_m = \eta_o + \eta_u$$

Die Ordinate η unter der Last Q setzt sich aus zwei Anteilen η_o und η_u zusammen (Bild 8.10). Sie entsteht dadurch, dass die Endpunkte der Einflusslinienordinaten η_m und η_{m-1} geradlinig verbunden werden. Man gelangt zu der Schlussfolgerung:

Im indirekten Lastbereich muss die Einflusslinie eine Gerade sein.

Es sollen nunmehr für einen Träger auf zwei Stützen die Einflusslinien der Auflager-, Querkräfte und Biegemomente bei indirekter Belastung zusammengestellt werden (Bild 8.11). Dabei verfährt man zuerst so, als ob die Lasten direkt eingeleitet würden, bestimmt die Einflusslinien und schaltet dann bei denen für die Querkräfte und Biegemomente im indirekten Lastbereich eine Gerade ein.

Das erfolgt, indem die Endpunkte der Ordinaten der beiden benachbarten Lastübertragungspunkte geradlinig verbunden werden. Für die Auflagerkräfte bringt die indirekte Belastung keine Veränderung. Anders sieht es jedoch bei der Einflusslinie für die Querkraft bzw. für das Biegemoment aus. Im ersteren Fall werden die beiden Teile der Einflusslinie durch eine Schräge verbunden, im letzteren Fall wird die Spitze der Einflusslinie abgeschnitten.

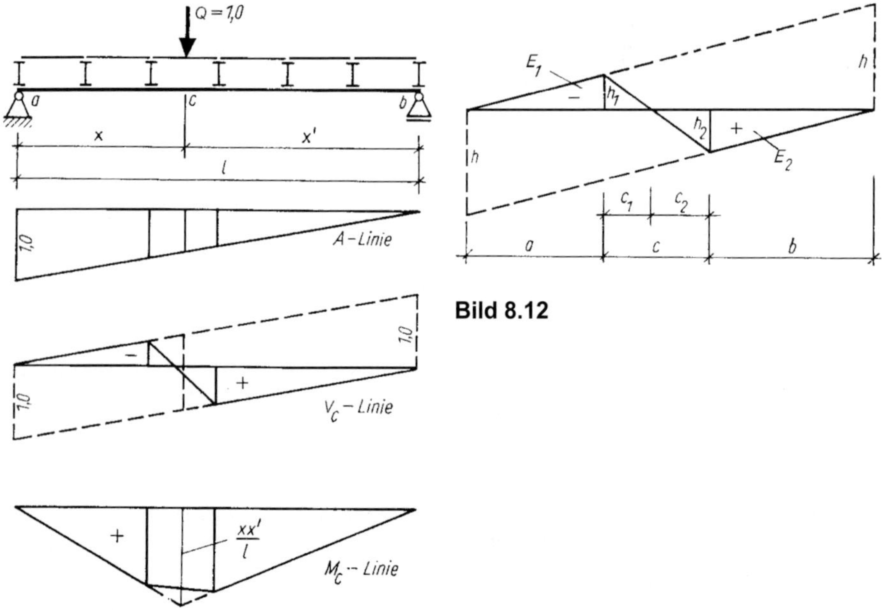

Bild 8.12

Bild 8.11

Bei der Auswertung lassen sich die Ordinaten im indirekten Lastbereich durch Proportionen bestimmen. Nur bei gleichmäßig verteilter Belastung lässt sich die Einflusslinie der Querkraft schwer auswerten, da erst die Lastscheide bestimmt werden muss. Diese fällt nicht etwa mit dem Schnitt *x* zusammen. Zur Vereinfachung für später sollen daher für die Teilflächen und die Gesamtfläche Formeln abgeleitet werden (Bild 8.12).

$$E_1 = -\frac{1}{2} h_1 (a + c_1)\,; \qquad h_1 = h\frac{a}{l}\,; \qquad h_2 = h\frac{b}{l}$$

$$\frac{c_1}{c} = \frac{h_1}{h_1 + h_2}\,; \qquad c_1 = c\frac{a}{a+b}$$

$$E_1 = -\frac{1}{2} h \frac{a}{l}\left(a + c\frac{a}{a+b}\right) = -\frac{1}{2} h \frac{a^2}{l} \frac{a+b+c}{a+b} = -\frac{h}{2}\frac{a^2}{a+b}$$

Ein entsprechender Wert ergibt sich für E_2 durch Vertauschung von *a* und *b*.

$$E_1 = -\frac{h}{2}\frac{a^2}{a+b}\,; \qquad E_2 = -\frac{h}{2}\frac{b^2}{a+b} \tag{8.3}$$

$$E = E_1 + E_2 = \frac{h}{2}\frac{b^2 - a^2}{a+b} = \frac{h}{2}\frac{(b-a)(b+a)}{a+b}$$

$$E = E_1 + E_2 = \frac{h}{2}(b-a) \qquad (8.4)$$

Die Gln. (8.3) und (8.4) enthalten zahlenmäßig leicht zu bestimmende Größen. Die Lastscheide braucht nicht besonders bestimmt zu werden. Für die Ordinate über den Auflagern ist bewusst der allgemeinere Wert h und nicht $\eta = 1$ eingeführt worden, um die Gleichungen auch später noch verwenden zu können.

8.2.5 Einflusslinie der Durchbiegung

Zur Ableitung dieser Einflusslinie wird auf den Inhalt der Abschnitte 4 und 5 zurückgegriffen. Man betrachtet einen Träger auf zwei Stützen, der mit mehreren Einzelkräften belastet ist. Die Durchbiegung des Punktes 1 infolge der gegebenen Belastung wurde mit δ_{10} bezeichnet.

Eine Last $Q = 1{,}0$ im Punkt 1 liefert für die Durchbiegung des Punktes 1 den Wert δ_{11}, somit ergibt sich infolge der Last Q_1 die Durchbiegung $Q_1\delta_{11}$.

Eine Last $Q = 1{,}0$ im Punkt 2 liefert als Durchbiegung für den Punkt 1 den Wert δ_{12}, somit ergibt sich infolge Q_2 die Durchbiegung $Q_2\delta_{12}$.

Für weitere Lasten wäre der Anteil der Durchbiegung $Q_3\delta_{13}$ bis $Q_n\delta_{1n}$.

Aus der Überlagerung der einzelnen Durchbiegungen erhält man die Durchbiegung infolge der Gesamtbelastung

$$\delta_{10} = Q_1\delta_{11} + Q_2\delta_{12} + Q_3\delta_{13} + \ldots + Q_n\delta_{1n}$$

Nach dem Satz von Maxwell folgt auch

$$\delta_{10} = Q_1\delta_{11} + Q_2\delta_{21} + Q_3\delta_{31} + \ldots + Q_n\delta_{n1}$$

Das bedeutet aber, die Werte δ_{ik} stellen die Durchbiegungen, also die Ordinaten der Biegelinie, der Punkte 1, 2, 3, ..., n infolge einer Last $Q = 1{,}0$ im Punkt 1 dar. Diese Biegelinienordinaten werden mit den darüberstehenden Lasten multipliziert. Die Summe der einzelnen Produkte ergibt die Durchbiegung des Punktes 1 infolge der Lasten Q_1, Q_2, Q_3, ..., Q_n. Es wird also der gleiche Arbeitsgang vorgenommen wie bei der Auswertung einer Einflusslinie. Demzufolge muss diese Biegelinie zugleich die Einflusslinie für die Durchbiegung des Punktes 1 sein.

Man kann also festhalten:

> Die Biegelinie infolge einer Last $Q = 1{,}0$ im Punkt k stellt gleichzeitig die Einflusslinie für die Durchbiegung des Punktes k dar.

Die Ermittlung der Biegelinie kann nach einem der früher gezeigten Verfahren erfolgen.

8.2.6 Zusammenfassung

Im vorstehenden Abschnitt wurden die Einflusslinien für die Stütz- und Schnittgrößen und für die Durchbiegung des Trägers auf zwei Stützen ermittelt. Sie sind eindeutig festzulegende Linienzüge, die aus geraden Teilstrecken bestehen (mit Ausnahme der Einflusslinie für die Durchbiegung). Es ist zu empfehlen, sich die Bilder mit den Ordinaten einzuprägen, damit nicht jedesmal die Ermittlung mit einer rollenden Last $Q = 1{,}0$ vorgenommen werden muss.

1. Die Einflusslinie der Auflagerkraft A hat in a den Wert $\eta = 1{,}0$ und in b den Wert $\eta = 0$. Dazwischen verläuft sie geradlinig.
2. Die Einflusslinie der Querkraft setzt sich zusammen aus der positiven A-Linie und der negativen B-Linie, die an der jeweiligen Schnittstelle durch eine Senkrechte zur Trägerachse getrennt wird. Für den linken Trägerteil ist die Einflussfläche negativ und für den rechten Trägerteil positiv.
3. Die Einflusslinie des Biegemomentes hat an der Schnittstelle den Wert $\eta = \frac{xx'}{l}$, an den Auflagern den Wert 0. Dazwischen verläuft sie geradlinig.
4. Im indirekten Lastbereich muss die Einflusslinie eine Gerade sein.
5. Zur Auswertung der Einflusslinien für die Querkraft bei indirekter und gleichmäßig verteilter Belastung lassen sich die Gln. (8.3) und (8.4) verwenden.
6. Die Einflusslinie für die Durchbiegung des Punktes k stimmt mit der Biegelinie infolge einer Last $Q = 1{,}0$ im Punkt k überein.

8.2.7 Beispiele

Beispiel 8.2.1

In Bild 8.13a ist ein Träger auf zwei Stützen mit einer Lastgruppe dargestellt. Für zwei solche Lastgruppen, die einzeln oder aneinandergekoppelt fahren können, sind folgende Werte mit Hilfe von Einflusslinien zu bestimmen:

1. maximale Auflagerkraft A
2. maximales Biegemoment im Schnitt bei $x = 5{,}0$ m
3. maximale und minimale Querkraft im gleichen Schnitt.

Lösung

Zu 1. Die Einflusslinie der Auflagerkraft mit der Anordnung der beiden Lastgruppen und den darunterliegenden Ordinaten ist in Bild 8.13b dargestellt. Die eine Lastgruppe wurde mit dem ersten Rad über das Auflager *a* selbst gestellt. Das letzte Rad der zweiten Lastgruppe steht nicht mehr auf der Brücke.

Die Auswertung ergibt

$$\max A = 100{,}0(1{,}000 + 0{,}925 + 0{,}850 + 0{,}775 + 0{,}700 + 0{,}625$$

$$+ 0{,}325 + 0{,}250 + 0{,}175 + 0{,}100 + 0{,}025)$$

$$\max A = 100{,}0 \cdot 5{,}75 = 575 \text{ kN}$$

Zu 2. Die Einflusslinie für das Biegemoment im angegebenen Schnitt zeigt Bild 8.13c. Die Ordinate unter der Schnittstelle wird

$$\eta = \frac{xx'}{l} = \frac{5{,}0 \cdot 15{,}0}{20{,}0} = 3{,}75$$

Nachdem die Einflusslinie ermittelt ist, werden die Lasten aufgestellt. Eine Lastgruppe wird mit einer Last über die Spitze gerollt. Da auf der rechten Seite die Einflusslinie flacher verläuft, werden dort drei weitere und auf der linken Seite die restlichen Lasten angeordnet. Die zweite Lastgruppe steht gerade noch mit ihren drei ersten Lasten auf der Brücke.

$$\max M_5 = 100{,}0(1{,}500 + 2{,}625 + 3{,}750 + 3{,}375 + 3{,}000$$

$$+ 2{,}625 + 1{,}125 + 0{,}750 + 0{,}375)$$

$$\max M_5 = 100{,}0 \cdot 19{,}125 = 1912{,}5 \text{ kNm}$$

Zu 3. In den Bildern 8.13d und e ist die Einflusslinie der Querkraft enthalten. Die Lasten stellt man entweder nur in den positiven oder nur in den negativen Bereich. Zur Ermittlung von max V_5 wurden die Lastgruppen von rechts bis an die Schnittstelle herangeschoben. Für min V_5 lässt man die Lastgruppen von links bis an den Schnitt heranfahren.

$$\max V_5 = 100{,}0(0{,}750 + 0{,}675 + 0{,}600 + 0{,}525 + 0{,}450 + 0{,}375 + 0{,}075)$$

$$\max V_5 = 100{,}0 \cdot 3{,}45 = 345 \text{ kN}$$

$$\min V_5 = 100{,}0(-0{,}250 - 0{,}175 - 0{,}100 - 0{,}025)$$

$$\min V_5 = -100{,}0 \cdot 0{,}55 = -55 \text{ kN}$$

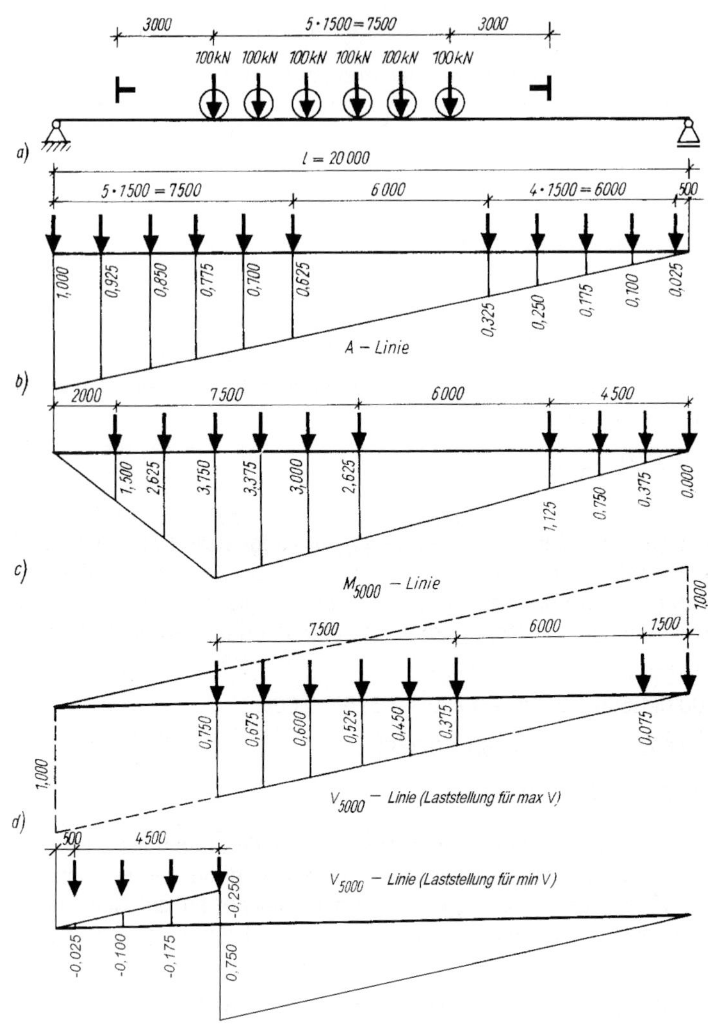

Bild 8.13

Beispiel 8.2.2

Für einen Träger auf zwei Stützen mit einer Stützweite $l = 25{,}0$ m und einem Querträgerabstand $\lambda = 5{,}0$ m (Bild 8.14a) sind zu bestimmen

1. maximale Auflagerkraft
2. maximales Biegemoment bei $x = 10{,}0$ m

3. Querkraft bei $x = 10{,}0$ m, die gleichzeitig mit dem Biegemoment nach **2**. auftritt; hier ist also die gleiche Laststellung wie in **2**. zugrunde zu legen
4. Extremwerte der Querkraft im Schnitt bei $x = 6{,}0$ m.

Die Belastung besteht ein oder zwei Lastgruppen nach Bild 8.14a links und aus angehängten Lastgruppen nach Bild 8.14a rechts. Die Lasten sind Raddrücke. Das anteilige Eigengewicht der Brückenkonstruktion für den dargestellten Hauptträger ist $g = 15{,}0$ kN/m.

Die verwendeten Lastgruppen sind Lokomotiven und Großgüterwagen nach früheren Bestimmungen. Diese Lastgruppen werden hier verwendet, um verschiedene Gesichtspunkte bei der Anordnung der Verkehrslast hervorzuheben, die bei Verwendung des Lastenzuges nach Bild 8.1 nicht ins Auge fallen würden.

Lösung

Zu 1. In Bild 8.14b ist die Einflusslinie der Auflagerkraft *A* aufgezeichnet. Es wurden zwei Lokomotiven aufgestellt. Die erste Last steht wieder über dem Auflager *a* selbst. Die Lasten von Güterwagen können nicht mehr wirksam werden, da der Zwischenraum zwischen der letzten Last der zweiten Lokomotive und der ersten Last des Güterwagens 4,50 m beträgt.

Die Auswertung erfolgt getrennt für Eigengewicht und Verkehrslast.

$$A_g = gE = 15{,}0\frac{1}{2}1{,}0 \cdot 25{,}0 = 187{,}5 \text{ kN}$$

$$A_q = 100{,}0(1{,}00 + 0{,}94 + 0{,}88 + 0{,}82 + 0{,}76 + 0{,}70 + 0{,}46 + 0{,}40 + 0{,}34$$
$$+ 0{,}28 + 0{,}22 + 0{,}16)$$

$$A_q = 100{,}0 \cdot 6{,}96 = 696 \text{ kN}$$

Zu 2. Es wird die Einflusslinie für das Biegemoment im Schnitt bei $x = 10{,}0$ m ermittelt (Bild 8.14c). Die Bedingung, dass die Einflusslinie im indirekten Lastbereich eine Gerade sein muss, ist erfüllt.

Da der gewählte Schnitt selbst ein Lasteinleitungspunkt ist, entfällt das Wegschneiden der Spitze der Einflusslinie. Die Ordinate bei $x = 10{,}0$ m hat die Größe

$$\eta = \frac{xx'}{l} = \frac{10{,}0 \cdot 15{,}0}{25{,}0} = 6{,}00$$

Anschließend bringt man die Lasten auf. Eine Lokomotive wird so gefahren, dass sie mit einer Last über der Spitze steht. Da die rechte Seite der Einflusslinie flacher verläuft, werden dort drei weitere und auf die linke Seite die restlichen beiden Lasten gestellt.

Von rechts wird die zweite Lokomotive und von links ein Güterwagen herangeschoben.

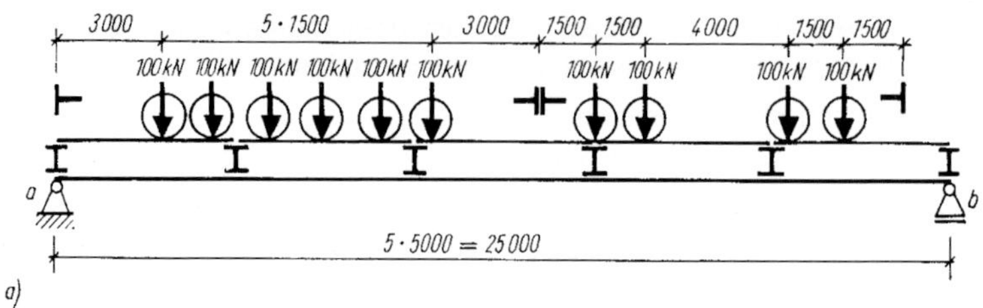

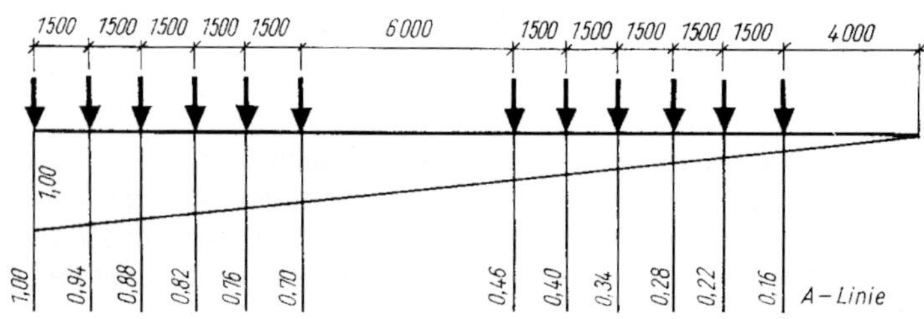

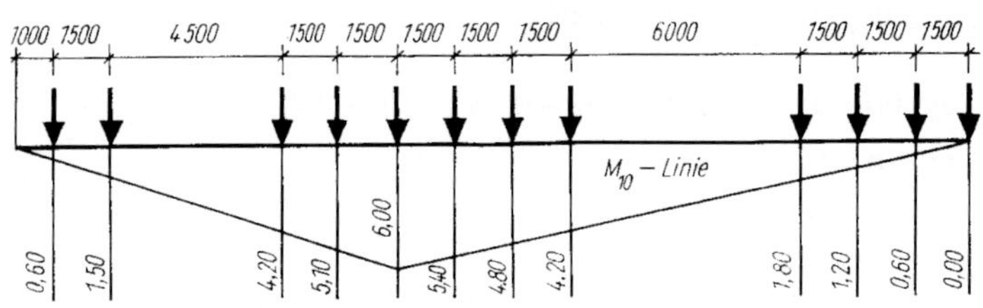

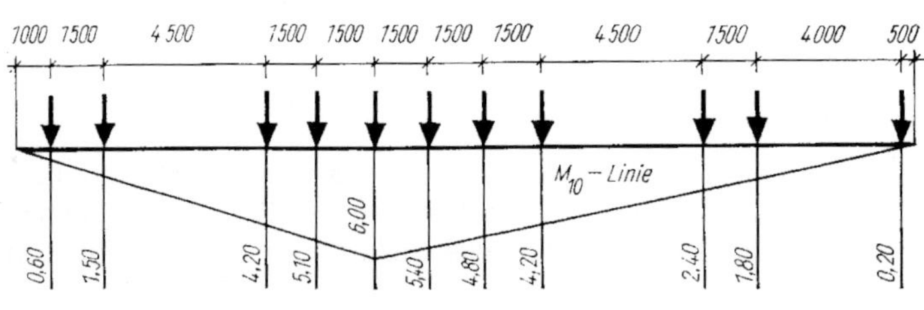

Bild 8.14a bis d

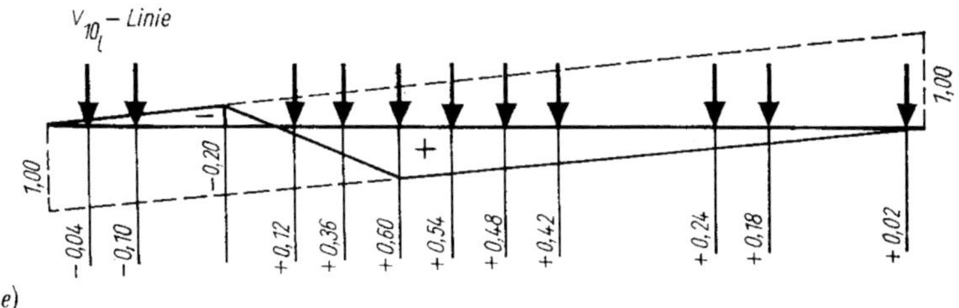

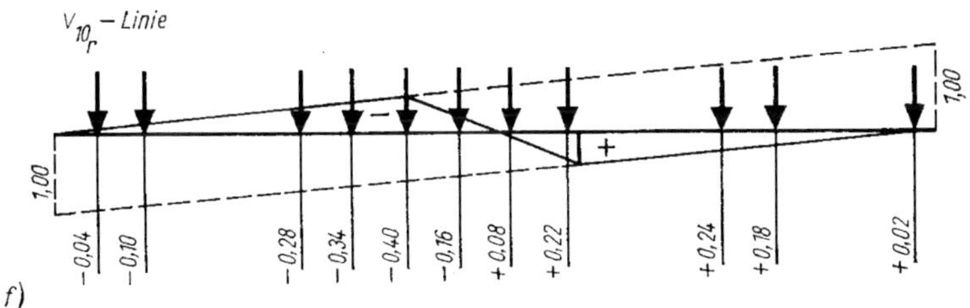

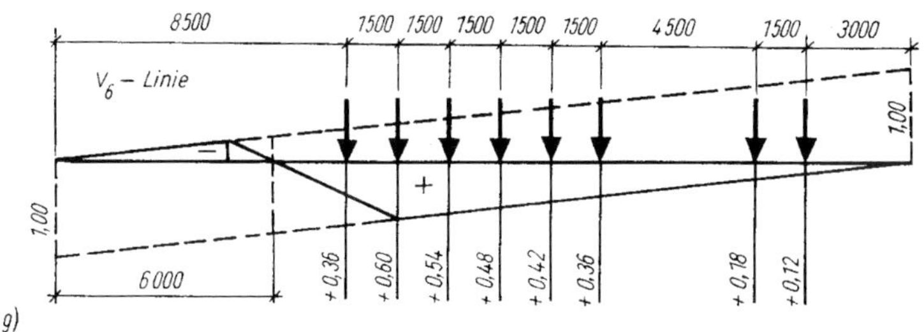

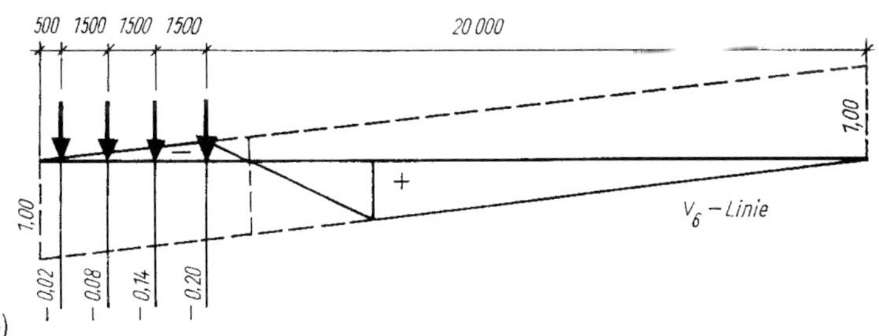

Bild 8.14e bis h

Die Auswertung liefert:

$$M_g = \frac{1}{2}25{,}0 \cdot 6{,}0 \cdot 15{,}0 = 1125 \text{ kNm}$$

$$M_q = 100{,}0(0{,}60 + 1{,}50 + 4{,}20 + 5{,}10 + 6{,}0 + 5{,}40$$
$$+ 4{,}80 + 4{,}20 + 1{,}80 + 1{,}20 + 0{,}60)$$

$$M_q = 100{,}00 \cdot 35{,}40 = 3540 \text{ kNm}$$

Es ist nicht sicher, ob die Einflusslinie tatsächlich für die ungünstigste Laststellung ausgewertet worden ist. Für die mittlere Lokomotive ist das wohl zutreffend. Es könnte aber an die Stelle der zweiten Lokomotive ein Güterwagen treten, da dessen Radlast genauso groß, aber der Pufferüberstand geringer ist, so dass zwei Achslasten über größeren Ordinaten zu stehen kommen. Bild 8.14d zeigt diese Belastung.

$$M_q = 100{,}0(0{,}60 + 1{,}50 + 4{,}20 + 5{,}10 + 6{,}00 + 5{,}40 + 4{,}80$$
$$+ 4{,}20 + 2{,}40 + 1{,}80 + 0{,}20) = 100{,}0 \cdot 36{,}20 = 3620 \text{ kNm}$$

Tatsächlich liefert diese Laststellung ein etwas größeres Moment.

Zu 3. Für die Dimensionierung eines Tragwerkes braucht man auch häufig die mit dem maximalen Moment eines Schnittes gleichzeitig auftretende Querkraft. Es muss also die gleiche Laststellung wie in Bild 8.14d zugrunde gelegt werden.

Bei einem Träger mit Einzellasten ist die Querkraft im lastfreien Bereich konstant und ändert nur unter den Lastangriffspunkten ihre Größe. Im Übungsbeispiel werden die Radlasten nur in den Querträgeranschlusspunkten in den Hauptträger übertragen. Der Schnitt bei $x = 10{,}0$ m ist ein Querträgeranschluss- und damit Lasteinleitungspunkt. Die Querkraft kann daher nur für einen Schnitt links bzw. rechts von $x = 10{,}0$ m bestimmt werden. Diese Querkraft stimmt mit der eines beliebigen Schnittes im anschließenden linken bzw. rechten lastfreien Bereich überein. Daher ist es gleich, welchen Punkt dieser Bereiche man zugrunde legt. Die Einflusslinie ändert sich nicht, da sie im lastfreien Bereich eine Gerade sein muss (Bilder 8.14e und f).

Zur Auswertung für die gleichmäßig verteilte Eigenlast benutzt man Gl. (8.4). Man unterscheidet aus praktischen Gründen nicht zwischen direkt wirkender Hauptträgereigenlast und indirekt eingetragener Last der Quer- und Längsträger sowie der Schienen und Schwellen, sondern betrachtet alle Lasten als indirekt eingetragen.

$$V_{gl} = 15{,}0\frac{1{,}0}{2}(15{,}0 - 5{,}0) = 75 \text{ kN}$$

$$V_{gr} = 15{,}0\frac{1{,}0}{2}(10{,}0 - 10{,}0) = 0$$

$$V_{pl} = 100{,}0(-0{,}04 - 0{,}10 + 0{,}12 + 0{,}36 + 0{,}60 + 0{,}54 + 0{,}48 + 0{,}42$$
$$+ 0{,}24 + 0{,}18 + 0{,}02)$$

$V_{ql} = 100{,}0 \cdot 2{,}82 = 282$ kN

$V_{qr} = 100{,}0(-0{,}04 - 0{,}10 - 0{,}28 - 0{,}34 - 0{,}40 - 0{,}16 + 0{,}08 + 0{,}32$

$+ 0{,}24 + 0{,}18 + 0{,}02)$

$V_{qr} = 100{,}0(-0{,}48) = -48{,}0$ kN

Zu 4. Der Schnitt bei $x = 6{,}0$ m liegt im indirekten Lastbereich. Die Einflusslinie zeigt Bild 8.14g mit der Laststellung für max *V* und Bild 8.14h mit der für min *V*.

Man belastet für max *V* nur die positive Fläche. Dazu stellt man die Lokomotive in den Bereich mit den größten Ordinaten. In diesem Fall liefert die mit einem Rad links der größten Ordinate stehende Lokomotive den maximalen Wert. Außerdem können noch zwei Achsen eines Güterwagens aufgestellt werden, der offenbar einen größeren Einfluss ausübt als eine weitere Lokomotive; denn dann würde der Zwischenraum von 4,50 m auf 6,00 m anwachsen.

Bei der Ermittlung der minimalen Querkraft wird nur die negative Fläche belastet.

$$V_g = 15{,}0\frac{1{,}0}{2}(15{,}0 - 5{,}0) = 75 \text{ kN}$$

max $V_q = 100{,}0(0{,}36 + 0{,}60 + 0{,}54 + 0{,}48 + 0{,}42 + 0{,}36 + 0{,}18 + 0{,}12)$

max $V_q = 100{,}0 \cdot 3{,}06 = 306$ kN

min $V_q = 100{,}0(-0{,}020 - 0{,}080 - 0{,}140 - 0{,}200)$

min $V_q = 100{,}0(-0{,}440) = -44{,}0$ kN

Die Beispiele wurden im Hinblick auf die Laststellungen etwas ausführlicher behandelt, um neben dem ersten Gebrauch der Einflusslinien besonders die Auswertung zu zeigen.

8.3 Einflusslinien für Kragträger, Träger mit Kragarmen und Gelenkträger

8.3.1 Kragträger

Die Untersuchung des Kragträgers bei ruhenden Lasten bereitet wenige Schwierigkeiten. Auch die Einflusslinien lassen sich leicht bestimmen.

Steht die Last $P = 1{,}0$ an irgendeiner Stelle des Kragträgers, so ist auch die Auflagerkraft $A = 1{,}0$. Somit muss die Einflusslinie an jeder Stelle die Ordinate $\eta = 1{,}0$ aufweisen. Die Einflusslinie für die Auflagerkraft eines Kragträgers ergibt demnach mit der Systemlinie ein Rechteck (Bild 8.15b).

Eine Querkraft kann in einem Schnitt nur dann auftreten, wenn die Last $P = 1{,}0$ auf dem äußeren Teil des Freiträgers steht. Sie ruft dann immer die Querkraft $V = 1{,}0$ im

Schnitt hervor, ganz gleich, an welcher Stelle zwischen dem betrachteten Schnitt und der Spitze des Freiträgers die Last $P = 1{,}0$ steht. Die Einflusslinie ergibt auch hier wieder ein Rechteck, das sich aber jetzt nur auf den Bereich zwischen Schnitt und Spitze erstreckt (Bild 8.15c).

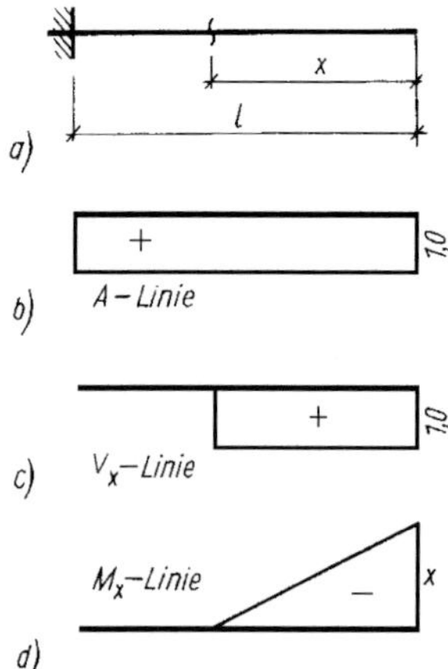

Bild 8.15

Zur Bestimmung der Einflusslinie des Biegemomentes stellt man die Last $P = 1{,}0$ zuerst in den untersuchten Schnitt selbst. Wie bekannt, tritt dann im Schnitt kein Biegemoment auf. Auch bei Stellungen der Last zwischen dem Schnitt und dem Auflager ergibt sich im Schnitt kein Biegemoment. Zwischen Auflager und Schnitt hat daher die Einflusslinie die Ordinate $\eta = 0$. Fährt man dagegen mit der Last $P = 1{,}0$ auf den äußeren Bereich, so wird das Biegemoment, je weiter man nach außen rückt, linear anwachsen. Steht die Last $P = 1{,}0$ auf der Spitze des Kragarmes, so beträgt das Biegemoment im Schnitt $M = 1{,}0x$. Die Ordinate der Einflusslinie an der Stelle ist demzufolge $\eta = x$ (Bild 9.15d).

Die Lage der Einspannung hat Einfluss auf das Vorzeichen der Querkraft. Daher erhält die Einflusslinie der Querkraft bei einem rechts eingespannten Träger ein negatives Vorzeichen.

8.3.2 Träger auf zwei Stützen mit Kragarmen

Steht bei einem Träger auf zwei Stützen mit Kragarmen eine Last zwischen den beiden Auflagern, so ergeben sich die Stützkräfte wie bei einem Träger ohne Kragarme. Auch für die Schnittgrößen von Schnitten zwischen a und b trifft diese Feststellung zu. Also müssen die Einflusslinien der Auflager- und Schnittgrößen im Feld genau die gleiche Form haben wie beim Träger auf zwei Stützen ohne Kragarme. Zur Ermittlung der Einflusslinie für die Auflagerkraft A (Bild 8.16b) fährt man von a aus mit der Last

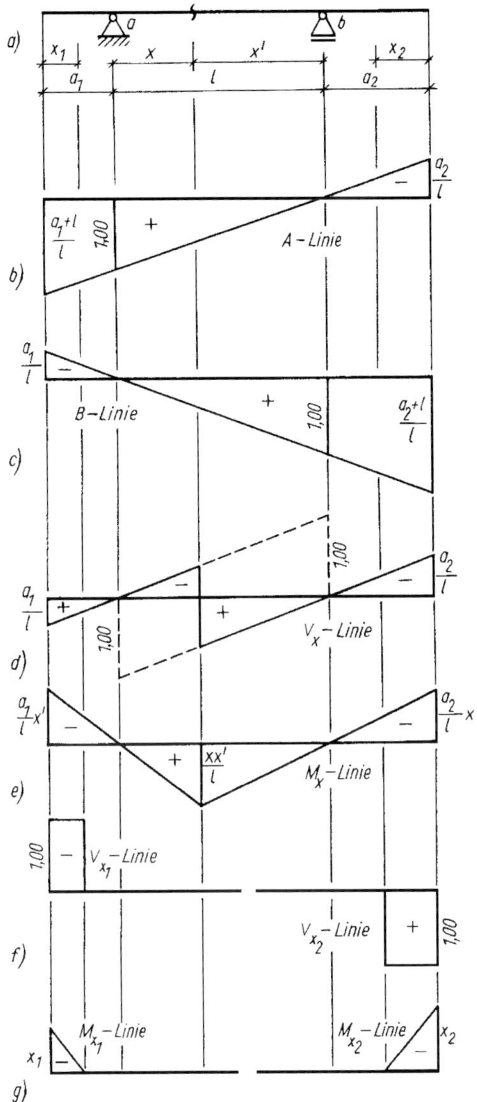

Bild 8.16

$P = 1{,}0$ auf den linken Kragarm. Dabei wird zunächst die Auflagerkraft A linear anwachsen und hat, wenn die Last auf dem Trägerende steht, den Wert

$$A = 1{,}0\,\frac{a_1 + l}{l}$$

Fährt man dagegen mit $P = 1{,}0$ auf den rechten Kragarm, so wird die Auflagerkraft A negativ und hat bei Stellung über dem rechten Trägerende die Größe

$$A = -1{,}0\frac{a_2}{l}$$

Die Einflusslinie für die Auflagerkraft A hat deshalb die in Bild 8.16b dargestellte Form. Analog dazu ergibt sich die Einflusslinie für die Auflagerkraft B.

Die Querkraft im Schnitt x wird bei Stellungen der Last $P = 1{,}0$ links von x gleich der negativen Auflagerkraft B. Bei Stellungen rechts von x ist $V_x = A$. Daraus folgt die Einflusslinie der Querkraft im Schnitt x, wie sie Bild 8.16d zeigt.

Das Biegemoment für einen Schnitt innerhalb der Stützweite des Trägers wird negativ, wenn die Last $P = 1{,}0$ auf einem der beiden Kragarme steht. Es hat dann im Schnitt x, wenn die Last $P = 1{,}0$ auf dem linken bzw. rechten Trägerende steht, den Betrag

$$M = -Bx' = -\frac{a_1}{l}x' \quad \text{bzw.} \quad M = -Ax = -\frac{a_2}{l}x$$

Diese Werte sind die Ordinaten der Einflusslinie des Biegemoments an den Kragarmen (Bild 8.16e).

Man kann sich anhand der Bilder 8.16b bis e leicht überzeugen, dass die Einflusslinien über die Auflagerpunkte hinaus geradlinig verlaufen müssen. Daraus folgt:

> Die Einflusslinien für die Auflagerkräfte und für die inneren Größen eines Schnittes innerhalb der Stützweite erhält man dadurch, dass man die schon bekannten Einflusslinien des Trägers auf zwei Stützen über die Auflager hinaus geradlinig bis zum Kragarmende verlängert.

Die Einflusslinien für Schnittgrößen des Kragarmes (Bilder 8.16f und g) haben die gleiche Form wie die Einflusslinien der Schnittgrößen des Kragträgers, da die Ermittlung der inneren Kräfte eines Schnittes im Bereich des Kragarmes genauso wie bei einem Kragträger erfolgt.

8.3.3 Gelenkträger

Die Ermittlung der Einflusslinien des Gelenkträgers soll anhand des in Bild 8.17 dargestellten Systems gezeigt werden. Dazu ist es zweckmäßig, sich die Berechnung eines Gelenkträgers für ruhende Lasten noch einmal vor Augen zu führen. Der eingehängte Träger eines Gelenkträgers verhält sich bekannterweise bei der Berechnung der Auflager-, Gelenk- und Schnittgrößen genauso wie ein Träger auf zwei Stützen mit der gleichen Stützweite. Das Gleiche trifft auch für die Einflusslinien zu. Steht eine Last im zweiten oder dritten Feld bzw. auf den Kragarmen, so kann keine Auflagerkraft A und demzufolge auch keine Querkraft und kein Biegemoment am eingehängten Träger des ersten Feldes auftreten. Es können sich die Einflusslinien tatsächlich

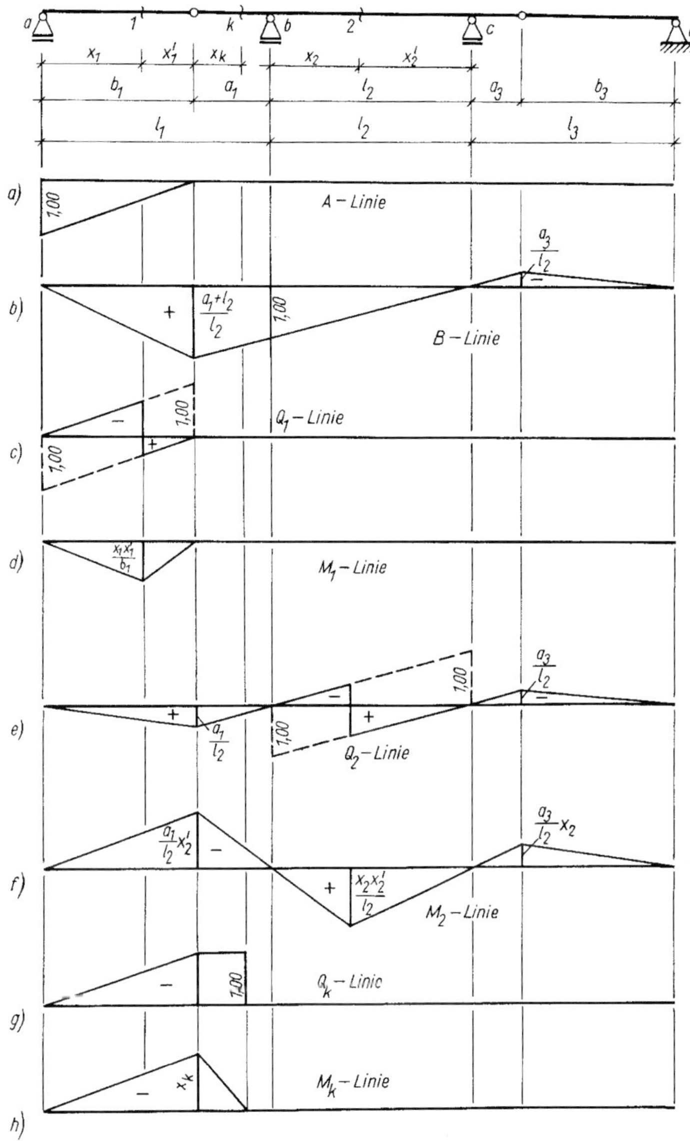

Bild 8.17

nur über den eingehängten Träger erstrecken (Bilder 8.17a, c und d). Bei der Ermittlung der Einflusslinien der Stütz- und Schnittgrößen des Kragarmes *b–c* geht man zweckmäßig von diesem aus und verfährt zunächst nach Abschnitt 8.3.2. Schiebt man dann die Last $P = 1{,}0$ über das Gelenk hinweg auf den eingehängten Träger, so nimmt die Gelenkkraft entsprechend der Entfernung vom Gelenk ab. Damit verkleinern sich auch die Stütz- und Schnittgrößen des Kragträgers. Steht die Last $P = 1{,}0$ auf den Endstützen, so ruft sie im Träger *b–c* keine Stütz- und Schnittgrößen hervor. Die Einflusslinie muss dort die Ordinaten $\eta = 0$ haben.

Man erhält also die Einflusslinie für die Stütz- und Schnittgrößen des Kragträgers im Bereich der eingehängten Träger, indem man die bereits festliegende Ordinate unter den Gelenken geradlinig mit dem Nullpunkt des nächsten Auflagers bzw. bei längeren Gelenkträgern mit dem Nullpunkt des nächsten Gelenkes verbindet (Bilder 8.17b, e, f, g und h).

Treten indirekte Belastungen auf, so sind auch hier die in Abschnitt 8.2.4 angegebenen Veränderungen zu berücksichtigen.

Am Ende dieses Abschnitts sei noch auf einige Tatsachen besonders hingewiesen.

Diese haben, ohne dass dafür hier ein besonderer Beweis geführt werden soll, für alle statisch bestimmten Tragwerke Gültigkeit.

1. Die Einflusslinien für Stütz- und Schnittgrößen bestehen aus geraden Linienstücken, nicht aus Kurven.
2. Die Einflusslinien haben an sämtlichen Auflagern die Ordinate $\eta = 0$, lediglich weist die Einflusslinie der Auflagerkraft an ihrem eigenen Auflager die Ordinate $\eta = 1{,}0$ auf.
3. An Gelenkpunkten erhalten die Einflusslinien einen Knick.

8.3.4 Zusammenfassung

1. Die Einflusslinien des Kragträgers ergeben für die Auflager- und Querkräfte ein Rechteck und für das Biegemoment ein Dreieck, dessen Spitze im zu untersuchenden Schnitt liegt und dessen größte Ordinate über der Spitze des Kragträgers steht.
2. Die Einflusslinien für die Auflager- und Schnittgrößen innerhalb der Stützweite eines Trägers auf zwei Stützen mit Kragarmen erhält man, indem man die Einflusslinien des Trägers ohne Kragarme über die Stützen hinaus geradlinig verlängert.
3. Die Einflusslinien für die Schnittgrößen eines Kragarmes stimmen mit den Einflusslinien des Kragträgers überein.
4. Die Einflusslinien des eingehängten Trägers eines Gelenkträgers entsprechen denen eines Trägers auf zwei Stützen von gleicher Stützweite.
5. Die Einflusslinien des Kragträgers eines Gelenkträgers lassen sich aus den bekannten Einflusslinien eines Trägers auf zwei Stützen mit Kragarmen herleiten. Man muss lediglich noch, von der nun bekannten Ordinate unter dem Gelenk ausgehend, die Einflusslinie mit dem Nullpunkt des nächsten Gelenks bzw. Auflagers geradlinig verbinden.
6. Die Einflusslinien der Stütz- und Schnittgrößen bestehen bei allen statisch bestimmten Tragwerken aus geraden Linienzügen, zeigen an Gelenkpunkten Knicke und haben in den Auflagern die Ordinate $\eta = 0$, mit Ausnahme der Einflusslinie der Auflagerkraft, die unter ihrem eigenen Auflager die Ordinate $\eta = 1{,}0$ hat.

8.3.5 Beispiele

Beispiel 8.3.1

Für eine Kranbahn nach Bild 8.18 sind für die angegebenen Radlasten zweier Krane die Extremwerte der nachstehenden Auflager- und Schnittgrößen zu bestimmen:

1. Auflagerkräfte A, B und C
2. Biegemoment in der Mitte des linken Feldes
3. Biegemoment in der Mitte des Schleppträgers (Mitte zwischen Gelenk und Lager c)
4. Stützenmoment M_b
5. Querkräfte an der Mittelstütze.

Beide Kranbahnenden sind mit 50 cm langen Puffern versehen, so dass sich die Fahrbahnlänge auf jeder Seite um dieses Maß verkürzt. Dadurch können die Kräne die Kranbahn auch nicht verlassen und müssen außerdem in der angegebenen Reihenfolge fahren. Die in Klammern angegebenen Zahlen sind die Raddrücke der unbelasteten Kräne.

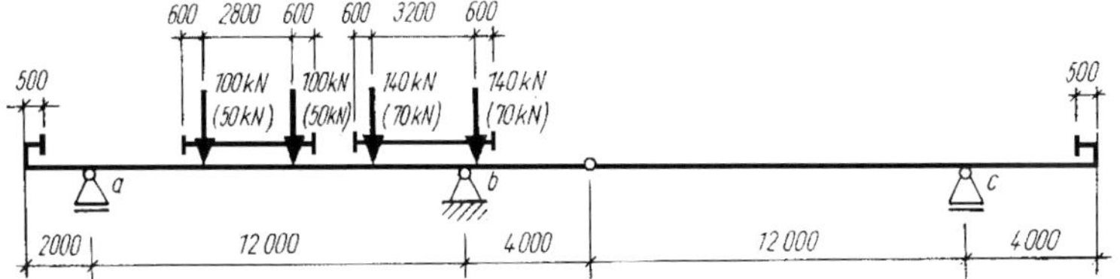

Bild 8.18

Lösung

Zu 1. Auflagerkräfte A, B und C

Die Einflusslinien der Auflagerkräfte A, B und C mit den Laststellungen für die maximalen und minimalen Werte zeigt Bild 8.19 (s. Folgeseite).

Über die Laststellung für die maximale Auflagerkraft A bestehen keine Zweifel. Die Auswertung ergibt

$$\max A_p = 100(1{,}075 + 0{,}842) + 140(0{,}741 + 0{,}475) = 362 \text{ kN}$$

Für die minimale Auflagerkraft ist die im Bild angegebene Laststellung zugrunde gelegt worden.

$$\min A_p = 100(-0{,}100 - 0{,}333) + 140(-0{,}300 - 0{,}211) = -115 \text{ kN}$$

Die maximale Auflagerkraft B erhält man mit der eingezeichneten Laststellung. Andere Laststellungen würden kleinere Werte liefern.

$$\max B_p = 100(1{,}00 + 1{,}233) + 140(1{,}333 + 0{,}978) = 547 \text{ kN}$$

Für die minimale Auflagerkraft B werden die Kräne getrennt auf den Kragarmen angeordnet. Da aber trotzdem noch Radlasten auf dem Feld zu stehen kommen, die somit eine positive Auflagerkraft B liefern würden, nimmt man den linken Kran unbelastet an, um die ungünstigsten Werte zu erhalten.

$$\min B_p = 50(-0{,}075 - 0{,}158) + 140(0{,}033 - 0{,}322) = -36{,}4 \text{ kN}$$

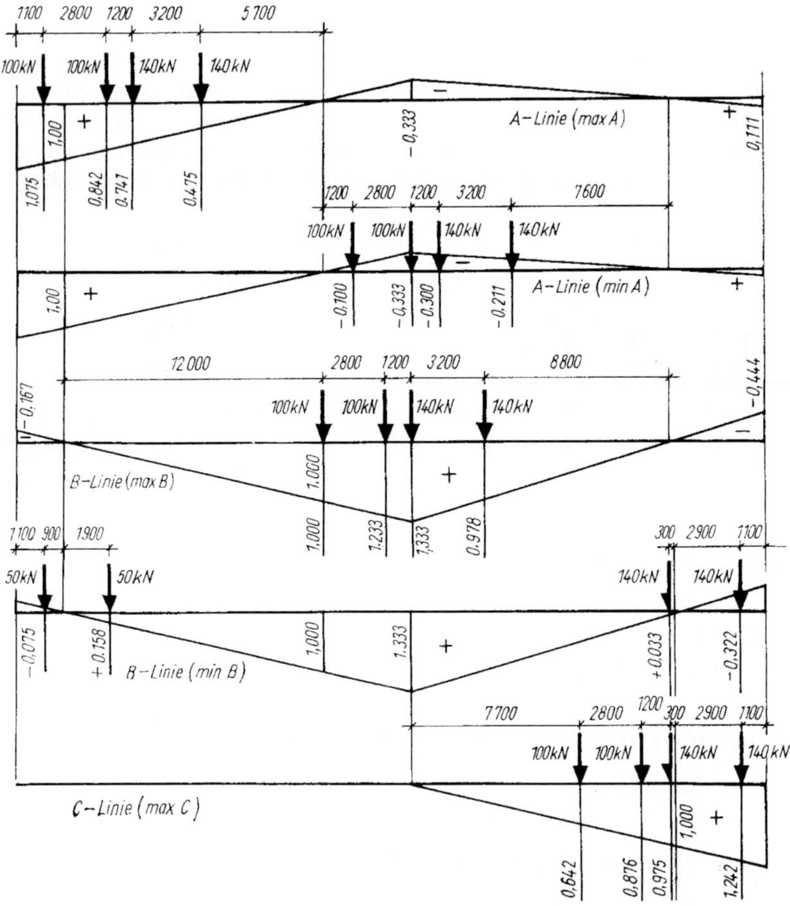

Bild 8.19

Wie bereits am Anfang des Abschnitts erwähnt, kann es aber auch sein, dass Lasten mit entgegengesetzten Vorzeichen gar nicht zu berücksichtigen sind, trotzdem sie real vorhanden sind.

Bei der Auflagerkraft *C* kann kein negativer Wert auftreten, da keine Einflussflächen mit negativem Vorzeichen da sind.

$$\max C_p = 100(0{,}642 + 0{,}876) + 140(0{,}975 + 1{,}242) = 462 \text{ kN}$$

$$\min C_p = 0$$

Zu 2. Biegemomente in der Mitte des linken Feldes

Man bestimmt zuerst die Ordinate unter dem Schnitt.

$$\eta = \frac{xx'}{l} = \frac{6{,}0 \cdot 6{,}0}{12{,}0} = 3{,}00$$

Der Endpunkt dieser Ordinate wird mit den beiden benachbarten Auflagerpunkten verbunden und die Einflusslinie geradlinig über die Kragarme verlängert. Den Endpunkt der Ordinate über dem Gelenk verbindet man wieder geradlinig mit dem Auflager *c* und verlängert bis auf den rechten Kragarm (Bild 8.20).

Die Aufstellung der Belastung ist gut zu übersehen. Die Auswertung ergibt

$$\max M_{1p} = 100(1{,}000 + 2{,}400) + 140(3{,}000 + 1{,}400) = 956 \text{ kNm}$$

$$\min M_{1p} = 100(-0{,}600 - 2{,}000) + 140(-1{,}800 - 1{,}267) = -690 \text{ kNm}$$

Zu 3. Biegemoment in der Mitte des Schleppträgers

Die Einflusslinie für das Biegemoment des Schleppträgers stimmt mit der des Trägers auf zwei Stützen mit einem Kragarm überein (Bild 8.21). Bei der Laststellung für das minimale Moment ist der linke Kran in das erste Feld gefahren.

$$\max M_{2p} = 100(1{,}000 + 2{,}400) + 140(3{,}000 + 1{,}400) = 956 \text{ kNm}$$

$$\min M_{2p} = 140(+0{,}150 - 1{,}450) = -182 \text{ kNm}$$

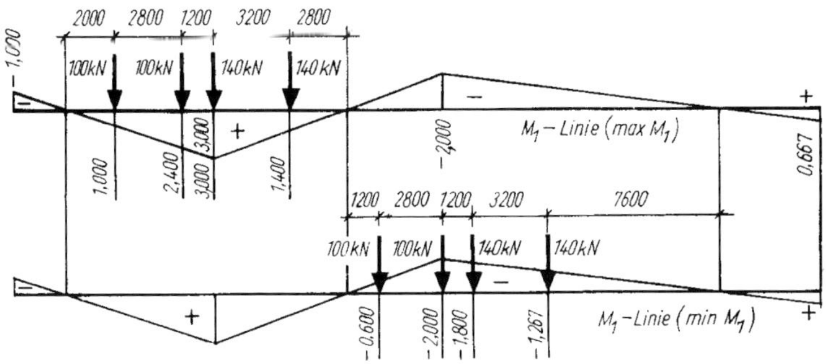

Bild 8.20

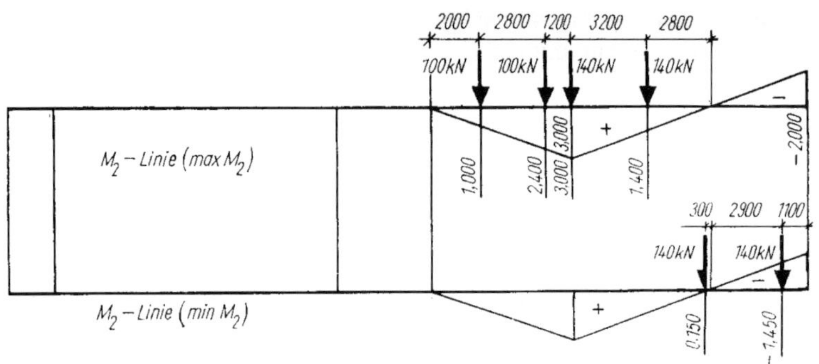

Bild 8.21

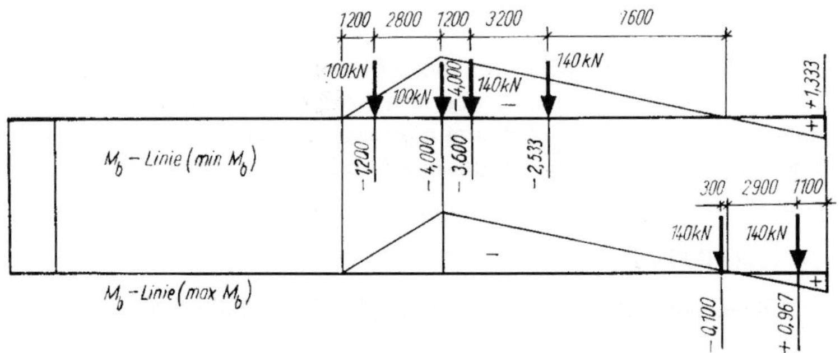

Bild 8.22

Zu 4. Stützenmoment M_b

Man zeichnet zunächst die Einflusslinie des Stützenmoments M_b im Bereich des Kragarmes rechts von *b*, verbindet den Endpunkt der Ordinate im Gelenk mit dem Auflagerpunkt *c* und verlängert bis an das Ende des Kragarmes (Bild 8.22).

$$\min M_{bp} = 100(-1{,}200 - 4{,}000) + 140(-3{,}600 - 2{,}533) = -1378 \text{ kNm}$$

$$\min M_{bp} = 140(-0{,}100 + 0{,}967) = 121{,}5 \text{ kNm}$$

Zu 5. Querkräfte an der Mittelstütze

Da an der Mittelstütze eine Kraft (die Auflagerkraft) eingeleitet wird, müssen Grenzwerte der Querkräfte für den Schnitt unmittelbar links bzw. rechts von *b* bestimmt werden. Die Einflusslinien mit den Laststellungen für die Grenzwerte zeigen die Bilder 8.23 und 8.24.

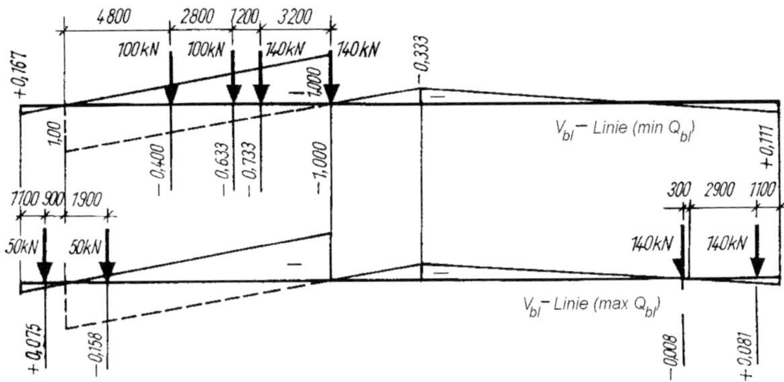

Bild 8.23

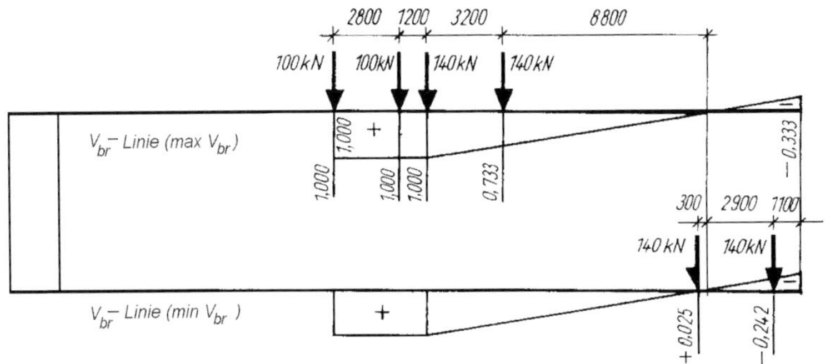

Bild 8.24

$$\min V_{blp} = 100(-0{,}400 - 0{,}633) + 140(-0{,}733 - 1{,}000) = -346 \text{ kN}$$

$$\max V_{blp} = 50(+0{,}075 - 0{,}158) + 140(-0{,}088 + 0{,}081) = +6 \text{ kN}$$

$$\max V_{brp} = 100(1{,}000 + 1{,}000) + 140(1{,}000 + 0{,}733) = +442{,}5 \text{ kN}$$

$$\min V_{brp} = 140(+0{,}025 - 0{,}242) = -30{,}4 \text{ kN}$$

8.4 Einflusslinien für den Dreigelenkbogen

8.4.1 Berechnung bei ruhender Last

Bei der Ermittlung der Einflusslinien des Dreigelenkbogens geht man von der analytischen Berechnung der Stütz- und Schnittgrößen für ruhende Lasten aus. Aus diesem Grund sollen zunächst die in Band 1, Abschnitt 11.2, für lotrechte Lasten abgeleiteten

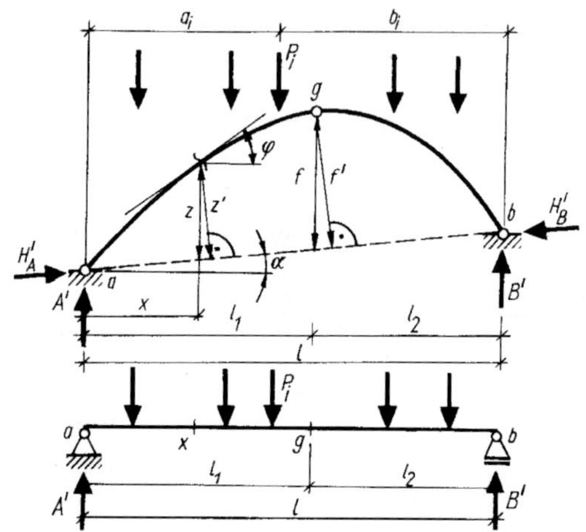

Bild 8.25

Gleichungen in Verbindung mit Bild 8.25 zusammengestellt werden. Die an den Kämpfern auftretenden Stützkräfte zerlegt man vorerst in die lotrechten Komponenten A' und B' und in die in Richtung der Bogensehne fallenden Komponenten H_A' und H_B'. Die Gleichungen dafür waren

$$A' = \frac{1}{l}\sum P_i b_i \; ; \qquad B' = \frac{1}{l}\sum P_i a_i \tag{8.5}$$

A' und B' stellen demnach die Auflagerkräfte eines Trägers auf zwei Stützen mit der Stützweite l des Dreigelenkbogens dar.

Außerdem war

$$H = H_A = H_B = H_A' \cos\alpha = H_B' \cos\alpha = H' \cos\alpha = \frac{M_{0c}}{f} \tag{8.6}$$

Darin ist M_{0c} das Biegemoment eines Ersatzträgers auf zwei Stützen an der Stelle des Gelenks und f die Höhe des Gelenkpunktes über der Verbindungslinie zwischen den Auflagergelenken. Die endgültigen lotrechten Auflagerkräfte erhält man aus zwei Komponenten nach den Gleichungen

$$A = A' + H \tan\alpha \; ; \qquad B = B' - H \tan\alpha \tag{8.7}$$

Für einen beliebigen Schnitt x gilt

$$M_x = M_{0x} - Hz \tag{8.8}$$

Darin ist M_{0x} das Biegemoment an der Stelle x eines Ersatzträgers auf zwei Stützen für die gleiche Belastung.

Zur Ermittlung der Normal- und Querkräfte benutzt man die bekannten Formeln für einen schrägen Stab

$$-N_x = F_{V1} \sin\varphi + F_{H1} \cos\varphi \tag{8.9}$$

$$V_x = F_{V1} \cos\varphi - F_{H1} \sin\varphi \tag{8.10}$$

F_{V1} ist die Resultierende aller Vertikalkräfte am Tragwerksteil links vom Schnitt. Sie ist positiv, wenn sie nach oben wirkt. F_{H1} ist die Resultierende aller Horizontalkräfte am Tragwerksteil links vom Schnitt. Sie ist positiv, wenn sie nach rechts wirkt. Diese Gleichungen für die Auflager- und Schnittgrößen bei ruhenden Lasten werden in den folgenden Abschnitten zur Ermittlung der Einflusslinien benutzt.

8.4.2 Einflusslinien der Auflagerkräfte

Bei ruhender Belastung stimmen A' und B' mit den Auflagerkräften eines Trägers auf zwei Stützen von gleicher Stützweite l überein. Also muss auch die Einflusslinie für A' bzw. B' die Gleiche sein wie die der Auflagerkraft eines Trägers auf zwei Stützen (Bilder 8.26a und b).

Die Horizontalkomponente wird bei ruhender Belastung aus dem Moment eines Trägers auf zwei Stützen am Scheitelgelenk bestimmt, dividiert durch die Pfeilhöhe f. Die Einflusslinie für die Horizontalkomponente H ermittelt man nun dadurch, dass die Einflusslinie für das Biegemoment eines Trägers auf zwei Stützen an der Stelle des Gelenks konstruiert wird (vgl. Abschnitt 8.2.3) und sämtliche Ordinaten dieser Einflusslinie noch durch den Stich f dividiert werden. Es entsteht die Einflusslinie nach Bild 8.26c mit der Ordinate unter dem Gelenk

$$\eta_c = \frac{l_1 l_2}{l f}$$

Zur Bestimmung der endgültigen senkrechten Auflagerkräfte A und B werden dann die soeben ermittelten Einflusslinien ausgewertet. Dabei ist zu beachten, dass dies bei H mit der gleichen Laststellung geschieht wie bei A' bzw. B'. Den ermittelten Zahlenwert für H multipliziert man noch mit $\tan\alpha$ und überlagert dann nach Gl. (8.7). Diese Arbeit wäre bei jeder Auswertung durchzuführen. Zweckmäßiger ist aber, die entsprechenden Einflussflächen selbst zu überlagern, wie dies in den Bildern 8.26d und e geschehen ist.

Die endgültigen Einflusslinien für die lotrechten Auflagerkräfte A und B entstehen daher entsprechend der Berechnung bei ruhenden Lasten durch Überlagerung der Einflusslinien A' bzw. B' und $H \tan\alpha$. Es gelten also nur noch die schraffierten Flächen in den Bildern 8.26d und e.

Hat der Dreigelenkbogen gleich hohe Kämpfergelenke, so wird der Winkel $\alpha = 0$. Die Auflagerkräfte A' und B' sind dann bereits die endgültigen lotrechten Komponenten, und die Überlagerung zweier Einflusslinien entfällt.

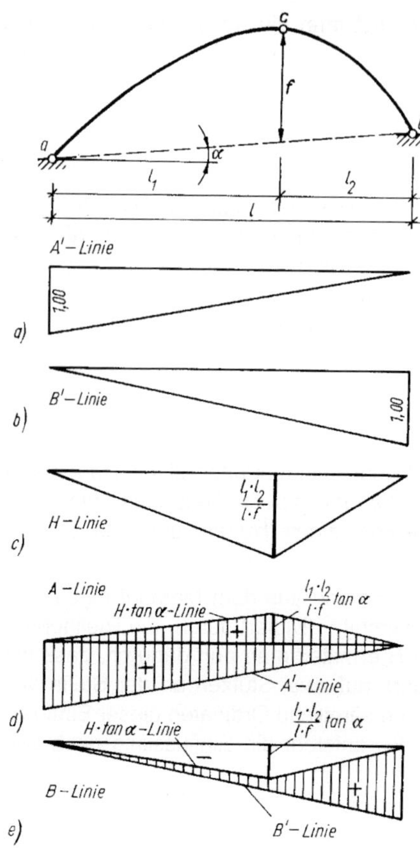

Bild 8.26

8.4.3 Einflusslinien der Biegemomente

Bei den Einflusslinien der Biegemomente geht man ebenfalls von der Gleichung für ruhende Lasten aus:

$$M_x = M_{0x} - Hz$$

Auch hier wird die endgültige Einflusslinie aus zwei Anteilen gewonnen, deren Einflusslinien bereits bekannt sind. Das erste Glied in der Gleichung ist das Biegemoment eines Ersatzträgers auf zwei Stützen für die Stelle x. Die entsprechende Einflusslinie hat bei x die Ordinate

$$\eta = \frac{xx'}{l}$$

Das zweite Glied stimmt mit der negativen Horizontalkraft überein, jedoch multipliziert mit dem Faktor *z*. Das ist die lotrechte Entfernung zwischen dem zugrunde gelegten Schnitt und der Bogensehne (vgl. Bild. 8.25). Diese zweite Einflusslinie ist die des Biegemomentes eines Ersatzträgers für den Gelenkpunkt mit der Ordinate unter *c*.

$$\eta_c = \frac{l_1 l_2}{lf} z$$

Überlagert man die beiden Einflusslinien, dann bleiben für M_x die Ordinaten der schraffierten Fläche (Bild 8.27) übrig, die man auch noch von einer horizontalen Grundlinie aus auftragen kann.

Die Einflusslinie enthält jetzt einen positiven und einen negativen Bereich und somit eine Lastscheide, die sich beim Dreigelenkbogen auch durch einfache Überlegungen finden lässt. (Schnittpunkt der Geraden durch *c* und *b* mit der Geraden durch *a* und Schnittstelle *x*.)

Hat der Dreigelenkbogen gleich hohe Auflager, so behält die Gleichung $M_x = M_{0x} - Hz$ vollständig ihren Wert. Die Verbindungslinie der Kämpfergelenke liegt horizontal. Der Wert *z* ist dann zugleich der senkrechte Abstand des betrachteten Schnittes von der Bogensehne *a–b.*

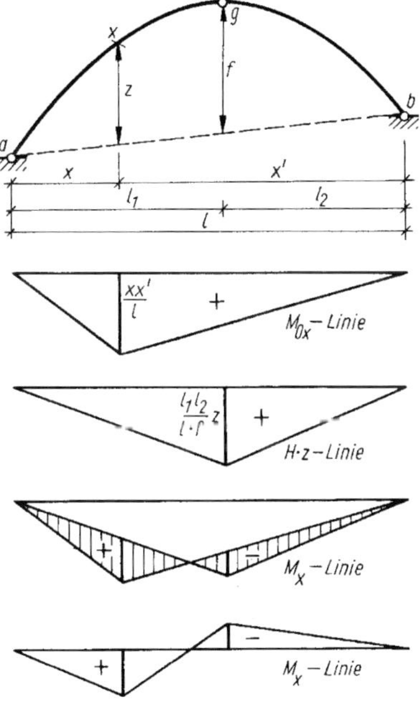

Bild 8.27

8.4.4 Einflusslinien der Normal- und Querkräfte

Die Gleichung der Normalkraft für ruhende Lasten formt man für die Aufstellung der Einflusslinie noch etwas um, wobei man berücksichtigt, dass nur lotrechte Kräfte wirken (rollende Lasten).

$$-N_x = F_{V1} \sin\varphi + F_{H1} \cos\varphi$$

Es wird aber $F_{H1} = H$, daraus folgt

$$-N_x = \left(A - \sum P_{i1}\right) \sin\varphi + H \cos\varphi$$

Nach Gl. (8.7) ist $A = A' + H \tan\alpha$

$$-N_x = \left(A' + H \tan\alpha - \sum P_{i1}\right) \sin\varphi + H \cos\varphi$$

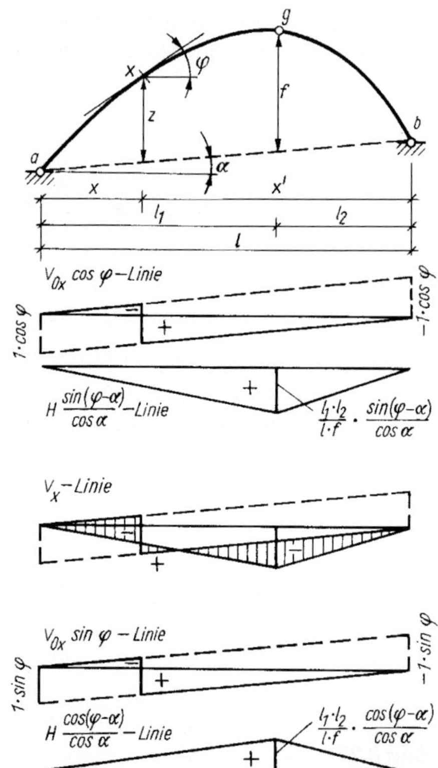

Bild 8.28

Der Teil $A' - \sum P_{i1}$ ist aber die Querkraft V_{0x} eines Trägers auf zwei Stützen mit der Stützweite l am Schnitt x.

$$-N_x = V_{0x} \sin\varphi + H \tan\alpha \sin\varphi + H \cos\varphi$$

$$-N_x = V_{0x} \sin\varphi + \frac{H}{\cos\alpha}(\sin\alpha \sin\varphi + \cos\alpha \cos\varphi)$$

$$-N_x = V_{0x} \sin\varphi + H \frac{\cos(\varphi - \alpha)}{\cos\alpha} \tag{8.11}$$

Entsprechend wird die Gleichung der Querkraft (8.10) zur besseren Ermittlung der Einflusslinie umgeformt.

$$V_x = \sum F_{V1} \cos\varphi - \sum F_{H1} \sin\varphi$$

$$V = V_{0x} \cos\varphi + H \tan\alpha \cos\varphi - H \sin\varphi$$

$$V_x = V_{0x} \cos\varphi - \frac{H}{\cos\alpha}(\sin\varphi \cos\alpha - \cos\varphi \sin\alpha)$$

$$V_x = V_{0x} \cos\varphi - H \frac{\sin(\varphi - \alpha)}{\cos\alpha} \tag{8.12}$$

Sind die Auflager gleich hoch, dann wird $\alpha = 0$, und die Gleichungen vereinfachen sich.

$$-N_x = V_{0x} \sin\varphi + H \cos\alpha\ ; \quad V_x = V_{0x} \cos\varphi - H \sin\alpha \tag{8.13}$$

Damit lassen sich die Einflusslinien der Normal- und Querkräfte wieder durch Überlagerung je zweier bekannter Einflusslinien, die noch mit einem Faktor versehen werden müssen, finden. Bild 8.28 zeigt die Konstruktion. Die erforderlichen Einflusslinien sind zunächst getrennt dargestellt. Anschließend wurde durch Überlagerung die schraffierte Fläche ermittelt.

8.4.5 Zusammenfassung

Die Einflusslinien für die Dreigelenkbogen leitet man aus den Gleichungen für die Stütz- und Schnittgrößen bei ruhenden Lasten ab. Man gewinnt sie durch die Überlagerung aus zwei Anteilen, deren bekannte Einflusslinien lediglich mit einem Faktor behaftet werden.

Sofern indirekte Lastbereiche auftreten, müssen bei der Ermittlung sämtlicher Einflusslinien des Dreigelenkbogens die bereits früher besprochenen Regeln beachtet werden.

8.4.6 Beispiel

Beispiel 8.4.1

Für den parabelförmigen Dreigelenkbogen nach Bild 8.29 sind mit Hilfe von Einflusslinien die Auflagerkräfte und die Schnittgrößen im Viertelpunkt der Stützweite für $g = 10$ kN/m und $q = 30$ kN/m zu ermitteln.

Lösung

1. Geometrische Größen

$l = 12{,}00$ m ; $f = 4{,}00$ m ; $x = 3{,}00$ m;

$x' = 9{,}00$ m ; $l_1 = l_2 = 6{,}00$ m

Aus der Parabelgleichung bestimmt man z und φ.

$$z = \frac{4f}{l^2}x(l - x) = \frac{4 \cdot 4{,}00}{144} 3{,}0 \cdot 9{,}0 = 3{,}00 \text{ m}$$

$$z' = \frac{4f}{l^2}(l - 2x) = \frac{4 \cdot 4{,}00}{144}(12{,}0 - 2 \cdot 3{,}0) = 0{,}667 \text{ m}$$

$\tan\varphi = 0{,}667$; $\varphi = 33{,}7°$; $\sin\varphi = 0{,}555$; $\cos\varphi = 0{,}832$

2. Ermittlung der Einflusslinien (Bild 8.30)

Vertikale Auflagerkraft A

$$\eta_a = 1{,}00$$

Horizontale Auflagerkraft H

$$\eta_c = \frac{l_1 l_2}{lf} = \frac{6{,}0 \cdot 6{,}0}{12{,}0 \cdot 4{,}0} = 0{,}750$$

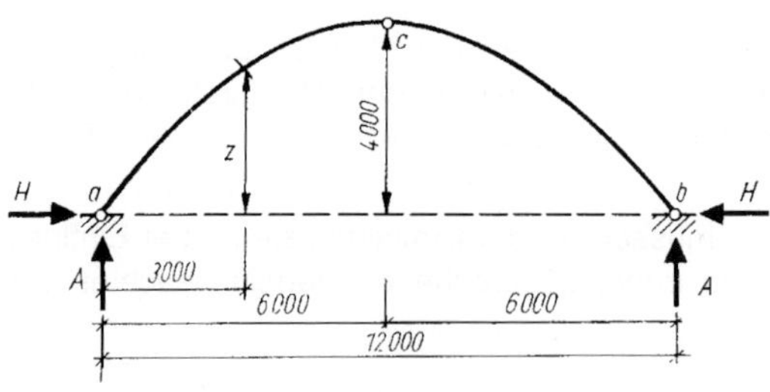

Bild 8.29

Biegemoment $M_x = M_{0x} - Hz$ bei $x = 3{,}00$ m

$$\eta_{0x} = \frac{xx'}{l} = \frac{3{,}0 \cdot 9{,}0}{12{,}0} = 2{,}250$$

$$\eta_c = \frac{l_1 l_2}{lf} z = 0{,}750 \cdot 3{,}00 = 2{,}250$$

Die Restordinaten werden durch Proportionen ermittelt. Sie sind in Bild 8.30 angegeben.

Querkraft $V_x = V_{0x} \cos\varphi - H \sin\varphi$ bei $x = 3{,}00$:

Für $V_{0x} \cos\varphi$ wird $\eta_a = 1{,}0 \cos\varphi = 0{,}832$

Für $H \sin\varphi$ wird $\eta_c = 0{,}750 \cdot 0{,}555 = 0{,}416$

Die Restordinaten lassen sich daraus bestimmen. Sie sind in Bild 8.30 enthalten. Außerdem wurde auch hier die endgültige Einflusslinie von einer Grundlinie nochmals aufgetragen. Bei Laststellungen auf der rechten Scheibe entsteht im Schnitt *x* keine Querkraft. Die Ursache liegt darin, dass bei solchen Laststellungen die Auflagerkraft bei *a* die Richtung *a–c* hat. Diese verläuft parallel zur Tangente an der Stabachse bei *x*.

Normalkraft $-N_x = V_{0x} \sin\varphi + H \cos\varphi$ bei $x = 3{,}00$:

Für $V_{0x} \sin\varphi$ wird $\eta_a = 1{,}0 \sin\varphi = 0{,}555$

Für $H \cos\varphi$ wird $\eta_c = 0{,}750 \cdot 0{,}832 = 0{,}624$

Die Überlagerung mit den Restordinaten ist ebenfalls in Bild 8.30 enthalten. Sämtliche Ordinaten haben ein negatives Vorzeichen.

Außerdem wurde die Einflusslinie nochmals von einer horizontalen Bezugslinie aufgetragen.

3. Auswertung der Einflusslinien

a) Auflagerkräfte

$$\max A = \frac{1}{2} 1{,}0 \cdot 12{,}0 (10 + 30) = 240 \text{ kN}$$

$$\max H = \frac{1}{2} 0{,}75 \cdot 12{,}0 (10 + 30) = 180 \text{ kN}$$

b) Biegemomente

Die Lage der Lastscheide erhält man mit 4,80 m rechts von *a* aus der M_x-Linie. Die Größe der positiven bzw. negativen Einflussfläche wird

$$E_+ = \frac{1}{2} 4{,}80 \cdot 1{,}125 = +2{,}70$$

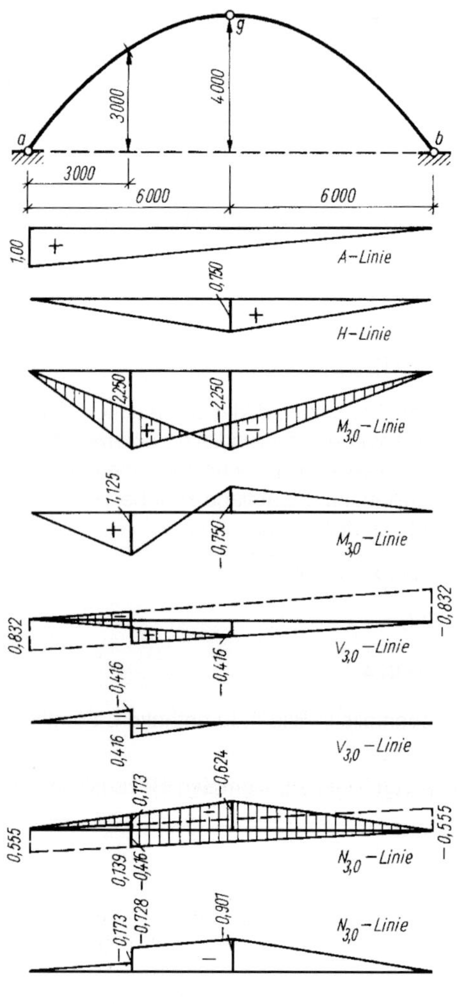

Bild 8.30

$$E_- = \frac{1}{2} 7,20 \cdot (-0,750) = -2,70$$

$$E = E_+ + E_- = 0$$

Bei der Ermittlung des Biegemoments infolge Eigengewichts hat man den Dreigelenkbogen auf der ganzen Länge zu belasten. Daraus folgt $M_{xg} = 0$.

Dieses Ergebnis war zu erwarten, da bei einem parabelförmigen Dreigelenkbogen mit gleich hohen Auflagern und einer über die ganze Stützweite wirkenden, gleichmäßig verteilten Belastung an keiner Stelle ein Biegemoment auftreten kann (vgl. auch Band 1, Abschnitt 11.2).

Für die Grenzwerte der Biegemomente belastet man nur den Bereich der positiven bzw. negativen Einflussflächen mit Verkehrslast.

$$\max M_{xq} = +2{,}70 \cdot 30 = 81{,}0 \text{ kNm}$$

$$\min M_{xq} = -2{,}70 \cdot 30 = -81{,}0 \text{ kNm}$$

c) Querkräfte

$$V_{xg} = 0$$

$$\max V_{xq} = \frac{1}{2} 0{,}416 \cdot 3{,}0 \cdot 30 = 18{,}7 \text{ kN}$$

$$\min V_{xq} = -18{,}7 \text{ kN}$$

d) Normalkräfte

$$N_{xg} = -10\left(\frac{1}{2}12{,}0 \cdot 0{,}624 - \frac{1}{2}3{,}0 \cdot 0{,}139 + \frac{1}{2}9{,}0 \cdot 0{,}416\right)$$

$$N_{xg} = -10 \cdot 5{,}41 = -54{,}1 \text{ kN}$$

$$\min N_{xq} = -30 \cdot 5{,}41 = -162{,}2 \text{ kN}; \qquad \max N_{xq} = 0$$

$$\min N_x = -216{,}3 \text{ kN}$$

8.5 Einflusslinien für statisch bestimmte Fachwerke

8.5.1 Grundlagen

Es ist nicht möglich, an dieser Stelle die Einflusslinien für alle Arten von statisch bestimmten Fachwerken abzuleiten. Daher sollen in den folgenden Abschnitten nur für die wichtigsten Ausführungen der Fachwerke die Einflusslinien ermittelt werden. Die dabei angewendeten allgemeinen Grundsätze lassen sich jedoch für jedes Fachwerk anwenden, so dass bei Bedarf auch für hier nicht betrachtete Fachwerke die Einflusslinien bestimmt werden können.

Die Auflagerkräfte eines statisch bestimmten Fachwerks auf zwei Stützen unterscheiden sich nicht von denen eines vollwandigen Trägers auf zwei Stützen mit gleicher Spannweite. Infolgedessen stimmen auch die Einflusslinien überein. Auf eine bildliche Darstellung der Einflusslinien der Auflagerkräfte wird daher in den nachstehenden Abschnitten verzichtet.

Zur Ermittlung der Einflusslinien der Stabkräfte verwendet man die Gleichungen für lotrechte ruhende Lasten. Diese wurden bereits bei der Untersuchung der Fachwerke mittels der Ritterschen Schnittmethode abgeleitet (vgl. Band 1, Abschnitte 9.3 bis 9.5). Die Gleichungen lassen erkennen, dass die Stabkräfte aus Biegemomenten und Querkräften eines Ersatzträgers auf zwei Stützen berechnet werden können, wobei je nach der Form des Fachwerks noch verschiedene Faktoren erscheinen. Deshalb stimmen auch die Einflusslinien der Stabkräfte bis auf die Faktoren in den meisten Fällen mit den Einflusslinien der Querkräfte und Biegemomente des Trägers auf zwei Stützen überein. Bei manchen Fachwerkstäben erhält man wie beim Dreigelenkbogen die endgültige Einflusslinie aus der Überlagerung zweier bekannter Einflusslinien.

Bedingung bei einem Fachwerk ist, dass die Lasten nur in den Knotenpunkten eingeleitet werden. Daher ist der Bereich zwischen zwei Knoten ein indirekter Lastbereich, für den die entsprechenden Verhältnisse bei der Ermittlung der Einflusslinien zu beachten sind.

Wesentlich ist weiterhin noch die Lage des Lastgurtes, also desjenigen Gurtes, in dessen Knoten die Lasten eingeleitet werden. Es ist allgemein üblich, diesen in der Skizze durch eine gestrichelte Linie anzugeben.

Hinsichtlich der Bezeichnung der Stabkräfte werden bei Fachwerken bekannterweise gern die Bezeichnungen O_k (Stabkraft Obergurt), U_k (Stabkraft Untergurt), D_k (Stabkraft Diagonal) und V_k (Stabkraft Vertikalstäbe) verwendet. Zur besseren Unterscheidung von den Querkräften eines Ersatzträgers wird deshalb die Querkraft eines solchen Trägers hier mit V_{QE} angegeben.

8.5.2 Parallelgurtige Fachwerke

Die Gleichungen für die Stabkräfte dieser Fachwerke lauteten:

a) Gurtstäbe

$$U = \frac{M_o}{h}; \qquad O = -\frac{M_u}{h} \tag{8.14}$$

b) Diagonalstäbe

$$D = \pm\frac{V_{QE}}{\sin\varphi} \tag{8.15}$$

c) Vertikalstäbe

$$V = \pm P \text{ bzw. } V = 0 \text{ oder } V = \pm V_{QE} \tag{8.16}$$

Man erhält somit die Einflusslinien der Gurtstäbe, indem man die Ordinaten der Einflusslinien des Biegemoments für einen Ersatzträger, bezogen auf den gegenüberliegenden Knoten, noch durch die Systemhöhe des Fachwerks teilt.

Entsprechend erhält man die Einflusslinie der Diagonalstabkraft, indem die Ordinaten der Einflusslinie der Querkraft eines Ersatzträgers noch durch $\sin\varphi$ dividiert werden.

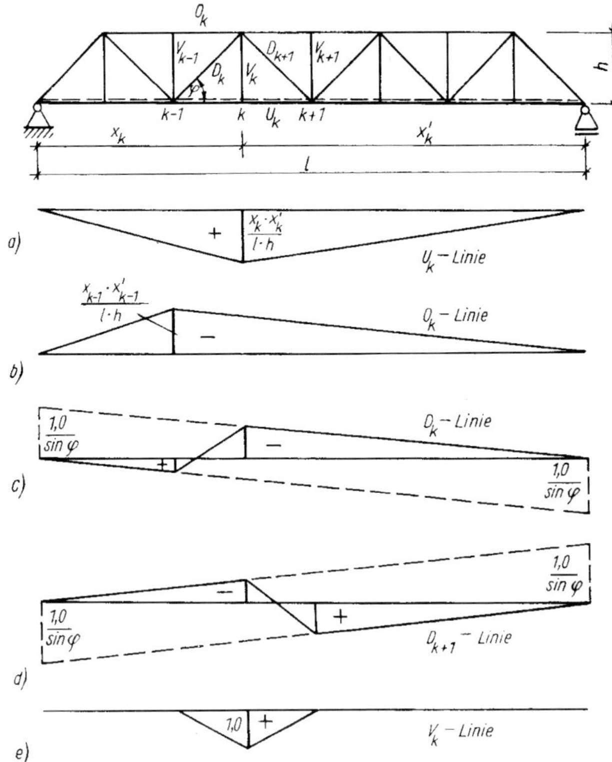

Bild 8.31

Die Einflusslinie der Diagonalstabkraft wird also die ähnliche Gestalt wie die Einflusslinie der Querkraft aufweisen, lediglich ist die Ordinate über den Auflagern nun nicht mehr $\eta = 1{,}0$, sondern $\eta = 1/\sin\varphi$.

Die Einflusslinien der Vertikalstäbe hängen von der Form der Ausfachung ab. Sie können sich nur über die beiden benachbarten Felder erstrecken bzw. gleich null sein (Bild 8.31), oder sie sind mit der Einflusslinie der Querkraft identisch (Bild 8.32). Nach diesen allgemeinen Darstellungen sollen nun die Einflusslinien für die Stabkräfte einiger bekannter Fachwerke aufgestellt werden.

Bild 8.31 zeigt ein Fachwerk mit steigenden und fallenden Diagonalen mit den Einflusslinien für die angegebenen Stäbe. Man erkennt, dass die Einflusslinie eines Gurtstabes der des Biegemoments beim vollwandigen Träger entspricht, wobei hier noch sämtliche Ordinaten durch die Systemhöhe h dividiert worden sind (Bilder 8.31a und b). Da der Momentenbezugspunkt über einem Lasteinleitungspunkt liegt, bleibt die Einflusslinie in jedem indirekten Lastbereich eine Gerade. Die Vorzeichen für die Stabkräfte sind bereits in den Einflusslinien enthalten.

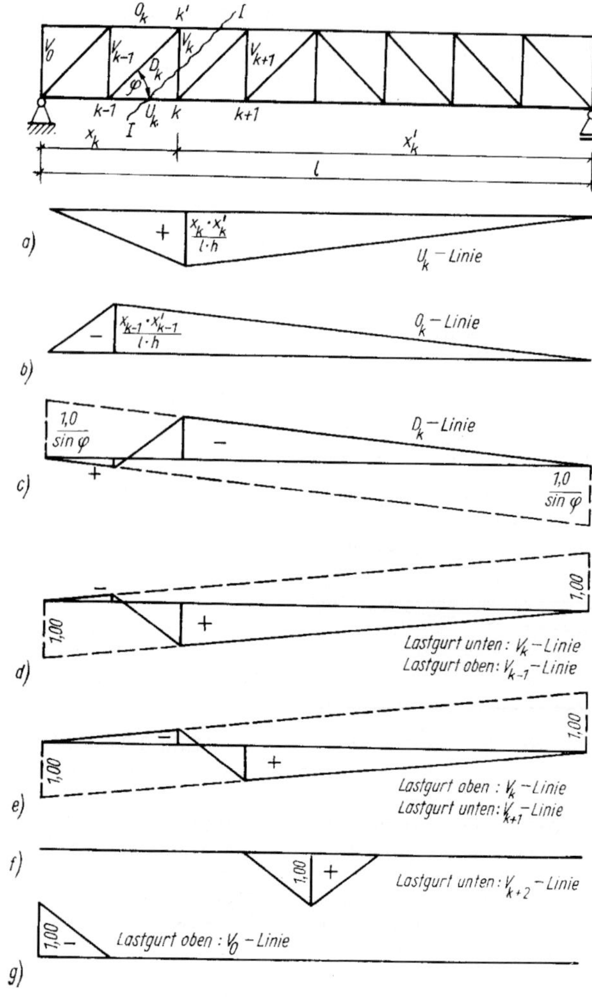

Bild 8.32

Die Bilder 8.31c und d zeigen die typischen Einflusslinien der Diagonalstabkräfte, ähnlich der einer Querkraft mit den Ordinaten $1/\sin\varphi$ über den Auflagern nach Gl. (8.15). Hier ist besonders auf das Einfügen der Schräge im indirekten Lastbereich zu achten.

Zur Auswertung bei gleichmäßig verteilten Lasten finden fast ausschließlich die Gln. (8.3) und (8.4) Verwendung.

Die Vorzeichen für die Stabkräfte sind auch hier bereits bei den Einflusslinien berücksichtigt.

Bei der Einflusslinie der Vertikalen V_k ist entsprechend Gl. (8.16) die Ordinate $\eta = 1{,}0$ unter der betreffenden Vertikalen angetragen. Steht nun die Last $P = 1{,}0$ auf einem der beiden Nachbarknoten, so erhält der zugrunde gelegte Vertikalstab keine Stabkraft. Die Einflusslinie hat also an diesen Stellen die Ordinaten $\eta = 0$.

Zum weiteren muss die Einflusslinie im indirekten Lastbereich eine Gerade sein, so dass der Verlauf nach Bild 8.31e entsteht.

Für einen untenliegenden Lastgurt sind die Stäbe V_{k-1} und V_{k+1} Nullstäbe. Daher entfallen auch ihre Einflusslinien. Bild 8.32 zeigt ein weiteres Fachwerk. Zur Ausfachung dienen nur steigende bzw. fallende Diagonalstäbe und Vertikalstäbe. Die Einflusslinien verschiedener Stabkräfte zeigen die Bilder 8.32a bis g.

Die Einflusslinien der Gurt- und Diagonalstabkräfte bedürfen keiner weiteren Erklärung. Sie sind die gleichen wie die in Bild 8.31.

Die Einflusslinien der Vertikalen müssen, wie eingangs gesagt, mit denen der Querkraft übereinstimmen. Die Vertikale steht jetzt in einem Lastübertragungspunkt. Dort ändert die Querkraft ihren Betrag. Es entsteht nun die Frage, ob die Querkraft des linken oder rechten Feldes maßgebend wird. Das zu entscheiden ist bei diesem Fachwerk von ganz besonderer Bedeutung. Dazu muss der Lastgurt festgelegt sein.

Zur Ermittlung führt man zunächst den in Bild 8.32 eingetragenen Ritterschen Schnitt I–I für den Vertikalstab V_k. Die Querkraft ist dann für das Feld anzusetzen, wo der Rittersche Schnitt für den Vertikalstab V_k den Lastgurt schneidet.

In Bild 8.32d ist bei untenliegendem Lastgurt die Einflusslinie für die Vertikale V_k dargestellt. Sie ist identisch mit der Einflusslinie V_{k-1} für obenliegenden Lastgurt. Bild 8.32e zeigt die Einflusslinie für die umgekehrten Verhältnisse.

Liegen die Vertikalen nicht unmittelbar im Diagonalstabzug, wie das bei den äußeren und der mittleren Vertikalen der Fall ist, so treffen wieder die Voraussetzungen nach Bild 8.31 zu. Diese Einflusslinien zeigen die Bilder 8.32f und g.

Als letztes Beispiel eines parallelgurtigen Fachwerks soll ein Strebenfachwerk nach Bild 8.33 betrachtet werden. Zur eigentlichen Ermittlung der Einflusslinien der Stabkräfte ist nichts Neues mehr zu sagen. Allerdings spielt bei diesem Fachwerk der indirekte Lastbereich eine Rolle. Es müssen also auch hier der Lastgurt und damit die Lasteinleitungspunkte bekannt sein.

Da sich in Bild 8.33 bei der Ermittlung der Gurtstabkräfte des Untergurtes das Moment der äußeren Kräfte auf einen Knoten des lastfreien Gurtes (Obergurtes) bezieht, ist die Spitze der Einflusslinie abzubrechen, denn im lastfreien Bereich muss die Einflusslinie eine Gerade sein (Bild 8.33a).

Bei der Ermittlung der Einflusslinien der Obergurtstäbe dagegen ist der Momentenbezugspunkt gleichzeitig ein Lastübertragungspunkt. Dadurch ist die Einflusslinie in den indirekten Lastbereichen zwischen den Untergurtknoten von vornherein bereits eine Gerade (Bild 8.33 b).

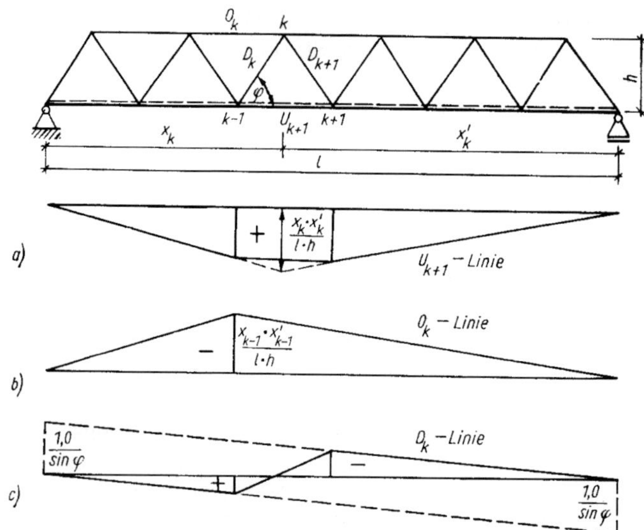

Bild 8.33

Bei der Einflusslinie der Diagonalen D_k muss auch hier die Schräge eingefügt werden. Sie erstreckt sich über den Bereich zwischen zwei Untergurtknoten. Die Einflusslinie der Diagonalen D_{k+1} hat dann die gleiche Gestalt, jedoch das umgekehrte Vorzeichen. Am Ende dieses Abschnitts sollen noch einige Betrachtungen über Einflusslinien von Fachwerken mit Kragarmen und Fachwerk-Gelenkträgern angefügt werden.

In Abschnitt 8.3 wurden die Einflusslinien der Schnittkräfte für diese vollwandigen Träger abgeleitet. Die Einflusslinien der Stabkräfte von solchen Fachwerken leitet man ebenfalls aus Gleichungen der Stabkräfte für ruhende Lasten ab, wobei man auch wieder auf Biegemomente und Querkräfte eines Ersatzträgers zurückkommt, der in diesen Fällen dann ein Träger auf zwei Stützen mit Kragarmen oder ein Gelenkträger ist.

Die Einflusslinien der Auflager- und Stabkräfte von Fachwerken mit Kragarmen und Fachwerk-Gelenkträgern werden infolgedessen bis auf die Faktoren mit den Einflusslinien der gleichen vollwandigen Träger übereinstimmen.

8.5.3 Fachwerke mit gebrochenen Gurtungen

Man greift auch hier bei der Ermittlung der Einflusslinien auf die Gleichungen der Stabkräfte für ruhende senkrechte Lasten zurück.

In Bild 8.34 ist ein Feld eines solchen Fachwerks dargestellt. Zur Bestimmung der Stabkräfte legt man den gezeichneten Schnitt und betrachtet den linken abgeschnittenen Teil des Fachwerks. Für die nachstehende Ableitung gelten die Bezeichnungen nach Bild 8.34.

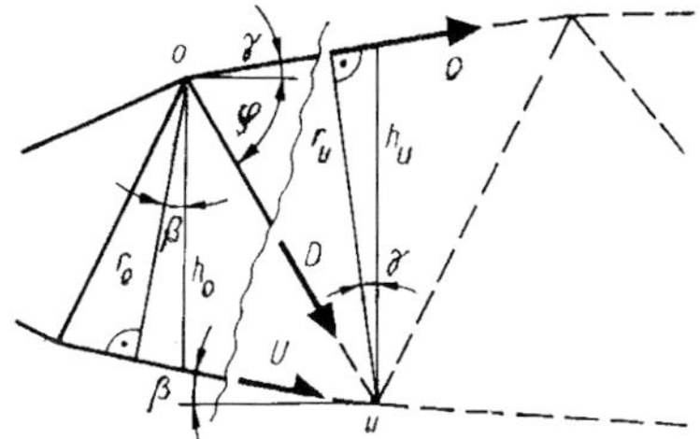

Bild 8.34

Zur Bestimmung einer Gurtstabkraft wird die Gleichgewichtsbedingung $\sum M = 0$ benutzt, bezogen auf den Punkt, in dem sich die beiden anderen mitgeschnittenen Stäbe schneiden. Dabei soll die Summe der Momente aller äußeren Kräfte mit M bezeichnet werden. Es ergibt sich

$$M_o - Ur_o = 0\,; \qquad M_u + Or_u = 0$$

Für r_0 und r_u kann man auch setzen

$$r_o = h_o \cos\beta\,; \qquad r_u = h_u \cos\gamma$$

Dann lauten die Gleichungen für die Stabkräfte

$$U = \frac{M_o}{r_o} = \frac{M_o}{h_o \cos\beta}\,; \qquad O = -\frac{M_u}{r_u} = -\frac{M_u}{h_u \cos\gamma} \tag{8.17}$$

Stellt man Gl. (8.17) Gl. (8.14) gegenüber, so ist lediglich die Systemhöhe h durch den senkrechten Abstand r des Gurtstabes vom gegenüberliegenden Knoten ersetzt worden. Man kann auch Gl. (8.14) als Spezialfall von Gl. (8.17) mit $\beta = 0$, $\gamma = 0$ und $r = h$ ansehen.

Daraus folgt, dass die Einflusslinie eines Gurtstabes bei geknickten Gurtungen auf die gleiche Art wie beim Parallelfachwerk ermittelt wird. Nur wird anstelle der Systemhöhe h der senkrechte Abstand r verwendet.

Zur Ableitung der Diagonalstabkraft wird die Gleichgewichtsbedingung $\sum H = 0$ benutzt. Diese hat den Vorteil, dass die lotrecht wirkenden äußeren Kräfte nicht in die Gleichung eingehen

$$D\cos\varphi + U\cos\beta + O\cos\gamma = 0$$

Nach Gl. (8.17) war aber

$$U\cos\beta = \frac{M_o}{h_o} \quad \text{und} \quad O\cos\gamma = -\frac{M_u}{h_u}$$

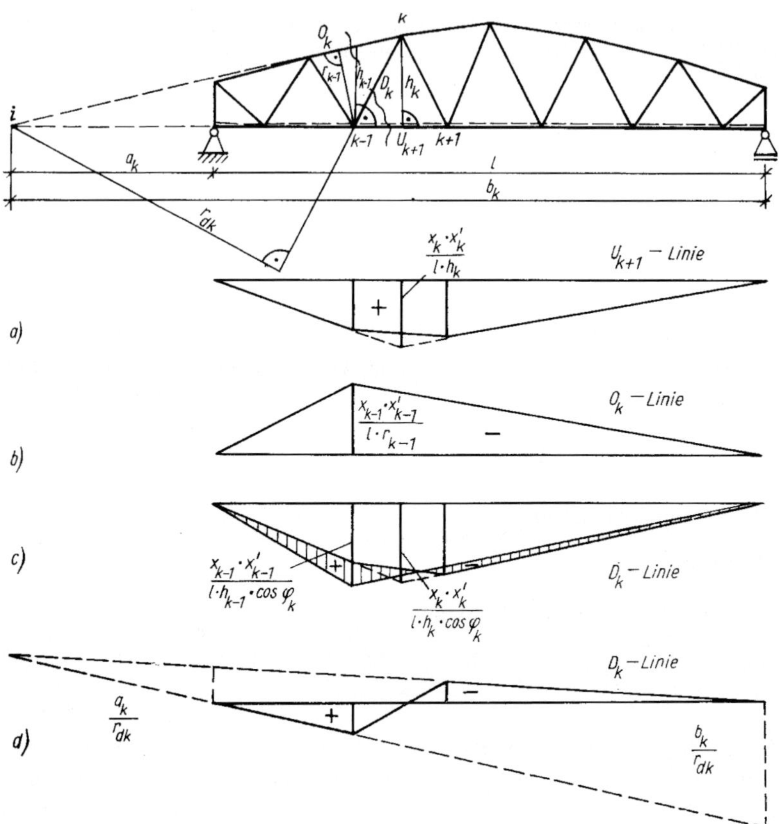

Bild 8.35

Somit wird

$$D\cos\gamma + \frac{M_o}{h_o} - \frac{M_u}{h_u} = 0$$

$$D = \frac{1}{\cos\varphi}\left(\frac{M_u}{h_u} - \frac{M_o}{h_o}\right) \tag{8.18}$$

Man erhält demnach die Einflusslinie einer Diagonalstabkraft durch Überlagerung zweier bekannter Einflusslinien. In den Bildern 8.35a bis d sind die vorstehend abgeleiteten Einflusslinien dargestellt.

Die Aufstellung und Auswertung der Einflusslinie nach Bild 8.35c dürfte im Allgemeinen unbequem sein, wie das bereits aus dem Bild erkennbar ist. Daher ermittelt man die Einflusslinie einer Diagonalen noch nach anderen Gesichtspunkten. Man legt den in Bild 8.35 angegebenen Schnitt und bestimmt den Schnittpunkt der beiden mitgeschnittenen Gurtstäbe. Mit i als Bezugspunkt wird die Gleichgewichtsbedingung $\sum M_i = 0$ aufgestellt. Das wird im Folgenden für eine einzige Last $P = 1{,}0$ durchgeführt. Steht diese Last auf dem Tragwerksteil rechts vom Schnitt, so lauten die Gleichgewichtsbedingungen für den unbelasteten linken Tragwerksteil

$$-Aa_k - D_k r_{dk} = 0\,; \qquad D_k = -A\frac{a_k}{r_{dk}}$$

Die Einflusslinie für D_k im Bereich des rechten Tragwerksteils ist also nichts anderes als die mit a_k/r_{dk} multiplizierte negative Einflusslinie der Auflagerkraft A. Entsprechend ergibt sich für den unbelasteten rechten Tragwerksteil, wenn die Last $P = 1{,}0$ auf dem linken steht,

$$-Bb_k + D_k r_{dk} = 0\,; \qquad D_k = B\frac{b_k}{r_{dk}}$$

Im linken Bereich des Fachwerks muss also die mit b_k/r_{dk} multiplizierte Einflusslinie der Auflagerkraft B gelten.

Diese Ergebnisse sind in Bild 8.35d dargestellt. Im gesamten indirekten Lastbereich ist wieder die Schräge eingefügt. Es besteht bei dieser Konstruktion auch noch eine Kontrollmöglichkeit, da sich die beiden Äste der Einflusslinie unter dem Momentenbezugspunkt i schneiden müssen, wie aus der folgenden Proportion hervorgeht:

$$\frac{a_k/r_{dk}}{a_k} = \frac{b_k/r_{dk}}{b_k}$$

Die Gleichungen für die Vertikalstabkräfte waren bereits beim Parallelfachwerk je nach der Ausfachung verschieden. Bei Fachwerken mit geknickten Gurtungen ist das noch eher der Fall. Im Allgemeinen lassen sich die Vertikalstabkräfte durch Rundschnitte um die Knoten finden. Die Gleichungen setzen sich dann aus verschiedenen Anteilen zusammen, so dass sich die Einflusslinien der Vertikalstabkräfte wieder durch Überlagerung finden lassen. In den Tabellen- und Taschenbüchern sind dazu die notwendigen Angaben enthalten. Es sollen hier lediglich für die Vertikalen zweier verschiedener Fachwerke die Stabkräfte ermittelt werden.

In Bild 8.36 ist ein Ausschnitt eines Fachwerks mit steigenden und fallenden Diagonalen dargestellt. Nachdem der Knoten k durch einen Rundschnitt herausgetrennt wurde, ergibt die Gleichgewichtsbedingung $\sum V = 0$

$$V_k - P_k - U_k \sin\beta_k + U_{k+1} \sin\beta_{k+1} = 0$$

$$V_k - P_k - U_k \cos\beta_k \tan\beta_k + U_{k+1} \cos\beta_{k+1} \tan\beta_{k+1} = 0$$

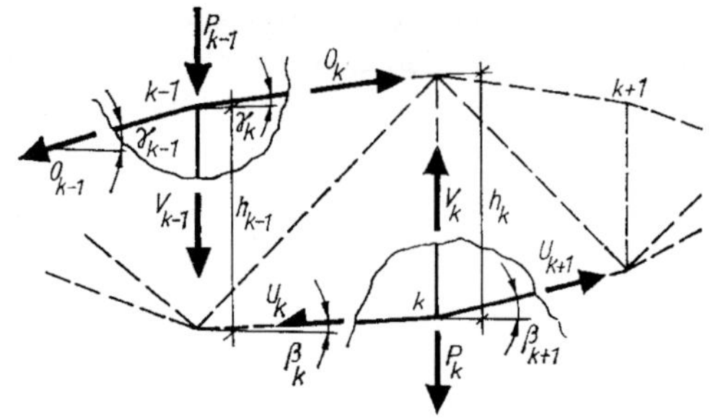

Bild 8.36

Nach Gl. (8.17) ist aber

$$U_k \cos\beta_k = \frac{M_k}{h_k}; \qquad U_{k+1} \cos\beta_{k+1} = \frac{M_k}{h_k}$$

$$V_k = P_k + \frac{M_k}{h_k}(\tan\beta_k - \tan\beta_{k+1}) \tag{8.19}$$

Wendet man den gleichen Ansatz für den Knoten $k-1$ an, so gilt

$$-V_{k-1} - P_{k-1} - O_{k-1}\sin\gamma_{k-1} + O_k \sin\gamma_k = 0$$

$$V_{k-1} + P_{k-1} + O_{k-1}\cos\gamma_{k-1}\tan\gamma_{k-1} - O_k\cos\gamma_k\tan\gamma_k = 0$$

$$O_{k-1}\cos\gamma_{k-1} = -\frac{M_{k-1}}{h_{k-1}}, \quad O_k\cos\gamma_k = -\frac{M_{k-1}}{h_{k-1}} \tag{8.20a}$$

$$V_{k-1} = -P_{k-1} + \frac{M_{k-1}}{h_{k-1}}(\tan\gamma_{k-1} - \tan\gamma_k) \tag{8.20b}$$

Ist keine Knotenlast vorhanden, so wird selbstverständlich $P = 0$. Sind die Neigungswinkel $\beta < 0$ bzw. $\gamma < 0$, so ist auch tan $\beta < 0$ bzw. tan $\gamma < 0$. Außerdem gehen die Gln. (8.19) und (8.20) für den Spezialfall des Parallelfachwerks in Gl. (8.16) über, da dann $\beta_k = 0$ und $\beta_{k-1} = 0$ bzw. $\gamma_{k-1} = 0$ und $\gamma_k = 0$ werden. Man erkennt, dass sich die Einflusslinie der Stabkraft einer Vertikalen bei einem Fachwerk mit gebrochenen Gurtungen tatsächlich durch Überlagerung zweier bekannter Einflusslinien finden lässt.

Bei einem Fachwerk nach Bild 8.37 führt die Gleichgewichtsbedingung $\sum V = 0$ am linken Tragwerksteil zum Ziel. Dabei sei der Untergurt als Lastgurt vorausgesetzt.

$$A - \sum_1^k P_k + O_k \sin\gamma_k + U_{k+1}\sin\beta_{k+1} + V_k = 0$$

$$V_{QE,k+1} + O_k\cos\gamma_k\tan\gamma_k + U_{k+1}\sin\beta_{k+1}\tan\beta_{k+1} + V_k = 0$$

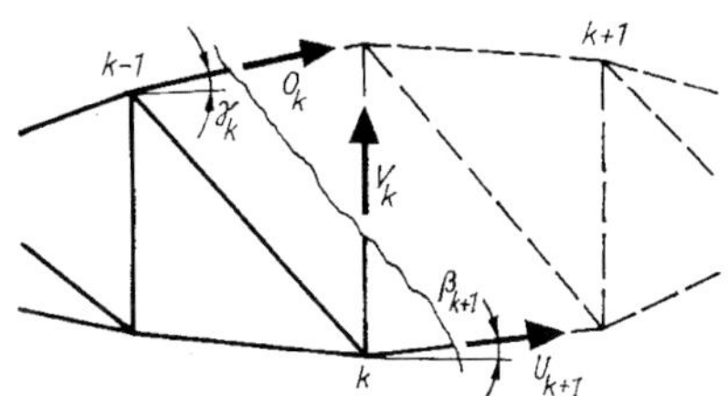

Bild 8.37

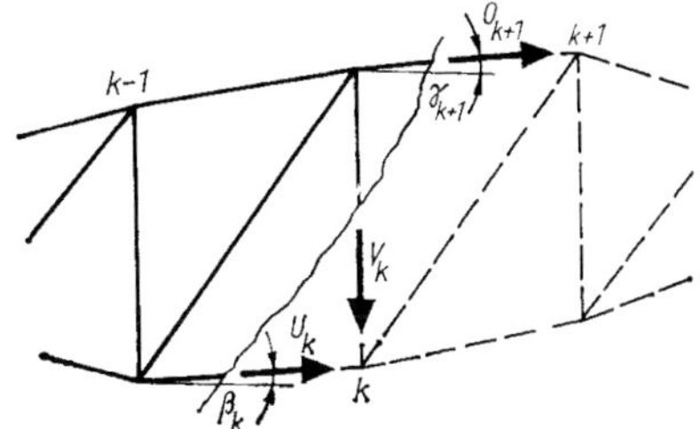

Bild 8.38

Nach Gl. (8.17) ist

$$O_k \cos\gamma_k = -\frac{M_k}{h_k}; \qquad U_{k+1} \cos\beta_{k+1} = \frac{M_k}{h_k}$$

$$V_{QE,k+1} - \frac{M_k}{h_k}\tan\gamma_k + \frac{M_k}{h_k}\tan\beta_{k+1} + V_k = 0$$

Ist der Obergurt Lastgurt, so hat die Last am Knoten *k* keinen Einfluss auf den linken Tragwerksteil. Die Querkraft des linken Feldes wird dann verwendet, also $V_{QE,k}$ anstelle von $V_{QE,k+1}$. Damit lauten die Gleichungen für V_k

Lastgurt unten: $$V_k = -V_{QE,k+1} + \frac{M_k}{h_k}(\tan\gamma_k - \tan\beta_{k+1}) \qquad (8.21a)$$

Lastgurt oben: $$V_k = -V_{QE,k} + \frac{M_k}{h_k}(\tan\gamma_k - \tan\beta_{k+1}) \qquad (8.21b)$$

Liegt ein Fachwerk mit Diagonalen nach Bild 8.38 vor, so gilt der folgende Ansatz, wobei auch hier wieder der Untergurt als Lastgurt angenommen werden soll:

$$A - \sum_1^{k-1} P_k + O_{k+1}\sin\gamma_{k+1} + U_k \sin\beta_k - V_k = 0$$

$$V_{QE,k} - \frac{M_k}{h_k}\tan\gamma_{k+1} + \frac{M_k}{h_k}\tan\beta_k - V_k = 0$$

Ist dagegen der Obergurt Lastgurt, so geht die Querkraft $V_{QE,k+1}$ des rechten Feldes in die Gleichung ein.

Lastgurt unten: $$V_k = V_{QE,k} + \frac{M_k}{h_k}(\tan\beta_k - \tan\gamma_{k+1}) \qquad (8.22a)$$

Lastgurt oben: $$V_k = V_{QE,k+1} + \frac{M_k}{h_k}(\tan\beta_k - \tan\gamma_{k+1}) \qquad (8.22b)$$

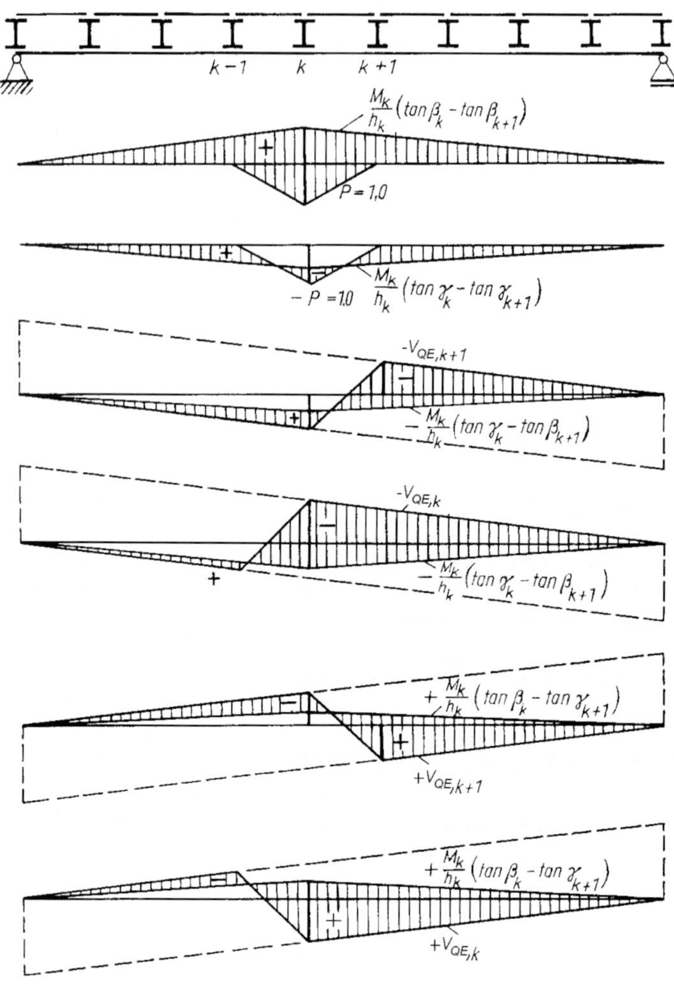

Bild 8.39

Beide Gleichungen lassen sich ebenfalls leicht in den Spezialfall des Parallelfachwerks überführen, denn dann ist $\beta = 0$ bzw. $\gamma = 0$. Aus Gl. (8.22) ist ersichtlich, dass hier wieder die Einflusslinie der Stabkraft der Vertikalen durch Überlagerung zweier bekannter Einflusslinien entsteht.

Die verschiedenen Arten der Überlagerung zur Bestimmung der Einflusslinie der Stabkraft einer Vertikalen nach den Gln. (8.19) bis (8.22) sind in Bild 8.39 dargestellt.

Da sich die Einflusslinien jedoch auf Fachwerke verschiedener Ausfachung beziehen, ist als Grundsystem der Ersatzbalken gewählt worden.

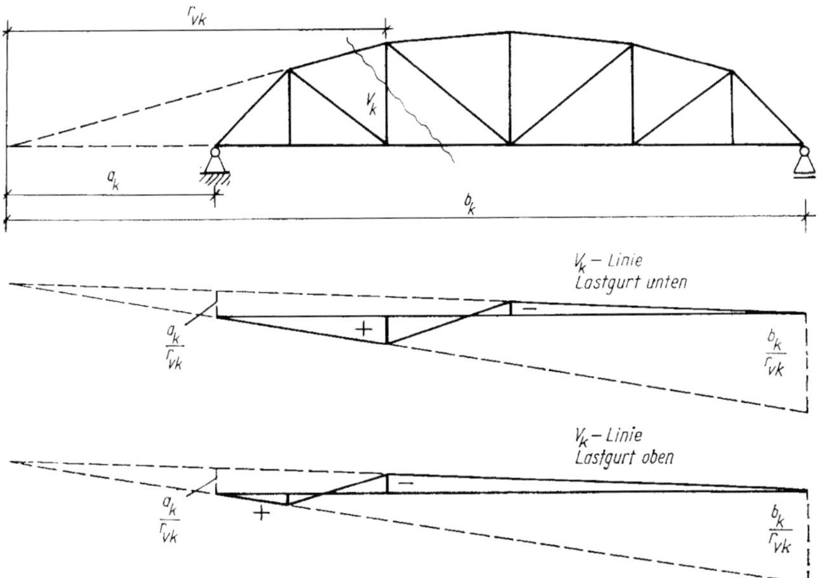

Bild 8.40

Die Einflusslinien für die Vertikalstäbe bei Fachwerken mit nur fallenden bzw. nur steigenden Diagonalen lassen sich jedoch auch ähnlich wie die Einflusslinien der Diagonalstäbe mit Hilfe des Ritterschen Schnittes nach Bild 8.40 bestimmen.

Steht die Last $P = 1{,}0$ auf dem rechten Tragwerksteil, so gilt für den unbelasteten linken Teil

$$-Aa_k - V_k r_{vk} = 0\,; \qquad V_k = -A\frac{a_k}{r_{vk}} \tag{8.23}$$

Entsprechend gilt für den unbelasteten rechten Tragwerksteil, wenn sich die Last $P = 1{,}0$ auf dem linken Teil befindet,

$$-Bb_k + V_k r_{vk} = 0\,; \qquad V_k = +B\frac{b_k}{r_{vk}} \tag{8.24}$$

Man erkennt, dass sich die Einflusslinien der Vertikalstabkräfte aus den mit Multiplikatoren belegten Einflusslinien der Auflagerkräfte bestimmen lassen. Auch hier ist beim Aufzeichnen der Einflusslinie die Lage des Lastgurtes zu beachten (Bilder 8.40a und b).

8.5.4 Zusammenfassung

Die Einflusslinien der Auflagerkräfte eines Fachwerks sind die gleichen wie die eines vollwandigen Trägers von gleicher Stützweite.

Die Einflusslinien für die Stabkräfte eines Fachwerks auf zwei Stützen werden auf Grund der Gleichungen für die Stabkräfte infolge ruhender Lasten aus den bekannten Einflusslinien der Biegemomente und Querkräfte eines vollwandigen Trägers auf zwei Stützen abgeleitet.

Für das Parallelfachwerk gilt:

> Die Einflusslinien der Gurtstabkräfte erhält man aus den Einflusslinien der Biegemomente, deren Ordinaten noch durch die Systemhöhe des Fachwerks zu dividieren sind. Die Einflusslinien der Diagonalstabkräfte werden aus denen der Querkräfte ermittelt, wobei sämtliche Ordinaten durch den Sinus des Neigungswinkels der Diagonalen zu dividieren sind. Für die Einflusslinien der Vertikalen ist die Ausfachung des Fachwerks maßgebend. Bei einem Fachwerk mit steigenden und fallenden Diagonalen übernimmt die Vertikale die jeweilige Knotenlast. Bei einem Fachwerk mit nur steigenden bzw. nur fallenden Diagonalen erhält die Vertikale die Querkraft des linken oder rechten Feldes, jedoch mit umgekehrtem Vorzeichen wie die Diagonale.

Bei einem Strebenfachwerk ist bei den Einflusslinien auf den indirekten Lastbereich zu achten. Die Einflusslinie muss zwischen den Lastübertragungspunkten eine Gerade sein.

Auch die Einflusslinien des Fachwerks mit Kragarmen und des Fachwerk-Gelenkträgers lassen sich aus denen des vollwandigen Trägers ermitteln.

Für die Stabkräfte des Fachwerks mit gebrochenen Gurtungen wurden die Gleichungen für ruhende Lasten abgeleitet. Die Einflusslinien der Gurtstäbe erhält man hier dadurch, dass man die Ordinate der Einflusslinie des Biegemoments für den gegenüberliegenden Knoten durch den senkrechten Abstand des Gurtstabes von diesem Knoten dividiert. Die Einflusslinien der Diagonalen könnte man durch Überlagerung zweier Einflusslinien ermitteln, jedoch zieht man die Bestimmung der Einflusslinie mit Hilfe des Ritterschen Schnittes vor.

Die Formeln der Stabkräfte der Vertikalen eines Fachwerks mit gebrochenen Gurtungen sind sehr vielfältig. Sie sind verschieden je nach Art der Ausfachung des Fachwerks und nach der Lage des belasteten Gurtes und werden ebenfalls von bekannten Einflusslinien abgeleitet.

Die Einflusslinien der Vertikalen lassen sich wiederum durch Überlagerung bekannter Einflusslinien ermitteln. Bei Fachwerken mit fallenden bzw. steigenden Diagonalen kann man auch diese Einflusslinien mit Hilfe des Ritterschen Schnittes bestimmen.

8.5.5 Beispiele

Beispiel 8.5.1

Für den in Bild 8.41 dargestellten Portalkran sind die Einflusslinien für sämtliche Stabkräfte zu ermitteln.

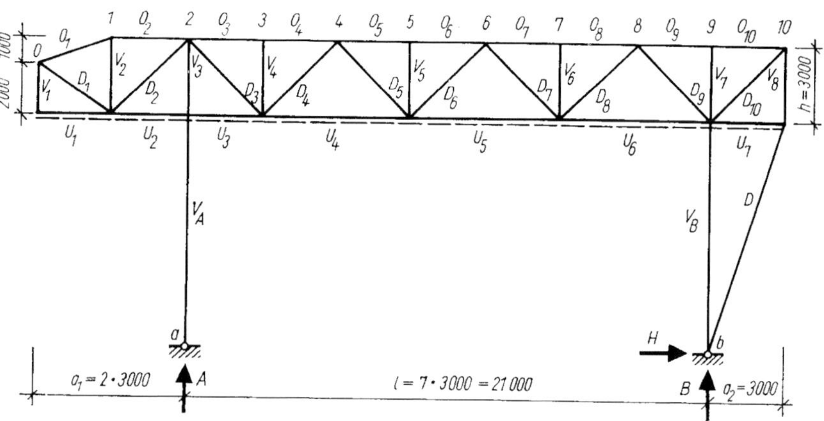

Bild 8.41

Lösung

Da für die Ermittlungen der Einflusslinien nur lotrechte Lasten vorausgesetzt werden, entstehen an den beiden Auflagern nur lotrechte Stützkräfte A und B. Führt man um den Knoten b einen Rundschnitt, so ergibt sich, dass infolge $H = 0$ auch $D = 0$ wird. Die Strebe D bleibt also bei senkrechten Lasten spannungslos und hat auf die Ermittlung der Einflusslinien überhaupt keinen Einfluss.

1. Einflusslinien der Untergurtstäbe (Bild 8.42)

Die Stäbe U_1 und U_7 sind Nullstäbe. Für $U_2 = U_3$ wird das Stützenmoment M_a maßgebend. Den Einflusslinien U_4, U_5 und U_6 liegen die jeweiligen Biegemomente des Ersatzträgers für den gegenüberliegenden Knoten zugrunde.

Bei den Stäben U_4, U_5 und U_6 ist der indirekte Lastbereich zu beachten.

$U_2 = U_3$:

$$\eta_0 = -\frac{a_1}{h} = -\frac{6{,}0}{3{,}0} = -2{,}000$$

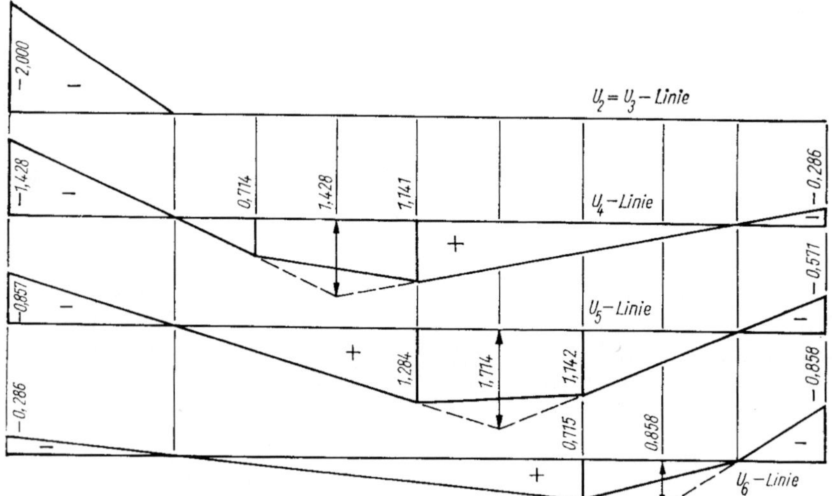

Bild 8.42

U_4:

$$\eta_4 = \frac{x_4 x_4{}'}{lh} = \frac{6{,}0 \cdot 15{,}0}{21{,}0 \cdot 3{,}0} = 1{,}428$$

$$\eta_0 = -\eta_4 = -1{,}428$$

$$\eta_{10} = -1{,}428 \frac{3{,}0}{15{,}0} = -0{,}286$$

$$\eta_3 = 1{,}428 \frac{3{,}0}{6{,}0} = 0{,}714 \; ; \qquad \eta_5 = 1{,}428 \frac{12{,}0}{15{,}0} = 1{,}141$$

U_5:

$$\eta_6 = \frac{x_6 x_6{}'}{lh} = \frac{12{,}0 \cdot 9{,}0}{21{,}0 \cdot 3{,}0} = 1{,}714$$

$$\eta_0 = -1{,}714 \frac{6{,}0}{12{,}0} = -0{,}857 \; ; \qquad \eta_{10} = -1{,}714 \frac{3{,}0}{9{,}0} = -0{,}571$$

$$\eta_5 = 1{,}714 \frac{9{,}0}{12{,}0} = 1{,}284 \; ; \qquad \eta_7 = 1{,}714 \frac{6{,}0}{9{,}0} = 1{,}142$$

U_6:

$$\eta_8 = \frac{x_8 x_8{}'}{lh} = \frac{18{,}0 \cdot 3{,}0}{21{,}0 \cdot 3{,}0} = 0{,}858$$

$$\eta_0 = -0{,}858 \frac{6{,}0}{18{,}0} = -0{,}286\,; \qquad \eta_{10} = -0{,}858$$

2. Einflusslinien der Obergurtstäbe (Bild 8.43)

Für die Stäbe O_1 und O_2 wird das Biegemoment des Kragarmes im Punkt 1 maßgebend. Für die Stäbe O_3 bis O_8 gilt das entsprechende Biegemoment des Ersatzträgers im Feld und für die Stäbe O_9 und O_{10} das Stützmoment M_b. Es werden hier nur noch die maßgebenden Ordinaten bestimmt. Weitere Ordinaten sind in Bild 8.43 angegeben. Ihre Ermittlung aus Proportionen wird hier übergangen.

O_1:

$$\cos\gamma = \frac{3{,}0}{\sqrt{3{,}0^2 + 1{,}0^2}} = 0{,}95\,; \qquad r = h\cos\gamma = 3{,}0 \cdot 0{,}95 = 2{,}85$$

$$\eta_0 = \frac{M_1}{r} = \frac{3{,}0}{2{,}85} = 1{,}052\,; \qquad \eta_1 = 0$$

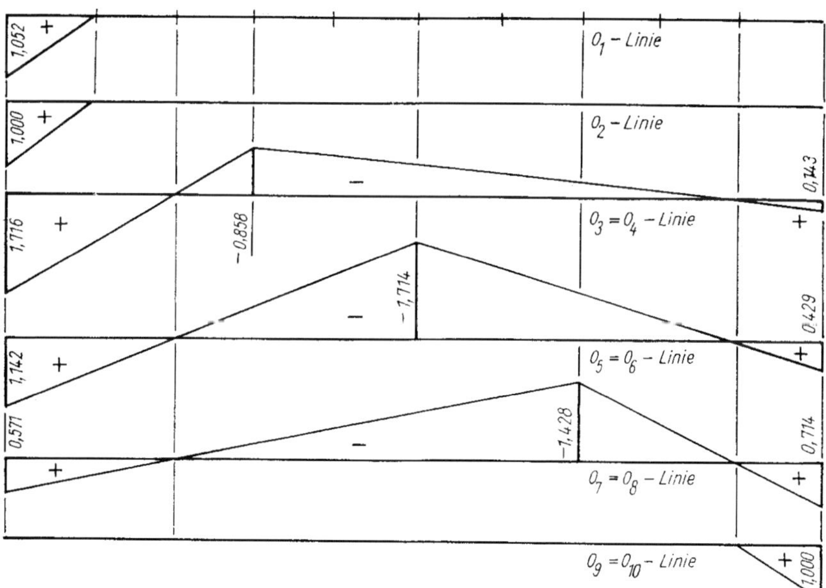

Bild 8.43

O_2:

$$\eta_0 = \frac{M_1}{h} = \frac{3,0}{3,00} = 1,000\,; \qquad \eta_1 = 0$$

$O_3 = O_4$:

$$\eta_3 = -\frac{x_3 x_3{}'}{lh} = -\frac{3,0 \cdot 18,0}{21,0 \cdot 3,00} = -0,858$$

$O_5 = O_6$:

$$\eta_5 = -\frac{x_5 x_5{}'}{lh} = -\frac{9,0 \cdot 18,0}{21,0 \cdot 3,00} = -1,714$$

$O_7 = O_8$:

$$\eta_7 = -\frac{x_7 x_7{}'}{lh} = -\frac{15,0 \cdot 160}{21,0 \cdot 3,00} = -1,428$$

$O_9 = O_{10}$:

$$\eta_{10} = \frac{1}{h} = \frac{3,0}{3,0} = 1,000$$

3. Einflusslinien der Diagonalen (Bild 8.44)

Für die Einflusslinien der Diagonalen D_1 legt man Gl. (8.18) zugrunde. Für alle anderen Einflusslinien gilt Gl. (8.15), wobei für die Stäbe D_2 und D_{10} die Einflusslinie der Querkraft des Kragarmes und für alle anderen Diagonalen die bekannte Einflusslinie der Querkraft des Trägers auf zwei Stützen benutzt wird.

D_1:

$$D = \frac{1}{\cos\varphi}\left(\frac{M_u}{h_u} - \frac{M_o}{h_o}\right); \qquad \frac{1}{\cos\varphi} = \frac{\sqrt{2,0^2 + 3,0^2}}{3,0} = 1,20$$

Das Biegemoment M_0 ist Null, somit ist

$$D = \frac{1}{\cos\varphi}\frac{M_u}{h_u}\,; \qquad \eta_0 = \frac{1}{\cos\varphi}\left(-\frac{M_1}{h_1}\right) = -1,20\,\frac{3,0}{3,0} = -1,200$$

D_2:

$$D = \frac{q}{\sin\varphi} = \frac{1,0}{\sin\varphi} = 1,414\,; \qquad \eta_0 = \eta_1 = 1,414\,, \quad \eta_2 = 0$$

Zwischen den Punkten 1 und 2 ist der indirekte Lastbereich zu beachten.

D_2 bis D_9

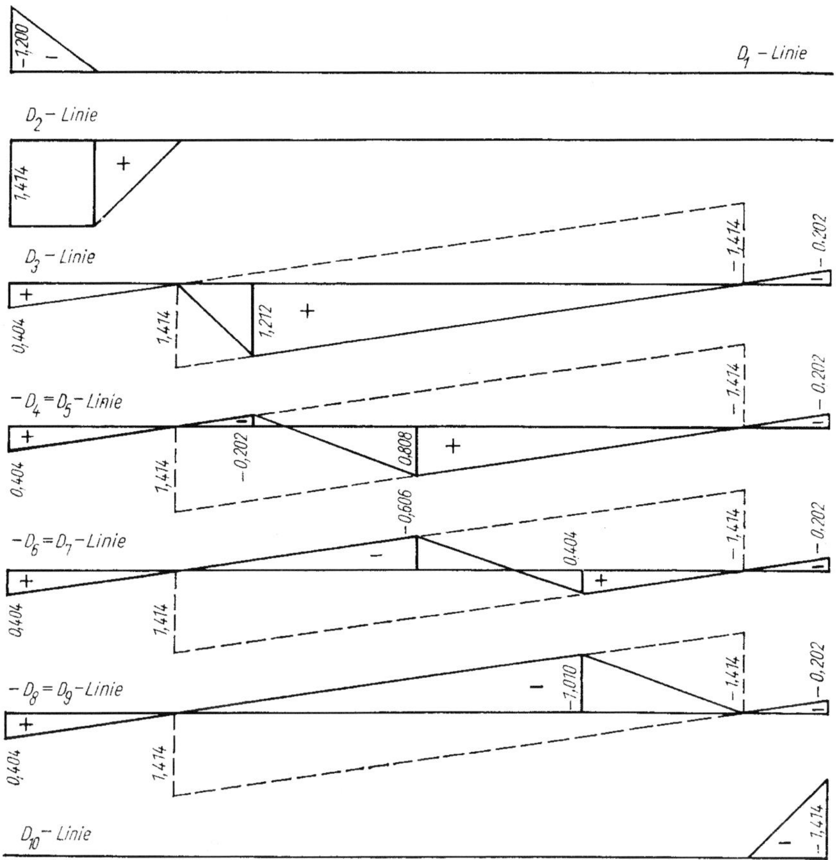

Bild 8.44

Für alle Einflusslinien der Diagonalen innerhalb des Feldes gilt

$$\eta_a = -\eta_b = \frac{1{,}0}{\sin\varphi} = \sqrt{2} = 1{,}414\,; \qquad \varphi = 45°$$

$$\eta_0 = \eta_b \frac{a_1}{l} = 1{,}414 \frac{6{,}0}{21{,}0} = 0{,}404$$

$$\eta_{10} = \eta_b \frac{a_2}{l} = -1{,}414 \frac{3{,}0}{12{,}0} = -0{,}202$$

Die Verbindungsgerade zwischen den beiden Ästen muss sich über den gesamten indirekten Lastbereich erstrecken. Die Ordinaten innerhalb dieses Lastbereiches lassen sich ebenfalls durch Proportionen bestimmen

D_{10}:

$$\eta_{10} = -\frac{1{,}0}{\sin\varphi} = -1{,}414\,; \qquad \eta_9 = 0$$

4. Einflusslinien der Vertikalen (Bild 8.45)

Die Vertikalen V_1 und V_8 übernehmen lediglich die Knotenlast. Die Vertikale V_3 wird gleich der Auflagerkraft A.

Der Vertikalstab V_2 erhält eine Stabkraft infolge des geknickten Obergurtes, dagegen sind die Vertikalen V_4, V_5, V_6 und V_7 Nullstäbe.

V_1:

$$\eta_0 = 0\,; \qquad \eta_1 = 0$$

V_2:

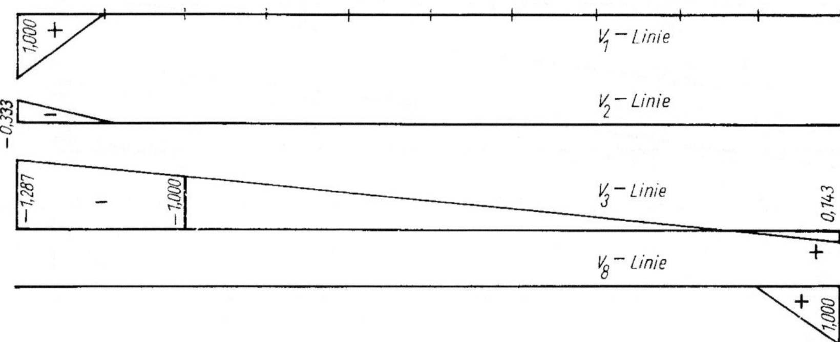

Bild 8.45

Nach Gl. (8.20) wird $V_2 = -P_1 + \frac{M_1}{h_1}(\tan\gamma_1 - \tan\gamma_2)$. Da der Obergurt unbelastet ist, wird $P_1 = 0$. Außerdem wird $\gamma_2 = 0$ und somit

$$V_2 = \frac{M_1}{h_1}\tan\gamma_1\,; \qquad \tan\gamma_1 = \frac{1{,}0}{3{,}0} = 0{,}333$$

$$\eta_0 = -\frac{3{,}0}{3{,}0}0{,}333 = -0{,}333\,; \qquad \eta_1 = 0$$

V_3:

$$\eta_a = -1{,}000\,; \qquad \eta_0 = -1{,}00\frac{27{,}0}{21{,}0} = -1{,}287$$

V_8:

$$\eta_{10} = 1{,}000\,; \qquad \eta_9 = 0$$

Beispiel 8.5.2

Für den Hauptträger einer Eisenbahnbrücke nach Bild 8.46a sind, getrennt für das eingezeichnete Lastbild sowie für die Eigenlast eines Hauptträgers von $g = 20$ kN/m, die Stabkräfte der gekennzeichneten Stäbe zu bestimmen. Die Obergurtknotenpunkte liegen dabei auf einer Parabel.

Lösung

1. Untergurtstab (Bild 8.46)

$$h_4 = h_0 + \frac{4(h_6 - h_0)}{l^2} x_4 x_4{}' = 4{,}0 + \frac{4 \cdot 4{,}0}{48{,}0^2} 16{,}0 \cdot 32{,}0$$

$$h_4 = 4{,}00 + 3{,}56 = 7{,}56 \text{ m}$$

$$\eta_4 = -\frac{x_4 x_4{}'}{l h_4} = \frac{16{,}0 \cdot 32{,}0}{48{,}0 \cdot 7{,}56} = 1{,}41$$

Da jedoch der Momentenbezugspunkt innerhalb eines indirekten Lastbereichs liegt, muss die Spitze durch eine Gerade ersetzt werden.

$$\eta_3 = 1{,}41\frac{12{,}0}{16{,}0} = 1{,}058\,; \qquad \eta_5 = 1{,}41\frac{28{,}0}{32{,}0} = 1{,}232$$

Die ungünstigste Aufstellung des Lastenzuges bedarf eines längeren Probierens. In Bild 8.46b scheint diese Stellung annähernd getroffen zu sein. Die Verkehrslasten sind bereits für einen Hauptträger angegeben.

$$U_g = 20\left[\frac{1}{2}12{,}0 \cdot 1058 + 8{,}0\frac{1}{2}(1{,}058 + 1{,}232) + \frac{1}{2}28{,}0 \cdot 1{,}232\right]$$

$$U_g = 20\,(6{,}35 + 9{,}16 + 17{,}24) = 20 \cdot 32{,}75 = 656 \text{ kN}$$

$$U_p = 125\,(0{,}352 + 0{,}494 + 0{,}635 + 0{,}776 + 0{,}917) + 52\,(9{,}16 + 17{,}24)$$

$$U_p = 125 \cdot 3{,}174 + 52 \cdot 26{,}4 = 396 + 1372 = 1768 \text{ kN}$$

2. Obergurtstab (Bild 8.46c)

$$h_5 = 7{,}56 + 0{,}5(8{,}0 - 7{,}56) = 7{,}78 \text{ m}$$

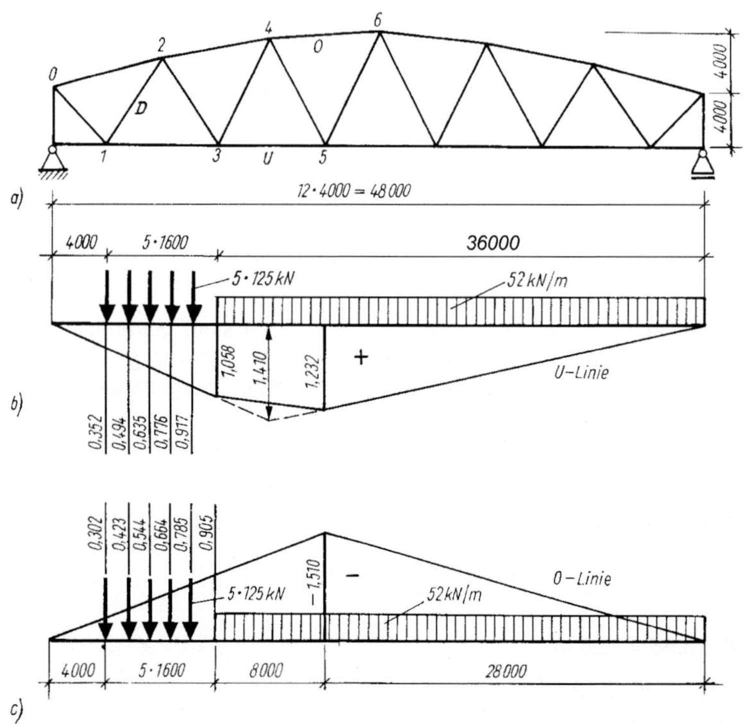

Bild 8.46

$$\cos\gamma = \frac{4,0}{\sqrt{4,0^2 + 0,44^2}} = 0,994$$

$$r_5 = h_5 \cos\gamma = 7,78 \cdot 0,994 = 7,73 \text{ m}$$

$$\eta_5 = -\frac{x_5 x_5{}'}{l r_5} = \frac{20,0 \cdot 28,0}{48,0 \cdot 7,73} = -1,51$$

$$O_g = -20\frac{1}{2}1,51 \cdot 48,0 = -725 \text{ kN}$$

$$O_p = -125(0,302 + 0,423 + 0,544 + 0,664 + 0,785)$$
$$-52\left[8,0\frac{1}{2}(0,908 + 1,51) + \frac{1}{2}1,51 \cdot 28,0\right]$$

$$O_p = -125 \cdot 2,718 - 52(9,66 + 21,14) = -1940 \text{ kN}$$

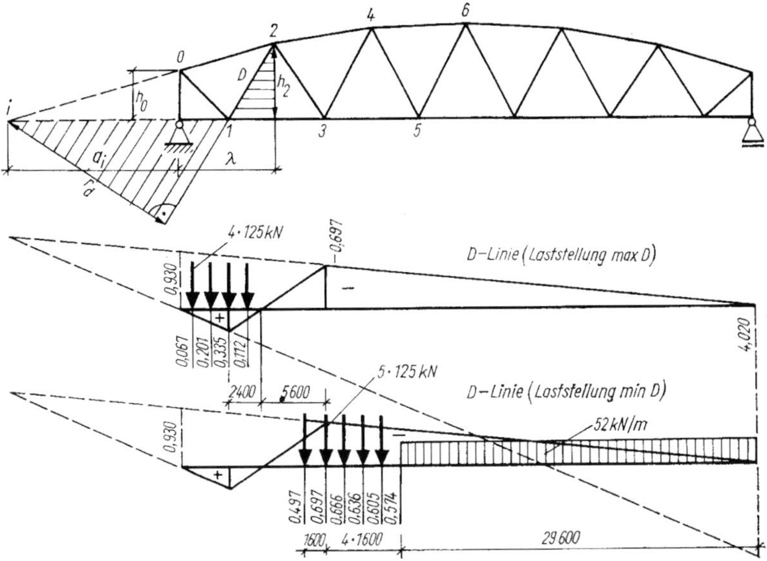

Bild 8.47

3. Diagonalstab (Bild 8.47)

Zuerst bestimmt man den Schnittpunkt der entsprechenden Gurtstäbe und den senkrechten Abstand der Diagonalen von diesem Schnittpunkt

$$\frac{a_i}{h_0} = \frac{(a_i + \lambda)}{h_2}; \qquad a_i = \frac{h_0 \lambda}{h_2 - h_0}$$

$$h_2 = h_0 + \frac{4(h_6 - h_0)}{l^2} x_2 x_2{}' = 4{,}0 + \frac{4 \cdot 4{,}0}{48{,}0^2} 8{,}0 \cdot 40{,}0 = 6{,}22 \text{ m}$$

$$a_i = \frac{4{,}0 \cdot 8{,}0}{2{,}22} = 15{,}4 \text{ m}; \qquad b_i = a_1 + l = 14{,}4 + 48{,}0 = 62{,}4 \text{ m}$$

Den Abstand r_d bestimmt man aus der Ähnlichkeit der schraffierten Dreiecke und erhält $r_d = 15{,}5$ m. Die Ordinaten über den Auflagern ergeben sich somit zu

$$\eta_a = \frac{a_i}{r_d} = \frac{14{,}4}{15{,}5} = 0{,}930; \qquad \eta_b = \frac{b_i}{r_d} = \frac{62{,}4}{15{,}4} = 4{,}02$$

In Bild 8.47 ist die Einflusslinie der Diagonalen mit den maßgebenden Laststellungen aufgetragen. Die Lage der Lastscheide und die Ordinaten unter den Lasten wurden durch Proportionen ermittelt.

$$D_g = 20\left(\frac{1}{2}0{,}335\cdot 6{,}40 - \frac{1}{2}0{,}697\cdot 41{,}6\right) = -268{,}4\ \text{kN}$$

$$\max D_p = 125\,(0{,}067+0{,}201+0{,}335+0{,}112) = 89{,}4\ \text{kN}$$

$$\min D_p = -125\,(0{,}497+0{,}967+0{,}666+0{,}636+0{,}605) - 52\frac{1}{2}29{,}6\cdot 0{,}574$$

$$\min D_p = -125\cdot 3{,}101 - 441{,}7 = -829{,}3\ \text{kN}$$

8.6 Einflusslinien für Durchlaufträger

8.6.1 Allgemeines

Bisher wurden lediglich Einflusslinien für statisch bestimmte Tragwerke ermittelt. Die Ergebnisse waren Linienzüge, die nur aus Geraden bestanden. Sobald einige ausgezeichnete Ordinaten bekannt waren, konnte die Einflusslinie gezeichnet werden. Die Einflusslinien von statisch unbestimmten Systemen bestehen im Allgemeinen nicht mehr aus Geraden, sondern sie verlaufen kurvenförmig. Ihre Bestimmung erfordert daher wesentlich mehr Rechenarbeit, da für jede Auflager- oder Schnittgröße so viel Ordinaten ermittelt werden müssen, wie zum Zeichnen der Kurve notwendig sind, eine Aufgabenstellung wozu man unbedingt Rechentechnik einsetzten sollte.

In Bild 8.48 sind einige Einflusslinien eines Durchlaufträgers dargestellt. Man erkennt besonders im Bereich des Feldes, in dem die gesuchte statische Größe liegt, eine gewisse Übereinstimmung im Verlauf mit den Einflusslinien des Trägers auf zwei Stützen. Damit ist erneut wieder die Bedeutung der Einflusslinien des Trägers auf zwei Stützen betont worden, denn von ihnen werden viele Einflusslinien abgeleitet, oder man kann mit ihrer Hilfe zumindest eine Vorstellung vom Verlauf einer gesuchten Einflusslinie erhalten.

Da Einflusslinien für Durchlaufträger häufig gebraucht werden und ihre Ermittlung zeitraubend ist, sind auch dafür Tafelwerke entwickelt worden. Für Träger mit gleichen Stützweitenverhältnissen und konstantem Flächenmoment I entnimmt man daher die Einflusslinienordinaten solchen Zahlentafeln. Dort sind sie meist für alle Zehntelpunkte zwischen den Stützpunkten angegeben, so dass sich die Einflusslinien einwandfrei darstellen lassen.

Die für indirekte Lasten abgeleiteten Regeln gelten auch bei statisch unbestimmten Systemen. Die Ordinatenendpunkte der Lasteinleitungsstellen liegen zwar auf Kurven, aber zwischen diesen Punkten ist wie bisher eine Gerade einzuschalten. Daraus folgt, dass die Einflusslinien bei statisch unbestimmten Systemen und indirekter Belastung aus Polygonzügen bestehen.

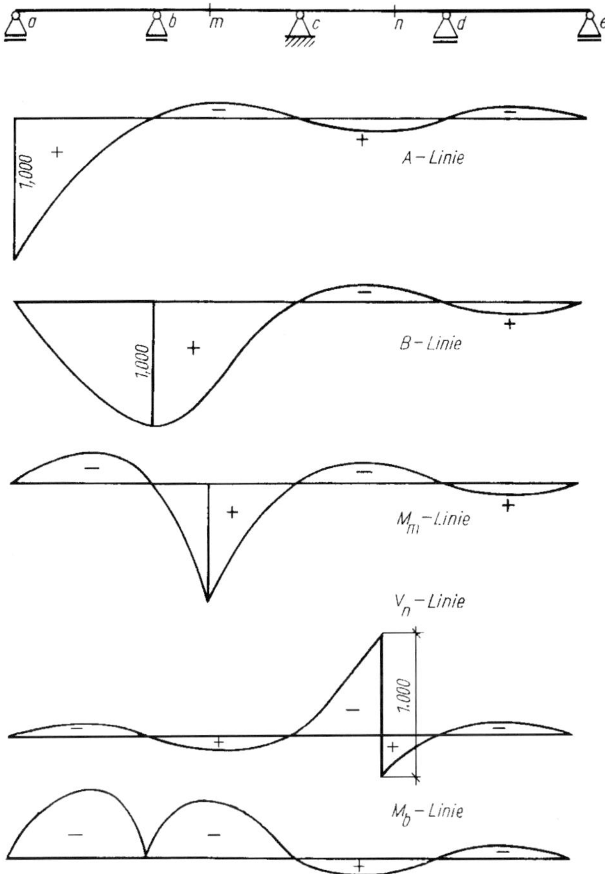

Bild 8.48

Zur Ermittlung der Einflusslinien von Durchlaufträgern gibt es sowohl zeichnerische als auch rechnerische Verfahren. Im Folgenden wird nur ein rechnerisches Verfahren gezeigt, wobei die bisher in diesem Buch gezeigten Methoden verwendet werden.

8.6.2 Einflusslinien der statisch Überzähligen

Die Einflusslinien der Auflager- und Schnittgrößen eines statisch unbestimmten Systems können sämtlich auf die Einflusslinien der statisch Überzähligen zurückgeführt werden. Daher soll zuerst gezeigt werden, wie man diese Einflusslinien ermittelt.

Zur Erklärung wird ein Durchlaufträger auf fünf Stützen verwendet, dessen lotrechte Auflagerkräfte der Innenstützen als statisch Überzählige X_1, X_2 und X_3 eingeführt werden (Bild 8.49). Bei ständigen Lasten lautet das Gleichungssystem zur Bestimmung von X_1, X_2 und X_3

$$\delta_{11}X_1 + \delta_{12}X_2 + \delta_{13}X_3 = -\delta_{10}$$

$$\delta_{21}X_1 + \delta_{22}X_2 + \delta_{23}X_3 = -\delta_{20}$$

$$\delta_{31}X_1 + \delta_{32}X_2 + \delta_{33}X_3 = -\delta_{30}$$

Darin waren die Vorzahlen δ_{ki} die Verschiebungen der Punkte k infolge einer Kraft $X_i = 1{,}0$. Die Belastungsglieder δ_{k0} stellen die Verschiebung der Punkte k infolge der vorhandenen Belastung dar. Alle Formänderungsgrößen werden dabei nach bekannten Methoden am statisch bestimmten Grundsystem ermittelt.

Bei der Ermittlung der Einflusslinien sind die Belastungen bzw. Lastanordnungen noch nicht bekannt. Daher kann man δ_{k0} auch nicht durch eine Zahl ausdrücken. Lässt man eine Einzellast von $Q = 1{,}0$ kN über den Träger rollen, dann hat δ_{k0} für jede Stellung der Last eine andere Größe. Denkt man sich z. B. die Verschiebung δ_{10} infolge $Q = 1{,}0$ als Ordinate unter jeder Stellung der Last aufgetragen, dann ist δ_{10} nichts anderes als die Einflusslinie der Durchbiegung des Punktes 1 im statisch bestimmten Grundsystem. Das Gleiche gilt für δ_{20} und δ_{30}. Diese Einflusslinien sind aber nach Abschnitt 8.2.5 gleich der Biegelinie infolge einer Last $Q = 1{,}0$ in Punkt 1, 2 oder 3. Sie lassen sich nach Funktionsgleichungen oder bekannten Methoden bestimmen und werden im Folgenden mit δ_{km} bezeichnet.

Es wird jetzt wieder das vorstehende Gleichungssystem betrachtet. Unter den Werten δ_{1m}, δ_{2m} und δ_{3m} versteht man nach Vereinbarung Einflusslinien der Durchbiegungen der Punkte 1, 2 und 3, die mit den Biegelinien des statisch bestimmten Systems infolge einer Last $Q = 1{,}0$ in 1 bzw. 2 oder 3 identisch sind. Die rechten Seiten des Gleichungssystems δ_{1m}, δ_{2m} und δ_{3m} enthalten daher für jede Stelle des Trägers einen Wert. Infolgedessen ergeben sich auch für X_1 bis X_3 in Abhängigkeit von der Laststellung Werte, die die Einflusslinienordinaten der Überzähligen darstellen.

Da die Werte δ_{km} jetzt keine konstanten Größen sind, kann das Gleichungssystem vorerst nur allgemein aufgelöst werden. Dazu bestimmt man nach den Gl. (5.6) bis (5.9) die β-Vorzahlen. Mit ihnen lassen sich bei ruhenden Lasten nach Gl. (5.10) X_1 ... X_3 bestimmen.

$$X_1 = -\beta_{11}\delta_{10} - \beta_{21}\delta_{20} - \beta_{31}\delta_{30}$$

$$X_2 = -\beta_{12}\delta_{10} - \beta_{22}\delta_{20} - \beta_{32}\delta_{30}$$

$$X_3 = -\beta_{13}\delta_{10} - \beta_{23}\delta_{20} - \beta_{33}\delta_{30}$$

Zur Ermittlung der Einflusslinien geht man im Prinzip genauso vor. Man erhält jetzt die Einflusslinie z. B. für X_1, indem man die einzelnen Ordinaten der Biegelinie β_{1m} mit β_{11}, die der Biegelinie δ_{2m} mit β_{21} und die von δ_{3m} mit β_{31} multipliziert und anschließend überlagert.

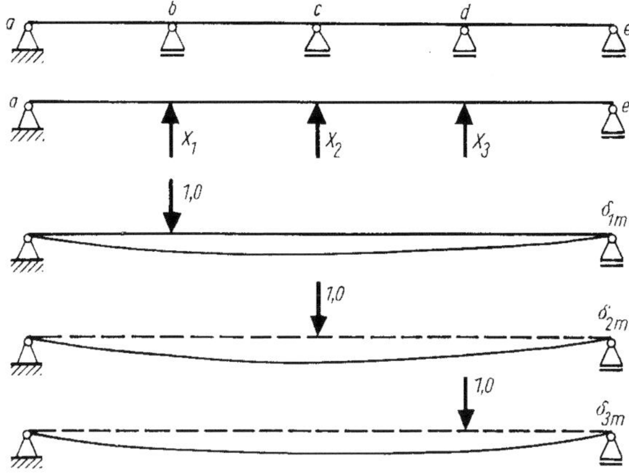

Bild 8.49

Bei einfach statisch unbestimmtem System wird die Rechnung einfacher, denn hier hat man nur alle Biegelinienordinaten. β_{1m} durch β_{11} zu dividieren, um die Einflusslinienordinaten für X_1 zu erhalten.

Die Vorzahlen δ_{ik}, aus denen die β-Vorzahlen errechnet werden, kann man wie bisher bestimmen. Diese Arbeit lässt sich jedoch auch sparen.

δ_{ik} ist bekanntlich die Verschiebung des Punktes i infolge $X_k = 1{,}0$ im Punkt k. Mit δ_{km} ermittelt man aber die Biegelinie infolge einer Last $Q_k = 1{,}0$ im Punkt k. Entnimmt man dieser Biegelinie die Ordinate am Punkt i, so ist dies der Wert δ_{ik}, also auch gleich δ_{ki}.

Nach den vorstehenden Erklärungen lassen sich die Einflusslinien für die statisch Unbestimmten X_1, ..., X_n festlegen. Nunmehr besteht noch die Aufgabe, die Einflusslinien für die restlichen Auflager- und Schnittgrößen zu bestimmen.

8.6.3 Einflusslinien der Auflager- und Schnittgrößen

Bei ruhender Belastung lassen sich die Auflager- und Schnittgrößen nach Kenntnis der statisch Unbestimmten X_1, ..., X_n durch Überlagerung berechnen.

$$A = A_0 + X_1 A_1 + X_2 A_2 + \ldots + X_k A_k + \ldots + X_n A_n$$

$$M = M_0 + X_1 M_1 + X_2 M_2 + \ldots + X_k M_k + \ldots + X_n M_n$$

$$V = V_0 + X_1 V_1 + X_2 V_2 + \ldots + X_k V_k + \ldots + X_n V_n$$

Bei der Ermittlung der Einflusslinien wird genauso verfahren. Die Einflusslinie der Auflagerkraft A gewinnt man durch Überlagerung der Einflusslinienordinaten für A_0, der mit A_1 multiplizierten Ordinaten der Einflusslinie für X_1, der mit A_2 multiplizierten Ordinaten für X_2 usw. Darin ist A_1 die Auflagerkraft bei a infolge $X_1 = 1{,}0$, A_2 die infolge

$X_2 = 1{,}0$ usw. Zusammenfassend lässt sich festhalten, dass die endgültigen Einflusslinien der Auflager- und Schnittgrößen eines Durchlaufträgers oder allgemein eines statisch unbestimmten Systems folgende Anteile enthalten:

1. Einflusslinienordinaten am statisch bestimmten Grundsystem (A_0, V_0, M_0)
2. Einflusslinienordinaten der statisch unbestimmten Größen $X_1, X_2, ..., X_n$ die jeweils mit der durch $X_1 = 1{,}0$, $X_2 = 1{,}0$, ..., $X_n = 1{,}0$ an der zu betrachtenden Stelle hervorgerufenen Größe $A_1, A_2, ..., A_n$ bzw. $M_1, M_2, ..., M_n$ und $V_1, V_2, ..., V_n$ multipliziert werden.

8.6.4 Zusammenfassung

Die Einflusslinien von Durchlaufträgern und allgemein von statisch unbestimmten Systemen bestehen aus Kurven. Daher müssen so viele Ordinaten bestimmt werden, wie zum Zeichnen der Kurven erforderlich sind.

Die Regeln bei indirekter Belastung gelten wie bisher. Auch die Auswertung erfolgt in der gleichen Weise wie bei den Einflusslinien der statisch bestimmten Systeme.

Bei dem hier gezeigten Verfahren werden die Einflusslinien der Auflager- und Schnittgrößen auf die Einflusslinien der statisch Überzähligen zurückgeführt.

Die Einflusslinien der statisch Überzähligen werden wie folgt ermittelt:

1. Wahl eines statisch bestimmten Grundsystems und Festlegung der statisch Überzähligen
2. Ermittlung der Belastungsglieder δ_{km} infolge einer über das Tragwerk rollenden Einzellast von $Q = 1{,}0$ kN; das ergibt Einflusslinien für die Verschiebung im Punkt k. Diese sind mit den Biegelinien des statisch bestimmten Grundsystems infolge $Q_k = 1{,}0$ identisch.
3. Ermittlung der Vorzahlen δ_{ik}, die den Biegelinien entnommen werden können
4. Aufstellen der Elastizitätsgleichungen, wobei die Belastungsglieder δ_{km} als allgemeine Größen angesetzt werden
5. Auflösung der Elastizitätsgleichungen allgemein und Bestimmung der β-Vorzahlen
6. Multiplikation der β-Vorzahlen mit den entsprechenden β-Werten (den Biegelinienordinaten genügend vieler Punkte) nach Gl. (5.10)
7. Überlagerung der Ordinaten der einzelnen mit den Vorzahlen β multiplizierten Biegelinien zur Einflusslinie der statisch Unbestimmten.

Die Einflusslinien der Auflager- und Schnittgrößen erhält man ebenfalls durch Überlagerung bekannter Einflusslinien mit den Einflusslinien der statisch Überzähligen, die mit Faktoren multipliziert werden. Dabei wird folgender Weg eingeschlagen:

1. Ermittlung der Einflusslinienordinaten der gesuchten statischen Größe im statisch bestimmten Grundsystem

2. Bestimmung der gesuchten statischen Größe im statisch bestimmten Grundsystem infolge $X_1 = 1{,}0$, $X_2 = 1{,}0$, . . ., $X_n = 1{,}0$
3. Multiplikation der Ordinaten der Einflusslinien für X_1, X_2, . . ., X_n mit dem jeweiligen nach 2. ermittelten Wert
4. Überlagerung der nach 1. und 3. ermittelten Ordinaten.

Ohne Weiteres erkennt man den hohen Rechenaufwand für die Ermittlung der Einflusslinien ohne Rechentechnik. Insofern wird man die Nutzung entsprechender Programme auf jeden Fall vorziehen. Aber auch hier ist ein erhöhter Aufwand erforderlich, da die meisten Programme keine gesonderte Funktion für die Ermittlung der Einflusslinien aufweisen.

Bei dem folgendem Beispiel nach Bild 8.50 wären für die Ermittlung der Einflusslinien 16 Lastfälle bzw. 12 Lastfälle, wenn man die Laststellungen über den Stützen sofort weglässt zu berechnen. Danach wird die Schnitt- oder Verformungsgröße für den zu bestimmenden Punkt aus jedem Lastfall herausgesucht. Für die grafische Darstellung und Auswertung bieten sich dann Tabellenkalkulationsprogramme mit entsprechenden grafischen Möglichkeiten an.

8.6.5 Beispiel

Beispiel 8.6.1

Für den in Bild 8.50a dargestellten Durchlaufträger mit gleichem Flächenmoment I in allen Feldern sind folgende Einflusslinien zu ermitteln:

1. Einflusslinien der statisch Überzähligen; es sollen dabei die Stützkräfte der beiden Innenstützen als Überzählige eingeführt werden
2. Einflusslinie der Auflagerkraft A
3. Einflusslinien der Biegemomente für die Punkte 7 und 13
4. Einflusslinie der Querkraft für den Schnitt bei $x = 7{,}0$ m.

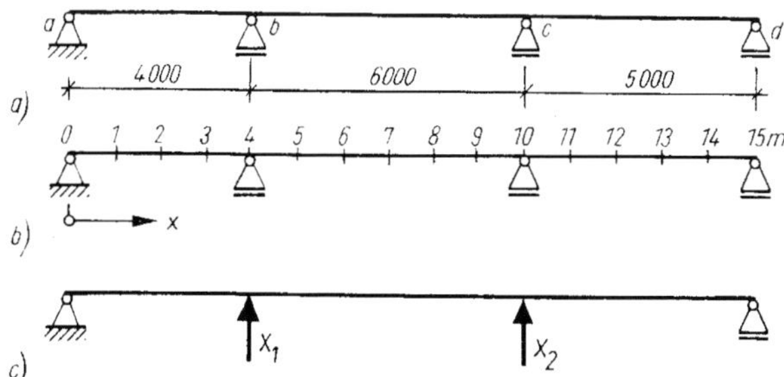

Bild 8.50

Lösung

Es werden die Ordinaten der gesuchten Einflusslinien für jeden Meter der gesamten Trägerlinie bestimmt. Das ergibt eine Einteilung nach Bild 8.50b.

Da für den ganzen Träger gleiches I in allen Feldern vorausgesetzt wird, werden alle δ-Werte EI-fach berechnet. Bild 8.50c zeigt das gewählte statisch bestimmte Grundsystem. Alle Kräfte werden in kN und alle Längen in m eingeführt.

Zu 1. Zunächst müssen die Biegelinienordinaten für die Punkte 0 ... 15 infolge einer Kraft $Q = 1{,}0$ kN in den Angriffspunkten von X_1 bzw. X_2 bestimmt werden. Das kann mit Hilfe der Gleichung der Biegelinie für eine Einzellast in beliebiger Stellung erfolgen, oder man ermittelt sie mit Hilfe der Mohrschen Sätze. Diese Berechnung kann als bekannt vorausgesetzt werden und wird daher übergangen. Die Ergebnisse sind in den Spalten 2 und 3 in Tabelle 8.1 enthalten. Außerdem liefern die beiden Biegelinien die Vorzahlen für das Gleichungssystem.

Tabelle 8.1

(Längen in m, Kräfte in kN)

x **m**	$-EI\delta_{m1}$	$-EI\delta_{m2}$	$-\beta_{11}EI\delta_{m1}$	$-\beta_{12}EI\delta_{m2}$	$\eta(X_1)$	$-\beta_{12}EI\delta_{m1}$	$-\beta_{22}EI\delta_{m2}$	$\eta(X_2)$
1	**2**	**3**	**4**	**5**	**6**	**7**	**8**	**9**
0	0,0	0,0	0,00	0,00	0,00	0,00	0,00	0,00
1,0	12,6	11,1	0,99	–0,64	0,35	–0,73	0,67	–0,06
2,0	24,4	21,8	1,91	–1,26	0,65	–1,41	1,32	–0,09
3,0	34,8	31,8	2,73	–1,84	0,89	–2,02	1,93	–0,09
4,0	<u>42,8</u>	<u>40,9</u>	3,36	–2,36	1,00	–2,47	2,48	0,00
5,0	48,2	48,5	3,77	–2,81	0,96	–2,78	2,94	0,16
6,0	51,4	54,6	4,02	–3,16	0,86	–2,97	3,31	0,34
7,0	51,8	58,7	4,06	–3,39	0,67	–2,99	3,55	0,56
8,0	49,9	60,4	3,92	–3,50	0,42	–2,88	3,66	0,78
9,0	46,2	59,4	3,62	–3,43	0,19	–2,67	3,60	0,93
10,0	<u>40,9</u>	<u>55,5</u>	3,20	–3,20	0,00	–2,37	3,36	1,00
11,0	34,7	48,4	2,69	–2,78	–0,09	–1,99	2,94	0,95
12,0	16,7	38,6	2,09	–2,23	–0,14	–1,55	2,34	0,79
13,0	18,2	26,9	1,43	–1,55	–0,12	–1,05	1,63	0,58
14,0	9,3	13,8	0,73	–0,80	–0,07	–0,54	0,84	0,30
15,0	0,0	0,0	0,00	0,00	0,00	0,00	0	0,00

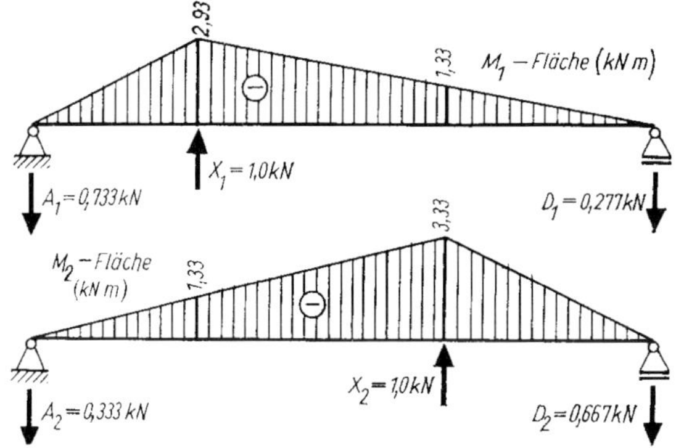

Bild 8.51

Man entnimmt die folgenden Werte:

$$EI\delta_{11} = 42{,}8\,; \qquad EI\delta_{22} = 55{,}5\,; \qquad EI\delta_{12} = 40{,}9$$

Zur Kontrolle sollen die Vorzahlen nochmals mit Hilfe der Arbeitsgleichung bestimmt werden. Bild 8.51 zeigt die Momentenflächen M_1 und M_2. Die Ordinaten in den Angriffspunkten von $X_1 = 1{,}0$ bzw. $X_2 = 1{,}0$ werden

$$M_{11} = -\frac{1{,}0 \cdot 4{,}0 \cdot 11{,}0}{15{,}0} = -2{,}93 \text{ kNm}$$

$$M_{22} = -\frac{1{,}0 \cdot 10{,}0 \cdot 5{,}0}{15{,}0} = -3{,}33 \text{ kNm}$$

Damit erhält man die Vorzahlen

$$EI\delta_{11} = \frac{1}{3} 15{,}0 \cdot 2{,}93 \cdot 2{,}93 = 42{,}8$$

$$EI\delta_{22} = \frac{1}{3} 15{,}0 \cdot 3{,}33 \cdot 3{,}33 = 55{,}5$$

$$EI\delta_{12} = \frac{1}{3} 4{,}0 \cdot 2{,}93 \cdot 1{,}33 + \frac{1}{3} 5{,}0 \cdot 3{,}33 \cdot 1{,}33$$

$$\frac{1}{6} 6{,}0 [2{,}93 (2 \cdot 1{,}33 + 3{,}33) + 1{,}33 (2 \cdot 3{,}33 + 1{,}33)]$$

$$EI\delta_{12} = 40{,}9 = EI\delta_{21}$$

Die Ergebnisse stimmen mit den Werten aus Spalte 2 und *3* in Tabelle 8.1 überein. Es ist zu beachten, dass die Biegelinien δ_{1m} und δ_{2m} lediglich die zahlenmäßige Größe der Vorzahlen und Belastungsglieder liefern. Die Vorzeichen für das Gleichungssystem sind aber leicht aus der Lage der Momentenflächen infolge $X_k = 1{,}0$ zu ersehen. Wählt man, wie das hier geschehen ist, die lotrechten Auflagerkräfte der Innenstützen als Überzählige, dann erhalten alle Vorzahlen positives Vorzeichen, dagegen alle Belastungsglieder negatives Vorzeichen.

Die Vorzeichen sind hier nicht nach der Verschiebungsrichtung anzusetzen, sondern im Sinne der Arbeitsgleichung. Infolge der über den Träger rollenden Einzelkraft verschieben sich die Punkte 1 und 2 entgegen der Richtung von $X_1 = 1{,}0$ bzw. $X_2 = 1{,}0$. Daher liefern δ_{1m} und δ_{2m} negative Arbeitsbeiträge.

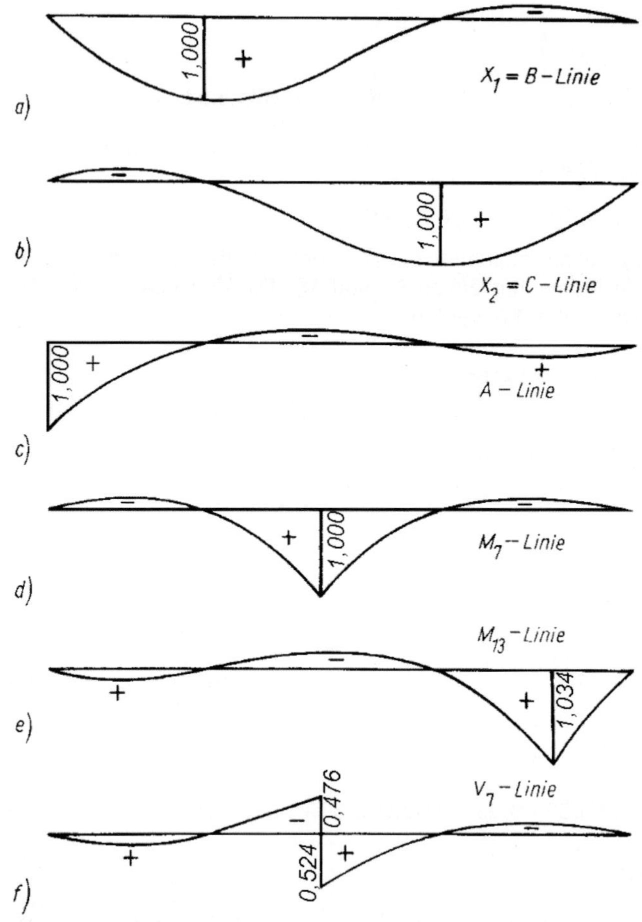

Bild 8.52

$$42{,}9X_1 + 40{,}9X_2 = -EI\delta_{m1}; \qquad \beta_{11} = \frac{55{,}5}{708} = 0{,}0784$$

$$40{,}9X_1 + 55{,}5X_2 = -EI\delta_{m2}; \qquad \beta_{12} = -\frac{40{,}9}{708} = -0{,}0578$$

$$D = 42{,}9 \cdot 55{,}5 - 40{,}9^2 = 708; \qquad \beta_{22} = \frac{42{,}9}{708} = 0{,}0601$$

$$X_1 = -0{,}0784EI\delta_{m1} + 0{,}0578EI\delta_{m2}$$

$$X_2 = +0{,}0578EI\delta_{m1} - 0{,}0601EI\delta_{m2}$$

Die Ermittlung der Einflusslinienordinaten für X_1 und X_2 ist in den Spalten 4 bis 9 in Tabelle 8.1 enthalten. Die Einflusslinien sind in den Bildern 8.52a und b dargestellt.

Zu 2. Für die Auflagerkraft A erhält man die Einflusslinienordinaten nach Gleichung

$$A = A_0 + A_1X_1 + A_2X_2$$

Die Werte A_1 und A_2 sind noch zu berechnen:

$$A_1 = -\frac{1{,}0 \cdot 11{,}0}{15{,}0} = -0{,}733 \text{ kN}; \qquad A_2 = -\frac{1{,}0 \cdot 5{,}0}{15{,}0} = -0{,}333 \text{ kN}$$

Tabelle 8.2

x **m**	$\eta(A_0)$	$A_1\eta(X_1)$	$A_2\eta(X_2)$	$\eta(A)$
1	**2**	**3**	**4**	**5**
0	1,000	0,000	0	1,00
1,0	0,933	–0,257	0,018	0,69
2,0	0,867	–0,481	0,031	0,48
3,0	0,800	–0,652	0,030	0,18
4,0	0,733	–0,733	0,000	0,00
5,0	0,667	–0,704	–0,053	–0,09
6,0	0,600	–0,632	–0,113	–0,15
7,0	0,533	–0,491	–0,186	–0,14
8,0	0,467	–0,311	–0,260	–0,10
9,0	0,400	–0,137	–0,310	–0,05
10,0	0,333	0,000	–0,333	0,00
11,0	0,267	0,081	–0,318	0,03
12,0	0,200	0,106	–0,265	0,04
13,0	0,133	0,92	–0,193	0,03
14,0	0,067	0,052	–0,101	0,02
15,0	0,000	0,000	0,000	0,00

Spalte 2 in Tabelle 8.2 enthält die Ordinaten der Einflusslinien für A_0. Die weitere Berechnung ist ebenfalls aus Tabelle 8.2 zu ersehen. In Bild 8.52c ist die Einflusslinie für A aufgezeichnet.

Zu 3. Die Biegemomente im Punkt 7 infolge $X_1 = 1{,}0$ und $X_2 = 1{,}0$ können Bild 8.51 entnommen werden:

$$M_1 = \frac{-2{,}96}{11{,}0} 8{,}0 = -2{,}13 \text{ kNm}$$

$$M_2 = \frac{-3{,}33}{10{,}0} 7{,}0 = -2{,}33 \text{ kNm}$$

Die Ordinaten der Einflusslinie für M_0 lassen sich nach bekannten Methoden berechnen. Für den Punkt bei $x = 7{,}0$ m wird η_0

$$\eta_{0;7} = \frac{7{,}0 \cdot 8{,}0}{15{,}0} = 3{,}73$$

Die weitere Rechnung wurde wieder in Tafelform durchgeführt (Tabelle 8.3, Spalten 3 bis 5).

Für die Biegemomente bei $x = 13{,}0$ m infolge $X_1 = 1{,}0$ und $X_2 = 1{,}0$ erhält man

$$M_1 = \frac{-2{,}93}{11{,}0} 2{,}0 = -0{,}533 \text{ kNm}$$

$$M_2 = \frac{-3{,}33}{5{,}0} 2{,}0 = -1{,}333 \text{ kNm}$$

$$\eta_{0;13} = \frac{13{,}0 \cdot 2{,}0}{15{,}0} = 1{,}733$$

Die Rechnung erfolgt in Tabelle 8.3, Spalten 7 bis 9. Die Einflusslinie für die Biegemomente zeigen die Bilder 8.52d und e.

Zu 4. Die Einflusslinie der Querkraft bei $x = 7{,}0$ m wird ebenfalls durch Überlagerung gewonnen:

$$V = V_0 + V_1 X_1 + V_2 X_2$$

V_1 ist die Querkraft bei $x = 7{,}0$ m infolge $X_1 = 1{,}0$ kN.

V_2 wird die Querkraft bei $x = 7{,}0$ m infolge $X_2 = 1{,}0$ kN.

$$V_1 = A_1 + 1{,}000 = -0{,}733 + 1{,}000 = +0{,}267 \text{ kN}$$

$$V_2 = A_2 = -0{,}333 \text{ kN}$$

Die Ordinaten der Einflusslinie der Querkraft V_0 im statisch bestimmten Grundsystem sind in Spalte 2 in Tabelle 8.4 angegeben. Dort ist die weitere Rechnung zu ersehen. Bild 8.52f zeigt die Einflusslinie.

Tabelle 8.3

x m	$\eta(M_{0;7})$	$M_{1;7}\eta(X_1)$	$M_{2;7}\eta(X_2)$	$\eta(M_7)$	$\eta(M_{0;13})$	$M_{1;13}\eta(X_1)$	$M_{2;13}\eta(X_2)$	$\eta(M_{13})$
1	**2**	**3**	**4**	**5**	**6**	**7**	**8**	**9**
0	0,000	0,000	0,000	0,000	0,000	0,000	0,000	0,000
1,0	0,533	–0,747	0,128	–0,086	0,133	–0,187	0,073	0,019
2,0	1,066	–1,395	0,219	–0,109	0,267	–0,350	0,125	0,042
3,0	1,600	–1,900	0,210	–0,090	0,400	–0,476	0,120	0,044
4,0	2,133	–2,133	0,000	0,000	0,533	–0,533	0,000	0,000
5,0	2,667	–2,045	–0,378	0,244	0,667	–0,512	–0,216	–0,061
6,0	3,200	–1,838	–0,792	0,570	0,800	–0,460	–0,453	–0,113
7,0	3,733	–1,428	–1,305	1,000	0,933	–0,351	–0,746	–0,170
8,0	3,267	–0,904	–1,818	0,545	1,067	–0,226	–1,040	–0,199
9,0	2,800	–0,399	–2,163	0,238	1,200	–0,099	–1,240	–0,139
10,0	2,333	0,000	–2,333	0,000	1,333	0,000	–1,333	0,000
11,0	1,867	0,235	–2,222	–0,120	1,467	0,039	–1,272	0,254
12,0	1,400	0,308	–1,856	–0,144	1,600	0,077	–1,060	0,617
13,0	0,933	0,267	–1,341	–0,141	1,733	0,067	–0,766	1,034
14,0	0,467	0,151	–0,704	–0,086	0,867	0,038	–0,403	0,502
15,0	0,000	0,000	0,000	0,000	0,000	0,000	0,000	0,000

Tabelle 8.4

x m	$\eta(Q_0)$	$Q_{1;7}\eta(X_1)$	$Q_{2;7}\eta(X_2)$	$\eta(Q_7)$
1	**2**	**3**	**4**	**5**
0	0,000	0,000	0,000	0,000
1,0	–0,067	0,094	0,020	0,047
2,0	–0,133	0,173	0,030	0,070
3,0	–0,200	0,238	0,030	0,068
4,0	–0,267	0,267	0,000	0,000
5,0	–0,333	0,254	–0,053	–0,132
6,0	–0,400	0,229	–0,117	–0,288
7,0l	–0,467	0,178	–0,187	–0,476
7,0r	0,533	0,178	–0,187	0,524
8,0	0,467	0,112	–0,260	0,319
9,0	0,400	0,051	–0,310	0,141
10,0	0,333	0,000	–0,333	0,000
11,0	0,267	–0,024	–0,316	–0,073
12,0	0,200	–0,038	–0,263	–0,101
13,0	0,133	–0,032	–0,193	–0,092
14,0	0,067	–0,018	–0,100	–0,051
15,0	0,000	0,000	0,000	0,000

Die Einflusslinien der Querkräfte können auch aus den Einflusslinien der Auflagerkräfte gewonnen werden. Für Stellungen der Last rechts vom Schnitt bei $x = 7{,}0$ m z. B. wird die Querkraft $V = A + B$. Bei Stellungen links vom Schnitt wird $V = -C - D$. Aus der Überlagerung der Ordinaten der Auflagerkräfte erhält man daher auch die der Querkräfte. Im durchgerechneten Beispiel wird für die Stelle bei $x = 8{,}0$ m, $\eta_A = -0{,}10$, $\eta_B = 0{,}42$, $\eta_{Q;7} = -0{,}10 + 0{,}42 = +0{,}32$. Der letzte Wert stimmt mit dem Ergebnis in Tabelle 8.4, Spalte 5, überein.

8.7 Einflusslinien für statisch unbestimmte Fachwerke

8.7.1 Allgemeines

Statisch unbestimmte Fachwerke kommen im Bauwesen in Form von durchlaufenden Fachwerken häufig bei Brücken und Kranbahnen vor. Da diese durch Wanderlasten beansprucht werden, wird es erforderlich, auch für solche Tragwerke die Einflusslinien der Auflager- und Stabkräfte zu bestimmen.

Die beim Durchlaufträger gezeigten Grundsätze und Methoden zur Ermittlung der Einflusslinien können sinngemäß auch für das statisch unbestimmte Fachwerk verwendet werden.

Es werden daher auch hier zunächst die Einflusslinien der statisch Überzähligen bestimmt. Von ihnen lassen sich dann alle weiteren Einflusslinien ableiten.

Da beim Fachwerk die äußeren Kräfte nur in den Knoten eingeleitet werden, liegt indirekte Belastung vor. Die Endpunkte der Einflusslinienordinaten der Knoten des Lastgurtes liegen zwar auf Kurven, aber dazwischen besteht die Einflusslinie aus Geraden. Es ist daher zweckmäßig, die erwähnten Ordinaten der Lasteinleitungspunkte zu berechnen.

8.7.2 Ermittlung der Einflusslinien

Auch hier muss, wie immer, zuerst ein statisch bestimmtes Grundsystem festgelegt werden. Bei Durchlauffachwerken setzt man am zweckmäßigsten die lotrechten Auflagerkräfte der Innenstützen als statisch Unbestimmte an.

Die Belastungsglieder δ_{k0}, die bei der Ermittlung der Einflusslinien mit δ_{km} bezeichnet werden, stellen jetzt die Einflusslinien der Durchbiegung der Punkte k dar. Diese sind aber auch zugleich die Biegelinien des Fachwerks infolge einer Last $Q_k = 1{,}0$ im Punkt k. Sie lassen sich nach den in Abschnitt 4 gezeigten Regeln mit Hilfe von W-Gewichten oder durch mehrmalige Anwendung der Summenformel ermitteln. Mit diesen Biegelinien hat man auch gleichzeitig die Vorzahlen δ_{ik} gewonnen.

Die weitere Rechnung wird genauso abgewickelt wie beim Durchlaufträger. Nachdem man das Gleichungssystem aufgestellt hat, wird es zunächst allgemein aufgelöst. Mit den erhaltenen β-Vorzahlen bestimmt man nach Gl. (5.10) die Einflusslinien der statisch Überzähligen. Es werden auch hier wieder die einzelnen Ordinaten der Biegelinie δ_{1m} mit β_{11}, die von δ_{2m} mit β_{21}, von δ_{3m} mit β_{31} usw. bis δ_{2m} mit β_{n1} multipliziert und überlagert. Für ein dreifach statisch unbestimmtes System wird z. B.

$$X_1 = -\beta_{11}\delta_{1m} - \beta_{21}\delta_{2m} - \beta_{31}\delta_{3m}$$

$$X_2 = -\beta_{12}\delta_{1m} - \beta_{22}\delta_{2m} - \beta_{32}\delta_{3m}$$

$$X_3 = -\beta_{13}\delta_{1m} - \beta_{23}\delta_{2m} - \beta_{33}\delta_{3m}$$

Nachdem die Einflusslinien der statisch Überzähligen bekannt sind, lassen sich aus ihnen alle Einflusslinien der Auflager- und Stabkräfte durch Überlagerung herleiten:

$$A = A_0 + A_1X_1 + A_2X_2 + \ldots + A_kX_k + \ldots + A_nX_n$$

$$S = S_0 + S_1X_1 + S_2X_2 + \ldots + S_kX_k + \ldots + S_nX_n$$

Die Bedeutung der Werte A_0, A_1, ..., A_n ist die gleiche wie in Abschnitt 8.6.3.

Um die Ordinaten der Einflusslinie der Stabkraft des Stabes S zu erhalten, ermittelt man zuerst am statisch bestimmten Grundsystem die Ordinaten der Einflusslinie für die Stabkraft S_0. Danach sind die einzelnen Ordinaten der Einflusslinien X_k mit dem Wert S_k zu multiplizieren und mit den Werten von S_0 zu überlagern. S_k stellt dabei die Stabkraft infolge $X_k = 1{,}0$ dar.

8.7.3 Zusammenfassung

Bei der Ermittlung der Einflusslinien von statisch unbestimmten Fachwerken verwendet man die gleiche Methode wie beim Durchlaufträger.

Unter dem Belastungsglied δ_{k0} versteht man auch hier die Einflusslinie der Durchbiegung des Punktes k. Diese ist zugleich die Biegelinie des Fachwerks infolge einer Last $Q_k = 1{,}0$ im Punkt k.

Nach allgemeiner Auflösung der Elastizitätsgleichungen lassen sich die Einflusslinien der statisch Unbestimmten durch Überlagerung der mit den β-Vorzahlen multiplizierten Biegelinien darstellen.

Die Einflusslinien der restlichen Auflager und Stabkräfte gewinnt man ebenfalls durch Überlagerung von nunmehr bekannten Einflusslinien.

8.7.4 Beipiel

Beispiel 8.7.1

Für das Fachwerk nach Bild 8.53 sind zu berechnen

1. die Einflusslinien für die Auflagerkräfte A, B und C
2. die Einflusslinien der Stabkräfte O_2, U_4, D_7.

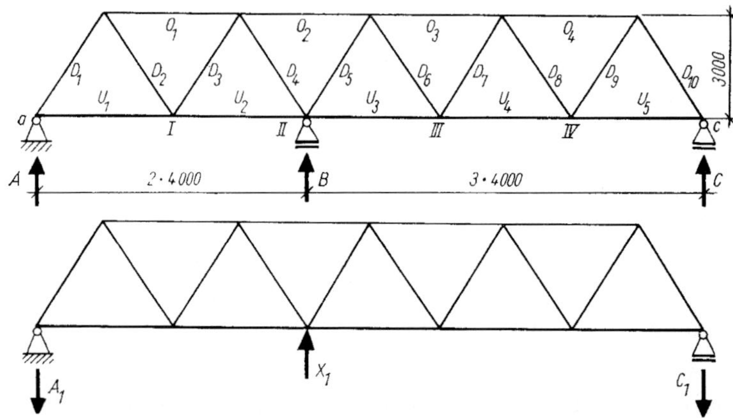

Bild 8.53

Lösung

Als statisch Überzählige wird die Auflagerkraft B gewählt. Damit wird die X_1-Linie zugleich die B-Linie. Für den Elastizitätsmodul wird $E = 21000$ kN/ cm^2 angesetzt. Alle Längen werden in cm und alle Kräfte in kN eingeführt. Die Querschnitte der einzelnen Stäbe sind in Tabelle 8.5 angegeben.

Zu 1. Zur Bestimmung der Einflusslinie ist zunächst die Einflusslinie der Durchbiegung des Angriffspunktes von X_1, also die Biegelinie infolge einer Kraft $Q_1 = 1{,}0$ zu ermitteln. Das kann sowohl mit Hilfe von W-Gewichten als auch durch mehrmalige Anwendung der Summenformel erfolgen.

In Tabelle 8.5 sind die Ordinaten dieser Biegelinie mit der Summenformel berechnet worden. Spalte 5 enthält die Stabkräfte S_0 infolge $Q = 1{,}0$ im Knoten II. In die Spalten 5 bis 8 wurden die Stabkräfte infolge einer virtuellen Kraft $\bar{Q} = 1{,}0$ in den Knoten I bis IV eingetragen. In den Spalten 9 bis 12 erfolgt die Berechnung der Werte $\sum S_0 \bar{S} s / A$.

Die ermittelten Ordinaten der Biegelinie werden in Tabelle 8.6 übernommen. Die Vorzahl δ_{11} ist zahlenmäßig gleich $\delta_{\text{II}} = 0{,}00654$ cm. Auch das Vorzeichen stimmt überein, denn δ_{11} ist in jedem Fall positiv.

Zum Vorzeichen von δ_{1m} sind noch einige Überlegungen notwendig. Bereits früher wurde gesagt, dass die Vorzeichen der Vorzahlen und Belastungsglieder im Sinne der Arbeitsgleichung einzusetzen sind. Da auch hier die Verschiebungen δ_{1m} infolge der über das Tragwerk rollenden Last entgegen der Richtung von $X_1 = 1{,}0$ erfolgen, liefert δ_{1m} negative Arbeitsbeiträge. Daher ist δ_{1m} negativ einzuführen.

Bei einfach statisch unbestimmten Systemen erhält man die Ordinaten der Einflusslinie für X_1 sofort aus der Gleichung

$$\delta_{11} X_1 + \delta_{1m} = 0\,; \qquad X_1 = -\frac{\delta_{1m}}{\delta_{11}}$$

Tabelle 8.5a

Stab	A	s	$\frac{s}{A}$	$S_0 = \bar{S}_{II}$	$\bar{S}_I$	$\bar{S}_{III}$	$\bar{S}_{IV}$
	cm^2	cm	cm^{-1}	kN	kN	kN	kN
1	2	3	4	5	6	7	8
U_1	31,0	400	12,9	0,400	0,533	0,267	0,133
U_2	38,4	400	10,4	1,200	0,933	0,800	0,400
U_3	38,4	400	10,4	1,333	0,667	1,333	0,667
U_4	31,0	400	12,9	0,800	0,400	1,200	0,933
U_5	31,0	400	12,9	0,267	0,133	0,400	0,533
O_1	38,4	400	10,4	–0,800	–0,167	–0,533	–0,267
O_2	38,4	400	10,4	–1,600	–0,800	–1,067	–0,533
O_3	38,4	400	10,4	–1,067	–0,533	–1,600	–0,800
O_4	38,4	400	10,4	–0,533	–0,267	–0,800	–1,067
D_1	31,0	360	11,6	–0,720	–0,960	–0,480	–0,240
D_2	24,6	360	14,6	0,720	0,960	0,480	0,240
D_3	24,6	360	14,6	–0,720	0,240	–0,480	–0,240
D_4	38,4	360	9,7	0,720	–0,240	0,480	0,240
D_5	38,4	360	9,7	0,480	0,240	–0,480	–0,240
D_6	24,6	360	14,6	–0,480	–0,240	0,480	0,240
D_7	24,6	360	14,6	0,480	0,240	0,720	–0,240
D_8	24,6	360	14,6	–0,480	–0,240	–0,720	0,240
D_9	24,6	360	14,6	0,480	0,240	0,720	0,960
D_{10}	31,0	360	11,6	–0,480	–0,240	–0,720	–0,960

Die Ermittlung ist in Tabelle 8.6 enthalten, ebenfalls die Bestimmung der Einflusslinien für A und C. In den Zeilen für A_0 und C_0 sind jeweils die Ordinaten der betreffenden zwei Einflusslinien im statisch bestimmten Grundsystem, also am Träger auf zwei Stützen, angegeben. Für A_1 bzw. C_1 erhält man

$$A_1 = -\frac{1{,}0 \cdot 12{,}0}{20{,}0} = -0{,}600 \text{ kN}; \qquad C_1 = -0{,}400 \text{ kN}$$

Tabelle 8.5b

Stab	$S_0 S_\mathrm{I} \frac{s}{A} = E\delta_\mathrm{I}$	$S_0 S_\mathrm{II} \frac{s}{A} = E\delta_\mathrm{II}$	$S_0 S_\mathrm{III} \frac{s}{A} = E\delta_\mathrm{III}$	$S_0 S_\mathrm{IV} \frac{s}{A} = E\delta_\mathrm{IV}$	
1	**9**	**10**	**11**	**12**	
U_1	2,75	2,07	1,38	0,69	
U_2	11,65	14,98	9,98	4,99	
U_3	9,25	18,51	18,51	9,25	
U_4	4,13	8,25	12,38	9,63	
U_5	0,46	0,92	1,38	1,83	
O_1	8,87	6,66	4,44	2,22	
O_2	13,30	26,60	17,74	8,87	
O_3	5,90	11,80	17,74	8,87	$\Sigma E\delta_\mathrm{I} = 82{,}26$
O_4	1,48	2,96	4,44	5,92	$\delta_\mathrm{I} = 0{,}00392$
D_1	8,02	6,01	4,01	2,00	
D_2	11,42	7,59	5,06	2,53	$\Sigma E\delta_\mathrm{II} = 137{,}15$
D_3	–2,53	7,59	5,06	2,53	$\delta_\mathrm{II} = 0{,}00654$
D_4	–1,62	4,86	3,24	1,62	
D_5	1,08	2,16	–2,16	–1,08	$\Sigma E\delta_\mathrm{III} = 119{,}00$
D_6	1,69	3,38	–3,38	–1,69	$\delta_\mathrm{III} = 0{,}00566$
D_7	1,69	3,38	5,06	–1,69	
D_8	1,69	3,38	5,06	–1,69	$\Sigma E\delta_\mathrm{IV} = 66{,}89$
D_9	1,69	3,38	5,06	6,75	$\delta_\mathrm{IV} = 0{,}00319$
D_{10}	1,69	2,67	4,00	5,34	

Die Bilder 8.54a bis c zeigen die Einflusslinien für $B(X_1)$, A und C.

Zu 2. Die Einflusslinien der Stabkräfte sind analog denen der Auflagerkräfte zu bestimmen.

Für die einzelnen Stäbe können die Stabkräfte S_1 infolge $X_1 = 1{,}0$ kN Tabelle 8.5 entnommen werden.

Für den Obergurtstab O_2 ist $S_1 = 1{,}600$ kN

Für den Untergurtstab U_4 ist $S_1 = -0{,}800$ kN

Für den Diagonalstab D_7 ist $S_1 = -0{,}480$ kN

Tabelle 8.6

Kraft	Punkt	*a*	I	II = *b*	III	IV	*c*
1	2	3	4	5	6	7	8
X_1	δ_{1m}	0,00000	–0,00392	–0,00654	–0,00566	–0,00319	0,00000
B	$X_1 = -\delta_{1m}/\delta_{11}$	0,000	0,600	1,000	0,866	0,48880	0,000
A	$\eta(A_0)$	1,000	0,800	0,600	0,400	0,200	0,000
	$\eta(X_1)A_1$	0,000	–0,360	–0,600	–0,520	–0,293	0,000
	$\eta(A)$	1,000	0,440	0,000	–0,120	–0,093	0,000
C	$\eta(C_0)$	0,000	0,200	0,400	0,600	0,800	1,000
	$\eta(X_1)C_1$	0,000	–0,240	–0,400	–0,346	–0,195	0,000
	$\eta(C)$	0,000	–0,400	0,000	0,254	0,605	1,000
O_2	$\eta(S_0)$	0,000	–0,800	–1,600	–1,067	–0,533	0,000
	$\eta(X_1)S_1$	0,000	0,960	1,600	1,387	0,780	0,000
	$\eta(O_2)$	0,000	0,160	0,000	0,320	0,247	0,000
U_4	$\eta(S_0)$	0,000	0,400	0,800	1,200	0,933	0,000
	$\eta(X_1)S_1$	0,000	–0,480	–0,800	–0,693	–0,391	0,000
	$\eta(U_4)$	0,000	–0,080	0,000	0,507	0,542	0,000
D_7	$\eta(S_0)$	0,000	0,240	0,480	0,720	–0,240	0,000
	$\eta(X_1)S_1$	0,000	–0,288	–0,480	–0,416	–0,234	0,000
	$\eta(D_7)$	0,000	–0,048	0,000	0,304	–0,474	0,000

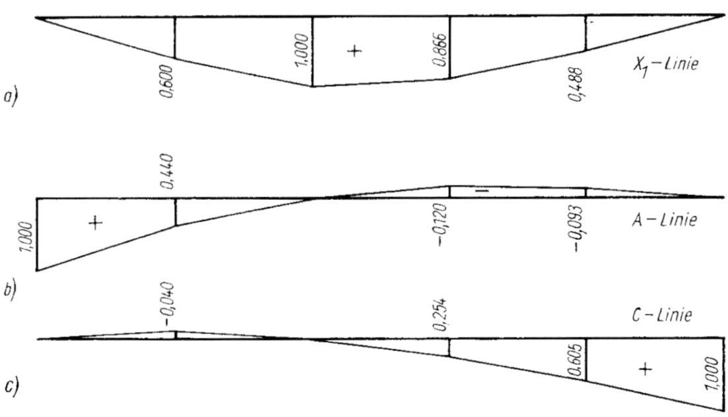

Bild 8.54

Die Einflusslinienordinaten S_0 für O_2, U_4 und D_7 müssen noch berechnet werden. Die Ergebnisse zeigen die jeweiligen Zeilen in Tabelle 8.6.

Die Einflusslinienordinaten der drei Stabkräfte wurden ebenfalls in Tabelle 8.6 ermittelt und in den Bildern 8.55a bis c aufgetragen.

Beim Zeichnen der Einflusslinien ist auf die indirekten Lastbereiche zu achten.

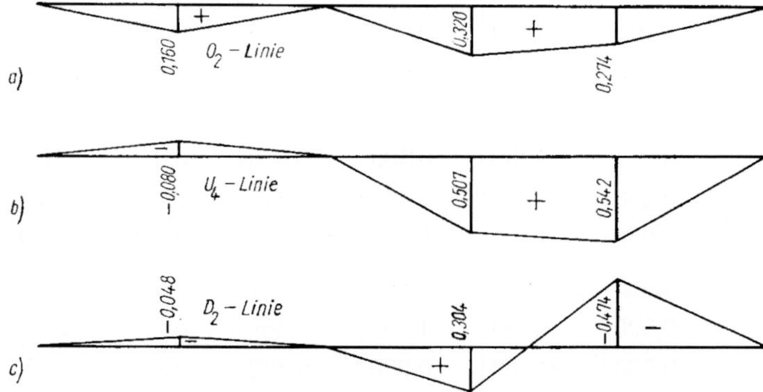

Bild 8.55

Sachwörter- und Namenverzeichnis